iCourse·教材

大学物理（第二版·第一卷）
力学与热学

主编　刘兆龙　冯艳全　石宏霆

中国教育出版传媒集团
高等教育出版社·北京

内容简介

本套教材分为四卷，第一卷力学与热学，包括质点力学、刚体力学、连续体力学、气体动理论、热力学基础；第二卷波动与光学，包括振动、波动、几何光学基础、光的干涉、光的衍射、光的偏振；第三卷电磁学，包括静电场、静电场中的导体和电介质、恒定磁场、电磁感应和电磁场；第四卷近代物理，包括狭义相对论力学基础、微观粒子的波粒二象性、薛定谔方程及其应用、固体中的电子、原子核物理。各章后均有本章提要、思考题和习题，书末备有习题参考答案和活页作业单。

本书适合作为工科各专业的大学物理课程的教材或教学参考书，也可作为综合性大学和高等师范院校相关专业的教材或教学参考书。

图书在版编目（CIP）数据

大学物理．第一卷，力学与热学 / 刘兆龙，冯艳全，石宏霆主编．-- 2版．-- 北京：高等教育出版社，2024.2

ISBN 978-7-04-061392-6

Ⅰ．①大…　Ⅱ．①刘…　②冯…　③石…　Ⅲ．①物理学-高等学校-教材②力学-高等学校-教材③热学-高等学校-教材　Ⅳ．①O4

中国国家版本馆 CIP 数据核字（2023）第 218484 号

DAXUE WULI

策划编辑　马天魁　　责任编辑　马天魁　　封面设计　张志奇　　版式设计　杜微言
责任绘图　黄云燕　　责任校对　张　然　　责任印制　赵　振

出版发行　高等教育出版社
社　　址　北京市西城区德外大街 4 号
邮政编码　100120
印　　刷　河北鹏盛贤印刷有限公司
开　　本　787 mm×1092 mm　1/16
印　　张　22.25
字　　数　530 千字
购书热线　010-58581118
咨询电话　400-810-0598
网　　址　http://www.hep.edu.cn
　　　　　http://www.hep.com.cn
网上订购　http://www.hepmall.com.cn
　　　　　http://www.hepmall.com
　　　　　http://www.hepmall.cn
版　　次　2017 年 2 月第 1 版
　　　　　2024 年 2 月第 2 版
印　　次　2024 年 2 月第 1 次印刷
定　　价　45.40 元

物 料 号　61392-00

第二版前言

本套教材第一版自2017年出版后，于2019年获评兵工高校精品教材，于2023年获评北京高等学校优质本科教材课件。与新形态教材配套的讲课视频源于8门大学物理系列慕课，相关课程2018年获评国家精品在线开放课程、2020年获评国家级线上一流课程。北京理工大学“大学物理”课程自2017年基于本套教材全面实施了线上线下混合式教学模式，2020年被评为国家级线上线下混合式一流课程。

本套教材结合国内外的教学改革进展，充分体现了多年教学实践与教材建设的成果。在第二版中根据广大教师和读者的建议，以及一些高校使用第一版教材进行线上线下混合式模块化授课的经验，我们对原书的部分内容和视频做了修改与补充，使内容更加充实、新颖。本套教材有如下特色。

• 具有时代性。紧密联系国内外物理学发展及互联网信息技术，巧妙嵌入引力波、黑洞、北斗卫星导航系统等现代科技研究成果，体现了物理学新的教学理念。

• 借鉴国内外同类教材，突出物理学知识与实际相结合的特色，注意从物理学史的角度引入物理学定律和概念，补充演示实验，引入新颖、前沿的实际应用案例。

• 教材思政深入化。融入了人文素养、科学素养、科学精神和科学方法等思政元素，如介绍中国磁悬浮、中国物理学家（如吴有训等）的成就，涵养学生家国情怀。

• 加强近代物理，并以现代观点处理经典物理的体系结构。如精心设计狭义相对论的多种介绍方法，在内容归类和章节编排上更加合理有序，结构严谨。

• 在例题和习题中配备了具有启发性的题目，引导学生开展研究性学习，培养学生的创新性思维。

• 知识体系完整，适用面广。除了常规内容外，还包括滚动、连续体力学、现代光学、固体物理、原子核物理等部分，可用于分层次教学。

• 方便教与学。书后配有活页练习单，包括选择题、填空题和计算题，有利于巩固知识点、深入理解概念。

• 以学生为中心，让教材易读、易懂、易教。在写作风格上力求物理图像清晰，物理思想突出；论述深入浅出，注重激发学生的兴趣，使学生多方位开展学习。

• 版式精美，通过双栏和底色突出三大功能，包括章首内容提示、边栏重点概念和边栏留白，以帮助学生统揽全章内容、复习查找知识点和记笔记。

本套教材有八位主编，其中胡海云、刘兆龙曾获北京市高等学校教学名师奖；缪劲松、冯艳全为北京理工大学教学名师。第一卷主编为：刘兆龙（第 1、第 2 章），石宏霆（第 3 章），冯艳全（第 4、第 5 章）；第二卷主编为：李英兰（第 1、第 2 章，第 3—第 6 章视频），刘兆龙（第 1、第 2 章视频），郑少波（第 3—第 6 章）；第三卷主编为：胡海云（第 1、第 2 章），吴晓丽（第 3 章），缪劲松（第 4 章）；第四卷主编为：缪劲松（第 1 章），胡海云（第 2、第 3 章），冯艳全（第 4 章），吴晓丽（第 5 章）。另外，第一卷部分插图由赵云峰绘制。

感谢北京理工大学的物理学前辈为本套教材打下的良好基础，感谢北京理工大学、高等教育出版社等对本套教材的编写与出版的积极支持。

书中难免出现不妥之处，真诚希望读者提出宝贵批评意见和建议。

编者于北京理工大学

2023 年 8 月

第一版前言

物理学是研究物质的基本结构、基本运动形式、相互作用的自然科学，它具有完整的科学体系、独特有效的研究方法、丰富的知识，所有这些对于培养 21 世纪的科学研究工作者及工程技术人员都是必不可少的。因此以物理学基础为内容的大学物理课程是理、工、经、管、文等本科各非物理学专业必修的一门基础课。

当前，以计算机、手机和网络技术为核心的现代信息技术正在改变着我们的生产方式、生活方式、工作方式和学习方式，并可能引起教育和教学的变革。北京理工大学大学物理教学团队充分利用自身的教育资源优势，一直积极开展大学物理课程的网络建设。北京理工大学“大学物理”课程 2008 年被评为北京市精品课；2014 年入选中国大学慕课首批建设课程，分力学与热学、波动与光学、电磁学、近代物理四个模块进行讲授，并基于慕课开展面向多元化专业人才培养的大学物理模块化分层次混合式教学；“物理之妙里看‘花’”2016 年被评为国家级精品视频公开课。

我们之所以新编一套教材，是因为不仅要考虑结合国内外的教学改革进展及信息化技术，还要考虑在充分总结和吸取广大教师和学生对原北京市精品教材（《大学物理》苟秉聪、胡海云主编）意见的基础上，依据教育部高等学校物理学与天文学教学指导委员会编制的《理工科类大学物理课程教学基本要求》（2010 年版）进行编写。本套教材在写作风格上力求物理图像清晰，物理思想突出；论述深入浅出并有适量的技术应用和理论扩展；同时力求贯彻以学生为主体、教师为主导的教育理念，遵循学生混合式学习的认知规律，结合慕课教学，通过立体化设计，体现“导学”“督学”“自学”“促学”思想，展现物理以“物”喻理、以“物”明理、以“物”悟理的学科特点，使学生多方位地开展学习，增加教材的可读性和趣味性。

本套教材编者均为大学物理教学的一线优秀教师，具有多年丰富的教学、教改经验。第一卷主编老师为：刘兆龙（第1、第2章），石宏霆（第3章），冯艳全（第4、第5章）；第二卷主编老师为：李英兰（第1、第2章），郑少波（第3—第6章）；第三卷主编老师为：胡海云（第1、第2章），吴晓丽（第3章），缪劲松（第4章）；第四卷主编老师为：缪劲松（第1章），胡海云（第2、第3章），冯艳全（第4章），吴晓丽（第5章）。我们感谢北京理工大学的物理学前辈荀秉聪教授等为本套教材打下的良好基础，感谢北京理工大学教务处、高等教育出版社物理分社等对本套教材的编写与出版的积极支持。

编者

2016年4月

目 录

物理学是关于物质与能量的科学，研究粒子的运动与相互作用、波动、分子原子和原子核，以及宏观多粒子系统，如气体、液体、固体……物理学是基于实验的定量科学．物理学的研究对象极其广泛，小到粒子，大到宇宙，包罗万象．针对不同尺度的研究对象和不同性质的相互作用，物理学拥有系统化的多个学科分支，如经典物理中的力学、热学、光学、电磁学和近代物理中的相对论、量子力学等．物理学致力于以最简理论科学地解释纷繁复杂的自然现象，驱动技术发展，服务人类社会．作为整个自然科学的基础，物理学的基本原理、基本观点、研究方法和已经取得的研究成果对其他学科的发展具有重要意义．

第1章　质 点 力 学

授课录像:绪论

力学是物理学的一个分支．早在公元前4世纪，中国的墨子及其弟子在他们的著作《墨经》中就论述了时空概念、力、杠杆原理等许多力学知识；15世纪后期，文艺复兴促进了力学在欧洲的发展；17世纪牛顿运动定律和万有引力定律的提出，标志着经典力学基础的奠定，之后经典力学获得了长足的发展；到19世纪初，力学已成为一门相对完善的学科．力学的发展带动了科学以及哲学的进步，其中的理论和研究方法渗透到了物理学的许多学科分支．尽管力学有着悠久的历史，但它仍然极具生命力，不断孕育出新兴的学科分支，如爆炸力学、生物力学、等离子体动力学、空气动力学等．在科技发展日新月异的今天，在载人飞船的发射、机械制造和天体运行等方面的探索中，力学规律仍然是诸多研究的基础和有力工具．

力学的研究对象是机械运动．物质的运动多种多样，例如天体的运动、人造地球卫星绕地球的运动、水面处阳光的折射及反射、电路中的电流、材料中分子原子的运动等．在各种各样的运动中，最简单的是机械运动．机械运动指的是物体位置的改变，包括一个物体相对于另外一个物体位置的变化以及一个物体的某些部分相对于其他部分位置的变化．月球绕地球的轨道运动、高速列车在铁轨上的飞驰、弹簧的伸长与压缩、河水及空气的流动等都是机械运动．机械运动是最基本的运动，热运动、电磁运

NOTE

动等运动都包含这种基本的运动形式.

本章介绍经典力学中的基础部分——质点力学,包括质点运动学和质点动力学两部分.质点运动学着重于刻画质点的运动,探究质点的位置、速度、加速度等量如何随时间或空间变化,分析描述运动所用的各个物理量之间的关系,关注物体的运动轨道等.总之,质点运动学的任务是对质点的运动状态进行全面的描述.但是,如果你想知道为什么质点运动状态发生了变化,质点运动学却并不对此给予回答,这个任务由质点动力学来完成.质点动力学以牛顿运动定律为基础,给出质点运动状态变化的原因及其所遵循的规律,例如:你三步上篮成功,运动学告诉你篮球在飞行过程中的速度、位置、轨道等,而动力学告诉你为什么篮球从出手到接触篮筐前,其加速度可以被视为常量.运动学和动力学两者结合在一起,构成了研究机械运动的基础理论.本章所涉及的关于质点和质点系的基本运动规律以及相应的科学研究方法和思维方式是大学物理学的基础.

1.1 质点运动学

1.1.1 位置矢量与位移

在科学研究过程中,常常要先忽略一些次要因素,将实际物体或者运动等以模型的方式呈现出来,进而探究其中的规律.这种将实际物体抽象为某种理想模型的方法在物理学中被反反复复地使用过.物理学中,关于物体的最简单的模型就是质点模型.在考虑一个物体的运动规律时,有时可以忽略该物体的大小和形状,将其全部质量视为集中于一个几何点,称之为**质点**.任何物体,小到分子、原子,大到星系,都可以被看作质点,只要这些物体的内部结构、大小和形状可以被合理地忽略.除了质点以外,经典力学中常用的模型还有刚体、完全弹性体和理想流体,大家会在后续学习中陆续接触到它们.由若干质点组成的系统称为质点系.任何宏观物体都可以被视为一个质点系.

质点

1. 位置矢量与运动函数

机械运动研究的是物体位置的变化,而物体位置的变化具有相对性.不同观察者看到的物体位置变化的情况是不同的.站在地面上的观察者认为树木是静止的,而坐在行驶车辆内的人则看到树木向后运动．一个物体相对于不同观察者其运动状态可能不同，这称为机械运动的相对性．要明确地描述某个物体的运动，需要选取其他物体作为参考．为了描述一个物体的运动而被选来作为参考的另外一个物体称为**参考系**．要想精确定量地研究机械运动，还需要在参考系上固定坐标系．例如，我们可以将坐标系固定在地面上，并称之为地面参考系；也可以将坐标系的原点置于地心处，并使坐标轴指向恒星，这样的参考系称为地心参考系．在研究天体、航天器的运动时，人们还常常以太阳为参考系．坐标系是参考系的数学抽象，常见的有直角坐标系、极坐标系、球坐标系、柱坐标系等．坐标系的选取对于研究物体的运动规律是非常重要的，选取合适的坐标系有助于简化对运动的研究．此外，在不同性质的坐标系中，研究物体运动的方法也可能是不同的．例如：在地面参考系中，可以使用牛顿第二定律研究物体运动的动力学规律．但是，如果以相对于地面加速行驶的火车为参考系，那么，牛顿第二定律在这个火车参考系中是不成立的，这时要采用其他方法研究动力学问题．随着学习的深入，读者将会对这一点有深刻的理解．总之，坐标系是定量研究运动的出发点．

参考系

NOTE

(1) 位置矢量．

现在，假设我们选定了坐标系，在其中研究某个质点位置的变化规律．首先要做的就是用数学语言描述这个质点的位置，继而才能给出其位置如何随时间变化等．如何确定一个质点的位置呢？只要具备一般的数学知识，就会说，可以利用坐标值来确定点的位置．例如，在直角坐标系中，只要写出了(x,y,z)这些值，就给定了一个点的位置．的确如此，然而，在质点运动学中，人们往往利用矢量来确定某个质点的位置．如何利用矢量确定质点的位置？为什么要这样做呢？请带着这些疑问，在下文中寻求答案．

在选定的坐标系中，从坐标系的原点向物体所在位置引有向线段，定义这个矢量为**位置矢量**①，简称位矢，记作 $\boldsymbol{r}$．位置矢量的长度或者模以 r 表示，它是标量．在国际单位制(SI)中，位置矢量的单位是米(m)．利用位置矢量 $\boldsymbol{r}$ 就可以描述质点的位置了．

位置矢量

来看具体的例子．如图 1-1 所示，采用直角坐标系 $Oxyz$ 来研究某个质点的运动规律．这个质点沿着曲线 AB 运动，设在某个时刻 t，它运动到 P 点，该点坐标为(x,y,z)．从坐标系原点 O 到质点此刻所在位置 P 点的有向线段$\overrightarrow{OP}$这个矢量，就是质点在该时刻的位置矢量 $\boldsymbol{r}$．

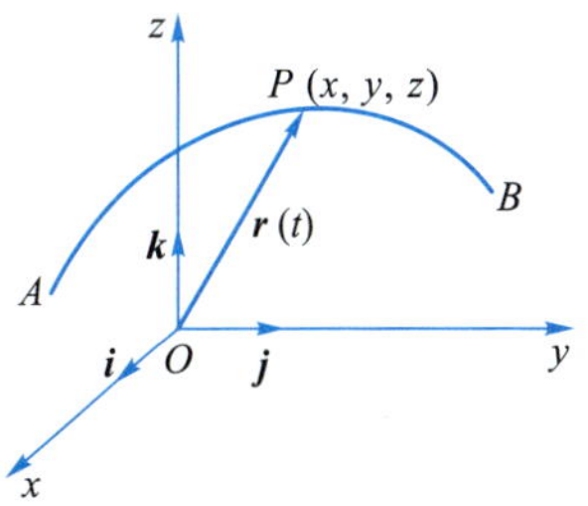

图 1-1 质点的位置矢量

① 请读者注意，在教材中，以黑体表示矢量．

NOTE

在直角坐标系中，位置矢量 $\boldsymbol{r}$ 的数学表达式为

$$\boldsymbol{r}=x\boldsymbol{i}+y\boldsymbol{j}+z\boldsymbol{k} \tag{1-1}$$

其中，$\boldsymbol{i}$、$\boldsymbol{j}$、$\boldsymbol{k}$ 分别为沿 x、y、z 轴正向的单位矢量．在直角坐标系中，位置矢量的长度或模为

$$r=|\boldsymbol{r}|=\sqrt{x^2+y^2+z^2} \tag{1-2}$$

设位置矢量与 x、y、z 轴的夹角分别为 α、β、γ，它们的余弦值与 P 点坐标值间的关系为

$$\left.\begin{aligned}\cos\alpha&=\frac{x}{\sqrt{x^2+y^2+z^2}}\\ \cos\beta&=\frac{y}{\sqrt{x^2+y^2+z^2}}\\ \cos\gamma&=\frac{z}{\sqrt{x^2+y^2+z^2}}\end{aligned}\right\} \tag{1-3}$$

很容易证明

$$\cos^2\alpha+\cos^2\beta+\cos^2\gamma=1$$

授课录像：极坐标系中运动的描述

当然，直角坐标系并不是唯一的选择，还可以采用其他种类的坐标系研究物体的运动状态．例如，若物体做平面曲线运动，则可以利用平面极坐标系（简称极坐标系）来研究其运动．在图 1-2 中，O 为坐标系的原点，从原点作一条带有刻度的射线 Ox，就构成了一个极坐标系，Ox 称为极轴．设 t 时刻质点位于 P 点，根据位置矢量的定义，从 O 点到 P 点的有向线段 $\overrightarrow{OP}$ 是质点在此刻的位置矢量 $\boldsymbol{r}$. P 点到 O 点的距离就是位置矢量的长度 r. 位置矢量与极轴的夹角 θ 称为辐角，通常规定自极轴逆时针转向位置矢量的辐角为正，反之为负．

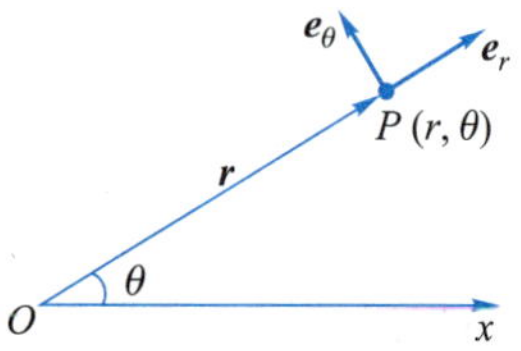

图 1-2 极坐标系中的位置矢量和单位矢量

在极坐标系中，(r,θ) 是一个点的极坐标，就像直角坐标系中的坐标 (x,y,z) 一样．为了在极坐标系中表示矢量，要像在直角坐标系中那样，引入单位矢量．对于二维的极坐标系，要有两个单位矢量，一个是径向单位矢量 $\boldsymbol{e}_r$，另外一个是横向单位矢量 $\boldsymbol{e}_\theta$，两者的大小均为单位长度．$\boldsymbol{e}_r$ 的方向与质点此刻位置矢量的方向一致，称之为径向单位矢量；$\boldsymbol{e}_\theta$ 的方向与 $\boldsymbol{e}_r$ 垂直，且指向 θ 增大的方向，称之为横向单位矢量，如图 1-2 所示．请注意，尽管 $\boldsymbol{e}_r$ 与 $\boldsymbol{e}_\theta$ 的大小是恒定的，但是，随着质点的运动，这两个矢量的方向却可能发生变化，一般来说它们不是常矢量．这与直角坐标系中的单位矢量有很大不同．在直角坐标系中，单位矢量 $\boldsymbol{i}$、$\boldsymbol{j}$、$\boldsymbol{k}$ 是常矢量，与质点的运动无关．

在极坐标系中，如何利用单位矢量来表达位置矢量呢？设 P 点的极坐标为 (r,θ)，则在极坐标系中，质点位置矢量的数学表达

NOTE

式为

$$\boldsymbol{r}=r\boldsymbol{e}_r \tag{1-4}$$

可以看出,尽管都是位置矢量,但是它在极坐标系中的表达式(1-4)与在直角坐标系中的表达式(1-1)在形式上是完全不同的.

位置矢量精确地描述了质点的位置,它的长度表明了质点距坐标原点的距离,它的方向给出了质点在坐标系中的方位.

(2) 运动函数.

描述质点的运动时,时间是一个重要的量. 在爱因斯坦的相对论诞生前,人们认为时空是绝对的,独立于物体的运动之外. 假设有一把米尺和一个挂钟静止在火车站的站台上,你乘坐火车通过这个站台,在火车上测量出那把米尺的长度与你站在站台上测出的值一样;在火车上测得挂钟的秒针移动一个小格经过的时间间隔与你站在站台上测得的结果相同. 这所谓的绝对时空观与我们的日常生活经验是相符的. 而且,相对论告诉我们,对于宏观物体的低速运动,即运动速度远远小于光在真空中的速度时,这种观点一般是适用的. 在本卷中,我们采用的是这种经典的绝对时空观. 在第四卷中,大家会学到相对论,进而对时空有更深刻的认识.

质点在空间运动时,位置矢量 $\boldsymbol{r}$ 随时间变化,是时间的函数,即

$$\boldsymbol{r}=\boldsymbol{r}(t) \tag{1-5}$$

式(1-5)称为质点的运动函数. 对于不同的运动,运动函数形式可能会不同,它可以是线性函数、二次函数、三角函数、指数函数等.

在直角坐标系中,运动质点的坐标值 x、y、z 随着时间变化,即 x、y、z 是时间的函数,以数学的语言表达为

$$\boldsymbol{r}(t)=x(t)\boldsymbol{i}+y(t)\boldsymbol{j}+z(t)\boldsymbol{k} \tag{1-6}$$

或者写为标量式:

$$\left.\begin{aligned}x&=x(t)\\y&=y(t)\\z&=z(t)\end{aligned}\right\} \tag{1-7}$$

式(1-7)为运动函数在直角坐标系中的标量形式.

同理,在极坐标系中,运动函数的标量式为

$$r=r(t),\quad \theta=\theta(t) \tag{1-8}$$

有了运动函数,就明确了物体位置随时间变化的函数关系. 从运动函数的标量形式出发,消掉时间 t,可以得到物体的轨道方程. 例如,由式(1-7)消掉时间 t,可以得到关于坐标间关系的方程,也就是轨道方程 $f(x,y,z)=0$. 下面我们还会学到,根据运动函数,还可以求得质点的位移、速度、加速度等量,从而了解物体的运动状态. 在质点运动学中,运动函数对于了解质点运动是非常重要的.

位移

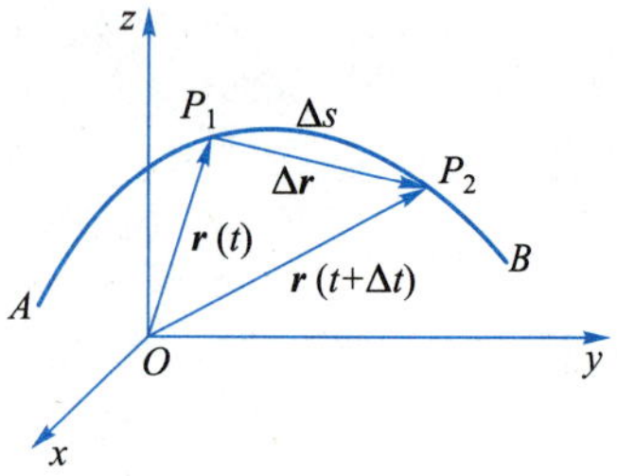

图 1-3 质点的位移

2. 位移矢量

质点在运动过程中，其位置会发生变化．为了描述质点位置的改变，引入**位移**矢量．在图 1-3 中，曲线 AB 为质点的运动轨道．设 t 时刻，质点位于 AB 曲线上的 P_1 点，质点的位置矢量为 $\boldsymbol{r}(t)$，经过时间间隔 Δt 后，在 $t+\Delta t$ 时刻，质点运动到轨道的 P_2 点，位置矢量为 $\boldsymbol{r}(t+\Delta t)$．从 P_1 点向 P_2 点引有向线段 $\overrightarrow{P_1P_2}$，定义 $\overrightarrow{P_1P_2}$ 这个矢量为质点在 Δt 时间间隔内的位移，记为 $\Delta\boldsymbol{r}$. 根据矢量运算法则，由图 1-3 可以看出，t 到 $t+\Delta t$ 时间间隔内质点的位移等于 $t+\Delta t$ 时刻的位矢与 t 时刻的位矢的矢量差，即质点在一段时间间隔内的位移矢量 $\Delta\boldsymbol{r}$ 为从起点到终点的有向线段，它等于终点的位置矢量减去起点的位置矢量.

$$\Delta\boldsymbol{r}=\boldsymbol{r}(t+\Delta t)-\boldsymbol{r}(t) \tag{1-9}$$

位移矢量表示了物体在 Δt 时间间隔内位置的变化情况．位移矢量的大小以 $|\Delta\boldsymbol{r}|$ 表示，给出了质点的终点与起点间的距离；位移的方向则确定了终点相对于起点的方位.

路程也被用来描述物体位置的变化．路程是质点在空间运动的实际路径的长度，它是一个标量，我们将物体在 Δt 时间间隔的路程记为 Δs. 位移描述的是物体位置的改变，它不是物体通过的实际路程．在一般情况下，即使是位移的大小也与路程不相等.图 1-3 中质点从 P_1 运动到 P_2 所经过的路程是 P_1、P_2 间曲线的长度，而位移的大小是 P_1、P_2 间直线段的长度，两者并不相等．但是，如果我们考虑的是无限小的时间间隔，也就是令 Δt 趋近于零，P_2 点无限地接近 P_1 点，那么 P_1、P_2 两点间的曲线趋近于直线，于是有 $|\mathrm{d}\boldsymbol{r}|=\mathrm{d}s$，即无限小位移的大小与无限小路程的值相等.

在国际单位制中，位移的单位是米(m).

NOTE

1.1.2 速度

不同的物体在相同时间间隔内位置的变化情况一般是不同的．蜗牛每秒爬行距离约为 1 mm，而赛车每秒可行驶100 m，上海磁悬浮列车每小时可以行驶 430 km. 为了描述物体位置对时间的变化情况，需要引入速度的概念.

1. 平均速度

设质点在 Δt 时间间隔内发生的位移为 $\Delta\boldsymbol{r}$，为了描述它在这段时间内运动的快慢情况，定义位移 $\Delta\boldsymbol{r}$ 与相应时间间隔 Δt 的比值为平均速度 $\overline{\boldsymbol{v}}$，数学表达式为

$$\overline{\boldsymbol{v}}=\frac{\Delta \boldsymbol{r}}{\Delta t} \tag{1-10}$$

由定义可看出，平均速度是矢量，其方向与位移的方向一致；其大小为 $|\Delta \boldsymbol{r}|$ 与时间间隔 Δt 的比值．这里要注意 $|\Delta \boldsymbol{r}|$ 与 Δr 的区别．Δr 是位置矢量长度的增量，即

$$\Delta r=r(t+\Delta t)-r(t)$$

而 $|\Delta \boldsymbol{r}|$ 是位移的大小，即

$$|\Delta \boldsymbol{r}|=|\boldsymbol{r}(t+\Delta t)-\boldsymbol{r}(t)|$$

$|\Delta \boldsymbol{r}|$ 与 Δr 是不同的物理量，很容易被混淆．

2. 瞬时速度（简称速度）

平均速度只能粗略地给出质点在一段时间间隔内运动的快慢情况．我们往往需要知道质点在某个时刻运动的快慢，为此引入了物理量瞬时速度．

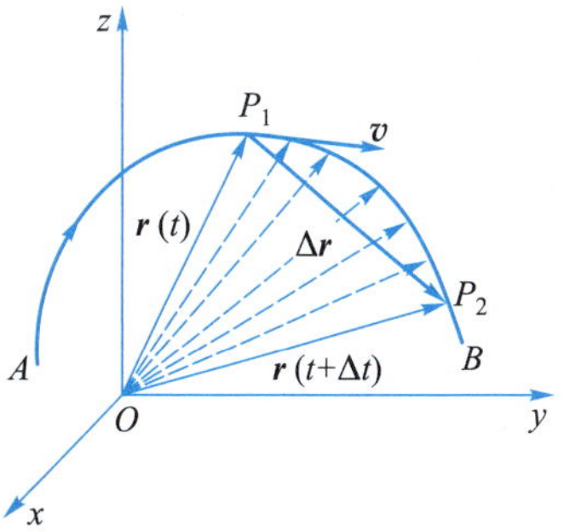

图 1-4 质点的速度

图中的曲线 AB 为质点的运动轨道，速度沿质点运动轨道的切线方向．

图 1-4 中，设质点沿曲线 AB 从 A 向 B 运动，t 时刻质点位于 P_1 点，$t+\Delta t$ 时刻质点位于 P_2 点．如何描述质点在 t 时刻运动的快慢呢？定义了平均速度后，很容易想到，可以取较短的时间间隔．时间间隔越短，P_2 点越接近 P_1 点，这段时间间隔内的平均速度越能反映出质点在 P_1 点时运动的快慢．如果令时间间隔 Δt 趋近于零，就可以认为此条件下的平均速度精确地表示了质点在 t 时刻运动的快慢，并由此得到瞬时速度的概念．

定义瞬时速度（简称**速度**）等于平均速度在时间间隔 Δt 趋近于零时的极限，即

速度

$$\boldsymbol{v}=\lim_{\Delta t\to 0}\overline{\boldsymbol{v}}=\lim_{\Delta t\to 0}\frac{\Delta \boldsymbol{r}}{\Delta t}=\frac{\mathrm{d}\boldsymbol{r}}{\mathrm{d}t} \tag{1-11}$$

由定义可知，速度是矢量，它等于位置矢量对时间的一阶导数，即位置矢量对时间的变化率．借助速度，可以精确地描述质点在某时刻 t 运动的快慢和方向．

NOTE

在国际单位制中，速度的单位是米每秒（m/s）．

根据定义，速度的方向是平均速度在 Δt 趋近于零时的方向．图 1-4 中，若 P_2 点无限地接近 P_1 点，那么位移的方向趋近于轨道 AB 在 P_1 点的切线方向．因此，质点在轨道上某点的速度方向为：沿轨道在该点的切线方向，指向运动的前方．已知运动轨道，可以判断出质点在各处的速度方向．若翻滚过山车在竖直面内做半径较大的圆周运动，将车视为质点，那么车在某处的速度沿圆轨道在该点的切线方向，垂直于此处的半径．

速度的大小用 v 表示，称为速率．

$$v=|\boldsymbol{v}|=\left|\frac{\mathrm{d}\boldsymbol{r}}{\mathrm{d}t}\right|=\frac{\mathrm{d}s}{\mathrm{d}t} \tag{1-12}$$

NOTE

式中，ds 是在 dt 时间间隔内运动过的路程，质点的速率表示它在某个瞬时运动的快慢.

在直角坐标系中，速度的表达式为

$$\boldsymbol{v}=\frac{d\boldsymbol{r}}{dt}=\frac{dx}{dt}\boldsymbol{i}+\frac{dy}{dt}\boldsymbol{j}+\frac{dz}{dt}\boldsymbol{k}=v_x\boldsymbol{i}+v_y\boldsymbol{j}+v_z\boldsymbol{k} \tag{1-13}$$

其中

$$v_x=\frac{dx}{dt},\quad v_y=\frac{dy}{dt},\quad v_z=\frac{dz}{dt} \tag{1-14}$$

v_x、v_y、v_z分别是速度沿着 x、y、z 轴的三个分量，可正可负．在直角坐标系中，速率为

$$v=|\boldsymbol{v}|=\sqrt{v_x^2+v_y^2+v_z^2} \tag{1-15}$$

速度等于位置矢量对时间的一阶导数．要注意矢量与标量遵循不同的运算法则，因此矢量的微分与标量的微分是不完全相同的．对矢量的微分不仅要考虑这个矢量大小的变化，还要考虑其方向的变化．在利用极坐标系讨论速度时，我们会对这一点看得更加清楚.

在极坐标系中，位置矢量的数学表达式为 $\boldsymbol{r}=r\boldsymbol{e}_r$，由速度的定义和求导法则，得到

$$\boldsymbol{v}=\frac{d\boldsymbol{r}}{dt}=\frac{dr}{dt}\boldsymbol{e}_r+r\frac{d\boldsymbol{e}_r}{dt} \tag{1-16}$$

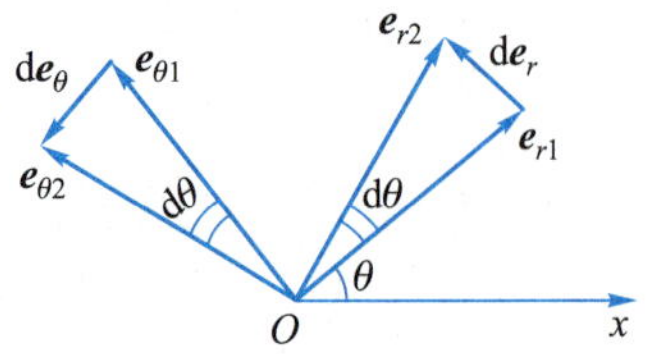

图 1-5 极坐标系中单位矢量的微分

尽管单位矢量 $\boldsymbol{e}_r$大小保持不变，但是它的方向是可能随时间变化的．如何得到 $\boldsymbol{e}_r$对时间的变化率呢？设 $\boldsymbol{e}_{r1}$为 t 时刻的径向单位矢量，考虑一个无限小的时间间隔 dt，$\boldsymbol{e}_{r2}$为 $t+dt$ 时刻的径向单位矢量，$\boldsymbol{e}_{\theta1}$和 $\boldsymbol{e}_{\theta2}$相应地分别为 t 时刻和 $t+dt$ 时刻的横向单位矢量，如图1-5 所示．$\boldsymbol{e}_{r2}$和 $\boldsymbol{e}_{r1}$及它们的增量 $d\boldsymbol{e}_r$构成一等腰三角形，顶角为辐角的无限小增量 $d\theta$. 在这个等腰三角形中，$\boldsymbol{e}_{r2}$和 $\boldsymbol{e}_{r1}$的长度均为单位长度，顶角趋于零，所以底边长趋于 $d\theta$. 对于无限小时间间隔 dt，$d\theta$ 为无限小量，故 $d\boldsymbol{e}_r$的方向垂直于 $\boldsymbol{e}_r$，平行于 $\boldsymbol{e}_\theta$，综合大小和方向写出

$$\frac{d\boldsymbol{e}_r}{dt}=\frac{d\theta}{dt}\boldsymbol{e}_\theta \tag{1-17}$$

同理可得

$$\frac{d\boldsymbol{e}_\theta}{dt}=-\frac{d\theta}{dt}\boldsymbol{e}_r \tag{1-18}$$

即 $\boldsymbol{e}_\theta$ 对时间的变化率与 $\boldsymbol{e}_\theta$ 垂直，平行于 $\boldsymbol{e}_r$. 注意 $d\theta/dt$ 可正可负. 将式(1-17)代入式(1-16)，可得极坐标系中速度的解析表达式为

NOTE

$$\boldsymbol{v}=\frac{\mathrm{d}r}{\mathrm{d}t}\boldsymbol{e}_r+r\frac{\mathrm{d}\theta}{\mathrm{d}t}\boldsymbol{e}_\theta \tag{1-19}$$

或者写为

$$\boldsymbol{v}=v_r\boldsymbol{e}_r+v_\theta\boldsymbol{e}_\theta \tag{1-20}$$

其中

$$v_r=\frac{\mathrm{d}r}{\mathrm{d}t},\quad v_\theta=r\frac{\mathrm{d}\theta}{\mathrm{d}t} \tag{1-21}$$

我们称 $v_r\boldsymbol{e}_r$ 为径向速度，v_r 为速度的径向投影；称 $v_\theta\boldsymbol{e}_\theta$ 为横向速度，横向速度与位置矢量垂直，v_θ 为速度的横向投影．v_r、v_θ 均可正可负．这样，我们就在极坐标系中以单位矢量表达了速度.

在极坐标系中，质点运动速率的表达式为

$$v=\sqrt{v_r^2+v_\theta^2}=\sqrt{\left(\frac{\mathrm{d}r}{\mathrm{d}t}\right)^2+r^2\left(\frac{\mathrm{d}\theta}{\mathrm{d}t}\right)^2} \tag{1-22}$$

将极坐标系与直角坐标系中速度表达式的推导过程进行对比，可以对矢量运算有更深刻的理解．直角坐标系的三个坐标轴在空间方向固定，因此在其中进行矢量微分时，不用考虑单位矢量方向的改变，这是直角坐标系的方便之处．在极坐标系中，对矢量进行微分等运算时，一定不能忘记单位矢量也可能是随时间变化的.

1.1.3 加速度

对于运动的质点来说，不仅其位置会随时间变化，而且其速度也可能随时间变化，速度的大小和方向随时间变化的情况可用加速度来描述．与速度的引入类似，定义加速度前，我们先定义平均加速度.

1. 平均加速度

设质点 t 时刻的速度为 $\boldsymbol{v}(t)$，$t+\Delta t$ 时刻的速度为 $\boldsymbol{v}(t+\Delta t)$，定义平均加速度等于速度的增量与速度发生变化所用的时间间隔之比，即

$$\overline{\boldsymbol{a}}=\frac{\Delta\boldsymbol{v}}{\Delta t} \tag{1-23}$$

平均加速度等于单位时间间隔内速度的增量，它是矢量，方向与 Δt 时间间隔内速度增量 $\Delta\boldsymbol{v}$ 的方向相同.

在国际单位制中，平均加速度的单位为米每二次方秒（$\mathrm{m/s^2}$）.

2. 瞬时加速度

平均加速度粗略地描述了在一段有限的时间间隔内质点速度的变化情况．如果要了解质点在运动中某个时刻速度的变化情况，就需要引入瞬时加速度这个物理量，方法与定义瞬时速度时所

用的方法类似．考虑较短时间间隔内的平均加速度，时间间隔越短，所得的平均加速度越接近瞬时的速度变化率，如果时间间隔趋近于零，就认为平均加速度在此条件下的极限精确地表示出速度的瞬时变化率了．按照这样的思路，可以对瞬时加速度进行定义．

加速度

瞬时加速度，简称**加速度**，等于平均加速度在时间间隔 Δt 趋近于零时的极限．这个定义的数学表达式为

$$\boldsymbol{a}=\lim_{\Delta t\to 0}\overline{\boldsymbol{a}}=\lim_{\Delta t\to 0}\frac{\Delta \boldsymbol{v}}{\Delta t}=\frac{\mathrm{d}\boldsymbol{v}}{\mathrm{d}t} \tag{1-24}$$

加速度等于速度对时间的一阶导数，即速度的时间变化率．由于速度等于位置矢量对时间的一阶导数，因此得到

$$\boldsymbol{a}=\frac{\mathrm{d}\boldsymbol{v}}{\mathrm{d}t}=\frac{\mathrm{d}^2\boldsymbol{r}}{\mathrm{d}t^2} \tag{1-25}$$

即加速度等于位置矢量对时间的二阶导数．

质点的加速度等于其速度矢量对时间的变化率，反映了速度随时间变化的情况．在国际单位制中，加速度的单位为米每二次方秒（$\mathrm{m/s^2}$）．

在直角坐标系中，

$$\boldsymbol{a}=\frac{\mathrm{d}\boldsymbol{v}}{\mathrm{d}t}=\frac{\mathrm{d}v_x}{\mathrm{d}t}\boldsymbol{i}+\frac{\mathrm{d}v_y}{\mathrm{d}t}\boldsymbol{j}+\frac{\mathrm{d}v_z}{\mathrm{d}t}\boldsymbol{k}=\frac{\mathrm{d}^2x}{\mathrm{d}t^2}\boldsymbol{i}+\frac{\mathrm{d}^2y}{\mathrm{d}t^2}\boldsymbol{j}+\frac{\mathrm{d}^2z}{\mathrm{d}t^2}\boldsymbol{k} \tag{1-26}$$

可将加速度写成如下形式：

$$\boldsymbol{a}=a_x\boldsymbol{i}+a_y\boldsymbol{j}+a_z\boldsymbol{k} \tag{1-27}$$

式中，

$$\left.\begin{aligned} a_x&=\frac{\mathrm{d}v_x}{\mathrm{d}t}=\frac{\mathrm{d}^2x}{\mathrm{d}t^2}\\ a_y&=\frac{\mathrm{d}v_y}{\mathrm{d}t}=\frac{\mathrm{d}^2y}{\mathrm{d}t^2}\\ a_z&=\frac{\mathrm{d}v_z}{\mathrm{d}t}=\frac{\mathrm{d}^2z}{\mathrm{d}t^2}\end{aligned}\right\} \tag{1-28}$$

NOTE

a_x、a_y、a_z 为加速度在 x、y、z 轴上的分量，可正可负．加速度的大小用 a 表示：

$$a=|\boldsymbol{a}|=\sqrt{a_x^2+a_y^2+a_z^2} \tag{1-29}$$

如果选取极坐标系，也可以用单位矢量将加速度表示出来．将极坐标系中速度的表达式代入加速度的定义中得到

$$\boldsymbol{a}=\frac{\mathrm{d}\boldsymbol{v}}{\mathrm{d}t}=\frac{\mathrm{d}}{\mathrm{d}t}\left(\frac{\mathrm{d}r}{\mathrm{d}t}\boldsymbol{e}_r+r\frac{\mathrm{d}\theta}{\mathrm{d}t}\boldsymbol{e}_\theta\right)$$

注意，单位矢量 $\boldsymbol{e}_r$ 和 $\boldsymbol{e}_\theta$ 是可以随时间变化的，它们对时间的变化率由式（1-17）和式（1-18）给出．将这两个式子代入上式，经过计算得

$$\boldsymbol{a}=\left[\frac{\mathrm{d}^2 r}{\mathrm{d}t^2}-r\left(\frac{\mathrm{d}\theta}{\mathrm{d}t}\right)^2\right]\boldsymbol{e}_r+\left(r\frac{\mathrm{d}^2\theta}{\mathrm{d}t^2}+2\frac{\mathrm{d}r}{\mathrm{d}t}\frac{\mathrm{d}\theta}{\mathrm{d}t}\right)\boldsymbol{e}_\theta \qquad (1-30)$$

或者,将加速度的径向与横向投影分别记为 a_r 和 a_θ,将加速度写为

$$\boldsymbol{a}=a_r\boldsymbol{e}_r+a_\theta\boldsymbol{e}_\theta \qquad (1-31)$$

式中 a_r 和 a_θ 可正可负.

$$a_r=\frac{\mathrm{d}^2 r}{\mathrm{d}t^2}-r\left(\frac{\mathrm{d}\theta}{\mathrm{d}t}\right)^2,\quad a_\theta=r\frac{\mathrm{d}^2\theta}{\mathrm{d}t^2}+2\frac{\mathrm{d}r}{\mathrm{d}t}\frac{\mathrm{d}\theta}{\mathrm{d}t} \qquad (1-32)$$

称 $a_r\boldsymbol{e}_r$ 为**径向加速度**、$a_\theta\boldsymbol{e}_\theta$ 为**横向加速度**,径向加速度平行于位置矢量,横向加速度垂直于位置矢量.

径向加速度　横向加速度

通过在极坐标系中对速度和加速度表达式的推导,可以看出,将速度和加速度沿径向和横向分解,是在这种坐标系中研究矢量的基本方法,这与在直角坐标系中将矢量沿 x、y、z 轴进行分解的方法本质上是一样的.

NOTE

前面提到过,在质点运动学部分,运动函数对了解质点的运动是非常重要的. 在引出速度和加速度的概念后,我们对这一点就会理解得更加深刻. 若已知质点的运动函数,那么,运动函数对时间的一阶导数给出了质点的速度,对时间的二阶导数给出了质点的加速度,还可以通过运动函数得到质点运动的轨道. 反过来,若已知质点的加速度和初始时刻的速度和位置矢量,原则上就可以通过积分的方法求得质点的速度和运动函数.

回顾前面的内容,从位置矢量到加速度,可以看到,这种采用矢量描述运动的方法简明、精准且普适,它不仅是一种理论,还有实用价值. 例如:惯性导航是一种非常复杂的尖端技术,在国防科技中占有重要地位,现在这种技术不断向民用发展,扩展到民航、船舶、大地测量等诸多技术领域. 在运动学方面,惯性导航最基本的原理是利用惯性元件(加速度计、陀螺仪)测量出运载体本身的加速度后,借助计算机经过积分等运算推测出运载体的速度和位置,从而达到对运载体导航定位的目的.

例 1-1

一质点在 xOy 平面内运动,运动方程为 $x=a\cos\omega t, y=b\sin\omega t$,其中 a、b 和 ω 均为非零的正常量. 求:(1)质点的运动轨道;(2)质点在 t 时刻的速度和加速度.

解:(1) 题中的运动方程分别给出了质点的 x、y 坐标随时间的变化关系,由运动方程消去时间 t,得

$$\frac{x^2}{a^2}+\frac{y^2}{b^2}=1$$

这是质点的轨道方程．由轨道方程可以判断：该质点的运动轨道为椭圆，中心在原点．若 $a>b$，则焦点在 x 轴上，长半轴和短半轴的长度分别为 a、b，如图 1-6 所示．若 $a<b$，则焦点在 y 轴上．

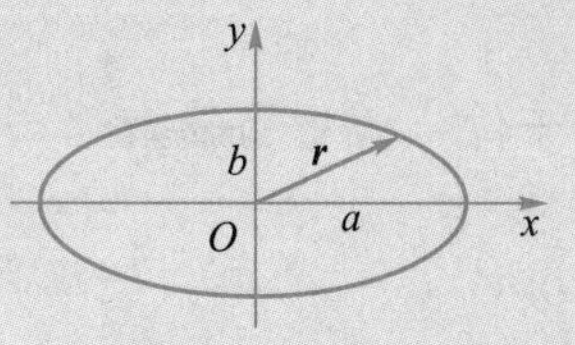

图 1-6 例 1-1 图

（2）将运动方程写为矢量式，得

$$\boldsymbol{r}=(a\cos\omega t)\boldsymbol{i}+(b\sin\omega t)\boldsymbol{j}$$

将上式对时间求导，得到速度

$$\boldsymbol{v}=\frac{\mathrm{d}\boldsymbol{r}}{\mathrm{d}t}=\frac{\mathrm{d}x}{\mathrm{d}t}\boldsymbol{i}+\frac{\mathrm{d}y}{\mathrm{d}t}\boldsymbol{j}=(-a\omega\sin\omega t)\boldsymbol{i}+(b\omega\cos\omega t)\boldsymbol{j}$$

将速度对时间求导，可以得到质点的加速度

$$\boldsymbol{a}=\frac{\mathrm{d}\boldsymbol{v}}{\mathrm{d}t}=\frac{\mathrm{d}v_x}{\mathrm{d}t}\boldsymbol{i}+\frac{\mathrm{d}v_y}{\mathrm{d}t}\boldsymbol{j}=(-a\omega^2\cos\omega t)\boldsymbol{i}-(b\omega^2\sin\omega t)\boldsymbol{j}$$

$$=-\omega^2\boldsymbol{r}$$

质点的加速度与其位置矢量方向相反，大小成正比．

要注意运动方程和轨道方程的区别．运动方程表达了质点位置随时间变化的函数关系，而轨道方程给出的是质点位置坐标间的函数关系，是质点运动轨道的数学表达式．

例 1-2

一质点沿 x 轴运动，其加速度 a 随时间 t 的变化关系为 $a=-6t+3t^2$（SI 单位）．已知在 $t=0$ 时刻，质点的坐标为 $x_0=5$ m，速率为 3 m/s，运动方向沿 x 轴负向．求：（1）$t=1$ s 时刻质点的速度；（2）质点的运动函数．

解：题中给出了 $t=0$ 时刻质点的速度和坐标，我们常常称这些条件为初始条件．

（1）由加速度的定义可知，对于直线运动的质点有 $\mathrm{d}v=a\mathrm{d}t$，对此式两边积分得

$$\int_{v_0}^{v}\mathrm{d}v=\int_0^t a\mathrm{d}t=\left[\int_0^t(-6t+3t^2)\mathrm{d}t\right]$$

$$v(t)=v_0+(-3t^2+t^3)$$

将初始条件 $v_0=-3$ m/s 代入上式，得到 t 时刻质点的速度为

$$v(t)=t^3-3t^2-3$$

令 $t=1$ s，得到质点此刻的速度

$$v(1\ \mathrm{s})=-5\ \mathrm{m/s}$$

$t=1$ s 时，质点的速率为 5 m/s，速度方向沿 x 轴负向．

（2）由速度的定义，对一维运动有 $\mathrm{d}x=v\mathrm{d}t$．对等式两侧积分，得到

$$\int_{x_0}^{x}\mathrm{d}x=\int_0^t v\mathrm{d}t=\int_0^t(t^3-3t^2-3)\mathrm{d}t$$

经计算得

$$x(t)-x_0=\frac{1}{4}t^4-t^3-3t$$

将初始条件 $t=0$ 时，$x_0=5$ m 代入上式，得到质点的运动函数为

$$x(t)=\frac{1}{4}t^4-t^3-3t+5$$

注意：由本题的求解过程可以看到，初始条件对于确定质点的运动是十分重要的．本题采用 SI 单位．

1.1.4 相对运动

对运动的描述离不开坐标系，由于运动的相对性，在不同坐标系中对某个物体运动的描述是不同的，但是它们彼此之间又存在着联系. 设在坐标系 S(O,x,y,z) 中观察到另外一个坐标系 S′(O',x',y',z') 相对于它以速度 $\boldsymbol{u}_0$运动，且在运动过程中 S′系的坐标轴始终与 S 系相应的坐标轴平行，即 S′系在运动过程中保持其 x'轴平行于 x 轴、y'轴平行于 y 轴、z'轴平行于 z 轴，如图 1-7 所示.（为了清晰起见，图中没有画出 z 轴和 z'轴.）测量长度的尺子和计时的时钟都在同一个坐标系中被校准，且以两个坐标系的原点 O 和 O'重合时作为计时的零点. 有一个质点 P，t 时刻它在两个坐标系中的位置矢量分别为 $\boldsymbol{r}$ 和 $\boldsymbol{r}'$，设 S′系的原点 O'在 S 系中的位置矢量为 $\boldsymbol{R}$. 采用牛顿时代的时空观，即长度和时间都是绝对的，则

授课录像：相对运动

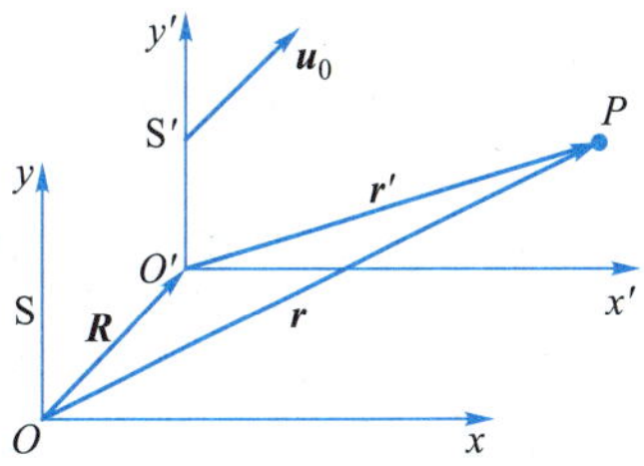

图 1-7 相对运动

$$\boldsymbol{r}=\boldsymbol{r}'+\boldsymbol{R} \tag{1-33}$$

将上式对时间求导有

$$\frac{\mathrm{d}\boldsymbol{r}}{\mathrm{d}t}=\frac{\mathrm{d}\boldsymbol{r}'}{\mathrm{d}t}+\frac{\mathrm{d}\boldsymbol{R}}{\mathrm{d}t}$$

式中，左侧为质点 P 相对于 S 系的速度 $\boldsymbol{v}$，右侧第一项为质点 P 相对于 S′系的速度 $\boldsymbol{v}'$，右侧第二项为 S′系相对于 S 系的速度 $\boldsymbol{u}_0$. 于是有

$$\boldsymbol{v}=\boldsymbol{v}'+\boldsymbol{u}_0 \tag{1-34}$$

该式表明质点相对于 S 系的速度等于该质点相对于 S′系的速度与 S′系相对于 S 系的速度的矢量和. 它表达了在两个坐标系中观察到的同一个质点运动速度间的变换关系，称为**伽利略速度变换**. 伽利略速度变换常写成如下形式：

伽利略速度变换

$$\boldsymbol{v}_{PS}=\boldsymbol{v}_{PS'}+\boldsymbol{v}_{S'S} \tag{1-35}$$

其中，$\boldsymbol{v}_{PS}$为质点 P 相对于 S 系的速度，$\boldsymbol{v}_{PS'}$为质点 P 相对于 S′系的速度，$\boldsymbol{v}_{S'S}$为 S′系相对于 S 系的速度. 将式(1-34)对时间求导得

$$\boldsymbol{a}=\boldsymbol{a}'+\boldsymbol{a}_0 \tag{1-36}$$

此式给出了在两个坐标系中观察到的同一个质点的加速度间的变换关系，即质点相对于 S 系的加速度等于该质点相对于 S′系的加速度与 S′系相对于 S 系的加速度的矢量和.

若 $\boldsymbol{u}_0$是一常量，即 S′系相对于 S 系静止或做匀速直线运动，则

$$\boldsymbol{a}=\boldsymbol{a}' \tag{1-37}$$

此时在两个坐标系中观察到的质点的加速度相同．式(1-33)、式(1-34)和式(1-36)给出了在不同坐标系中对同一质点运动描述间的关系．需要强调的是，这些结论只在运动速度远远小于光速的条件下适用．同一个质点的坐标及速度在两个坐标系间更普遍的关系由洛伦兹变换给出，读者将在第四卷狭义相对论中学到这部分内容．

例 1-3

一人骑车向东而行，当速率为 10 m/s 时感到有南风，当速率增加到 15 m/s 时，感到有东南风．设风对地的速度保持不变，求风的速度．

解： 以 $\boldsymbol{v}_{风地}$ 表示风对地的速度、$\boldsymbol{v}_{风人}$ 表示风对人的速度、$\boldsymbol{v}_{人地}$ 表示人对地的速度．由伽利略速度变换得

$$\boldsymbol{v}_{风地}=\boldsymbol{v}_{风人}+\boldsymbol{v}_{人地}$$

图 1-8 中以有向线段$\overrightarrow{OP_1}$、$\overrightarrow{OE}$分别表示当骑车人的速率为 10 m/s 时的 $\boldsymbol{v}_{人地}$ 和 $\boldsymbol{v}_{风人}$．根据伽利略速度变换和矢量加法的平行四边形法则，有向线段$\overrightarrow{OD}$为风对地的速度 $\boldsymbol{v}_{风地}$．当人骑车的速率为15 m/s时，有向线段$\overrightarrow{OP_2}$、$\overrightarrow{P_2D}$分别表示人对地的速度和风对人的速度．根据已知条件，人骑车的速率为 15 m/s 时，感到有东南风，得到 $\angle OP_2D$ 等于 45°．有向线段$\overrightarrow{OP_2}$、$\overrightarrow{P_2D}$和$\overrightarrow{OD}$构成了个三角形．在直角三角形 DP_1P_2 中，$\angle P_1P_2D$ 为 45°，所以

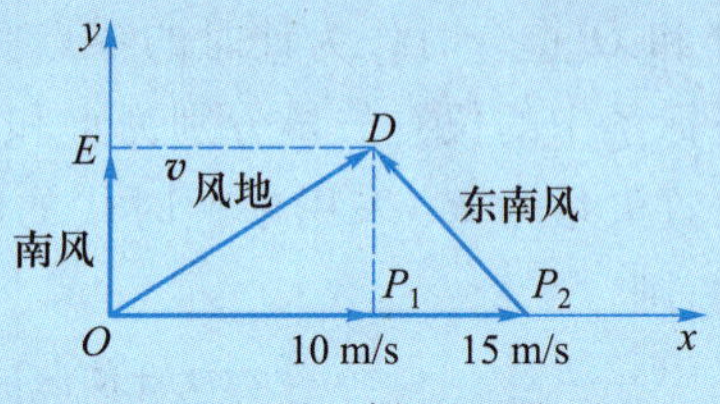

图 1-8 例 1-3 图

$$|DP_1|=|P_1P_2|=(15-10)\text{ m/s}=5\text{ m/s}$$

在三角形 OP_1D 中，$|OP_1|=10$ m/s，$|DP_1|=5$ m/s，故风对地的速度为

$$\boldsymbol{v}_{风地}=(10\boldsymbol{i}+5\boldsymbol{j})\text{ m/s}$$

这样，我们利用矢量方法求得了风对地的速度．

1.1.5 匀加速运动

若物体在运动过程中，加速度是常矢量，则称该物体的运动为匀加速运动．

由加速度的定义 $\boldsymbol{a}=\dfrac{\mathrm{d}\boldsymbol{v}}{\mathrm{d}t}$ 得

$$\mathrm{d}\boldsymbol{v}=\boldsymbol{a}\mathrm{d}t$$

设初始条件为：$t=0$ 时刻质点的速度为 $\boldsymbol{v}_0$，位置矢量为 $\boldsymbol{r}_0$．对上

NOTE

式积分，注意 $\boldsymbol{a}$ 是常矢量有

$$\int_{\boldsymbol{v}_0}^{\boldsymbol{v}} \mathrm{d}\boldsymbol{v} = \int_0^t \boldsymbol{a}\mathrm{d}t$$

得到 t 时刻质点的速度为

$$\boldsymbol{v}=\boldsymbol{v}_0+\boldsymbol{a}t \tag{1-38}$$

这是匀加速运动的速度公式．在直角坐标系中，匀加速运动速度的分量式为

$$\left.\begin{aligned} v_x &= v_{0x}+a_x t \\ v_y &= v_{0y}+a_y t \\ v_z &= v_{0z}+a_z t \end{aligned}\right\} \tag{1-39}$$

由速度的定义 $\boldsymbol{v}=\dfrac{\mathrm{d}\boldsymbol{r}}{\mathrm{d}t}$ 得 $\mathrm{d}\boldsymbol{r}=\boldsymbol{v}\mathrm{d}t$，将式(1-38)代入，得

$$\mathrm{d}\boldsymbol{r}=(\boldsymbol{v}_0+\boldsymbol{a}t)\mathrm{d}t$$

对上式积分，并代入初始条件 $t=0$ 时质点位置矢量为 $\boldsymbol{r}_0$，有

$$\int_{\boldsymbol{r}_0}^{\boldsymbol{r}} \mathrm{d}\boldsymbol{r} = \int_0^t (\boldsymbol{v}_0 + \boldsymbol{a}t)\mathrm{d}t$$

得到 t 时刻质点的位置矢量为

$$\boldsymbol{r}=\boldsymbol{r}_0+\boldsymbol{v}_0 t+\frac{1}{2}\boldsymbol{a}t^2 \tag{1-40}$$

这是做匀加速运动质点的位置矢量公式．在直角坐标系中，其分量式为

$$\left.\begin{aligned} x &= x_0+v_{0x}t+\frac{1}{2}a_x t^2 \\ y &= y_0+v_{0y}t+\frac{1}{2}a_y t^2 \\ z &= z_0+v_{0z}t+\frac{1}{2}a_z t^2 \end{aligned}\right\} \tag{1-41}$$

式(1-39)和式(1-41)中加速度、速度在三个轴上的分量以及质点的坐标都是可正可负的．到此，我们得到了匀加速运动质点的速度和位置矢量公式．常用的匀加速运动有：匀加速直线运动、自由落体运动和抛体运动．

1. 匀加速直线运动

质点做匀加速直线运动时，速度和加速度的方向在一条直线上，选这条直线为 x 轴，由式(1-39)和式(1-41)得

$$v(t)=v_0+at \tag{1-42}$$

$$x=x_0+v_0 t+\frac{1}{2}at^2 \tag{1-43}$$

由上面两式消去时间 t，再整理后得到

$$v^2-v_0^2=2a(x-x_0) \tag{1-44}$$

大家熟悉的自由落体运动是在竖直方向初速度为零的匀加速直线运动,加速度的大小为重力加速度 g. 实验测出,重力加速度的值在地球的不同地方是不同的,在地球赤道附近较小,在地球两极附近较大,一般取 $g=9.8\ m/s^2$.

2. 抛体运动

抛体运动是一种常见的二维匀加速运动. 在地面附近抛出一物体,忽略空气阻力,物体的加速度为重力加速度 g. 若被抛出物体的运动范围不大,以至于重力加速度的值变化不大,那么物体在运动过程中的加速度可被看成不变的矢量.

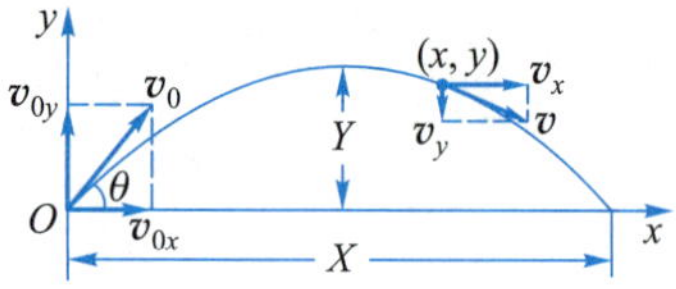

图 1-9 抛体运动

设被抛出的物体可以被视为质点. 选物体的抛出点为坐标系原点,以竖直向上为 y 轴的正方向;x 轴沿水平方向,以向右为正,如图 1-9 所示. 初始时刻 $t=0$ 时,物体位于坐标系原点,$x_0=0$,$y_0=0$. 以 $\boldsymbol{v}_0$表示初始时刻的速度,设 $\boldsymbol{v}_0$与 x 轴正向的夹角为 θ(常将之称为抛射角),那么 $v_{0x}=v_0\cos\theta$,$v_{0y}=v_0\sin\theta$. 物体的加速度是常矢量,方向沿 y 轴负向,大小为 g,所以 $a_x=0$,$a_y=-g$.

将初始条件和加速度代入式(1-39),得到速度沿着两个坐标轴的分量为

$$\left.\begin{aligned} v_x &= v_{0x}=v_0\cos\theta \\ v_y &= v_{0y}-gt=v_0\sin\theta-gt \end{aligned}\right\} \tag{1-45}$$

在任意时刻 t,合速度的大小为

$$v=\sqrt{v_x^2+v_y^2}$$

设速度与 x 轴的夹角为 α,则

$$\tan\alpha=\frac{v_y}{v_x}$$

在运动的每个时刻,速度矢量均与轨道相切.

将初始条件和加速度代入式(1-41),得到

$$\left.\begin{aligned} x &= (v_0\cos\theta)t \\ y &= (v_0\sin\theta)t-\frac{1}{2}gt^2 \end{aligned}\right\} \tag{1-46}$$

由速度和坐标公式可以看出,质点在 x 轴方向的运动是匀速直线运动;在 y 轴方向的运动是匀加速直线运动,加速度大小为 g,方向沿 y 轴负向.抛体运动可以分解为水平方向的匀速直线运动与竖直方向的匀加速直线运动.

物体到达最高点时,$v_y=0$,由式(1-45)中速度 y 方向的分量式得,物体从被抛出到最高点所用的时间为

$$t=\frac{v_0\sin\theta}{g}$$

NOTE

NOTE

将上式代入式(1-46)中 y 方向的分量式,得物体所能达到的最大高度 Y(射高)为

$$Y=\frac{v_0^2\sin^2\theta}{2g} \tag{1-47}$$

图 1-9 中,物体从 O 点被抛出到达与抛出点相同的高度所用的时间为 $t=(2v_0\sin\theta)/g$,将 t 代入式(1-46)中 x 方向的分量式,得到抛体回落到被抛出高度时所经过的水平距离 X,即射程为

$$X=\frac{v_0^2\sin 2\theta}{g} \tag{1-48}$$

由上面两个式子可以看出,对于相同的抛出速率 v_0,$\theta=90°$时抛体有最大射高,$\theta=45°$时抛体有最大射程.

消掉式(1-46)运动函数中的时间 t,得到抛体轨道方程

$$y=(\tan\theta)x-\frac{g}{2(v_0\cos\theta)^2}x^2 \tag{1-49}$$

从这个关于抛体运动的轨道方程可知,物体的纵坐标 y 随横坐标 x 变化的函数关系是二次函数,函数曲线为抛物线. 也就是说,抛体运动的轨道是抛物线.

由于空气阻力等因素,实际抛体的运动轨道不是抛物线. 例如子弹、炮弹在空中的轨道是弹道曲线,它们的射程和能达到的高度都会减小. 特别是对运动速度较大的物体,利用抛物线计算出来的射程甚至可能比实际的射程大几十倍. 所以在军事技术中,对子弹、炮弹等在空气中的飞行规律有专门学科来研究,这门学科称为弹道学. 若物体飞行的射程过大,如洲际弹道导弹,以致重力加速度不能被处理为一个常量,上述公式就不再适用了.

例 1-4

一篮筐距地面的高度为 3.0 m. 人站在距篮筐水平距离为 7.3 m 的地面上,手持篮球投篮. 已知球出手时距地面的高度为 1.8 m,球的速度与水平方向的夹角为 40°. 若球恰好被投入篮筐,求篮球出手时的速率.

解: 将坐标系原点 O 置于球出手处,如图 1-10 所示,并以球出手时为计时零点. 球沿水平方向运动的距离为 $x=7.3$ m,沿竖直方向的运动距离为 $y=3.0\text{ m}-1.8\text{ m}=1.2$ m. 球的初速度与 x 轴的夹角为 $\theta=40°$. 设球出手时速率为 v_0,在 t 时刻球入篮筐,由抛体的运动方程得

$$\begin{cases}7.3=(v_0\cos 40°)t\\ 1.2=(v_0\sin 40°)t-\dfrac{1}{2}gt^2\end{cases} \quad (\text{SI 单位})$$

联立这两个方程,解得

$$\begin{cases}v_0=9.51\text{ m/s}\\ t=1.00\text{ s}\end{cases}$$

所求的篮球出手时的速率为 $v_0=9.51$ m/s.

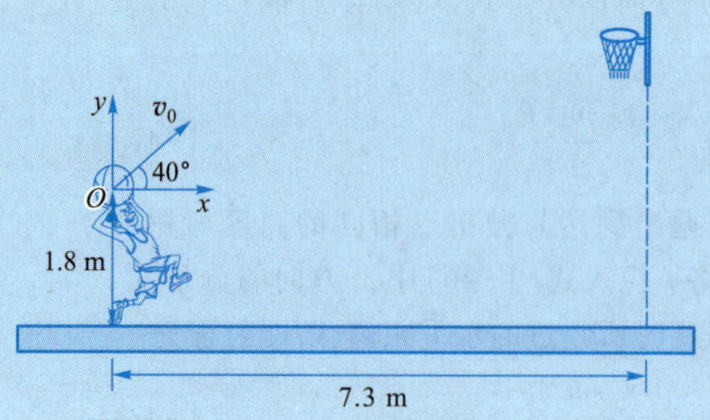

图 1-10 例 1-4 图

1.1.6 圆周运动

若质点的运动轨道为圆,则称这个质点做圆周运动. 圆周运动很常见,它有个特点:质点在运动过程中,距圆心的距离等于圆的半径,是个常量. 基于这个特点,往往可以用与角度相关的量方便地描述圆周运动. 下面介绍针对圆周运动的运动学描述.

1. 角速度与角加速度

(1) 角速度.

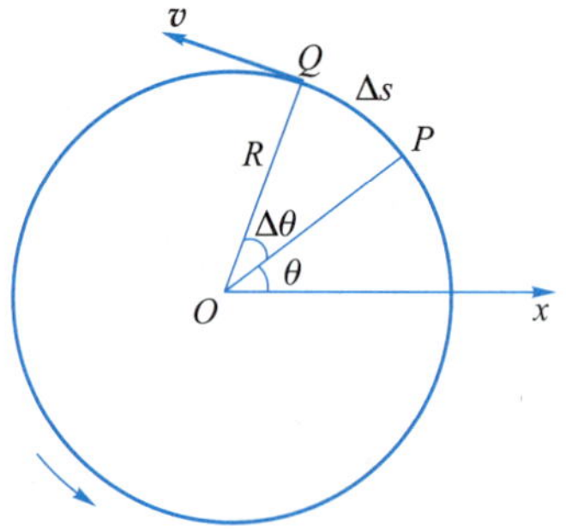

图 1-11 参考轴、位置角和角位移

设某个质点沿圆心位于 O 点、半径为 R 的圆周做逆时针运动,从圆心向外引参考轴 Ox,如图 1-11 所示. 在 t 时刻,质点沿圆周运动到 P 点. 因为质点在运动过程中到圆心的距离恒定,所以可以通过半径 OP 与 Ox 轴间的夹角 θ 来方便地确定其位置. θ 称为质点的位置角. 设在 Δt 时间间隔内,质点沿着圆周由 P 点运动到 Q 点,它运动过的路程为 Δs,对圆心转过的角度为 $\Delta\theta$. $\Delta\theta$ 称为 Δt 时间间隔内质点的角位移. 角位移等于末态位置角与初态位置角之差. 对于圆周运动,为了方便地描述运动的快慢,引入物理量**角速度**,以 ω 表示. 定义圆周运动质点的角速度①

角速度

$$\omega=\lim_{\Delta t\to 0}\frac{\Delta\theta}{\Delta t}=\frac{\mathrm{d}\theta}{\mathrm{d}t} \tag{1-50}$$

在国际单位制中,角速度的单位是 rad/s 或 s^{-1}. 引入角速度之后,常常称前面定义的质点的速度 $\boldsymbol{v}$ 为线速度.

在圆周运动过程中,质点在圆周上某处的线速度方向沿圆周在该点的切线方向,与该处的圆半径垂直. 利用式(1-12),圆周运动质点的速率为

① 第 2 章中我们将定义角速度的方向.

NOTE

$$v=\frac{\mathrm{d}s}{\mathrm{d}t}$$

式中，$\mathrm{d}s$ 为质点在 $\mathrm{d}t$ 时间间隔内通过的路程，它与圆周的半径 R 和 $\mathrm{d}t$ 时间间隔内质点的角位移 $\mathrm{d}\theta$ 满足关系

$$\mathrm{d}s=R\mathrm{d}\theta$$

故圆周运动质点的速率

$$v=\frac{\mathrm{d}s}{\mathrm{d}t}=R\frac{\mathrm{d}\theta}{\mathrm{d}t}=R\omega$$

圆周运动质点的角速度和线速度大小之间的关系为

$$v=R\omega \tag{1-51}$$

即圆周运动质点线速度的大小等于其角速度大小与圆的半径之积．线速度的方向沿圆周的切向，指向运动的前方．

（2）角加速度．

物体做圆周运动时，其角速度可能随时间变化，为了描述角速度随时间变化的快慢，引入**角加速度** α．定义角加速度 α 等于角速度对时间的一阶导数．

角加速度

$$\alpha=\frac{\mathrm{d}\omega}{\mathrm{d}t} \tag{1-52}$$

角加速度等于角速度对时间的变化率．在国际单位制中，角加速度的单位是 $\mathrm{rad/s^2}$ 或 $\mathrm{s^{-2}}$．

2. 加速度

质点做圆周运动时，其速度方向沿圆轨道的切线方向，所以其速度的方向时时改变，其速度的大小也可能发生变化，如何计算其加速度呢？

（1）匀速圆周运动的加速度．

如果质点在圆周运动过程中，速率恒定，不随着时间发生变化，则称该质点的运动为匀速圆周运动．尽管质点运动速度的大小不变，但是其方向却不停地变化，总是沿着圆周的切线方向，因此质点具有加速度．

设质点沿圆心位于 O 点、半径为 R 的圆周逆时针运动，如图 1-12 所示．在 t 时刻，质点位于圆周上 P 点，速度为 $\boldsymbol{v}(t)$，方向与半径 OP 垂直．在 $t+\Delta t$ 时刻，它运动到 Q 点，速度为 $\boldsymbol{v}(t+\Delta t)$，方向与半径 OQ 垂直．在 Δt 时间间隔内，质点的平均加速度为

$$\overline{\boldsymbol{a}}=\frac{\boldsymbol{v}(t+\Delta t)-\boldsymbol{v}(t)}{\Delta t}=\frac{\Delta\boldsymbol{v}}{\Delta t}$$

质点的加速度等于平均加速度在 $\Delta t\to0$ 时的极限．为了求得质点的加速度，我们来考虑 $\Delta t\to0$ 时平均加速度的大小和方向．

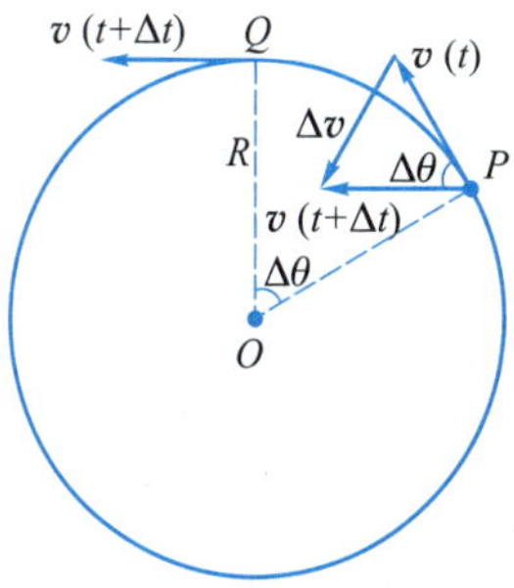

图 1-12 匀速圆周运动向心加速度推导用图

首先来看加速度的方向．图 1-12 中，因为速度总垂直于该

点处的半径，所以 $t+\Delta t$ 时刻质点的速度 $\boldsymbol{v}(t+\Delta t)$ 与 t 时刻质点的速度 $\boldsymbol{v}(t)$ 间的夹角等于在这一时间间隔内质点的角位移 $\Delta\theta$. 若时间间隔 $\Delta t\to 0$，则 $\Delta\theta\to 0$，于是 $\Delta\boldsymbol{v}$ 的方向趋近于沿半径指向圆心 O. 故质点在 P 点的加速度方向沿 OP 半径指向圆心. 可以总结出一般性的结论，匀速圆周运动质点在圆周上任意一点加速度的方向为：沿该处圆轨道的半径指向圆心，与质点在该处的速度方向垂直. 由于它的方向指向圆心，沿运动轨道的法向，因此将之称为**法向加速度**，或向心加速度，记作 $\boldsymbol{a}_n$.

法向加速度

NOTE

接下来，计算向心加速度的大小. 根据矢量运算的基本知识，$\boldsymbol{v}(t+\Delta t)$、$\boldsymbol{v}(t)$ 和 $\Delta\boldsymbol{v}$ 三个矢量构成等腰三角形，见图1-12. 在这个三角形中，$\Delta\boldsymbol{v}$ 的大小为

$$|\Delta\boldsymbol{v}|=2v\sin\frac{\Delta\theta}{2}$$

式中，v 是质点运动的速率，在运动中保持不变. 当 $\Delta t\to 0$ 时，$\sin\frac{\Delta\theta}{2}\to\frac{\Delta\theta}{2}$，这样，得到向心加速度的大小

$$a_n=v\lim_{\Delta t\to 0}\frac{\Delta\theta}{\Delta t}=v\frac{\mathrm{d}\theta}{\mathrm{d}t}$$

利用式(1-50)和式(1-51)得到向心加速度与角速度、线速度及半径的关系为

$$a_n=v\omega=\frac{v^2}{R}=R\omega^2 \tag{1-53}$$

向心加速度描述了质点速度方向随时间变化的快慢，对于半径相同的圆周运动，角速度越大，速度方向变化得越快，向心加速度就越大. 请大家从加速度的定义出发思考一下：对于角速度相同的圆周运动，为什么半径大者，向心加速度更大？

(2) 一般圆周运动的加速度.

质点做圆周运动时，它的速率也有可能发生变化，接下来，就一般情况推导做圆周运动质点的加速度.

在图 1-13 中，质点在半径为 R、圆心为 O 的圆周上沿逆时针方向运动，t 时刻位于圆周上 P 点，速度为 $\boldsymbol{v}(t)$，$t+\Delta t$ 时刻运动到 Q 点，速度为 $\boldsymbol{v}(t+\Delta t)$. 在 Δt 时间间隔内质点的角位移为 $\Delta\theta$. 平移速度矢量 $\boldsymbol{v}(t+\Delta t)$，使其尾部与速度矢量 $\boldsymbol{v}(t)$ 的尾部相连，利用矢量减法法则，得到了速度的增量 $\Delta\boldsymbol{v}$，即图 1-13 中的有向线段 $\overrightarrow{LN}$. 质点在 Δt 时间间隔内的平均加速度为

$$\bar{\boldsymbol{a}}=\frac{\Delta\boldsymbol{v}}{\Delta t}$$

在由 $\boldsymbol{v}(t)$、$\boldsymbol{v}(t+\Delta t)$ 和 $\Delta\boldsymbol{v}$ 构成的三角形 LPN 的 PN 边上取一点

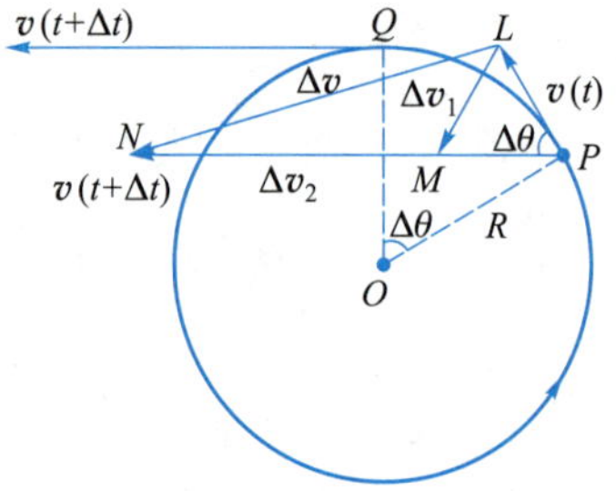

图 1-13 圆周运动加速度推导用图

NOTE

M,使得 $PM=PL$,并由 L 到 M 作一有向线段$\overrightarrow{LM}$. 将有向线段$\overrightarrow{LM}$记为 $\Delta\boldsymbol{v}_1$,并将由 M 到 N 的有向线段$\overrightarrow{MN}$记为 $\Delta\boldsymbol{v}_2$. 利用三角形 LMN,由矢量加法的三角形法则得

$$\Delta\boldsymbol{v}=\Delta\boldsymbol{v}_1+\Delta\boldsymbol{v}_2$$

平均加速度为

$$\bar{\boldsymbol{a}}=\frac{\Delta\boldsymbol{v}}{\Delta t}=\frac{\Delta\boldsymbol{v}_1+\Delta\boldsymbol{v}_2}{\Delta t}$$

质点的加速度为

$$\boldsymbol{a}=\lim_{\Delta t\to 0}\bar{\boldsymbol{a}}=\lim_{\Delta t\to 0}\frac{\Delta\boldsymbol{v}_1+\Delta\boldsymbol{v}_2}{\Delta t}=\lim_{\Delta t\to 0}\frac{\Delta\boldsymbol{v}_1}{\Delta t}+\lim_{\Delta t\to 0}\frac{\Delta\boldsymbol{v}_2}{\Delta t}$$

加速度 $\boldsymbol{a}$ 由两部分组成. 由于 $PM=PL$,所以第一部分$\lim\limits_{\Delta t\to 0}\dfrac{\Delta\boldsymbol{v}_1}{\Delta t}$是前面讨论过的法向加速度 $\boldsymbol{a}_{\mathrm{n}}$. 来看第二部分,即$\lim\limits_{\Delta t\to 0}\dfrac{\Delta\boldsymbol{v}_2}{\Delta t}$的大小和方向. 先来讨论它的方向. 由图 1-13 可以看出,当 $\Delta t\to 0$ 时, $\Delta\theta\to 0$,$\Delta\boldsymbol{v}_2$的方向趋向于圆在 P 点的切线方向. 如果 $v(t+\Delta t)>v(t)$,那么 $\Delta\boldsymbol{v}_2$ 的方向与质点速度的方向一致;如果$v(t+\Delta t)<v(t)$,那么 $\Delta\boldsymbol{v}_2$ 的方向与质点速度的方向相反. 无论如何, $\lim\limits_{\Delta t\to 0}\dfrac{\Delta\boldsymbol{v}_2}{\Delta t}$总是沿圆切线方向的,因此它被称为**切向加速度**,记作 $\boldsymbol{a}_{\mathrm{t}}$. 以运动方向为圆切向的正方向,则切向加速度为

切向加速度

$$a_{\mathrm{t}}=\frac{\mathrm{d}v}{\mathrm{d}t} \tag{1-54}$$

上式表明,切向加速度等于速率对时间的一阶导数,它描述的是圆周运动质点速度大小随时间变化的快慢. 如果$\dfrac{\mathrm{d}v}{\mathrm{d}t}>0$,那么切向加速度与速度的方向相同;如果$\dfrac{\mathrm{d}v}{\mathrm{d}t}<0$,那么切向加速度与速度的方向相反. 利用线速度和角速度间的关系,可以得到圆周运动质点切向加速度与角加速度大小间的关系:

$$a_{\mathrm{t}}=\frac{\mathrm{d}v}{\mathrm{d}t}=\frac{\mathrm{d}}{\mathrm{d}t}(R\omega)=R\,\frac{\mathrm{d}\omega}{\mathrm{d}t}=R\alpha$$

即

$$a_{\mathrm{t}}=R\alpha \tag{1-55}$$

圆周运动质点切向加速度的大小等于角加速度的大小与圆半径之积.

在分别讨论了圆周运动质点的法向和切向加速度后,可以来

计算圆周运动质点的加速度了．圆周运动质点的加速度等于法向加速度 $\boldsymbol{a}_{\mathrm{n}}$ 与切向加速度 $\boldsymbol{a}_{\mathrm{t}}$ 的矢量和.

$$\boldsymbol{a}=\boldsymbol{a}_{\mathrm{n}}+\boldsymbol{a}_{\mathrm{t}} \tag{1-56}$$

法向加速度 $\boldsymbol{a}_{\mathrm{n}}$ 与切向加速度 $\boldsymbol{a}_{\mathrm{t}}$ 彼此垂直，故圆周运动质点加速度的大小为

$$a=\sqrt{a_{\mathrm{n}}^{2}+a_{\mathrm{t}}^{2}}$$

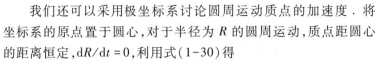

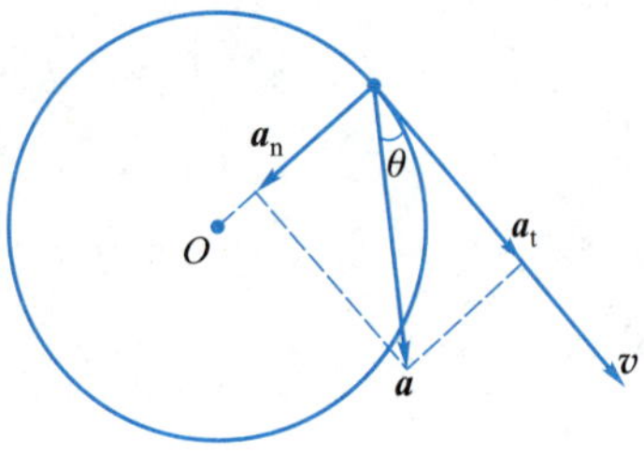

图 1-14 圆周运动质点的加速度

设加速度与速度间的夹角为 θ，如图 1-14 所示，则圆周运动质点加速度的方向可由 θ 确定，

$$\theta=\arctan\frac{a_{\mathrm{n}}}{a_{\mathrm{t}}}$$

若质点做匀速圆周运动，即质点的速率恒定，其角速度 ω 是常量，则 $a_{\mathrm{t}}=0$，加速度的方向就是法向加速度的方向，沿半径指向圆心，其大小为 $R\omega^{2}$ 或 v^{2}/R.

质点做圆周运动时，其速度一定沿圆的切向．如果把加速度沿轨道的法向和切向分解，那么法向加速度描述的是速度方向的时间变化率，切向加速度描述的是速率的时间变化率．这样，我们就可以不必关心质点在空间的具体位置，而由轨道的形状（半径、轨道各处的法向和切向等）出发来得到关于加速度的信息，采用这种方法研究圆周运动往往比用直角坐标系更方便．在动力学部分，涉及圆周运动时，也常常这样处理问题．此方法还可以推广到一般的平面曲线运动.

NOTE

我们还可以采用极坐标系讨论圆周运动质点的加速度．将坐标系的原点置于圆心，对于半径为 R 的圆周运动，质点距圆心的距离恒定，$\mathrm{d}R/\mathrm{d}t=0$，利用式（1-30）得

$$\boldsymbol{a}=-R\left(\frac{\mathrm{d}\theta}{\mathrm{d}t}\right)^{2}\boldsymbol{e}_{r}+R\frac{\mathrm{d}^{2}\theta}{\mathrm{d}t^{2}}\boldsymbol{e}_{\theta} \tag{1-57}$$

式中

$$-R\left(\frac{\mathrm{d}\theta}{\mathrm{d}t}\right)^{2}=-R\omega^{2},\quad R\frac{\mathrm{d}^{2}\theta}{\mathrm{d}t^{2}}=R\alpha$$

式（1-57）右侧第一项为负值，表明它与径向单位矢量 $\boldsymbol{e}_{r}$ 方向相反，是沿半径指向圆心的；右侧第二项沿圆的切向．式中右侧的两项就是前面所讨论的法向加速度与切向加速度．利用极坐标系得到的结果与之前的相同.

例 1-5

一圆盘半径为 $R=0.1$ m，绕过其圆心且与盘面垂直的固定轴转动．盘的边缘绕有一根轻绳，绳的下端系一物体 A，如图 1-15 所示．物体 A 沿竖直方向向下做匀加速运动，且绳子不可伸长，也不在滑轮上打滑．已知在 $t=0$ 时刻，A 的速度方向为竖直向下，大小为 0.04 m/s，A 经过 2 s 下落了 0.2 m．求盘边上任意一点在 $t=2$ s 时刻的加速度．

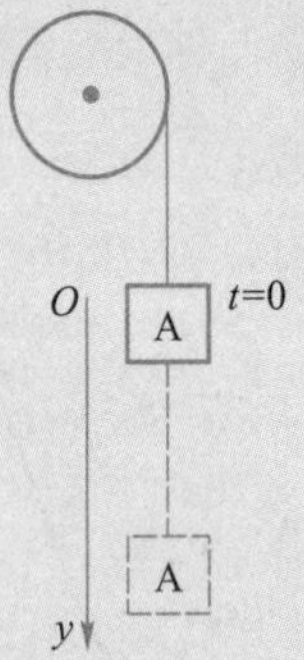

图 1-15 例 1-5 图 a

解：以地面为参考系，选 y 轴的正向为竖直向下，原点位于 $t=0$ 时刻物体 A 所在处，如图 1-15 所示．物体 A 做匀加速运动，初始的 y 坐标值为零，因此在任意时刻 t，它的 y 坐标为

$$y=v_0t+\frac{1}{2}at^2$$

由于初速度方向为竖直向下，故 $v_0=0.04$ m/s．当 $t=2$ s 时，其坐标为 0.2 m，将这些已知条件代入上式得到

$$0.2=0.04\times2+\frac{1}{2}\times a\times2^2$$

解得物体 A 的加速度大小为

$$a=0.06\ \text{m/s}^2$$

于是得到物体 A 的运动方程为

$$y=0.04t+0.03t^2$$

物体 A 在 t 时刻的速度为

$$v=\frac{\mathrm{d}y}{\mathrm{d}t}=0.04+0.06t$$

物体下落，圆盘顺时针转动，其边缘上各点做圆周运动．绳子不可伸长且不打滑，故圆盘边缘上任意一点的速率与质点的运动速度的大小相等，这个速率的值随时间增大．所以，圆盘边缘上任意一点在 t 时刻切向加速度的大小为

$$a_t=\frac{\mathrm{d}v}{\mathrm{d}t}=\frac{\mathrm{d}}{\mathrm{d}t}(0.04+0.06t)=0.06\ \text{m/s}^2$$

切向加速度 a_t 是常量．向心加速度的大小为

$$a_n=\frac{v^2}{R}=\frac{(0.04+0.06t)^2}{0.1}$$

将 $t=2$ s 代入上式，得到此时该点的向心加速度大小为

$$a_n=0.256\ \text{m/s}^2$$

由法向加速度和切向加速度的值得到圆盘边缘上任意一点在 $t=2$ s 时刻加速度的大小为

$$a=\sqrt{a_n^2+a_t^2}=\sqrt{0.256^2+0.06^2}\ \text{m/s}^2\approx0.263\ \text{m/s}^2$$

设圆盘边缘上一点加速度与速度间的夹角为 β，如图 1-16 所示，则

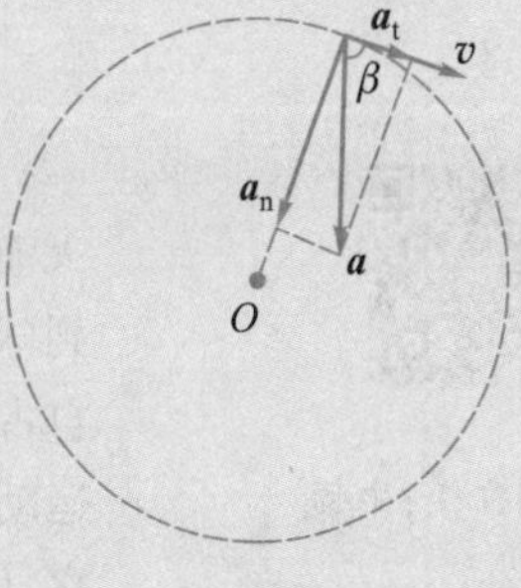

图 1-16 例 1-5 图 b

$$\tan\beta=\frac{a_n}{a_t}=\frac{0.256}{0.06}\approx4.27$$

解得 $\beta\approx76.8°$．在 $t=2$ s 时刻，圆盘边缘上的一点加速度的大小约为 0.263 m/s^2，与该处速度的夹角约为 76.8°．

本题采用 SI 单位．

1.1.7 一般平面曲线运动的加速度

前面在讨论圆周运动的加速度时,分别讨论了法向加速度和切向加速度,这实质上是将质点的加速度沿其运动轨道的法向和切向分解,该方法和所得到的结论也可以用于研究一般的平面曲线运动.

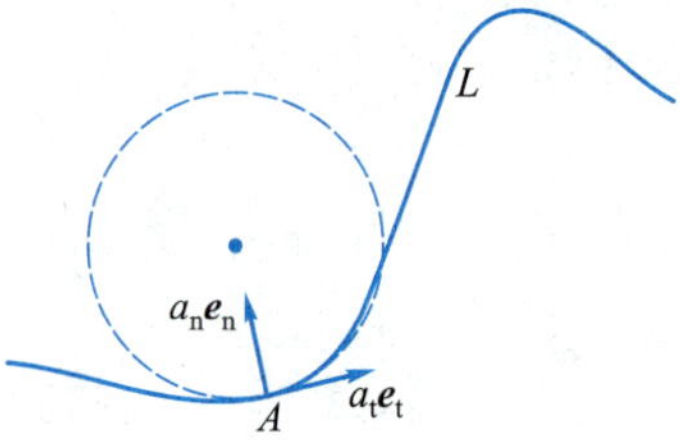

图 1-17 曲线运动的法向加速度与切向加速度

设质点的运动轨道为任意平面曲线 L,在某个时刻它运动到 A 点,如图 1-17 所示.设轨道在 A 点切线方向的单位矢量为 $\boldsymbol{e}_t$,法线方向的单位矢量为 $\boldsymbol{e}_n$,$\boldsymbol{e}_n$的方向沿轨道 A 点曲率半径指向曲率中心.将质点的加速度 $\boldsymbol{a}$ 沿轨道的法向和切向分解为两个彼此垂直的分加速度 $a_n\boldsymbol{e}_n$和 $a_t\boldsymbol{e}_t$,质点的加速度 $\boldsymbol{a}$ 为

$$\boldsymbol{a}=a_n\boldsymbol{e}_n+a_t\boldsymbol{e}_t$$

a_n和 a_t由下式给出:

$$\left.\begin{aligned} a_n&=\frac{v^2}{\rho} \\ a_t&=\frac{\mathrm{d}v}{\mathrm{d}t} \end{aligned}\right\} \qquad (1-58)$$

授课录像:自然坐标系

式中,ρ 是质点的轨道曲线在 A 点的曲率半径,感兴趣的读者可以扫二维码看相关推导.采用这种分解方法,可以基于轨道本身的形状,而不是质点在空间的具体位置来获得其加速度,并进一步研究运动.

1.2 牛顿运动定律及其应用

文档:牛顿

物体常常是运动的,其运动状态也往往会发生变化,例如:运载火箭在点火后会加速升入太空、行驶的汽车在刹车后会减速、网球撞到球拍上后会改变其飞行方向.从苹果的下落到星体的运转,人类自古就对纷繁复杂的机械运动十分着迷,并试图从本质上说明物体运动和使运动状态变化的原因.经过上千年的时间,历经漫长的观察、思考和实践,人类最终发现了运动的本质和规律.17 世纪,英国科学家牛顿(I. Newton)发表了牛顿运动定律,揭示了导致物体运动状态变化的原因及物体运动所遵循的规律.牛顿运动定律是质点动力学的基础,也是全部经典力学的基础,它是人类科学史上的伟大成就之一.牛顿运动定律使我们可以驾驭和控制物体的运动,它的应用范围极其广泛.从天体运动到潮汐涨落的解释,从人造地球卫星、宇宙飞船的发射到水坝、桥梁的设计,牛顿运动定律都起着重要的作用.从牛顿发表他的运动定律到现在的几百年间,牛顿运动定律有力地推进了人类对自然的认识．时至今日，物体的运动仍然吸引着人类的目光，不过我们已经登陆月球，有了空间探测器，我们已经解开了运动之谜．

1.2.1 牛顿运动定律

1687年，牛顿出版了《自然哲学的数学原理》（简称《原理》）一书，将当时一些零散的物理学研究成果归纳在一个严密的逻辑体系之中，提出了牛顿运动定律和万有引力定律，并应用它们解释了地面上的物体、天体和流体等的运动，以他的物理定律统一了天体与地面上物体的运动．《原理》是一部物理学经典巨著，它的问世标志着经典力学体系的建立，标志着人类已经掌握了机械运动的基本规律．

授课录像：惯性质量与动量

1. 牛顿第一定律——惯性定律

在牛顿之前，伽利略（G. Galilei）就表达了惯性的概念．伽利略基于实验推测，如果将作用在物体上的外力全部撤去，那么物体的速度将保持不变，因此力不是维持运动的原因．后来，笛卡儿等人进一步发展了关于惯性的思想．牛顿基于前人的工作，总结出了牛顿第一定律．

文档：伽利略

牛顿第一定律：任何物体，如果没有力作用在它上面，都将保持静止或匀速直线运动状态不变．

牛顿第一定律

物体本身具有保持原来运动状态的性质，这种性质称为**惯性**．任何物体都具有惯性，它是物体的基本属性．牛顿第一定律也称为惯性定律．

惯性

牛顿第一定律看似简单，其实非常深刻．倘若没有力作用于物体之上，那么静止的物体仍然静止是常见的、好理解的．但是要进一步推论出运动的物体仍会保持原来的速度就需要抽象的思想．可以想一想，我们周围是否存在不受任何外力作用的物体呢？当然没有．要透过这些繁杂的现象，抽象出物体的本性绝不是一件容易的事情．惯性定律恰恰为我们提供了一幅难以直接观察到的抽象图景，呈现出孤立粒子“自由运动”的画面，揭示出物体本身的一种属性——惯性．物体绝对不受外力的情况是不存在的，但是牛顿第一定律仍具有实际意义，可以用于物体所受外力小到可以忽略的极限情况．此外，当物体所受的各个力相互抵消，也就是合力为零时，物体的速度也会保持不变．除了惯性，牛顿第一定律还表明，力是使物体改变速度的那种作用，或者说力是使物体具有加速度的原因．

NOTE

研究运动首先要选择参考系，牛顿第一定律并非在所有参考系中都成立．根据牛顿第一定律，可以将参考系分为两类，惯性参考系和非惯性参考系．如果我们选定了某个参考系，牛顿第一定

惯性参考系

NOTE

律在其中成立，那么这个参考系被称为**惯性参考系**(简称惯性系)．牛顿第一定律是判断一个参考系是否为惯性系的标准．对于某个选定的参考系来说，它是否是惯性参考系，从根本上讲要通过观察和实验，判断牛顿第一定律在其中是否成立.目前大量的实验表明：在很高的实验精度内，地球是惯性参考系．如果有一个参考系是固定在地面上的，那么它是惯性系．研究地面附近物体的运动时，例如，研究抛体的运动时，可以认为地球是惯性系．通常实验室是固定在地面上的，因此实验室参考系是惯性系．如果要研究人造地球卫星在空间的运动，就不能将地球参考系视为惯性系，而需要将地心参考系作为惯性系．地心参考系的原点位于地心，坐标轴指向恒星．实验表明，地心参考系是比地球参考系精度更高的惯性系．比地心参考系精度还高的惯性系是太阳参考系，它的原点在太阳中心，坐标轴指向其他恒星．一旦涉及天体和恒星的运动，可以将太阳参考系作为惯性系使用．进一步追问，是否有比太阳参考系精度更高的惯性参考系呢？是，答案是肯定的，不过在我们的课程中很少用到这种参考系．这样，我们就明确了常用的惯性系，它们是地球参考系、地心参考系和太阳参考系．判断一个参考系是否为惯性系还有一个标准，那就是：相对于惯性系做匀速直线运动的参考系，依然是惯性系．那些相对于惯性参考系做加速运动的参考系，一定不是惯性系，它们被称为**非惯性系**．直线轨道上加速行驶的火车、弯道上飞驰的赛车、游乐场中旋转的木马都是非惯性系．这样，我们就有了判定惯性系和非惯性系的基本方法.

非惯性系

牛顿第一定律阐述了物体在不受外力作用条件下的运动，而物体在外力作用下的运动规律由牛顿第二定律给出.

2. 牛顿第二定律

牛顿第二定律

牛顿第二定律：物体的加速度 $\boldsymbol{a}$ 与它所受的合外力 $\boldsymbol{F}$ 方向相同；物体的加速度的大小与物体的质量 m 成反比，与物体所受合外力的大小成正比．数学表达式为

$$\boldsymbol{a}=\frac{\boldsymbol{F}}{m} \quad 或 \quad \boldsymbol{F}=m\boldsymbol{a} \tag{1-59}$$

牛顿第二定律适用于惯性参考系．上式中的质量 m 也被称为**惯性质量**，它是物体惯性大小的量度，也就是物体抵抗被加速能力的量度．如果物体的运动速度远远小于光在真空中的速度，那么质量可视为常量，不随运动发生变化．在爱因斯坦的狭义相对论中，质量与运动速度相关，两者的定量关系为

惯性质量

文档：爱因斯坦

$$m=\frac{m_0}{\sqrt{1-\frac{v^2}{c^2}}} \tag{1-60}$$

NOTE

式中，m_0为物体静止时的质量，称为静质量；m 是物体以速度 v 运动时的质量，称为动质量；c 是光在真空中的速率．由相对论的质量公式可以得到，物体的运动速度增大，质量也随之增大．不过，若 $v \ll c$，则可以认为物体的质量是常量.

为什么将式(1-59)中的质量称为惯性质量呢？假设我们有两个物体，以相同的力 $\boldsymbol{F}$ 作用于它们之上，使这两个物体在受力相同的条件下由静止加速运动，实验中可以测得这两个物体的加速度，设它们的值分别为 a_1、a_2，且设实验中测得的这两个物体的加速度是不相等的，$a_1 \neq a_2$. 当然，加速度越大的物体保持原来运动状态的本领越弱．改变实验中的力，但是始终保证两个物体受力相同，就会发现 a_1与 a_2之比为常量，与力无关．由此可以推测，a_1与 a_2之比一定与物体本身的某种属性相关．为了描述物体的这种属性，定义一个量为质量，以 m 表示，令 $m \propto 1/a$，即实验中加速度越大的物体，其质量越小，就会得到

$$\frac{m_2}{m_1}=\frac{a_1}{a_2} \tag{1-61}$$

两物体加速度的值可以由实验测得，但是我们如何确定某个物体的质量呢？方法是选定一个物体作为标准，规定它的质量为单位质量，另外一个物体作为被测物体．有了标准物体的质量和两个物体的加速度，就可以定出被测物体的质量了．例如，假设 1 物体的质量为单位质量，那么 2 物体的质量为 $m_2=a_1/a_2$. 规定了标准，从理论上说，就可以确定各个物体的质量了.

1889 年，国际计量大会规定质量的单位是千克(kg)，并规定千克标准原器的质量为 1 kg.千克标准原器是由铂铱合金制成的高度和直径均为 39 mm 的圆柱体，作为全球的“千克”基准，它被妥善地保存在巴黎国际计量局中．不过，在使用过程中，千克标准原器不免会发生磨损、氧化等问题，导致千克的标准发生变化，难以满足现代科学研究、工业化生产和经济发展的需要．自 2019 年 5 月 20 日起，这个沿用了 130 年的千克定义退出历史舞台．现在，可以利用一种称为基布秤 (Kibble balance)的装置将质量与自然界中的一个基本常量——普朗克常量 h 联系在一起．1 千克的最新定义为：1 kg 对应于 h 为 $6.626\,070\,15\times10^{-34}\ \mathrm{kg\cdot m^2\cdot s^{-1}}$时的质量．这个定义使千克成为固定值，不再依赖于某个实物，从而结束了以实物质量作为标准物体质量的历史．理解千克的新定义需要具备电磁学、相对论和量子物理方面的知识．初学大学物理的读者请搁置相关困惑，不会影响后续学习．

在受力相同的条件下，质量大的物体，加速度小，表明它维持原来运动状态的能力强，即惯性大；质量小的物体，加速度大，表

NOTE

明它维持原来运动状态的能力弱，即惯性小．也就是说，质量越大的物体越不容易被加速．因此，此处的 m 被称为惯性质量，它是物体惯性大小的量度，也就是物体抵抗被加速能力的量度．

质量是物体的重要属性，日本的梶田隆章和加拿大的阿瑟·麦克唐纳在 2015 年得到了诺贝尔物理学奖，就是因为他们证实中微子是有质量的．他们的工作，使得物理学家必须修改粒子物理中的“标准模型”，还有助于我们了解宇宙的起源和演化．

牛顿第二定律还有另一种表示形式．定义物体的质量 m 与速度 $\boldsymbol{v}$ 的乘积为物体的动量 $\boldsymbol{p}$．

$$\boldsymbol{p}=m\boldsymbol{v} \tag{1-62}$$

动量是矢量，方向与物体运动速度方向相同，大小等于物体的质量与速率的乘积．动量是物理学中一个非常重要的物理量，在后文中将对它进行详细讨论．引入动量 $\boldsymbol{p}$，牛顿第二定律的数学表达式为

$$\boldsymbol{F}=\frac{\mathrm{d}\boldsymbol{p}}{\mathrm{d}t} \tag{1-63}$$

式中 $\boldsymbol{F}$ 为物体所受的合外力．由于在牛顿力学中，质量 m 恒定，所以牛顿第二定律的两种表达式，式(1-59)与式(1-63)是一致的，不过在狭义相对论中，式(1-63)依旧适用，而式(1-59)不再成立．

在直角坐标系中，牛顿第二定律的分量式为

$$\left.\begin{aligned} F_x&=\frac{\mathrm{d}p_x}{\mathrm{d}t}=ma_x\\ F_y&=\frac{\mathrm{d}p_y}{\mathrm{d}t}=ma_y\\ F_z&=\frac{\mathrm{d}p_z}{\mathrm{d}t}=ma_z \end{aligned}\right\} \tag{1-64}$$

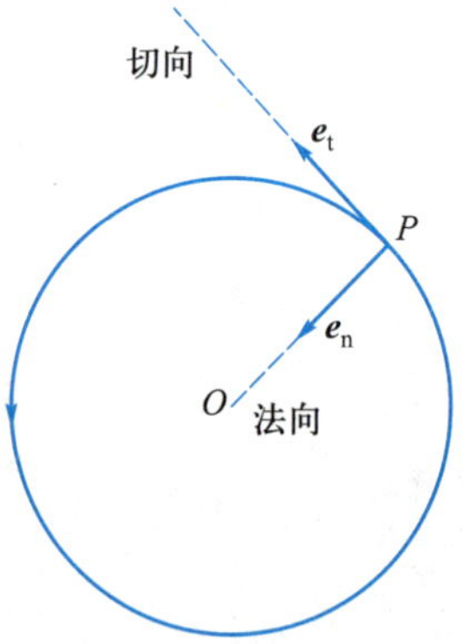

图 1-18 圆周运动的法向和切向单位矢量

F_x、F_y、F_z 分别是合外力在 x、y、z 轴上的投影，p_x、p_y、p_z 分别是物体的动量在 x、y、z 轴上的投影．

涉及质点的平面曲线运动时，可以将被研究的矢量，例如加速度和力，沿着质点轨道的法向和切向进行分解，以方便地研究其运动．以圆周运动为例，设质点以 O 为圆心沿半径为 R 的圆周运动，某时刻位于 P 点．取轨道的法向沿半径向内为正，切向的正向沿质点速度方向，并令法向和切向的单位矢量分别为 $\boldsymbol{e}_n$ 和 $\boldsymbol{e}_t$，如图 1-18 所示．可以看出，随着质点的运动，法向和切向的两个单位矢量 $\boldsymbol{e}_n$、$\boldsymbol{e}_t$ 的方向不停地变化．图 1-19 中，CD 为圆周的一部分，对于任意一个位于圆平面内的矢量 $\boldsymbol{A}$，可以将其写为

$$\boldsymbol{A}=A_n\boldsymbol{e}_n+A_t\boldsymbol{e}_t$$

A_n 是矢量 $\boldsymbol{A}$ 沿法向的投影，A_t 是矢量 $\boldsymbol{A}$ 沿切向的投影，它们可以是正值，也可以是负值．

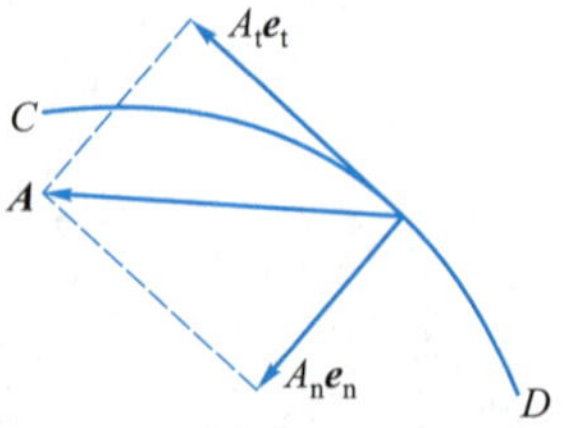

图 1-19 矢量及其切向和法向分量

NOTE

质点做圆周运动时，将牛顿第二定律式(1-59)沿质点圆周运动轨道的法线和切线方向投影，得到

$$F_n = ma_n = m\frac{v^2}{R} \tag{1-65}$$

$$F_t = ma_t = m\frac{dv}{dt} \tag{1-66}$$

式中，F_n 和 F_t 分别是质点所受合力的法向和切向分量，m 为质点的质量，v 是质点的速率.

对于一般平面曲线运动，只需将式(1-65)中圆的半径换为质点轨道的曲率半径即可得到牛顿第二定律在法向和切向的分量式，它们为

$$F_n = ma_n = m\frac{v^2}{\rho} \tag{1-67}$$

$$F_t = ma_t = m\frac{dv}{dt} \tag{1-68}$$

式(1-67)中，ρ 为 t 时刻质点所在处轨道的曲率半径.

3. 牛顿第三定律

牛顿第一定律和牛顿第二定律只涉及一个物体的运动与其受力的关系，而牛顿第三定律给出的是两个物体间相互作用的关系.

牛顿第三定律

牛顿第三定律：物体间的作用力成对出现．如果 A 物体对 B 物体有作用力 $\boldsymbol{F}_{AB}$，那么 B 物体对 A 物体也会有作用力 $\boldsymbol{F}_{BA}$．两者大小相等，方向相反.

$$\boldsymbol{F}_{AB} = -\boldsymbol{F}_{BA} \tag{1-69}$$

$\boldsymbol{F}_{AB}$ 与 $\boldsymbol{F}_{BA}$ 是性质相同的力，若 $\boldsymbol{F}_{AB}$ 是万有引力，则 $\boldsymbol{F}_{BA}$ 也是万有引力；若 $\boldsymbol{F}_{AB}$ 是静电力，则 $\boldsymbol{F}_{BA}$ 也是静电力．通常将式(1-69)表述为：作用力与反作用力大小相等，沿着同一直线，方向相反，分别作用在不同物体上．

牛顿第三定律适用于惯性参考系.

牛顿运动定律阐述了物体机械运动状态变化的原因，给出了力与物体运动状态改变之间的定量公式，确立了经典力学中动力学的基本方程．这三个定律是动力学的基本定律.

1.2.2 自然界中的相互作用

1. 自然界中的基本相互作用

力是物体间的相互作用，其形式是多种多样的，有些力我们很难直观地感受到，比如说原子核内部的核力、加速器中粒子之间的作用力……还有一些力我们在日常生活中会有切身的感受，

授课录像：自然界中的基本相互作用

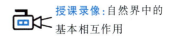

例如，引力、弹性力、浮力、黏性力、表面张力、电力、磁力……很多物理学家都有一种朴素的世界观，相信世界的统一性，相信变化多端的表面现象背后有着可以认识的、统一的规律性，例如：牛顿以万有引力定律统一了天上和地面上物体的运动，麦克斯韦以优美的方程组统一了电和磁．对于力也是如此，物理学家期望以最少的基本定律解释宇宙中那些种类繁多的力，这一直就是而且将来依然是物理学家追求的一个目标，许多物理学家为此付出了艰苦的努力．例如，爱因斯坦在提出相对论以后，就曾试图统一当时已知的相互作用，但是爱因斯坦没有取得成功.

引力相互作用　电磁相互作用　强相互作用　弱相互作用

现在，物理学在寻求这种统一方面取得了巨大的进步：按照现代粒子物理的标准模型，所有力都被归源于四种基本相互作用. 这四种基本相互作用是**引力相互作用**、**电磁相互作用**、**强相互作用**和**弱相互作用**．人们很早就知道了引力相互作用和电磁相互作用，而强相互作用和弱相互作用是在 20 世纪被发现的．现在，这四种相互作用中的两种相互作用，即电磁相互作用和弱相互作用，已经被统一起来，形成了弱电统一理论．物理学家最终的目标是用一种相互作用来描述所有的力.

万有引力存在于一切物体之间，作用范围无限大．电磁相互作用包括电力和磁力，存在于静止的及运动的电荷间，像万有引力一样，它的作用范围是无限大．强相互作用存在于质子、中子等强子间．原子核中有质子及中子，质子带正电荷，彼此间存在库仑斥力，正是由于强相互作用，质子和中子才能聚集为原子核. 现有理论认为，强相互作用还使夸克束缚在一起形成质子和中子. 但是，强相互作用的作用范围很小，在远大于 10^{-15} m 的距离上，也就是在远大于原子核的距离上，可以被忽略．弱相互作用的作用范围比强相互作用更小，约为 10^{-17} m. 在一些放射性衰变过程中，弱相互作用才比较明显．我们在日常生活中观察到的宏观物体间的相互作用都源于万有引力及电磁力．在这四种基本相互作用中，强度最大的是强相互作用，其次为电磁相互作用，接下来是弱相互作用，强度最小的是引力相互作用．在这四种基本相互作用中，与力学关系最密切的是引力相互作用，因此本书仅介绍其中的万有引力.

NOTE

引力是人类很早就认识到的一种力，它看似平常，其实极其深奥.引力源于时空的扭曲，涉及我们对于时空的理解，关于引力的研究至今依然是物理学的前沿．例如，物理学家致力于追寻那神秘莫测的引力波，试图利用引力波更深入地揭开宇宙形成之谜．直到 2015 年 9 月 14 日，位于美国的激光干涉引力波天文台（简称 LIGO）的两个探测器观测到了一次引力波事件，人类直接捕捉到了时空涟漪，验证了爱因斯坦 100 年前关于引力波的预言，打开了认识宇宙的新窗口.2016 年 2 月 11 日,LIGO 的负责人宣布了这个重大成果. 2017 年,引力波探测工作获得了诺贝尔物理学奖,获奖者为雷纳・韦斯(Rainer Weiss)、巴里・巴里什(Barry Clark Barish)、基普・索恩(Kip S. Thorne),他们因对引力波探测器的重大贡献以及探测到引力波而获此奖项.中国也启动了对引力波的多角度前沿探索,包括在太空建造引力波探测天文台的"太极计划"和"天琴计划"、在地面上建造最高海拔引力波观测站的"阿里计划"等,并取得了许多成果,推进了引力波探测的进展. 现在,我们来看看关于引力的第一个定律.

万有引力定律

牛顿断言,任何两个物体之间都存在引力作用,并在他的《原理》一书中给出了万有引力定律. 牛顿的**万有引力定律**:任意两个物体之间都有引力相互作用. 两质点间万有引力的大小 F 与它们的质量成正比,与两者间距离的平方成反比,即

$$F=G\frac{m_1m_2}{r^2} \tag{1-70}$$

引力常量

式中,m_1、m_2是两个质点的质量,r 为两质点间的距离. 比例常量 G 称为**引力常量**,它的值为 $G=6.67\times10^{-11}\ \mathrm{N\cdot m^2/kg^2}$,它是一个普适常量. G 的值很小,在地面上测量它是非常困难的. 在牛顿的《原理》发表 100 多年后,这个常量才由英国物理学家卡文迪什(Henry Cavendish)于 1798 年利用扭秤实验测得.

式(1-70)适用于两个质点. 要计算任意两个有限大小物体间的引力,是比较复杂的. 不过可以证明:在下面的情况下,万有引力的计算可以简化. 由于篇幅限制,此处没有给出证明.

(1) 一个质量均匀分布的球壳与一个质点间的万有引力.

如果质点位于球壳内部,那么两者间的万有引力为零;若质点位于球壳外部,则可以利用式(1-70)计算两者间的万有引力,此时 m_1、m_2分别采用质点与球壳的质量,而 r 为质点到球心的距离.

NOTE

由这个结论,读者就可以自行推论出如何计算一个质量均匀分布的球体与一个质点间的万有引力了.

(2) 对于两个质量均匀分布的球体,其间的万有引力可用式(1-70)计算. 在这种情况下,m_1、m_2为两个球体的质量,r 为两个球心间的距离.

由引力常量 G 的值可以知道,地面上两个物体之间的万有引力非常小. 两人相距 1 m,彼此间的万有引力约为 10^{-7} N. 而天体的质量通常很大,导致天体间的万有引力很大. 例如太阳与地球间的万有引力约为 10^{23} N. 对于地面上的宏观物体,它们彼此间的万有引力微不足道,常常可以忽略,而地球的引力可以将其上的万物聚集在它周围. 对于天体来说,引力是绝对的主宰. 引力是宇宙的构造者与毁灭者,造就了各种宇宙奇观. 我们借助引力来探索宇宙.

牛顿关于万有引力的理论非常成功，可以解释很多天体的运动现象和规律．即使在航天科技飞速发展的今天，在关于人造地球卫星、宇宙飞船的轨道研究方面，牛顿的万有引力理论仍然发挥着重要的作用，它仍然是精密天体力学的基础．

引力质量

NOTE

万有引力公式(1-70)中出现的质量称为**引力质量** $m_{引}$．在介绍牛顿第二定律时，我们提到，牛顿第二定律中的质量称为惯性质量 $m_{惯}$．两者在量值上是严格相等的，即 $m_{引}=m_{惯}$．这曾经引起过牛顿的注意，他也对此进行过实验测定．19 世纪末，匈牙利物理学家厄缶(B. R. von Eötvös)通过利用精巧的扭秤实验，证明了引力质量和惯性质量相等．实验精度可以达到 10^{-8}．此后有人继续从事引力质量和惯性质量相等的实验验证工作，使得 $m_{引}=m_{惯}$这个定律的精确度不断提高．到了 20 世纪 70 年代，迪克(R. H. Dicke)利用改良的仪器重新做厄缶实验，将实验精度提高至 10^{-11}．引力质量和惯性质量相等这一被实验精确证明的结论，在牛顿运动定律问世后几百年间一直被物理学家当作一个基本的事实，物理学家未由此提出过任何理论问题．然而爱因斯坦却发现了引力质量和惯性质量相等这个定律的重要性，据此提出了“等效原理”这一重要假设，进而建立了广义相对论，使人类对宇宙的认识到达了至今还无人能超越的巅峰．我们看到，引力与物理学中两个伟大的名字联系在一起，牛顿和爱因斯坦．在本书的经典力学部分，我们对引力质量和惯性质量不作区分，将它们统称为质量．

例 1-6

一均匀细棒 AB 长为 L，质量为 m．在棒的延长线上，距 A 端 d 处有一个质量为 m_P的质点 P，如图 1-20 所示，求细棒对质点 P 的引力．

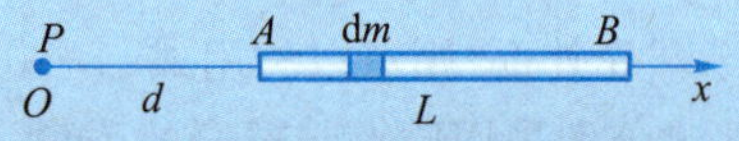

图 1-20 例 1-6 图

解：对于这根细棒，可以认为其质量分布在一条线上．设细棒单位长度的质量，也就是线密度为 λ．因为细棒的质量分布均匀，所以

$$\lambda=\frac{\mathrm{d}m}{\mathrm{d}l}=\frac{m}{L}$$

选择如图 1-20 所示的坐标系，原点在质点 P 处，x 轴沿着棒的方向，向右为正．在细棒上取长为 $\mathrm{d}x$ 的质元 $\mathrm{d}m$．该质元对质点 P 的万有引力大小为

$$\mathrm{d}F=G\frac{m_P\mathrm{d}m}{x^2}=G\frac{m_P\lambda\mathrm{d}x}{x^2}$$

方向沿 x 轴正向．棒上各个质元对于质点 P 的引力方向均相同，对上式积分可求得质点 P 受到的整根棒对它的引力为

$$F=\int_d^{d+L}G\frac{m_P\lambda\mathrm{d}x}{x^2}=G\frac{m_Pm}{d(d+L)}$$

$\boldsymbol{F}$ 的方向沿 x 轴正向．由这个结果看出，若 $L\ll d$，$d+L\approx d$，则 $F\approx G\dfrac{m_Pm}{d^2}$，这与万有引力定律一致．当距物体很远时，棒可以被视为一个质点．

NOTE

2. 常见力

在明确了基本相互作用后，我们简单回顾一下力学中常见的力.

(1) 重力.

在地面附近释放一个物体，它会在地球引力的作用下，竖直向下加速落向地面. 如果忽略空气阻力，那么由同一个位置释放的所有物体下落的加速度都相同. 这个加速度称为重力加速度 $\boldsymbol{g}$. 它的方向竖直向下，大小以 g 表示. 这个使物体具有重力加速度 $\boldsymbol{g}$ 的力就是重力，它是由地球与物体间的引力产生的. 设物体的质量为 m，则重力 $\boldsymbol{G}$ 为

$$\boldsymbol{G}=m\boldsymbol{g} \tag{1-71}$$

在地面上方的一个固定点处，重力加速度的值是确定的. 但是由于地球是个扁球体，有自转，而且质量分布不均匀，所以重力加速度的值与纬度、海拔高度以及地质结构相关，各处的值可能会不同. 与此形成鲜明对比的是，牛顿万有引力公式中的引力常量 G 是自然界中的一个基本常量. 若忽略上述因素，将地球视为均匀的球体，则可以由牛顿万有引力公式计算出重力加速度的大小. 设地球的质量和半径分别为 $m_{地}$、R，由式(1-70)和式(1-71)可得

$$G\frac{m_{地}m}{R^2}=mg$$

故重力加速度的大小为

$$g=\frac{Gm_{地}}{R^2} \tag{1-72}$$

在一般情况下，如果不特别说明，我们取 $g=9.8\ \mathrm{m/s^2}$.

(2) 弹性力.

实际物体受力后会发生形变. 用力轻拉弹簧，弹簧会伸长，松手后弹簧恢复原长；如果你以手指用力压住自己的前臂，会发现前臂被按压处凹陷，发生了变形，将手指从前臂上拿掉，前臂会恢复原来的形状. 物体所具有的能够恢复原来形状的性质称为弹性. 撤掉作用在物体上的外力，如果它能够完全恢复原来的形状，我们就称物体的这种形变为弹性形变. 物体发生弹性形变时，由于能够恢复原来的形状，因此必然对使它发生形变的其他物体施加了力的作用，这种力称为弹性力. 即弹性力是发生形变的物体对与它接触的其他物体所施加的力.

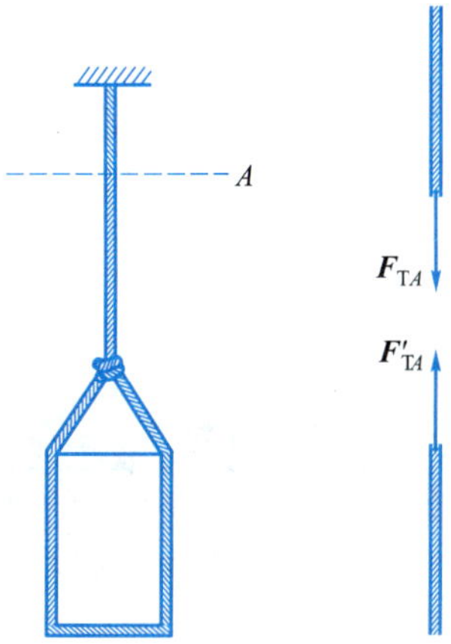

图 1-21 绳子的张力

将一根吊着重物的绳子悬挂在天花板上，如图 1-21 所示. 重物及天花板对绳子的作用造成了绳子的微小伸长，使绳子产生试图恢复原长的弹性力，弹性力作用于天花板和重物上. 绳子作

用在与它相连的其他物体上的这种弹性力被称为拉力. 取绳子的任意截面 A 来考察,两侧的绳子均被拉长,故上下两部分间也有拉力的作用. 我们称绳子中任一截面两侧相邻两部分绳子间的弹性力为绳子在这一截面处的张力. 对于一根直的轻绳(即绳子的质量可以忽略不计),如果在两个端点间不受任何外力,那么绳中各处的张力以及绳对其他物体的拉力在量值上都相等. 对于质量不可忽略的重绳,可以根据其受力状况、运动状态等由牛顿运动定律具体分析其中的张力值.

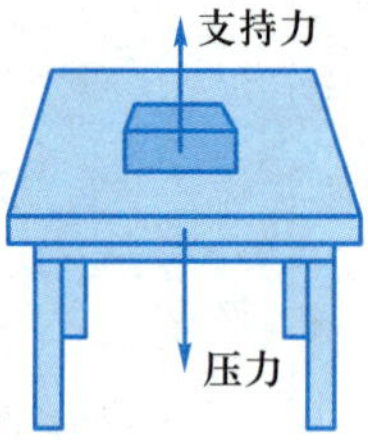

图 1-22 支持力与压力

将重物置于桌面上,如图 1-22 所示,它会被桌面托住,不能向下运动. 它和桌面相互挤压,两者都发生了微小的形变. 它们之间的相互作用力也是弹性力,这种弹性力通常称为压力与支持力.

还有一种常见的弹性力是弹簧的弹力. 当弹簧被拉长或压缩后,弹簧会对与它相连的物体施加力的作用. 如图 1-23 所示,一根轻弹簧左端固定在墙上,右端与放置在光滑水平面上的物体相连. 建立坐标系,以水平向右为 x 轴正向,将坐标原点 O 置于弹簧处于原长时物体所在处. 也就是说,当物体位于坐标原点 O 时,弹簧既没有被拉伸也没有被压缩,对物体的作用力为零,而物体所受的合外力为零. 我们也称 O 点为平衡位置. 一旦弹簧变形,被拉伸或压缩,物体就会受到弹簧弹力的作用. 实验表明:在弹性限度内,弹簧的弹力遵守胡克定律.

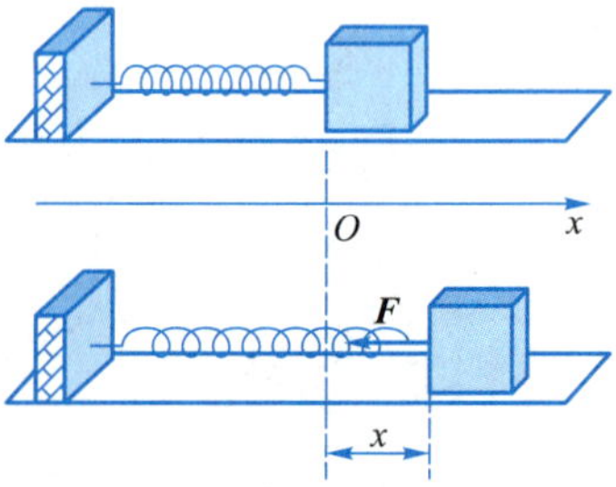

图 1-23 弹簧的伸长与胡克定律

胡克定律

胡克定律:在弹性限度内,弹簧施加的弹力与其形变成正比,方向指向平衡位置. 对于图 1-23 所示的坐标系,有

$$F=-kx \tag{1-73}$$

比例系数 $k>0$,称为弹簧的弹性系数,其值与弹簧的结构和材料等因素相关. 若弹簧被拉伸,$x>0$,则 $F<0$,负值表示弹簧对物体的弹力的方向沿 x 轴的负向;若弹簧被压缩,$x<0$,则 $F>0$,正值表示弹簧对物体的弹力的方向沿 x 轴的正向. 胡克定律给出了在弹性限度内弹力与弹簧形变量及弹性系数的关系.

(3) 摩擦力.

当一个物体在另外一个物体的表面上滑动或者有相对滑动的趋势时,沿两物体接触面的切向会存在摩擦力. 若两物体相对静止,但彼此间有相对滑动的趋势,则接触面处的摩擦力称为静摩擦力,以 $\boldsymbol{F}_{fs}$ 表示. 静摩擦力的大小与物体受到的外力相关. 例如:在图 1-24 中,人用力推一个物体,只要该物体相对于地面静止,静摩擦力的值就等于人对它的推力. 人增大推力,静摩擦力随之增大. 对于两个物体来说,接触面处静摩擦力的值是有上限的. 实验表明,在相同的表面状态下,两物体

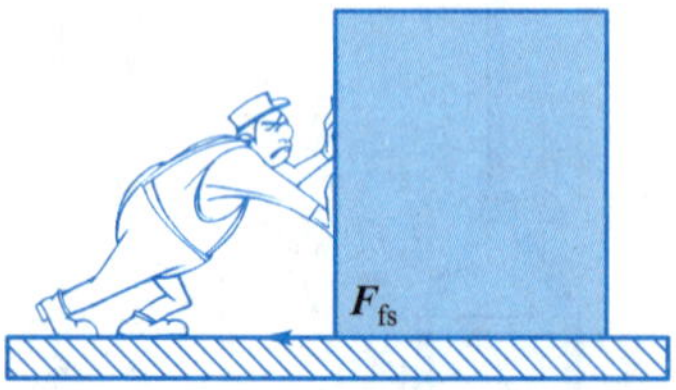

图 1-24 人推物体时的静摩擦力

间最大静摩擦力的大小 $F_{fs,m}$ 与接触面处正压力的大小 F_N 成正比.

$$F_{fs,m}=\mu_s F_N \tag{1-74}$$

式中的比例系数 μ_s 称为静摩擦因数,它的值与接触面的表面状态和材料的性质相关,可由实验确定. 静摩擦力的大小可以取从零到最大静摩擦力 $F_{fs,m}$ 间的任何值,即

$$F_{fs}\leqslant\mu_s F_N \tag{1-75}$$

静摩擦力的方向与两物体间相对滑动趋势的指向相反.

当两个物体彼此间相对滑动时,沿接触面切向的摩擦力称为滑动摩擦力. 滑动摩擦力的方向与相对滑动的方向相反,滑动摩擦力的大小 F_{fk} 与接触面的性质有关,且与接触面间的正压力的大小 F_N 近似成正比.

$$F_{fk}=\mu_k F_N \tag{1-76}$$

比例系数 μ_k 称为动摩擦因数. 实验发现,动摩擦因数 μ_k 小于静摩擦因数 μ_s,还与相对滑动速度的值有关,当相对滑动速度很大时,动摩擦因数 μ_k 也会增大. 实验表明:在很大的速率范围内,μ_k 近似为常量. 本书只考虑 μ_k 为常量的情况. 常用的静摩擦因数 μ_s 和动摩擦因数 μ_k 的近似值见表 1-1.

摩擦是一个复杂的现象,到目前为止,还没有被人类完全了解. 对于固体间的摩擦,还没有精确的理论,而式(1-74)和式(1-76)是两个很常用的经验定律. 当两个物体紧密接触时,分子间分子力的作用就会显现出来,这种作用就是摩擦力的起源. 我们可以初步认为:如果物体表面凹凸粗糙不平,就会阻碍相对运动. 那是不是表面越平整,摩擦力就越小呢? 实验发现,如果物体表面的光洁度极高,摩擦力并不消失,反而增大,也不遵守这两个定律. 例如:将两块被很好地抛光过的钢板接触在一起,它们可以“冷焊”在一起,成为一体,使它们发生相对滑动是非常困难的.

表 1-1 摩擦因数的近似值①

材料	μ_s	μ_k
钢-钢	0.7	0.6
黄铜-钢	0.5	0.4
铜-铸铁	1.1	0.3

① 数值选自 Tipler P A, Mosca G. Physics for scientists and engineers[M]. 6th ed. New York: W. H. Freeman and Company, 2008:130.

NOTE

续表

材料	μ_s	μ_k
玻璃-玻璃	0.9	0.4
橡胶-水泥路面(干)	1.0	0.8
橡胶-水泥路面(湿)	0.30	0.25
涂蜡的滑雪板-雪面(0 ℃)	0.10	0.05

摩擦不仅发生在相互接触的固体之间,在固体和液体间、固体和气体间都会发生,但是固体间的摩擦与固液间以及固气间摩擦的性质不同. 为了区别两者,我们称固体间的摩擦为干摩擦,固液间以及固气间的摩擦为湿摩擦.

(4) 流体阻力.

气体和液体都具有流动性,统称为流体. 当物体在流体中运动时,会受到流体对它的阻力. 阻力的方向与物体在流体中的运动方向相反,阻力的大小与物体的形状、横截面积、流体的性质以及物体相对于流体的速率相关,速率越大,阻力越大.

图 1-25 有空气阻力时落体的受力图

NOTE

让我们来考察一个在空气中由静止下落的物体. 在下落过程中,物体受到向下的重力和向上的空气阻力,如图 1-25 所示. 设空气阻力大小 F 与速率的近似关系为

$$F=bv^2$$

式中 b 为正常量. 根据牛顿第二定律,对物体列出方程:

$$mg-bv^2=ma$$

上式中 m 为物体的质量,a 为加速度. 可以看出,物体的加速度随阻力的增大而减小,当重力与阻力大小相等时,物体的加速度为零,其速率不再增大,达到终极速率 v_T. 可以求出

$$v_T=\sqrt{\frac{mg}{b}}$$

当 m 一定时,b 越大,终极速率越小. 设计降落伞时,要尽量增大比例系数 b,以获得较小的终极速率,实现安全着陆. 对汽车的设计则要求比例系数 b 尽量小,以减小风对汽车的阻力.

1.2.3 牛顿运动定律的应用

牛顿运动定律的应用很广泛,下面举例说明如何利用牛顿运动定律解决力学问题.

例 1-7

两物体通过一根跨过轻滑轮且不可伸长的轻绳相连，如图 1-26 所示．设它们的质量分别为 m_1 和 m_2，$m_2>m_1$．求将两个物体由静止释放后，它们的加速度和绳中张力．

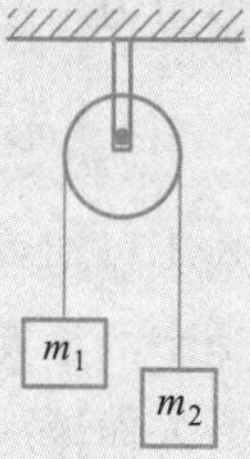

图 1-26 例 1-7 图

解：以地面为参考系，两个物体沿竖直方向做一维运动，故取坐标轴 y 沿竖直方向，以向上为正向．两个物体受力情况如图 1-27 所示．由于绳子和滑轮的质量均忽略不计，所以 $F_{T1}=F_{T2}=F_T$．连接两个物体的绳子长度不变，因此两物体加速度的大小相同，令其为 a．根据题目所给条件 $m_2>m_1$ 和两个物体初态静止，可以判断出 m_2 加速向下运动，而 m_1 加速向上运动．利用牛顿第二定律，对两个物体分别列方程，得到

对 m_1：$F_T-m_1g=m_1a$

对 m_2：$F_T-m_2g=m_2(-a)$

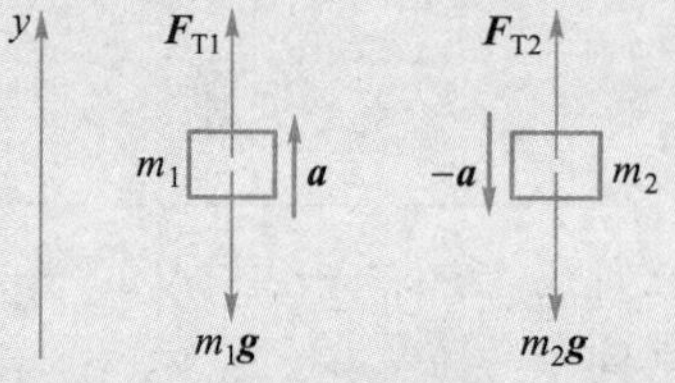

图 1-27 例 1-7 物体受力分析图

联立以上两个方程，解得

$$a=\frac{m_2-m_1}{m_2+m_1}g$$

$$F_T=\frac{2m_2m_1}{m_2+m_1}g$$

注意：① 因为选择竖直向上为 y 轴正向，所以 m_2 的加速度为负值．

② 如果 m_2 远远大于 m_1，以致 m_1 可以忽略不计，也就是可认为左侧的绳子近似是“空载”，则物体 m_2 的加速度应该接近于 g 而绳子中的张力近似为 0．对于我们的结果，如果忽略 m_1 的值，那么确实得到 $a\approx g$ 和 $F_T\approx 0$．

③ 请大家考虑：若两个物体的初速度不为零，例如初态 m_1 向下运动，而 m_2 向上运动，加速度是否会改变？若 $m_2<m_1$，两物体的加速度方向如何？

例 1-8

在液体中将一质量为 m 的小球由静止释放．小球在下沉过程中受到的液体阻力为$\boldsymbol{F}_D=-k\boldsymbol{v}$，$\boldsymbol{v}$ 是小球的速度，k 为大于零的常量．设小球的终极速率（即可能达到的最大速率）为 v_T，且在小球被释放的那个时刻开始计时，求小球下落的速率 v 与时间 t 的函数关系．

解：小球被释放后受到三个力的作用，重力 $m\boldsymbol{g}$、浮力 $\boldsymbol{F}_浮$、液体对它的阻力 $\boldsymbol{F}_D$，如图 1-28(a)所示．以竖直向下为正向，由牛顿第二定律列方程得

$$mg-F_浮-F_D=ma$$

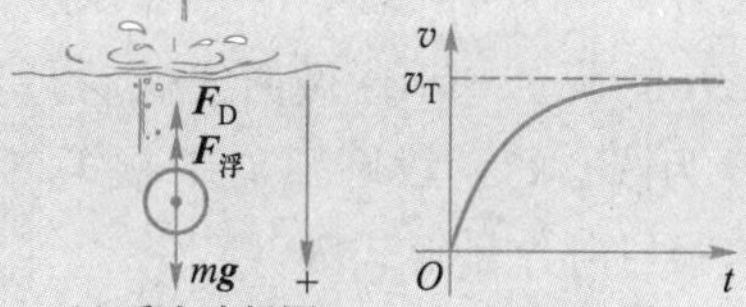

(a) 受力分析图 (b) v-t 图

图 1-28 例 1-8 图

把加速度写为速度对时间的一阶导数，并将流体阻力与速度的关系式代入得

$$mg-F_{浮}-kv=ma=m\frac{\mathrm{d}v}{\mathrm{d}t} \quad ①$$

由式①可知：小球被释放后，因阻力 $\boldsymbol{F}_D$ 的值随速率的增大而增大，故加速度的值随速率的增大而减小．当速率增大到 v_T，即阻力增大到 kv_T 时，小球受到的合外力为零，加速度为零，速率将不再增加，达到终极速率．此时

$$mg-F_{浮}-kv_T=0$$

整理后得到

$$mg-F_{浮}=kv_T \quad ②$$

将式②代入式①得

$$kv_T-kv=m\frac{\mathrm{d}v}{\mathrm{d}t}$$

即

$$\frac{\mathrm{d}v}{v-v_T}=-\frac{k}{m}\mathrm{d}t \quad ③$$

由初始条件得，$t=0$ 时，小球的速率 $v=0$．对式③积分得

$$\int_0^v \frac{\mathrm{d}v}{v-v_T}=-\frac{k}{m}\int_0^t \mathrm{d}t$$

经计算得到：小球在任意时刻 t 的速率为

$$v=v_T(1-\mathrm{e}^{-\frac{k}{m}t})$$

图 1-28(b) 给出了速率随时间变化的曲线．理论上讲，物体要达到终极速率，需要无限长的时间，即 $t\to\infty$，$v\to v_T$．但实际上，当 $t=3\frac{m}{k}$ 时，$v=0.95v_T$，可以认为已经达到了终极速率．半径为 1.5 mm 的雨滴，下落约 10 m 便可达到终极速率；跳伞的人，在伞张开后下降几米，就会达到终极速率．

例 1-9

质量为 m 的小球被系在一根固定在天花板上的柔软且不可伸长的细绳下端，静止不动．某时刻小球获得水平向右的速度 $\boldsymbol{v}_0$，开始在竖直面内运动，如图 1-29(a) 所示．已知绳子长度为 l，求绳子逆时针摆到与竖直线成 θ 角时，小球的速度以及绳中张力的大小．

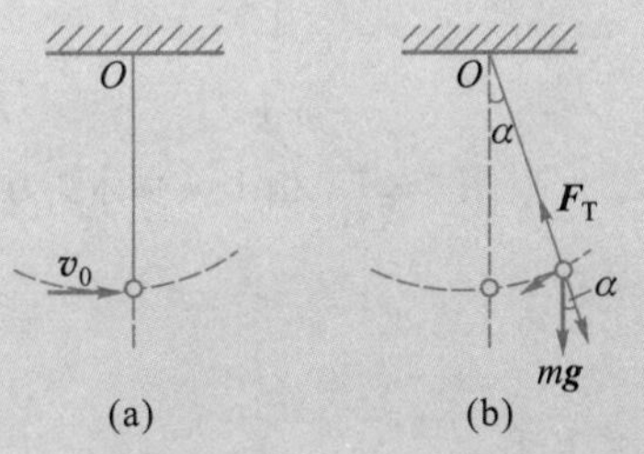

图 1-29 例 1-9 图

解：以地面为参考系，在小球刚开始运动的时刻开始计时，设绳子在 t 时刻与竖直线的夹角为 α，速度为 $\boldsymbol{v}$．小球受到两个力的作用，它们是重力 $m\boldsymbol{g}$，方向竖直向下；绳子对它的拉力 $\boldsymbol{F}_T$，方向沿绳子指向悬挂点 O，如图 1-29(b) 所示．小球做曲线运动，其轨道为以 O 为圆心的一段圆弧．牛顿第二定律的法向和切向分量形式为

$$F_T-mg\cos\alpha=m\frac{v^2}{l} \quad ①$$

$$-mg\sin\alpha=m\frac{\mathrm{d}v}{\mathrm{d}t} \quad ②$$

小球的速率与 α 角间的关系为

$$v=l\frac{\mathrm{d}\alpha}{\mathrm{d}t} \quad ③$$

由式②得

$$-g\sin\alpha=\frac{\mathrm{d}v}{\mathrm{d}t}=\frac{\mathrm{d}v}{\mathrm{d}\alpha}\frac{\mathrm{d}\alpha}{\mathrm{d}t}$$

等式两侧乘以绳长得

$$-gl\sin\alpha=l\frac{\mathrm{d}v}{\mathrm{d}\alpha}\frac{\mathrm{d}\alpha}{\mathrm{d}t}$$

将式③代入并整理得

$$-gl\sin\alpha\mathrm{d}\alpha=v\mathrm{d}v$$

已知 $t=0$ 时，$\alpha=0$，$v=v_0$，故

$$-\int_0^{\theta}gl\sin\alpha\mathrm{d}\alpha=\int_{v_0}^{v}v\mathrm{d}v$$

经计算得到：在绳子与竖直线的夹角为 θ 时，小球的速度大小为

$$v=\sqrt{v_0^2-2gl(1-\cos\theta)}$$

将这个结果代入式①，得绳子对小球拉力的大小为

$$F_{\mathrm{T}}=m\frac{v_0^2}{l}+3mg\cos\theta-2mg$$

柔软细绳中各处的张力相等，等于小球受到的绳子对它的拉力的大小，因此绳子的张力大小由上式给出．学到后面同学们会发现，利用能量解此题会更方便．

1.2.4 力学相对性原理

研究运动时离不开坐标系，这里有个重要的问题要回答，对于任一物理定律，它在各个坐标系中相同吗？伽利略针对力学规律和惯性参考系，在 17 世纪就给出了回答．

授课录像：力学相对性原理

1632 年，伽利略出版了一本著作，名为《关于托勒密和哥白尼两大世界体系的对话》．在这本书中，伽利略采用了最通俗的对话体裁，向大众宣传哥白尼的日心说．书中写了三个人在四天之内的对话．这三个人分别是辛普莱修、萨尔瓦蒂和沙格里多．其中辛普莱修倡导的是地心说，而萨尔瓦蒂代表的是伽利略本人，沙格里多是提问题的人．在书中第二天的对话中，伽利略借萨尔瓦蒂之口，描述了匀速直线运动的大船中的情景，我们来看其中的精彩描述．

文档：哥白尼的日心说的提出

把你和一些朋友关在一条大船甲板下的主舱里，让你们带着几只苍蝇、蝴蝶和其他小飞虫，舱内放一只大水碗，其中有几条鱼．然后，挂上一个水瓶，让水一滴一滴地滴到下面的一个宽口罐里．船停着不动时，你留神观察，小虫都以等速向舱内各个方向飞行，鱼向各个方向随便游动，水滴滴进下面的罐子，你把任何东西扔给你的朋友时，只要距离相等，向这一方向不必比向另一方向用更多的力，你双脚齐跳，无论向哪个方向跳过的距离都相等．当你仔细地观察这些事情之后，再使船以任何速度前进，只要船的运动是匀速的，船也不忽左忽右地摆动，你将发现：所有上

NOTE

述现象丝毫没有变化．你也无法从其中任何一个现象来确定，船是在运动还是停着不动．即使船运动得相当快，在跳跃时，你也将和以前一样，在船底板上跳过相同的距离，你跳向船尾也不会比跳向船头来得远，虽然你跳到空中时，脚下的船底板向着你跳的相反方向移动．无论把什么东西扔给你的同伴，无论他是在船头还是在船尾，只要你自己站在对面，你也并不需要用更多的力．水滴将像先前一样，滴进下面的罐子，一滴也不会滴向船尾．虽然水滴在空中时，船已行驶了许多拃①，鱼在水中游向水碗前部所用的力并不比游向水碗后部来得大，它们一样悠闲地游向放在水碗边缘任何地方的食饵．最后，蝴蝶和苍蝇继续随便地到处飞行，它们也绝不会向船尾集中，并不因为它们可能长时间留在空中，脱离了船的运动，为赶上船的运动而显出累的样子②．

这就是伽利略描述的景象．这幅从现实生活中抽象出来的图景够漂亮了吧！它表明，要知道这条大船的速度，必须观察船两岸的景物．在那个没有窗户的船舱内，无法通过力学实验确定这船是运动的，还是静止的，也就是说不可能知道船的运动速度！换言之，如果在一个惯性系中得到了某个力学规律，那么在其他相对于这个惯性系做匀速直线运动的惯性系中，这个力学规律是相同的．或是说：在描述力学规律时，所有的惯性系都是等价的、平权的，没有哪个惯性系更特殊．这就是力学相对性原理，也常常被称为伽利略相对性原理．这里等价的含义是，力学中的那些规律不会因为选择不同的惯性系而不同，任一力学规律在不同的惯性系中都具有相同的数学形式．

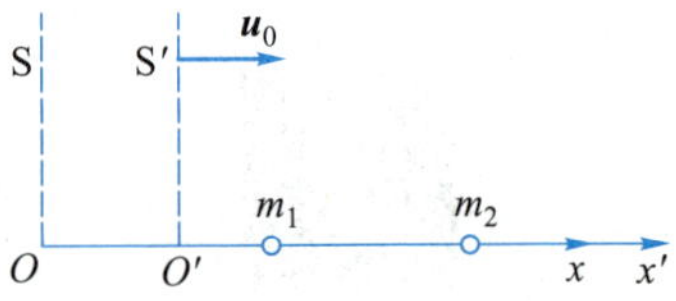

图 1-30 相对运动

我们来看一个例子，验证力学相对性原理．设 S 和 S′为两个一维的惯性系，S′系相对于 S 系以恒定速度 $\boldsymbol{u}_0$ 沿 x 轴正向运动，如图 1-30 所示．有两个质点 m_1、m_2，两者间仅存在万有引力作用．设牛顿第二定律在 S 系中成立；m_1、m_2 在 S 系中的坐标分别为 x_1、x_2，在 S′系中的坐标分别为 x_1'、x_2'．我们来看一看在 S 系和 S′系中，m_1 遵循的运动规律．对于 m_1，它只受万有引力的作用，故在 S 系中，根据牛顿第二定律，有方程

$$G\frac{m_1m_2}{(x_2-x_1)^2}=m_1a_1=m_1\frac{\mathrm{d}^2x_1}{\mathrm{d}t^2}$$

根据伽利略变换式（1-33）得

$$x_2-x_1=x_2'-x_1'$$

① 生活中用手量度距离时用的“单位”．尽力打开手掌时，拇指尖儿到中指尖儿的距离为一拃．

② 伽利略．关于托勒密和哥白尼两大世界体系的对话[M]．上海外国自然科学哲学著作编译组，译．上海：上海人民出版社，1974：242-243．

NOTE

又根据式(1-37)得

$$\frac{d^2x_1}{dt^2}=\frac{d^2x_1'}{dt^2}$$

在牛顿力学中，物体的质量是常量，与速度无关，因此在S′系中有方程

$$G\frac{m_1m_2}{(x_2'-x_1')^2}=m_1\frac{d^2x_1'}{dt^2}$$

方程左侧是 m_1受到的合力，右侧为它的质量与加速度的乘积，这就是牛顿第二定律．我们看到，对于这个例子，在S和S′这两个惯性系中，牛顿第二定律的形式相同．通过这个简单的例子，我们验证了这两个惯性系的等价性.

力学相对性原理告诉我们，所有惯性参考系都是等价的，尽管伽利略只提到了力学规律，但是他的思想是深刻的，况且在伽利略那个年代，力学规律几乎就是一切了．伽利略的思想激发了更伟大的发现．1905年，爱因斯坦发表了狭义相对论．在这个理论中，爱因斯坦把伽利略相对性原理推广到所有物理规律，提出：任一物理规律(不仅限于力学规律)在所有惯性系中都是等价的，并将这一原理作为狭义相对论的两个基本假设之一．这就是说，在那条大船的船舱中，不仅不能通过力学实验，而且不能通过电磁学、光学等一切物理实验，得知船的速度.为了坚持这个原理，爱因斯坦毅然抛弃了早已被人们所熟悉的绝对时空观，建立了相对论时空观．随后，爱因斯坦又建立了广义相对论，进一步推广了这个原理，更新了人类对于时空的认识.

1.2.5 非惯性系与惯性力

假如你坐在房间里的一把转椅上旋转，会观察到房间在反方向旋转，放在桌子上的书也在旋转，它们在圆形轨道上运动，但并不需要向心力．牛顿运动定律似乎不再适用．在运动学部分，我们知道在各个参考系中，对运动的描述是不同的．为了描述方便，我们可以任意地选择参考系．但在动力学部分，令人遗憾的事实是，并不是在所有坐标系中，牛顿运动定律都成立，牛顿运动定律仅在惯性参考系中成立.

虽然牛顿运动定律在非惯性系中不成立，但这并不意味着我们不能在非惯性系中处理动力学问题．通过引入惯性力的概念，牛顿运动定律可以被用在非惯性系中解决动力学问题.

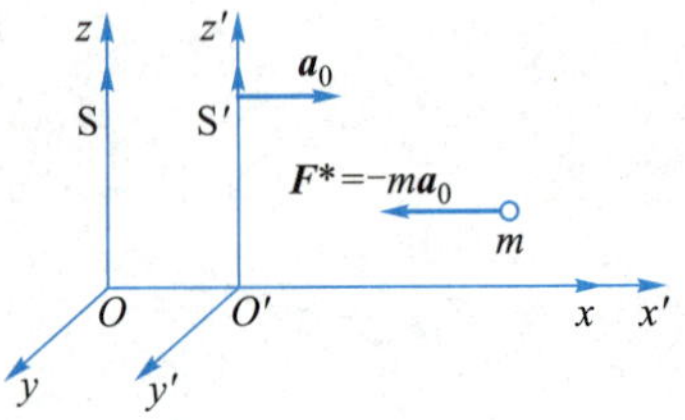

图 1-31 惯性力 F^*

设非惯性系 S′相对于地面 S 系(惯性系)以加速度 $\boldsymbol{a}_0$ 做直线运动,如图 1-31 所示.有一个质量为 m 的质点,它在 S 系中的加速度为 $\boldsymbol{a}$,受到的合力为 $\boldsymbol{F}$. 设这个质点相对于 S′系的加速度为 $\boldsymbol{a}'$. 根据运动的相对性得到

$$\boldsymbol{a}=\boldsymbol{a}'+\boldsymbol{a}_0$$

由牛顿第二定律,$\boldsymbol{F}=m\boldsymbol{a}$. 将加速度 $\boldsymbol{a}$ 以 $\boldsymbol{a}'+\boldsymbol{a}_0$ 代入得

$$\boldsymbol{F}=m(\boldsymbol{a}'+\boldsymbol{a}_0)$$

$$\boldsymbol{F}+(-m\boldsymbol{a}_0)=m\boldsymbol{a}'$$

令 $\boldsymbol{F}^*=-m\boldsymbol{a}_0$,得到

$$\boldsymbol{F}+\boldsymbol{F}^*=m\boldsymbol{a}' \qquad (1-77)$$

可以看出,在 S′系中,$\boldsymbol{F}\neq m\boldsymbol{a}'$,牛顿第二定律不成立,这在我们的预料之中.但是如果将 $\boldsymbol{F}^*$ 也计入合力,那么,在非惯性系 S′中,牛顿第二定律在形式上是成立的.换言之,如果认为在非惯性系 S′中,质点还额外受到力 $\boldsymbol{F}^*$ 的作用,就可以将惯性系中应用牛顿第二定律处理问题的方法移植到非惯性系中. $\boldsymbol{F}^*$ 被称为惯性力,其矢量表达式为

$$\boldsymbol{F}^*=-m\boldsymbol{a}_0 \qquad (1-78)$$

惯性力的大小等于质点质量与非惯性系相对于惯性系的加速度大小之积,方向与该加速度方向相反.惯性力不是相互作用,没有与之相应的反作用力.将惯性力计入合力,然后利用牛顿第二定律研究物体的运动,这就是在非惯性系中处理动力学问题的方法.

例 1-10

一辆车沿水平方向做匀加速直线运动,一小球被绳子系在车厢顶部.车内的观察者发现小球静止,且绳子与竖直方向成 30°角,如图 1-32(a)所示.求车的加速度大小.

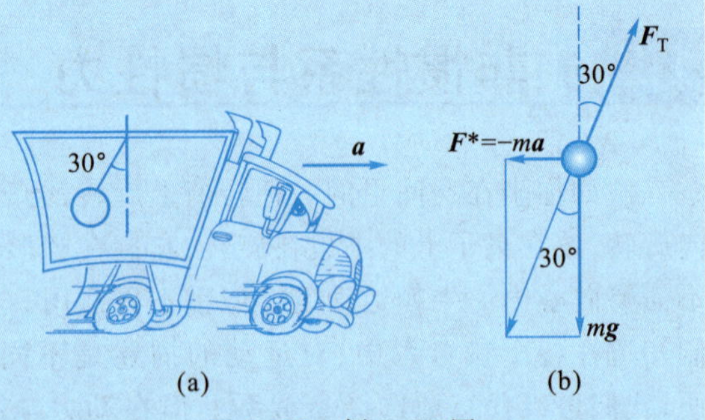

图 1-32 例 1-10 图

解: 以车为参考系,这是个非惯性系,因为车相对于地面(惯性系)做加速运动.若以车为参考系,则为了应用牛顿第二定律处理问题,在分析小球受力时,除了要考虑地球对小球的重力、绳子对小球的拉力之外,还需要引入惯性力.设车相对于地面的加速度为 $\boldsymbol{a}$,方向向右,小球的质量为 m,那么,惯性力 $\boldsymbol{F}^*$ 大小为 ma,方向水平向左,如图 1-32(b)所示.小球相对于车厢静止,$\boldsymbol{F}^*$ 与重力 $m\boldsymbol{g}$ 之和必然与绳子的拉力 $\boldsymbol{F}_T$ 大小相等,方

向相反．故 $\boldsymbol{F}^*$ 与重力 $m\boldsymbol{g}$ 的合力与竖直方向的夹角也为 30°，于是

$$\frac{ma}{mg}=\tan 30^\circ$$

因此，车的加速度大小为

$$a=g\tan 30^\circ=\frac{\sqrt{3}}{3}g$$

这道题目演示了在非惯性系中利用牛顿运动定律解决动力学问题的方法．

引入惯性力，就多了一种处理动力学问题的方法，有助于简化问题，方便研究．

例 1-11

一楔形物块质量为 $m_{楔}$，倾角为 α，置于光滑的水平桌面上．该物块的斜面光滑，长为 l，其顶端放着一个质量为 m 的物体，如图 1-33(a) 所示．开始时两者都静止不动，求：(1) 将物体从斜面顶端释放后，它沿斜面滑到底端所需时间；(2) 物体在下滑过程中相对于地面的加速度．

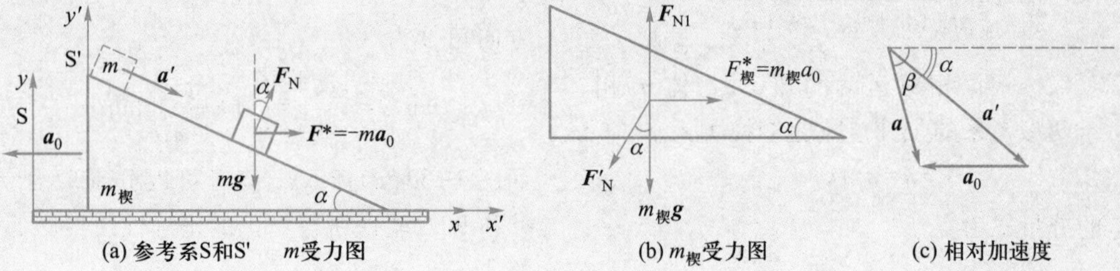

图 1-33　例 1-11 图

解：(1) 以物体 m 和楔形物块 $m_{楔}$ 为研究对象，它们的受力情况如图 1-33(a)(b) 所示．以地面为参考系 S(惯性系)，x 轴和 y 轴正向分别向右和向上．以楔形物块为参考系 S′，取 x' 轴水平向右为正，y' 轴竖直向上为正，如图 1-33(a) 所示．

当物体 m 沿斜面下滑时，楔形物块在光滑桌面上加速运动．设楔形物块相对于参考系 S 的加速度为 $\boldsymbol{a}_0$，那么，$\boldsymbol{a}_0$ 沿 x 轴负向．由于楔形物块相对于惯性系 S 加速运动，所以 S′系是非惯性系．设物体 m 相对于 S′系和 S 系的加速度分别为 $\boldsymbol{a}'$ 和 $\boldsymbol{a}$．相比于 S 系，在 S′系中，确定物体 m 加速度的方向更容易一些．$\boldsymbol{a}'$ 沿斜面向下，与 x' 轴正向夹角为 $-\alpha$．

在 S′系中，楔形物块的加速度为零．考虑惯性力 $\boldsymbol{F}^*_{楔}$ 后，将牛顿第二定律应用于楔形物块，水平方向的分量式为

$$F'_N\sin\alpha-m_{楔}a_0=0$$

考虑惯性力 $\boldsymbol{F}^*_{楔}$ 后，对物体 m 应用牛顿第二定律得到方程，

水平方向：$F_N\sin\alpha+ma_0=ma'\cos\alpha$

竖直方向：$F_N\cos\alpha-mg=-ma'\sin\alpha$

根据牛顿第三定律，

$$F'_N=F_N$$

联立以上四个方程，解得

$$a'=\frac{(m+m_{楔})\sin\alpha}{m_{楔}+m\sin^2\alpha}g$$

$$a_0=\frac{m\sin 2\alpha}{2(m_{楔}+m\sin^2\alpha)}g$$

由这个结果可以看出，在 S′系中，m 沿斜面做匀加速直线运动.

设 m 由斜面顶端下滑到底部所用时间为 t，在 S′系中，利用匀加速直线运动的公式得

$$l=\frac{1}{2}a't^2$$

将求得的 a' 代入上式，解得所求时间 t 为

$$t=\sqrt{\frac{2l(m_{楔}+m\sin^2\alpha)}{(m+m_{楔})g\sin\alpha}}$$

(2) 根据相对运动的知识，物体 m 相对于两参考系的加速度满足变换关系

$$\boldsymbol{a}=\boldsymbol{a}'+\boldsymbol{a}_0$$

它的分量式为

$$a_x=a'_x-a_0=a'\cos\alpha-a_0$$

$$a_y=a'_y=-a'\sin\alpha$$

将(1)问中求得的 a' 代入以上两式，计算后得到

$$a_x=\frac{m_{楔}\sin 2\alpha}{2(m_{楔}+m\sin^2\alpha)}g$$

$$a_y=-\frac{(m_{楔}+m)\sin^2\alpha}{(m_{楔}+m\sin^2\alpha)}g$$

因此物体 m 相对于地面的加速度为

$$\boldsymbol{a}=\frac{m_{楔}\sin 2\alpha}{2(m_{楔}+m\sin^2\alpha)}g\boldsymbol{i}-\frac{(m_{楔}+m)\sin^2\alpha}{(m_{楔}+m\sin^2\alpha)}g\boldsymbol{j}$$

它的大小为

$$a=\sqrt{a_x^2+a_y^2}=\frac{\sin\alpha\sqrt{m_{楔}^2+m(2m_{楔}+m)\sin^2\alpha}}{m_{楔}+m\sin^2\alpha}g$$

方向角 β 为

$$\tan\beta=\left|\frac{a_y}{a_x}\right|=\left(1+\frac{m}{m_{楔}}\right)\tan\alpha$$

如图 1-33(c)所示．读者可以分别取 α 为 0°和 90°，验证所得结论的正确性.

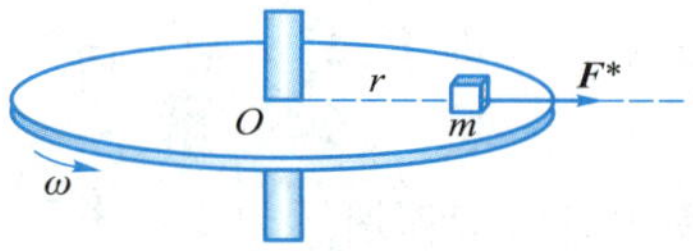

图 1-34 惯性离心力

在转动参考系中，也可以引入惯性力，从而利用牛顿第二定律解决动力学问题．对于转动参考系来说，要引入惯性力，最简单的情况是这个转动参考系相对于惯性系做匀角速转动，且物体在这个转动参考系中静止不动．设转盘以恒定角速度 ω 旋转，质量为 m 的物体静止于其上，距圆心的距离为 r. 如图1-34 所示，以地面为参考系，物体在做半径为 r 的圆周运动，它和转盘间的静摩擦力提供向心力．向心力为

$$\boldsymbol{F}_n=m\boldsymbol{a}_n=-m\omega^2\boldsymbol{r}$$

式中，$\boldsymbol{a}_n$ 是物体的向心加速度，方向沿半径指向圆心 O；$\boldsymbol{r}$ 是物体相对于圆心 O 的位置矢量，方向沿半径向外．现在我们变换参考系，以旋转的圆盘为参考系，物体静止，它在水平方向受摩擦力的作用，但是加速度为零，牛顿第二定律显然不成立．像在平动的非惯性系中一样，如果要在这个转动的非惯性系中利用牛顿第二定律解决动力学问题，就必须引入惯性力 $\boldsymbol{F}^*$，其矢量表达式为

惯性力

$$\boldsymbol{F}^{*}=-m\boldsymbol{a}_{n}=m\omega^{2}\boldsymbol{r} \qquad (1-79)$$

惯性力 $\boldsymbol{F}^{*}$ 的方向与位置矢量 $\boldsymbol{r}$ 的方向一致，沿圆半径向外，大小等于物体质量与物体在惯性系中的向心加速度大小 a_n 的乘积．由于此惯性力 $\boldsymbol{F}^{*}$ 的方向背离圆心，所以称之为惯性离心力．角速度越大，物体距圆心越远，惯性离心力就越大．儿童游乐场中有一种游乐设施——转椅．当转椅快速旋转时，如果站在转盘的边缘，你会明显地觉得似乎有一个力把你向外推．为了避免自己被甩出去，你会用手拉住身边的椅子．这便是惯性离心力的效应．惯性离心力不是相互作用力，没有施力者，也没有与之相应的反作用力．

例 1-12

质量为 m 的物体静止在以匀角速度 ω 转动的圆盘上，到圆盘中心的距离为 r，如图 1-35 所示．设物体与圆盘间的静摩擦因数为 μ，欲使物体与圆盘间不出现相对滑动，ω 的最大值是多少？

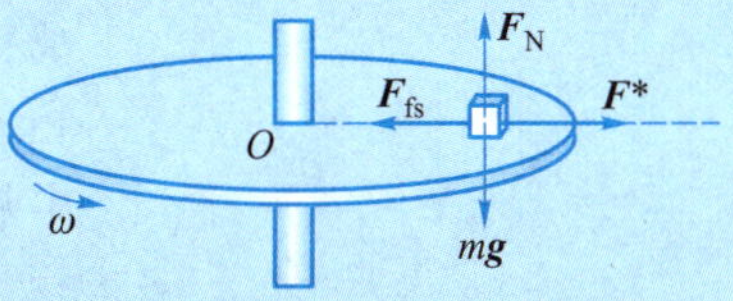

图 1-35 例 1-12 图

解：以圆盘为参考系，它是匀角速转动的非惯性系．物体受到四个力的作用，重力 $m\boldsymbol{g}$、支持力 $\boldsymbol{F}_N$、静摩擦力 $\boldsymbol{F}_{fs}$ 和惯性离心力 $\boldsymbol{F}^{*}$．惯性离心力的大小为 $mr\omega^2$，方向沿物体所在处半径向外，如图 1-35 所示．物体相对于圆盘静止，故有

$$mr\omega^2-F_{fs}=0$$

$$mg-F_N=0$$

并且，静摩擦力不能大于最大静摩擦力，即

$$F_{fs}\leqslant F_{fs,m}$$

$$F_{fs,m}=\mu F_N=\mu mg$$

解得

$$\omega^2\leqslant\frac{\mu g}{r}$$

所求的角速度最大值为

$$\omega_{max}=\sqrt{\frac{\mu g}{r}}$$

静摩擦因数越大，物体到圆盘中心的距离越近，ω_{max} 越大．

如果物体在匀角速转动的非惯性系中运动，情况就更复杂，在使用牛顿第二定律研究物体的运动规律时，要考虑另外一种称为科里奥利力的惯性力．有兴趣的读者可以参考相关书籍学习．受篇幅限制，本书不再介绍．

授课录像：科里奥利力 1

授课录像：科里奥利力 2

尽管惯性力没有施力者，似乎是“假想”的力，但是其作用效果是真实的．汽车突然起步或刹车时，你坐在车中，上身或向后仰或向前冲，这可以视为惯性力的作用效果．汽车急转弯时，你感到自己似乎要被甩出去，这也可以视为惯性力的作用效果．引入惯性力的概念后，回过头来，就可以更加明白，将地面参考系、地心参考

授课录像：牛顿运动定律与应用小结

系和太阳参考系作为惯性参考系其实都是近似的，不过近似程度不相同．在地心参考系中，地球在自转，赤道处加速度为 $3.4\times10^{-2}\ m/s^2$．在太阳参考系中，地球自转且公转，公转的加速度为 $6\times10^{-3}\ m/s^2$．在银河系的中心看，太阳的向心加速度为 $3\times10^{-10}\ m/s^2$．地面参考系、地心参考系和太阳参考系，三者其实都是“准”惯性系，比较起来，太阳参考系是最精确的“准”惯性系．

1.3 动量

NOTE

无论在牛顿力学，还是在量子力学或相对论中，动量都是表征物体运动状态的重要物理量，它是物体运动的一种量度，与之相关的动量守恒定律是物理学中的一条基本定律，其适用范围比牛顿运动定律更广．

1.3.1 质点的动量定理

1. 冲量

大家都有这样的经验，要使一辆行驶着的自行车停止，可以缓慢捏闸，使车慢慢减速，最终停止下来；也可以使劲儿捏闸，让自行车很快减速，迅速停止下来．可见，物体运动状态的变化，不仅与它所受的力有关，还与力的作用时间有关．因此，可以在力学中引入力的冲量概念．

冲量

对于大小和方向都不随时间变化的恒力，定义它的**冲量**等于力 $\boldsymbol{F}$ 与该力作用时间 Δt 的乘积，以 $\boldsymbol{I}$ 表示．

$$\boldsymbol{I}=\boldsymbol{F}\Delta t \tag{1-80}$$

冲量是矢量．对于恒力，其冲量方向与力的方向一致．在国际单位制中，冲量的单位是牛秒（N·s）．

恒力是特殊情况，力往往随时间变化，即 $\boldsymbol{F}=\boldsymbol{F}(t)$．如何计算一段时间内变力的冲量呢？可以利用微积分的思想，取一个非常小的时间间隔 $\mathrm{d}t$，使得在这期间，$\boldsymbol{F}$ 可以被近似地视为常量．这样，由式（1-80）得，$\mathrm{d}t$ 内 $\boldsymbol{F}$ 的无限小冲量为 $\boldsymbol{F}(t)\mathrm{d}t$．对于 $t_1\to t_2$ 的有限时间间隔，将之分为许多无限小的时间间隔，再将这些相应的无限小冲量相加，就可以计算变力的冲量了．所以，力 $\boldsymbol{F}(t)$ 在 $t_1\to t_2$ 时间间隔内的冲量 $\boldsymbol{I}$ 为

$$I=\int_{t_1}^{t_2}F(t)\,\mathrm{d}t \tag{1-81}$$

在直角坐标系中，

$$\begin{aligned}I&=\left[\int_{t_1}^{t_2}F_x(t)\,\mathrm{d}t\right]i+\left[\int_{t_1}^{t_2}F_y(t)\,\mathrm{d}t\right]j+\left[\int_{t_1}^{t_2}F_z(t)\,\mathrm{d}t\right]k\\&=I_x i+I_y j+I_z k\end{aligned} \tag{1-82}$$

式中，$F_x(t)$、$F_y(t)$、$F_z(t)$分别为力 $F(t)$ 的 x、y、z 分量，I_x、I_y、I_z分别为冲量 I 的 x、y、z 分量.

$$I_x=\int_{t_1}^{t_2}F_x(t)\,\mathrm{d}t,\quad I_y=\int_{t_1}^{t_2}F_y(t)\,\mathrm{d}t,\quad I_z=\int_{t_1}^{t_2}F_z(t)\,\mathrm{d}t \tag{1-83}$$

可以用力随时间的变化图（$F-t$ 图）来讨论冲量．以水平轴表示时间，竖直轴表示力的大小，在 $F-t$ 图上，恒力随时间的变化情况用一条平行于横轴 t 的直线来代表．在 $\Delta t=t_2-t_1$时间间隔内，力的冲量大小在数值上等于图 1-36 中阴影所示的面积．对于方向不变但是大小改变的力，$F-t$ 图线不再是直线，而是曲线，如图 1-37 所示，在时间间隔 $\Delta t=t_2-t_1$内，该力的冲量在数值上等于 $F-t$曲线下的面积，即图中阴影部分的面积．若一个力的大小和方向均随时间变化，图解法就很难使用，可以按照式（1-82），用矢量积分的方法来求解该力的冲量.

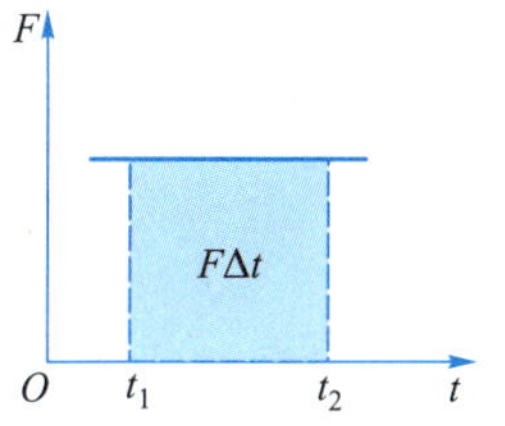

图 1-36 恒力及其冲量

在打击、碰撞等过程中，两个物体之间的作用力通常很大，而且力的大小随时间快速变化，其规律非常复杂．例如用球拍击打一个网球，网球和球拍接触的时间很短，在这个时间段内，球拍和网球均发生了变形．对于网球来讲，它受到球拍作用的时间很短，且作用力的数值时时在变化，我们称这样的力为冲力．如果力的作用时间极短，远远小于我们观察系统所用的时间，则称这个力为冲力.

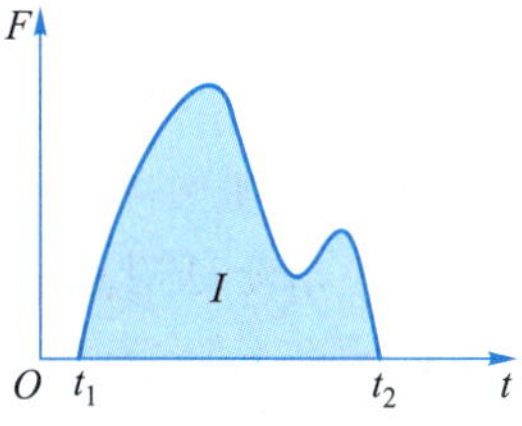

图 1-37 变力及其冲量

图 1-38 表示在两物体碰撞期间，作用在其中一个物体上方向恒定的冲力．从图中看出，碰撞在时刻 t_1开始，冲力先随时间增大，之后减小，在时刻 t_2碰撞结束．为了估测两物体在彼此发生作用期间冲力的大小，可以引入“平均冲力”的概念．定义平均冲力 $\overline{F}$ 为

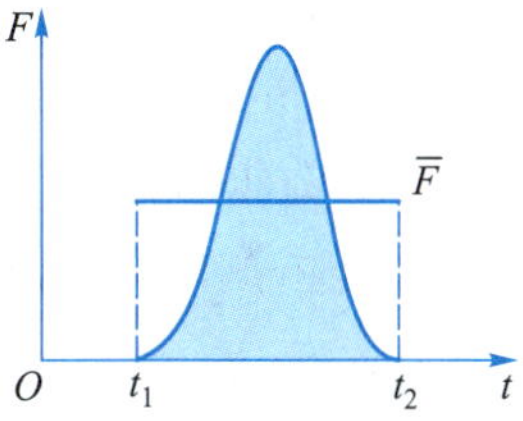

图 1-38 平均冲力与冲量

$$\overline{F}=\frac{\int_{t_1}^{t_2}F\,\mathrm{d}t}{t_2-t_1}=\frac{I}{\Delta t} \tag{1-84}$$

平均冲力等于该力的冲量除以作用时间 Δt. 根据定义，平均冲力的冲量为

$$I=\overline{F}\Delta t \tag{1-85}$$

平均冲力的冲量等于相同时间间隔内与之相应冲力的冲量．从 $F-t$ 图上看，图 1-38 中平均冲力的冲量为图中矩形的面积，与平均

NOTE

冲力相应的冲力的冲量为图中阴影部分的面积,两块面积相等.

2. 质点的动量定理

根据牛顿第二定律,对于质点有

$$\boldsymbol{F}\mathrm{d}t=\mathrm{d}\boldsymbol{p} \tag{1-86}$$

上式左侧,$\boldsymbol{F}\mathrm{d}t$ 是 $\mathrm{d}t$ 时间间隔内合力的冲量;上式右侧,$\mathrm{d}\boldsymbol{p}$ 是质点在 $\mathrm{d}t$ 时间间隔内动量的增量. 式(1-86)表明,在无限小时间间隔内,作用于质点上合力的冲量等于其动量的增量. 考虑一个有限的时间间隔 t_1 到 t_2,设物体的初态和末态的动量分别为 $\boldsymbol{p}_1$ 和 $\boldsymbol{p}_2$,对式(1-86)积分得

$$\boldsymbol{I}=\int_{t_1}^{t_2}\boldsymbol{F}(t)\,\mathrm{d}t=\int_{p_1}^{p_2}\mathrm{d}\boldsymbol{p}=\boldsymbol{p}_2-\boldsymbol{p}_1$$

即

$$\boldsymbol{I}=\int_{t_1}^{t_2}\boldsymbol{F}(t)\,\mathrm{d}t=\boldsymbol{p}_2-\boldsymbol{p}_1 \tag{1-87}$$

质点的动量定理

式(1-87)表明:在一段时间间隔内,质点动量的增量等于合力的冲量,这就是**质点的动量定理**. 它说明质点动量的增量与其所受合力在时间上的积累相关. 式(1-87)称为动量定理的积分形式,与之相应,式(1-86)被称为动量定理的微分形式. 动量定理适用于惯性参考系.

例 1-13

一个质量为 m 的小球,从距水平桌面 h_1 高处由静止下落,撞到桌面后,竖直向上反跳,弹起的高度为 h_2.设小球与桌面的接触时间为 τ.

(1) 求小球对桌面的冲量;

(2) 若 $m=1\times10^{-2}$ kg, $h_1=0.256$ m, $h_2=0.196$ m,接触时间分别为 $\tau=0.01$ s 和 $\tau=0.001$ s,求小球对桌面的平均冲力.

解:(1) 小球在下落、弹起过程中受到两个力的作用:方向竖直向下的重力 $m\boldsymbol{g}$ 和桌面对它向上的作用力 $\boldsymbol{F}_{\mathrm{N}}$. 设小球下落所用时间为 t_1,上升所用时间为 t_2,则重力的作用时间为 $t_1+t_2+\tau$, $\boldsymbol{F}_{\mathrm{N}}$ 的作用时间为 τ. 考虑小球下降又上升的整个过程,初态小球静止,动量为零;反跳到最大高度 h_2 时,动量仍旧为零. 因此,过程始、末两态的动量之差为零. 以地面为参考系,选择竖直向上为 y 轴的正向,如图 1-39 所示. 由质点的动量定理得

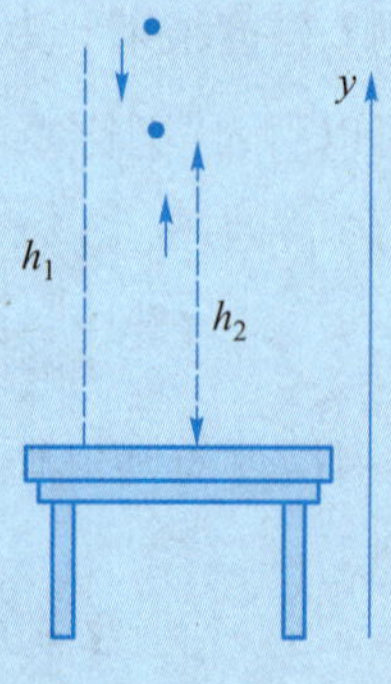

图 1-39 例 1-13 图

$$F_N\tau - mg\,(t_1+t_2+\tau)=0$$

忽略空气阻力，由抛体运动的规律可知

$$t_1=\sqrt{\frac{2h_1}{g}},\quad t_2=\sqrt{\frac{2h_2}{g}}$$

代入上式，得到 $\boldsymbol{F}_N$ 的冲量大小为

$$I=F_N\tau=mg\left(\sqrt{\frac{2h_1}{g}}+\sqrt{\frac{2h_2}{g}}+\tau\right)$$

根据牛顿第三定律，小球对桌面的冲量大小为 $mg\left(\sqrt{\frac{2h_1}{g}}+\sqrt{\frac{2h_2}{g}}+\tau\right)$，方向竖直向下.

(2) 小球对桌面的平均冲力大小为

$$\overline{F}=\frac{I}{\tau}=m\left(\frac{\sqrt{2gh_1}}{\tau}+\frac{\sqrt{2gh_2}}{\tau}+g\right)$$

若接触时间为 $t=0.01$ s，则

$$\overline{F}=1\times10^{-2}\times\left(\frac{\sqrt{2\times9.81\times0.256}}{0.01}+\frac{\sqrt{2\times9.81\times0.196}}{0.01}+9.81\right)\text{N}=4.3\text{ N}$$

平均冲力是小球所受重力的 40 多倍.

若接触时间 $\tau=0.001$ s，则

$$\overline{F}=1\times10^{-2}\times\left(\frac{\sqrt{2\times9.81\times0.256}}{0.001}+\frac{\sqrt{2\times9.81\times0.196}}{0.001}+9.81\right)\text{N}$$
$$=42.1\text{ N}$$

其值是小球所受重力的 400 多倍.

由此题的计算结果可以看出，在小球与桌面的碰撞中，桌面给小球的平均冲力远远大于其所受的重力. 因此在碰撞及打击等问题中，重力常常被忽略.

1.3.2 质点系的动量定理

质点系是指由多个质点组成的系统，它是力学中常见的一类研究对象. 在研究质点系的运动规律时，往往将各个质点所受的力分为两类，一类是质点系内各个质点之间的相互作用力，称为内力；另一类是质点系外的质点对质点系内质点的作用力，称为外力.

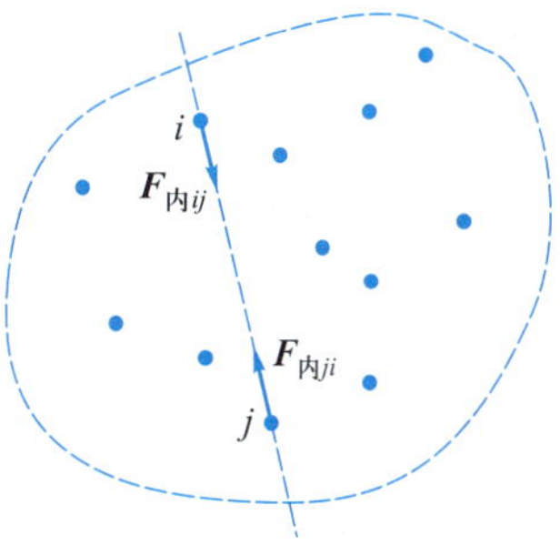

图 1-40 质点系和一对内力

考虑由 N ($N>1$) 个质点组成的质点系，如图 1-40 所示. 对系统中的第 i 个质点，应用牛顿第二定律得

$$\boldsymbol{F}_i+\sum_{j(\neq i)}\boldsymbol{F}_{内ij}=\frac{\mathrm{d}(m_i\boldsymbol{v}_i)}{\mathrm{d}t}$$

式中，$\boldsymbol{F}_i$ 是第 i 个质点所受外力的和；$\boldsymbol{F}_{内ij}$ 是第 i 个质点所受的第 j 个质点对它的作用力，$\sum\limits_{j(\neq i)}\boldsymbol{F}_{内ij}$ 为第 i 个质点所受的所有内力的和. 将上式对 i 求和，得

$$\sum_i\boldsymbol{F}_i+\sum_i\sum_{j(\neq i)}\boldsymbol{F}_{内ij}=\frac{\mathrm{d}\sum\limits_i(m_i\boldsymbol{v}_i)}{\mathrm{d}t}$$

等式左侧第 1 项，$\sum\limits_i\boldsymbol{F}_i$ 是质点系中所有质点所受外力的矢量

NOTE

和,称为质点系受到的合外力,记为 $\boldsymbol{F}$,$\boldsymbol{F}=\sum_i \boldsymbol{F}_i$;等式左侧第2项,$\sum_i \sum_{j(\neq i)} \boldsymbol{F}_{内ij}$ 是质点系中所有质点所受内力的矢量和. 由牛顿第三定律,内力一定成对出现于求和中,且 $\boldsymbol{F}_{内ij}=-\boldsymbol{F}_{内ji}$,故 $\sum_i \sum_{j(\neq i)} \boldsymbol{F}_{内ij}$ 的大小为零. 等式右侧 $m_i\boldsymbol{v}_i$ 为第 i 个质点的动量,$\sum_i (m_i\boldsymbol{v}_i)$ 是质点系中所有质点的动量之和,定义它为质点系的动量 $\boldsymbol{p}$,

$$\boldsymbol{p}=\sum_{i=1}^{N}(m_i\boldsymbol{v}_i)=\sum_{i=1}^{N}\boldsymbol{p}_i \tag{1-88}$$

质点系的动量等于组成质点系的所有质点动量的矢量和. 通过这些讨论可知,对于一个质点系,内力不会改变它的动量,只有外力才能改变质点系的动量. 质点系受到的合外力与其动量满足

$$\boldsymbol{F}=\sum_i \boldsymbol{F}_i=\frac{\mathrm{d}\boldsymbol{p}}{\mathrm{d}t} \tag{1-89}$$

质点系受到的合外力等于质点系的动量对时间的变化率,这是质点系的牛顿第二定律. 由这个定律得

$$\boldsymbol{F}\mathrm{d}t=\mathrm{d}\boldsymbol{p} \tag{1-90}$$

在无限小时间间隔 $\mathrm{d}t$ 内,质点系动量的增量等于质点系所受合外力的冲量. 如果考虑从 t_1 到 t_2 的有限时间间隔,设质点系的动量在这段时间间隔内由 $\boldsymbol{p}_1$ 变为 $\boldsymbol{p}_2$,对上式积分就得到

$$\boldsymbol{I}=\int_{t_1}^{t_2}\boldsymbol{F}\mathrm{d}t=\boldsymbol{p}_2-\boldsymbol{p}_1 \tag{1-91}$$

式中,$\boldsymbol{I}$ 为 t_1 到 t_2 时间间隔内作用于质点系的合外力的冲量. 由式(1-90)和式(1-91)可得出这样的结论:在一段时间间隔内,质点系动量的增量等于合外力的冲量,这个结论称为**质点系的动量定理**. 式(1-90)称为质点系的动量定理的微分形式,式(1-91)称为质点系的动量定理的积分形式. 质点系的动量定理适用于惯性参考系.

质点系的动量定理

在直角坐标系中,动量定理的分量式为

$$\left.\begin{aligned} I_x&=\int_{t_1}^{t_2}F_x\mathrm{d}t=p_{2x}-p_{1x}\\ I_y&=\int_{t_1}^{t_2}F_y\mathrm{d}t=p_{2y}-p_{1y}\\ I_z&=\int_{t_1}^{t_2}F_z\mathrm{d}t=p_{2z}-p_{1z}\end{aligned}\right\} \tag{1-92}$$

质点系沿某个方向动量的增量等于合外力的冲量在该方向的分量.

例 1-14

图 1-41 是采用传送带运煤粉装置的示意图．设一水平传送带以 1.5 m/s 的恒定速率向右传动，每秒落到传送带上的煤粉为20 kg，试求传送带对其上煤粉的总水平推力．

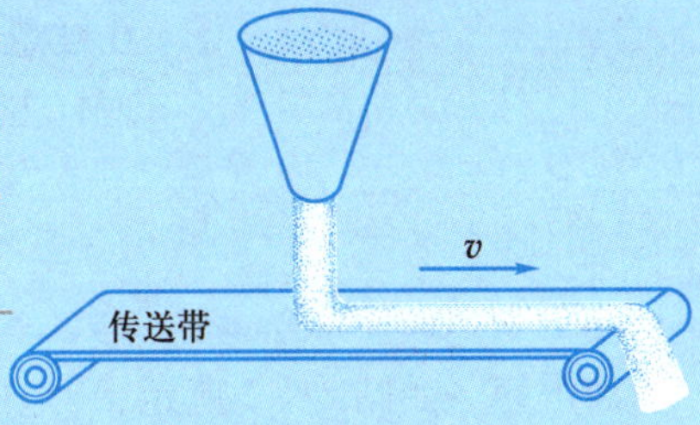

图 1-41 例 1-14 图

解：设传送带的质量为 $m_{传}$，t 时刻传送带上煤粉的质量为 m，$\mathrm{d}t$ 时间间隔内，落在传送带上煤粉的质量为 $\mathrm{d}m$，煤粉最终与传送带以相同的速度 $\boldsymbol{v}$ 一起运动．以 $m_{传}$、m 和 $\mathrm{d}m$ 为系统，t 时刻系统的水平动量为 $p=(m_{传}+m)v$，方向向右．$\mathrm{d}t$ 内系统水平方向动量的增量为

$$\mathrm{d}p=(m_{传}+m+\mathrm{d}m)v-(m_{传}+m)v=v\mathrm{d}m$$

设系统在水平方向上受到的合外力为 $F_{合}$，由动量定理，

$$F_{合}\,\mathrm{d}t=\mathrm{d}p=v\mathrm{d}m$$

系统在水平方向上受到的合外力为

$$F_{合}=v\frac{\mathrm{d}m}{\mathrm{d}t}$$

以传送带为研究对象，因传送带以恒定速率水平向右传送煤粉，故其加速度为零，在水平方向上受到的合外力为零．由牛顿第三定律可知：传送带对落在其上的煤粉的总水平推力的大小 F 与 $F_{合}$ 相等，故

$$F=v\frac{\mathrm{d}m}{\mathrm{d}t}=1.5\ \mathrm{m/s}\times 20\ \mathrm{kg/s}=30\ \mathrm{N}$$

1.3.3 动量守恒定律

1. 动量守恒定律

动量是一个重要的物理量，不仅在于它可以描述运动，更因为存在与之相应的守恒定律，即动量守恒定律．**动量守恒定律**：若系统不受外力的作用，或者所受的合外力为零，则动量的增量为零，系统的动量保持不变，是常矢量．对于由 N 个质点组成的系统，设初态和末态的动量分别为 $\boldsymbol{p}_1$、$\boldsymbol{p}_2$，若系统所受的合外力为零，则

$$\boldsymbol{p}_2=\boldsymbol{p}_1=\sum_{i=1}^{N}m_i\boldsymbol{v}_i=常矢量 \tag{1-93}$$

近代物理的研究表明，微观粒子的运动规律不再遵从牛顿运动定律，但是动量守恒定律对微观粒子仍然成立①，它是物理学中一条用途广泛的基本定律．

若质点系所受的合外力不为零，但是合外力在某个方向上的

动量守恒定律

授课录像：动量守恒定律的应用　火箭的原理

① 见第四卷第 2 章，康普顿效应．

分量为零，则由质点系的动量定理的分量形式可知，动量在这个方向的分量不变．此外，若系统的内力远远大于外力，则外力往往被忽略，可认为系统的动量近似守恒，人们常常采用此方法处理打击、碰撞等问题．

例 1-15

冲击摆．如图 1-42 所示，一绳子上端固定、下端系一质量为 m_w 的物体．该物体静止时，质量为 m 的子弹沿水平方向以速度 $\boldsymbol{v}$ 射中它并停留在其中，求子弹击中物体后瞬间两者的速度大小．

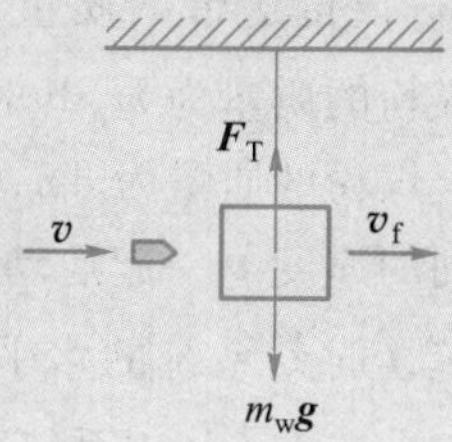

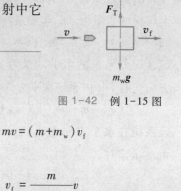

图 1-42 例 1-15 图

解：由于从子弹射中物体到它停在物体中所经历的时间很短，所以在此过程中物体基本上未动而停在原来的平衡位置．对子弹和物体组成的系统，在子弹射入物体这一短暂过程中，沿水平方向的外力为零，因此水平方向上动量守恒．设子弹击中物体后瞬间两者的速度大小为 v_f，则有

$$mv=(m+m_w)v_f$$

由此得

$$v_f=\frac{m}{m+m_w}v$$

例 1-16

一质量为 $m_R=120$ kg、长度为 $l=6$ m 的木筏漂浮在静水面上，木筏前端到岸边的距离为 $d=0.5$ m．一质量为 $m=60$ kg 的人站在木筏尾端，由静止开始沿直线向木筏前端走去，如图1-43 所示．忽略木筏与水面间的摩擦，求人走到木筏前端时，木筏前端到岸边的距离 s．

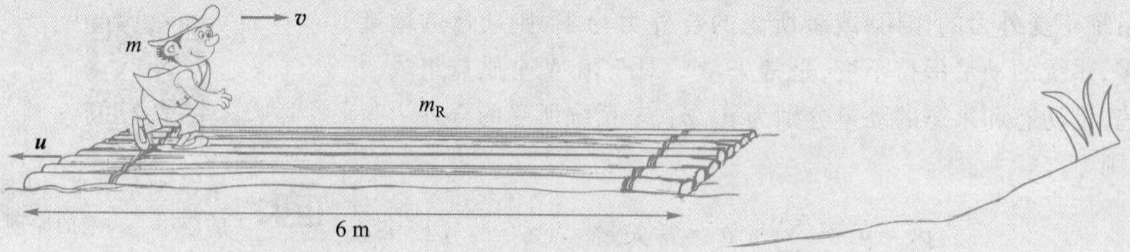

图 1-43 例 1-16 图

解：选人和木筏组成的系统为研究对象，以地面为参考系．在水平方向上，该系统近似不受外力的作用，动量守恒．在初始时刻，人和木筏均相对于地面静止，系统动量为零．设人和木筏相对于地面的速度分别为 $\boldsymbol{v}$ 和 $\boldsymbol{u}$，人相对于木筏的速度为 $\boldsymbol{v}'$；人从木筏

尾端走到前端的过程中，木筏相对于地面移动的距离为 x，所需时间为 T. 由水平方向的动量守恒得

$$m\boldsymbol{v}+m_R\boldsymbol{u}=\mathbf{0}$$

解得

$$\boldsymbol{v}=-\frac{m_R}{m}\boldsymbol{u} \qquad ①$$

这表明，在人从木筏尾端走到前端的过程中，木筏的运动方向与人的运动方向相反，故木筏会远离岸边．由相对速度公式，得

$$\boldsymbol{v}'=\boldsymbol{v}-\boldsymbol{u} \qquad ②$$

将式①代入式②得

$$\boldsymbol{v}'=-\frac{m_R+m}{m}\boldsymbol{u}$$

负号表示 $\boldsymbol{v}'$和 $\boldsymbol{u}$ 的方向相反．由题意知，人相对于木筏走过的距离为 l，因此有

$$l=\int_0^T v'\mathrm{d}t=\int_0^T \frac{m_R+m}{m}u\mathrm{d}t=\frac{m_R+m}{m}\int_0^T u\mathrm{d}t$$

而 $\int_0^T u\mathrm{d}t=x$，代入解得

$$x=\frac{m}{m_R+m}l=\frac{60}{120+60}\times 6\ \mathrm{m}=2\ \mathrm{m}$$

故人走到木筏的前端站住时，木筏前端到岸边的距离为

$$s=d+x=(0.5+2)\ \mathrm{m}=2.5\ \mathrm{m}$$

此题也可以利用后面将要介绍的质心概念来求解.

2. 火箭飞行

人类自古就有飞天梦．现代火箭在航天工程中必不可少，作为一种远距离快速运输工具，常常用于发射卫星、飞船等；火箭在承担运载功能时，被称为运载火箭；如果装入弹头，火箭还可以变身为导弹．火箭在向前飞行时，从尾部向后高速喷射出气体，从而获得推力．火箭是如何获得推力的呢？现在我们讨论火箭的飞行原理.

假设一枚火箭携带着燃料在自由空间高速飞行．以火箭为研究对象，建立如图 1-44 所示的惯性坐标系，选择 y 轴正向竖直向上，与火箭体的运动方向一致．设火箭 t 时刻的质量为 m(包括火箭体和其中的燃料)，速度大小为 v，方向沿 y 轴正向，则系统在 t 时刻的动量为

$$p_i=mv$$

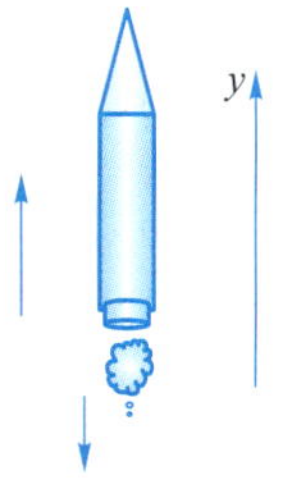

图 1-44 火箭飞行原理说明图

在飞行过程中，火箭会不断地向其后方喷射出气体，自身的速率随时间增大．因此，m 会减小．设 $\mathrm{d}t$ 时间内，火箭的质量变化量为 $\mathrm{d}m$(注意 $\mathrm{d}m$ 是小于零的)，且在 $t+\mathrm{d}t$ 时刻，火箭速度值增加到 $v+\mathrm{d}v$. 根据质量守恒定律，$\mathrm{d}t$ 时间内火箭喷出的气体的质量为 $-\mathrm{d}m$. 设火箭相对于箭体以恒定的速率 u 喷气，由相对运动的速度变换，得到这些被喷出的气体($-\mathrm{d}m$)相对于选定坐标系的速度为 $v-u$. 在 $t+\mathrm{d}t$ 时刻，系统的动量为

$$p_f=(m+\mathrm{d}m)(v+\mathrm{d}v)+(-\mathrm{d}m)(v+\mathrm{d}v-u)$$

在 $\mathrm{d}t$ 时间间隔内系统动量的增量为

$$\mathrm{d}p=p_f-p_i=(m+\mathrm{d}m)(v+\mathrm{d}v)+(-\mathrm{d}m)(v+\mathrm{d}v-u)-mv$$

NOTE

化简后得到

$$dp = m dv + u dm$$

火箭体与被喷出气体组成的系统在自由空间所受的合外力为零，其动量守恒.

$$m dv + u dm = 0$$

$$dv = -u \frac{dm}{m}$$

设 $m = m_0$时，$v = v_0$，对上式积分，

$$\int_{v_0}^{v} dv = \int_{m_0}^{m} -u \frac{dm}{m}$$

得到火箭的速度为

$$v = v_0 + u \ln \frac{m_0}{m} \tag{1-94}$$

由这个结果可知，v 随 m 的减小而增大．燃料气体相对于火箭的喷射速率 u 越大，质量比 $N = m_0/m$ 越大，火箭的飞行速率就越大.

忽略二阶小量 $dm dv$，被火箭喷出的气体$(-dm)$在 dt 时间内的动量增量为

$$dp' = (-dm)[(v + dv - u) - v] = u dm$$

它受到的火箭对它的作用力为

$$F' = \frac{dp'}{dt} = \frac{u dm}{dt}$$

根据牛顿第三定律，火箭体获得的推力为

$$F = -u \frac{dm}{dt} \tag{1-95}$$

dm 小于零，故该力的方向竖直向上，推动火箭前进．

若在地球表面附近由静止开始竖直向上发射火箭，且仅考虑重力，则在无限小时间间隔内系统动量的增量等于重力的冲量，由上述推导得

$$dp = m dv + u dm = -mg dt$$

$$dv + u \frac{dm}{m} = -g dt$$

对上式积分得到初始时刻质量为 m_0的火箭在 t 时刻的速度为

$$v = u \ln \frac{m_0}{m} - gt \tag{1-96}$$

可以看出，火箭的飞行速度受喷气速度 u 和火箭的质量比 m_0/m 制约．火箭的喷气速度不能无上限地增大．近代使用高能推进剂，如液氧加液氢，可使喷气速度达 4.1 km/s. 受火箭结构

NOTE

和必要载荷等因素的制约,质量比也不能随意增大. 在目前的技术条件下,将只有一个发动机的单级火箭自地面发射,其最大速度不会超过 7 km/s. 我们知道,要使人造地球卫星在离地面不太高的圆形轨道上飞行,其速度须达到 7.9 km/s(即第一宇宙速度). 因此,利用单级火箭不能把人造地球卫星送上预定的轨道,于是,多级火箭问世.

多级火箭由几个单级火箭组合而成,按级与级之间的连接方式,可分为串联型、并联型(俗称捆绑式)、串并联混合型. 它的工作特点是,经过一段时间,就抛掉一部分不再有用的结构,工作中不断地瘦身减负. 例如,串联火箭起飞时,第一级火箭点火,火箭加速上升. 第一级火箭燃料用完后,它的壳体自行脱落,使火箭的质量比增大. 随后第二级火箭点火,使火箭继续加速. 它的燃料用完后壳体又自动脱落. 对于捆绑式火箭,周围的子火箭先工作,被抛弃后,中央芯级火箭最后工作. 多级火箭的这种依次燃烧、依次脱落的工作方式,使每一级火箭的速度都在前一级的基础上提高,最终达到所需要的速度. 那么多级火箭速度为什么会高于单级火箭呢? 我们以最简单的情况为例进行估算.

设某个多级火箭由 n 个单级火箭串联而成. 多级火箭与第一级火箭燃料燃尽时的质量比为 N_1,第一级火箭脱落后,多级火箭与第二级火箭燃料燃尽时的质量比为 N_2,依此类推. 火箭由静止发射,假设各级火箭喷气速度相同,且不考虑外力,则第一级火箭脱落时,火箭组的速度大小为

$$v_1 = u\ln N_1$$

第二级火箭脱落时,火箭组的速度大小为 v_2,

$$v_2 - v_1 = u\ln N_2$$

$$v_2 = u\ln N_1 + u\ln N_2 = u\ln(N_1 N_2)$$

对于第 n 级火箭,其速率为

$$v_n = u\ln(N_1 N_2 \cdots N_n) \tag{1-97}$$

质量比 $N_1, N_2, \cdots, N_n$ 都大于 1,若喷气速率相同,则多级火箭的速度将大于一级火箭. 增加级数,可以提高火箭的速度. 当然,火箭的级数也是受技术、成本、可靠性等条件限制的,并非越多越好. 1970 年,我国的第一颗人造地球卫星东方红一号成功发射,用的是三级运载火箭——长征一号. 2015 年发射的中国新型运载火箭长征六号也是三级运载火箭,它将 20 颗卫星发射升空,实现了一箭 20 星. 长征十一号是四级全固体运载火箭. 2022 年 11 月执行神舟十五号载人飞船发射任务的长征二号 F 遥十五是芯二级捆绑助推器运载火箭. 当然,实际发射

火箭时，还要考虑引力、空气阻力等因素的影响.

例 1-17

在阿波罗登月行动中用到的土星五号火箭，初始质量为 $m_0=2.85\times10^6$ kg，燃料燃烧的速率为 $R=13.84\times10^3$ kg/s，火箭获得的推力为 $F=34\times10^6$ N，求：

（1）燃料气体相对于火箭的喷出速率；

（2）从地面发射后 2.5 min，火箭速度与加速度的大小.

解：（1）根据火箭的推力公式，有

$$F=u\left|\frac{\mathrm{d}m}{\mathrm{d}t}\right|=uR$$

故燃料气体相对于火箭的喷出速率为

$$u=\frac{F}{R}=\frac{34\times10^6\ \mathrm{N}}{13.84\times10^3\ \mathrm{kg/s}}\approx2.46\ \mathrm{km/s}$$

（2）火箭在 t 时刻的质量为

$$m=m_0-Rt$$

发射后 2.5 min，火箭体的质量为

$$\begin{aligned}m&=(2.85\times10^6-13.84\times10^3\times2.5\times60)\ \mathrm{kg}\\&\approx7.74\times10^5\ \mathrm{kg}\end{aligned}$$

由式（1-96）可知，火箭的速度为

$$\begin{aligned}v&=u\ln\frac{m_0}{m}-gt\\&=\left(2.46\times10^3\ln\frac{2.85\times10^6}{7.74\times10^5}-9.81\times2.5\times60\right)\ \mathrm{m/s}\\&\approx1.74\ \mathrm{km/s}\end{aligned}$$

火箭的加速度等于其速度对时间的一阶导数，故将式（1-96）对时间求导，得到火箭的加速度大小为

$$a=\frac{\mathrm{d}v}{\mathrm{d}t}=-\frac{u}{m}\frac{\mathrm{d}m}{\mathrm{d}t}-g=\frac{u}{m}R-g$$

将已知条件和（1）中的结论代入得

$$\begin{aligned}a&=\left(\frac{2.46\times10^3\times13.84\times10^3}{7.74\times10^5}-9.81\right)\ \mathrm{m/s^2}\\&\approx34.2\ \mathrm{m/s^2}\end{aligned}$$

1.3.4 质心

授课录像：质心系与质心运动定理与小结

单个质点的运动相对简单，一旦涉及多个质点组成的系统，描述和定量研究运动时，难度通常会大大增加．对于质点系，其中各个质点的运动情况一般不同，同时顾及各个质点的运动规律，对每个质点都采用牛顿运动定律一一列方程求解，问题可能会很复杂．如果作为整体来看，质点系的运动往往具有一定的明显特征．例如，将一柄锤子抛向空中，它在空中翻转，锤尖和锤柄处质点的运动不尽相同；但是整体看来，锤子似乎沿抛物线运动，如图 1-45 所示．对于质点系，如何从整体角度定量描述其运动呢？让我们来看一个重要的概念——质心，

以及质心运动所遵循的规律.

1. 质心的位置矢量

质心就是质点系的质量分布中心，它是描述、分析质点系运动时常用的一个特殊点. 对于由 N 个质点组成的质点系($N\geqslant 2$)，如图 1-46 所示，设质点系中第 i 个质点的位置矢量为 $\boldsymbol{r}_i$、质量为 m_i，系统的总质量为 $m=\sum_i m_i$，$i=1,2,\cdots,N$. 定义质点系质心的位置矢量 $\boldsymbol{r}_C$ 为

$$\boldsymbol{r}_C=\frac{m_1\boldsymbol{r}_1+m_2\boldsymbol{r}_2+\cdots+m_N\boldsymbol{r}_N}{m_1+m_2+\cdots+m_N}=\frac{\sum_{i=1}^{N}m_i\boldsymbol{r}_i}{m} \tag{1-98}$$

在直角坐标系中，质心的位置坐标为

$$x_C=\frac{\sum_{i=1}^{N}m_ix_i}{m},\quad y_C=\frac{\sum_{i=1}^{N}m_iy_i}{m},\quad z_C=\frac{\sum_{i=1}^{N}m_iz_i}{m} \tag{1-99}$$

对于质量连续分布的系统，质心的位置矢量为

$$\boldsymbol{r}_C=\frac{\int\boldsymbol{r}\mathrm{d}m}{\int\mathrm{d}m}=\frac{\int\boldsymbol{r}\mathrm{d}m}{m} \tag{1-100}$$

在直角坐标系中，其位置坐标为

$$x_C=\frac{\int x\mathrm{d}m}{m},\quad y_C=\frac{\int y\mathrm{d}m}{m},\quad z_C=\frac{\int z\mathrm{d}m}{m} \tag{1-101}$$

尽管质心在某个时刻的坐标值与坐标系的选取相关，但是质心相对于质点系内的各个质点的位置与坐标系的选取没有关系. 对于质量均匀分布的物体，若它的形状具有对称性(例如质量均匀分布的细棒、球、正方形的面等)，则质心位于其几何中心. 对于由若干形状和大小不可忽略的物体组成的系统，质心坐标仍然可以用式(1-98)计算，此时 m_i 是第 i 个物体的质量，$\boldsymbol{r}_i$ 是第 i 个物体质心的位置矢量.

质心

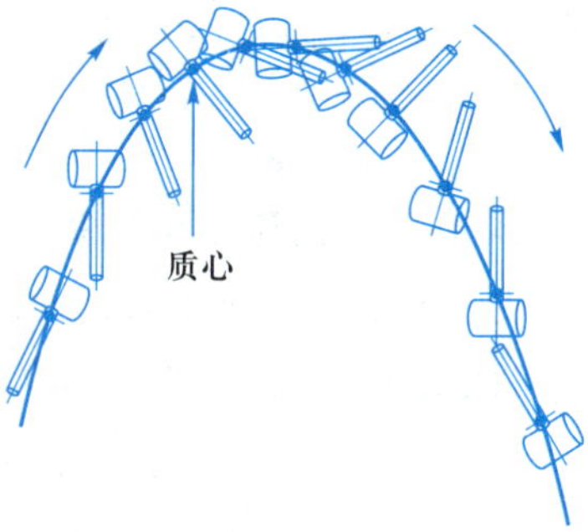

图 1-45 抛向空中的锤子，蓝色的粗线勾画出质心的运动轨道

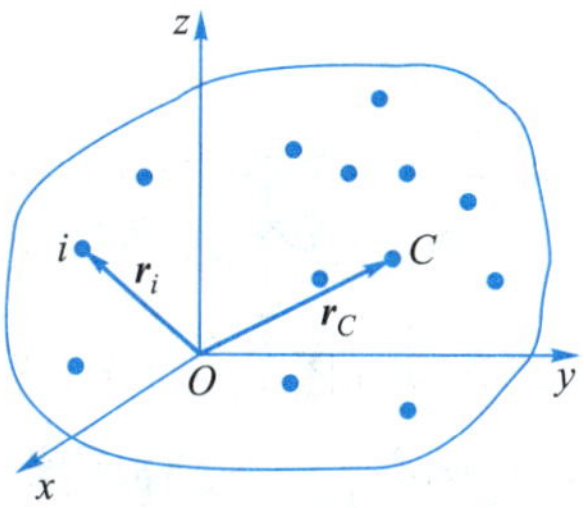

图 1-46 C 为质点系的质心，质心在坐标系中的位置矢量为 $\boldsymbol{r}_C$，质点系中第 i 个质点的位置矢量为 $\boldsymbol{r}_i$

NOTE

例 1-18

匀质细杆 AB 的质量为 m、长为 L,在 B 端与质量为 $2m$ 的小球固连在一起,如图 1-47 所示. 设小球可被视为质点,求该系统质心的位置.

图 1-47 例 1-18 图

解:建立如图所示坐标系. 对于匀质细杆,质心位于其几何中心,由式(1-99)得系统的质心坐标为

$$x_C=\frac{m_1x_1+m_2x_2}{m_1+m_2}$$

式中,m_1 为细杆的质量;$x_1=\frac{1}{2}L$ 为细杆的质心坐标;m_2 为小球的质量;$x_2=L$ 为小球的坐标. 将已知条件代入得

$$x_C=\frac{m_1x_1+m_2x_2}{m_1+m_2}=\frac{m\dfrac{L}{2}+2mL}{m+2m}=\frac{5}{6}L$$

系统的质心在距离 A 端 $5L/6$ 处,更靠近小球.

例 1-19

有一个质量均匀分布的半圆形平板,半径为 R,求其质心的位置.

解:建立如图 1-48 所示坐标系,原点位于半圆板圆心. 设半圆板质量为 m,面密度为 σ. 根据对称性可知,半圆板质心横坐标为 $x_C=0$. 取高度为 y、宽度为 $\mathrm{d}x$ 的矩形窄条质量元,其质量为 $\mathrm{d}m=\sigma y\mathrm{d}x$,质心的纵坐标为 $y/2$. 根据质心定义,半圆板质心的纵坐标为

$$y_C=\frac{1}{m}\int\frac{y}{2}\mathrm{d}m=\frac{1}{m}\int\frac{y}{2}\sigma y\mathrm{d}x$$

$$=\frac{\sigma}{2m}\int_{-R}^{R}y^2\mathrm{d}x=\frac{\sigma}{2m}\int_{-R}^{R}(R^2-x^2)\mathrm{d}x=\frac{4R}{3\pi}$$

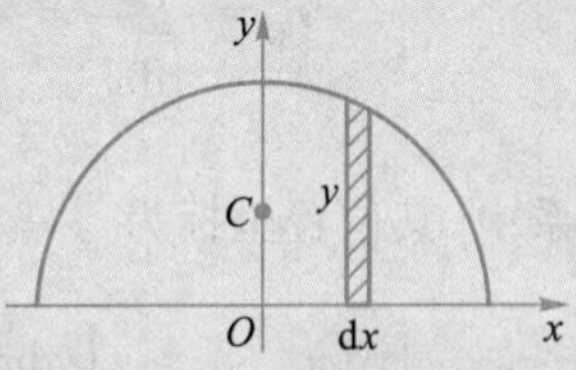

图 1-48 例 1-19 图

该半圆板的质心位于其对称轴上,到圆心 O 的距离为 $4R/3\pi\approx0.42R<0.5R$.

2. 质心的运动

我们已经定义了质点系质心的位置,接下来介绍质心运动所遵从的规律. 对于由质点组成的系统,将式(1-98)对时间求导,得到质心的运动速度

$$\boldsymbol{v}_C=\frac{\mathrm{d}\boldsymbol{r}_C}{\mathrm{d}t}=\frac{\sum\limits_i m_i\dfrac{\mathrm{d}\boldsymbol{r}_i}{\mathrm{d}t}}{m}=\frac{\sum\limits_i m_i\boldsymbol{v}_i}{m}\tag{1-102}$$

NOTE

$\sum_i m_i \boldsymbol{v}_i$ 是组成该系统的所有质点的动量之矢量和,也就是质点系的动量 $\boldsymbol{p}$,

$$\boldsymbol{p} = \sum_i m_i \boldsymbol{v}_i$$

代入式(1-102)得到质点系的动量与质心速度的关系为

$$\boldsymbol{p} = m\boldsymbol{v}_C \tag{1-103}$$

上式表明,质点系的动量等于质点系的总质量乘以质心的速度.

根据质点系的牛顿第二定律,

$$\sum_i \boldsymbol{F}_i = \frac{\mathrm{d}\boldsymbol{p}}{\mathrm{d}t}$$

式中,$\sum_i \boldsymbol{F}_i$ 是质点系受到的合外力,$\boldsymbol{p}$ 是质点系的动量,将式(1-103)代入得

$$\sum_i \boldsymbol{F}_i = \frac{\mathrm{d}\boldsymbol{p}}{\mathrm{d}t} = \frac{\mathrm{d}(m\boldsymbol{v}_C)}{\mathrm{d}t} = m\frac{\mathrm{d}\boldsymbol{v}_C}{\mathrm{d}t} = m\boldsymbol{a}_C$$

即

$$\sum_i \boldsymbol{F}_i = \frac{\mathrm{d}\boldsymbol{p}}{\mathrm{d}t} = m\boldsymbol{a}_C \tag{1-104}$$

这一结果表明:质心加速度的方向与质点系所受合外力的方向相同,大小与质点系所受合外力的大小成正比,与质点系的质量成反比,这个结论称为**质心运动定理**.

质心运动定理

质心是针对质点系定义的一个点,它的加速度由这个质点系所受的合外力决定,与质点系中各个质点间的内力无关. 与之不同的是,质点系中各个质点的加速度要由内力和外力共同决定. 借助质心,可以方便地研究系统整体的运动规律. 被扔向空中的锤子,在空中旋转翻滚,其上任意一点的运动很复杂. 但是,锤子质心的运动比较简单,若忽略空气阻力,锤子受到的外力就只有重力,故质心的运动轨道是抛物线. 类似的例子在生活中比较常见. 跳水运动员在空中能做出各种各样的高难度动作,空翻、旋转等,尽管身体各部分运动很复杂,但是运动员质心的运动轨道近似是抛物线(见图 1-49).

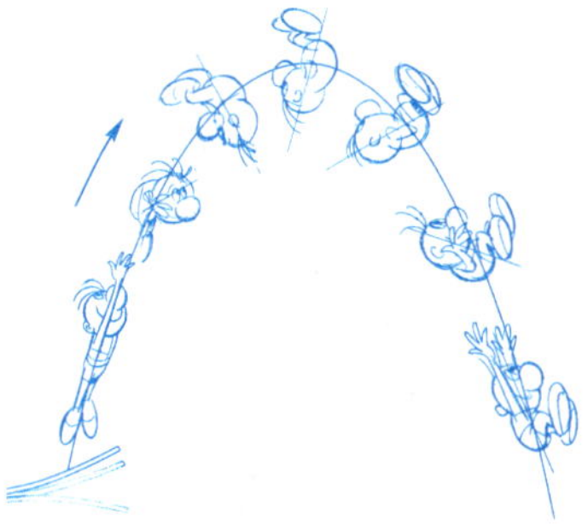

图 1-49 跳水运动员在空中的动作及其质心的运动轨道

例 1-20

如图 1-50 所示，一枚炮弹被发射后，在它可能达到的飞行最高点炸裂为质量相等的两块．炸裂后，一块竖直下落，另一块继续向前飞行．已知炮弹的初速度为 $\boldsymbol{v}_0$，发射角为 θ_0，求这两块碎片着地点的位置（忽略空气阻力）．

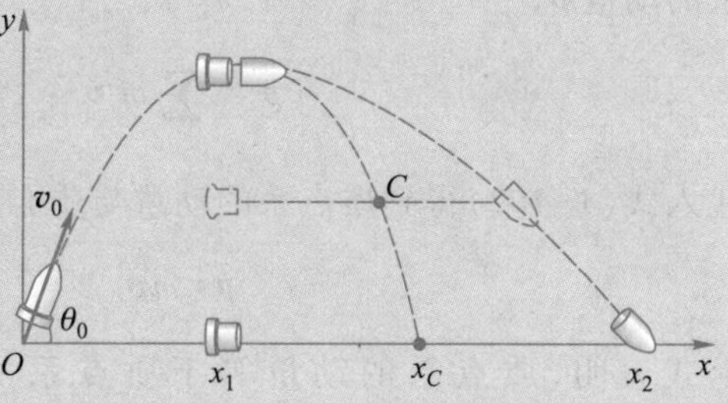

图 1-50 例 1-20 图

解：建立地面坐标系，原点位于炮弹的发射点，坐标轴如图 1-50 所示．根据质心运动定理，忽略空气阻力后，质心做斜抛运动，其轨道为抛物线．在最高点处，炮弹速度在竖直方向上的分量为零，故两块碎片会同时落地．设这两块碎片落地点的横坐标分别为 x_1 和 x_2．由斜抛的运动学知识，两碎片落地时，质心的位置为

$$x_C=\frac{v_0^2\sin 2\theta}{g}$$

根据题意，竖直下落的那一块落地点的位置为

$$x_1=\frac{v_0^2\sin 2\theta}{2g}$$

由质心坐标的定义得

$$x_C=\frac{mx_1+mx_2}{2m}=\frac{x_1+x_2}{2}$$

所以另一块碎片的落地点为

$$x_2=2x_C-x_1=\frac{3v_0^2\sin 2\theta}{2g}$$

由此题，我们看到利用质心解决问题的方法以及方便之处．关键之处在于质心的运动仅仅由系统的外力决定．如果两个碎片不同时落地，问题就复杂了，因为先落地的那块碎片除了受到重力外，还会受到地面的作用力，包括支持力、摩擦力．因此，在考虑另外一块碎片落地前质心的运动时，这些外力还必须计入合力，它们会影响质心的运动．

3. 质心系

为了方便地研究质点系的运动规律，常常会用到质心坐标系（简称**质心系**）．如图 1-51 所示，一个质点系在空间运动，质心为 C. xOy 为惯性参考系，建立 $x'O'y'$ 坐标系，使得两个坐标系相应的三个坐标轴彼此平行，且使质心相对于 $x'O'y'$ 坐标系静止，$x'O'y'$ 坐标系被称为质心系．为了简单起见，常常将质心系 $x'O'y'$ 的原点置于质心处．在质心系中，质心静止不动，其位置矢量是常量，所以，质心系中系统的动量为零．

注意：质心系不一定是惯性系，不过，在质心系中往往存在一些相对简单的结论．

质心系

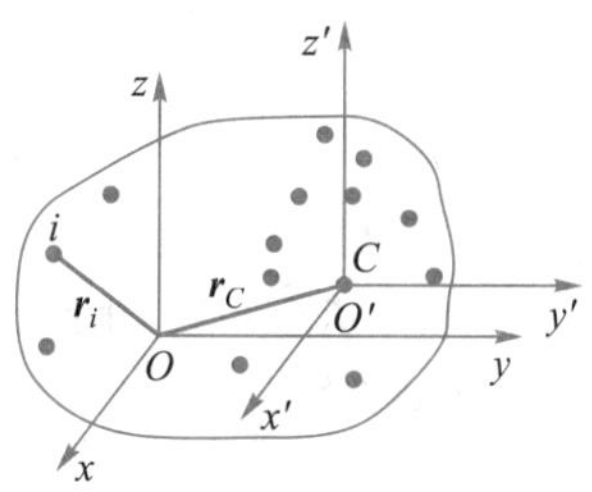

图 1-51 xOy 为惯性参考系，$x'O'y'$ 为质心系，O' 位于质心 C 处

1.4 角动量

当质点做圆周运动、曲线运动或物体转动时，可以引入角动量，以方便地描述它们的运动．描述质点机械运动的特征时，角动量是一个基本的物理量，其使用范围已经跨越了牛顿力学．量子力学中研究微观粒子的运动时，会用到角动量；天体物理中描述旋转的黑洞时，角动量也是一个常用的参量……与角动量相应的角动量守恒定律是物理学中一条非常基本的定律．在力学的基本概念中，除了时间、空间外，最重要就是动量、角动量和能量．

1.4.1 质点的角动量

授课录像：质点的角动量

质量为 m 的质点以速度 $\boldsymbol{v}$ 运动，其动量为 $\boldsymbol{p}=m\boldsymbol{v}$．设 t 时刻它的位置矢量为 $\boldsymbol{r}$，位置矢量 $\boldsymbol{r}$ 与动量 $\boldsymbol{p}$ 间的夹角为 φ，如图 1-52 所示．定义该质点相对于坐标原点 O 的角动量 $\boldsymbol{L}$ 为

$$\boldsymbol{L}=\boldsymbol{r}\times\boldsymbol{p} \tag{1-105}$$

质点相对于某个固定点的角动量 $\boldsymbol{L}$ 等于质点相对于该固定点的位置矢量 $\boldsymbol{r}$ 与质点动量 $\boldsymbol{p}$ 的叉积，即 $\boldsymbol{r}$ 与 $\boldsymbol{p}$ 的矢量积．按照矢量积的运算法则，角动量的大小 L 为

$$L=rp\sin\varphi \tag{1-106}$$

角动量的方向既与位置矢量 $\boldsymbol{r}$ 垂直，又与动量 $\boldsymbol{p}$ 垂直，垂直于位置矢量与动量这两个矢量所确定的平面，如图 1-53 所示，可通过右手螺旋定则方便地确定角动量的方向．什么是右手螺旋定则呢？对于任意两个矢量 $\boldsymbol{A}$ 和 $\boldsymbol{B}$，令它们的叉积为 $\boldsymbol{C}=\boldsymbol{A}\times\boldsymbol{B}$．伸出右手，拇指伸直，与四指垂直，并将四指指向 $\boldsymbol{A}$ 的方向，之后四指弯曲，经小于 180° 角的方向转向 $\boldsymbol{B}$，那么拇指所指的就是 $\boldsymbol{C}$ 的方向，如图 1-54 所示，这就是右手螺旋定则．质点的角动量与固定点的选取相关，相对于不同的点，质点的角动量可能不同．

在国际单位制中，角动量的单位为千克二次方米每秒（$\mathrm{kg\cdot m^2/s}$）．

在直角坐标系中，质点的角动量可以表达为

$$\boldsymbol{L}=L_x\boldsymbol{i}+L_y\boldsymbol{j}+L_z\boldsymbol{k} \tag{1-107}$$

式中 L_x、L_y、L_z 为角动量在 x、y、z 轴上的投影．根据叉积的运算法则，

$$\boldsymbol{L}=\boldsymbol{r}\times\boldsymbol{p}=(x\boldsymbol{i}+y\boldsymbol{j}+z\boldsymbol{k})\times(p_x\boldsymbol{i}+p_y\boldsymbol{j}+p_z\boldsymbol{k})$$

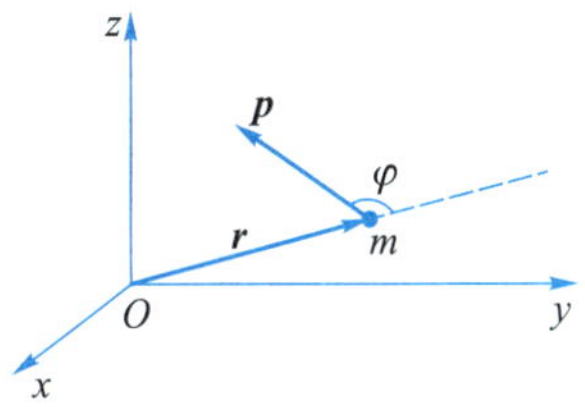

图 1-52 质点的位置矢量 $\boldsymbol{r}$、动量 $\boldsymbol{p}$，两矢量间的夹角为 φ

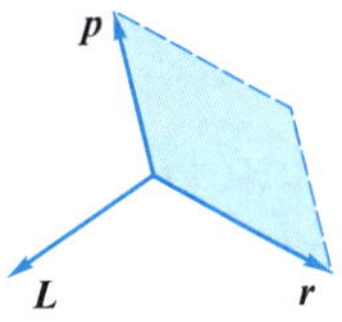

图 1-53 角动量 $\boldsymbol{L}$ 的方向垂直于 $\boldsymbol{r}$ 与 $\boldsymbol{p}$ 所确定的平面

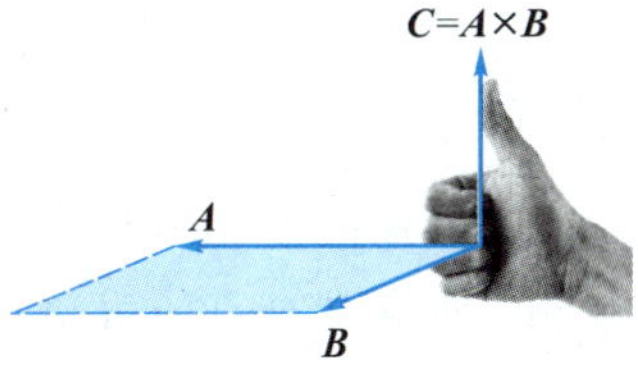

图 1-54 任意两矢量叉积的方向

$$= \begin{vmatrix} \boldsymbol{i} & \boldsymbol{j} & \boldsymbol{k} \\ x & y & z \\ p_x & p_y & p_z \end{vmatrix}$$

$$= (yp_z - zp_y)\boldsymbol{i} + (zp_x - xp_z)\boldsymbol{j} + (xp_y - yp_x)\boldsymbol{k} \quad (1-108)$$

p_x、p_y、p_z为动量在 x、y、z 轴上的投影．所以，角动量的各个分量为

$$L_x = yp_z - zp_y,\quad L_y = zp_x - xp_z,\quad L_z = xp_y - yp_x$$

例 1-21

一质点质量为 1 200 kg，沿 $y=20$ m 的直线以 $\boldsymbol{v}=-15\boldsymbol{i}$ m/s 的速度在 xOy 平面内运动，求它对坐标系原点 O 的角动量 $\boldsymbol{L}$.

解：根据定义，角动量的大小为

$$L = rmv\sin\varphi = (r\sin\varphi)\cdot mv$$

式中，φ 为速度与位置矢量间的夹角，如图 1-55 所示．因为质点在 xOy 平面内运动，而速度沿 x 轴的负向，故 $r\sin\varphi$ 等于质点的 y 坐标值，因此

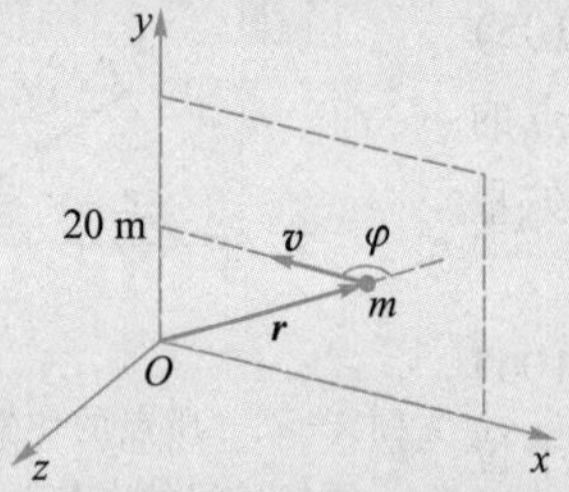

图 1-55　例 1-21 图

$$L = ymv = 20\times1\ 200\times15\ \mathrm{kg\cdot m^2/s} = 3.6\times10^5\ \mathrm{kg\cdot m^2/s}$$

由右手螺旋定则可以判定，角动量的方向沿 z 轴的正向，所以

$$\boldsymbol{L} = 3.6\times10^5\ \boldsymbol{k}\ \mathrm{kg\cdot m^2/s}$$

也可以直接采用矢量式计算该质点相对于原点的角动量．质点在 xOy 平面内运动，其位置矢量为 $\boldsymbol{r}=x\boldsymbol{i}+y\boldsymbol{j}$. 由角动量的定义，

$$\boldsymbol{L} = \boldsymbol{r}\times\boldsymbol{p} = (x\boldsymbol{i}+y\boldsymbol{j})\times(mv_x\boldsymbol{i}) = -myv_x\boldsymbol{k}$$
$$= -1\ 200\times20\times(-15)\boldsymbol{k}\ \mathrm{kg\cdot m^2/s}$$
$$= 3.6\times10^5\boldsymbol{k}\ \mathrm{kg\cdot m^2/s}$$

从计算结果可以看出，这个沿直线运动的质点相对于坐标原点的角动量保持不变．

例 1-22

一质量为 m 的质点在 xOy 平面内以角速度 ω 沿圆心位于 O 点、半径为 r 的圆周运动，方向如图 1-56 所示．求：

（1）该质点相对于圆心 O 点的角动量；

（2）该质点相对于 O 点正下方 O'点的角动量沿 z 轴的分量 L_z.

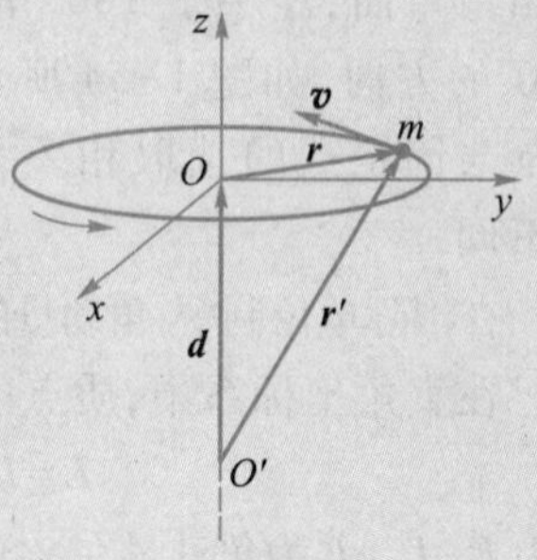

图 1-56　例 1-22 图

解：（1）根据右手螺旋定则，在给定的坐标系中，质点对 O 点的角动量沿 z 轴的正向．质点位置矢量 $\boldsymbol{r}$ 与其速度间的夹角为 90°，

故质点对 O 点的角动量 $\boldsymbol{L}$ 为

$$\boldsymbol{L}=\boldsymbol{r}\times\boldsymbol{p}=rmv\sin 90^\circ\boldsymbol{k}$$

质点做圆周运动，其速率为 $v=r\omega$，所求角动量为

$$\boldsymbol{L}=mr^2\omega\boldsymbol{k}$$

可以看出，尽管在运动过程中，这个质点动量的方向是时时变化的，但是其角动量的方向不变，垂直于轨道平面．如果 ω 不变，在圆轨道上运转的方向也不变，那么，角动量的大小和方向都将是恒定的．因此，采用角动量可以便于我们研究圆周运动．

（2）设质点对 O' 点的角动量为 $\boldsymbol{L}'$，根据角动量的定义，有

$$\boldsymbol{L}'=\boldsymbol{r}'\times\boldsymbol{p}$$

式中，$\boldsymbol{r}'$ 为 O' 到质点所在处的有向线段．由 O' 向 O 引有向线段 $\boldsymbol{d}$，由图 1-56 可以看出，$\boldsymbol{r}'=\boldsymbol{r}+\boldsymbol{d}$，故

$$\boldsymbol{L}'=m(\boldsymbol{r}+\boldsymbol{d})\times\boldsymbol{v}=mr^2\omega\boldsymbol{k}-m\omega d\boldsymbol{r}=\boldsymbol{L}_z-m\omega d\boldsymbol{r}$$

式中，$\boldsymbol{L}_z=mr^2\omega\boldsymbol{k}$．由此得到，$\boldsymbol{L}'$ 沿 z 轴的分量为

$$L_z=mr^2\omega$$

可以看出，质点相对于 z 轴上各点的角动量 $\boldsymbol{L}'$ 是不同的．但是，这个质点相对于 z 轴上各点的角动量沿 z 轴的分角动量 L_z 相同，与 OO' 两点间的距离无关．

1.4.2 力矩

授课录像：力矩

说到力矩，大家很早就接触过它．现在，我们利用矢量严格地定义力矩．考虑一个质点，设它相对于某个定点 O 的位置矢量为 $\boldsymbol{r}$．力 $\boldsymbol{F}$ 作用在该质点上，如图 1-57 所示．定义力 $\boldsymbol{F}$ 相对于 O 点的力矩 $\boldsymbol{M}$ 为

$$\boldsymbol{M}=\boldsymbol{r}\times\boldsymbol{F} \tag{1-109}$$

作用于质点上的力相对于某个固定点的力矩等于该质点相对于此固定点的位置矢量与这个力的矢量积．根据矢量积的运算法则，力矩的大小 M 为

$$M=rF\sin\phi \tag{1-110}$$

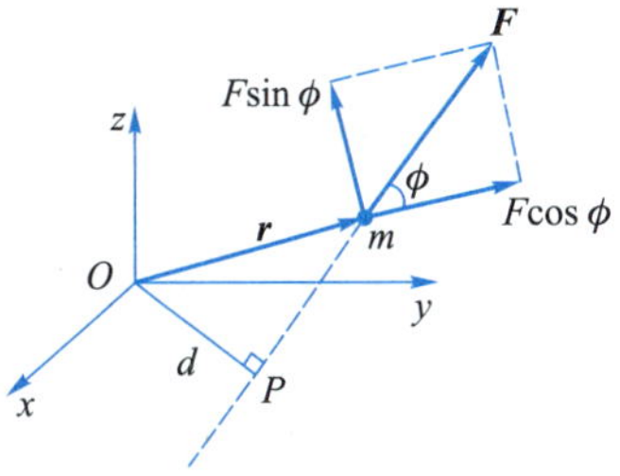

图 1-57 力矩、力臂

式中，ϕ 是位置矢量 $\boldsymbol{r}$ 与力 $\boldsymbol{F}$ 这两个矢量间的夹角．力矩既垂直于力又垂直于位置矢量，垂直于力和位置矢量确定的平面，其方向可利用右手螺旋定则确定，如图 1-58 所示．

从 O 点向力 $\boldsymbol{F}$ 的作用线作垂线 OP，P 为垂足，见图 1-57，设 OP 的长度为 d，则 $d=r\sin\phi$．O 点到力 $\boldsymbol{F}$ 作用线的垂直距离 d 称为这个力的**力臂**．根据力矩的定义，

力臂

$$M=rF\sin\phi=Fd \tag{1-111}$$

力矩的大小等于力乘以力臂．

在国际单位制中，力矩的单位为牛米（N·m）．

在直角坐标系中，力矩可以用分量表达为

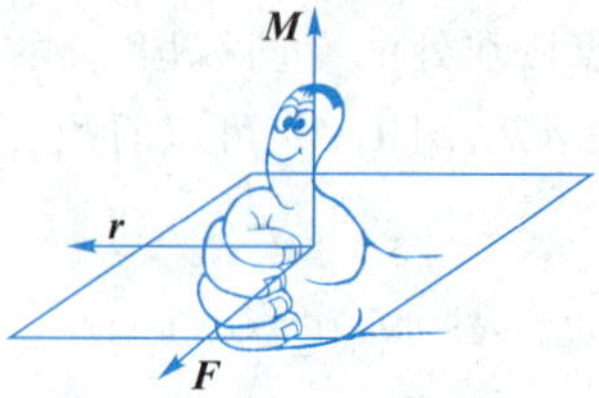

图 1-58 右手螺旋定则

$$\boldsymbol{M}=M_x\boldsymbol{i}+M_y\boldsymbol{j}+M_z\boldsymbol{k} \tag{1-112}$$

M_x、M_y、M_z为力矩在 x、y、z 轴上的投影．根据矢量积的运算法则，

$$\boldsymbol{M}=\boldsymbol{r}\times\boldsymbol{F}=(x\boldsymbol{i}+y\boldsymbol{j}+z\boldsymbol{k})\times(F_x\boldsymbol{i}+F_y\boldsymbol{j}+F_z\boldsymbol{k})$$

$$=\begin{vmatrix}\boldsymbol{i} & \boldsymbol{j} & \boldsymbol{k}\\ x & y & z\\ F_x & F_y & F_z\end{vmatrix}$$

$$=(yF_z-zF_y)\boldsymbol{i}+(zF_x-xF_z)\boldsymbol{j}+(xF_y-yF_x)\boldsymbol{k} \tag{1-113}$$

力矩的各个分量为

$$M_x=yF_z-zF_y,\quad M_y=zF_x-xF_z,\quad M_z=xF_y-yF_x$$

其中，F_x、F_y、F_z为力在 x、y、z 轴上的投影．

例 1-23

一个质点的位置矢量为 $\boldsymbol{r}=x\boldsymbol{i}+y\boldsymbol{j}$，它所受重力为 $\boldsymbol{G}=-mg\boldsymbol{j}$，求作用于该质点的重力对坐标原点的力矩．

解：由力矩的定义，这个质点所受的重力对坐标原点的力矩 $\boldsymbol{M}$ 为

$$\boldsymbol{M}=\boldsymbol{r}\times\boldsymbol{F}=(x\boldsymbol{i}+y\boldsymbol{j})\times(-mg\boldsymbol{j})=-mgx\boldsymbol{k}$$

例 1-24

大小相等、方向彼此反平行（不在一条直线上）的一对力被称为力偶．如图 1-59 所示坐标系中有一力偶，两个力位于 xOy 平面内，大小为 F，作用点分别为 A、B．两个力作用线间的垂直距离为 d．求该力偶对原点 O 的力矩．

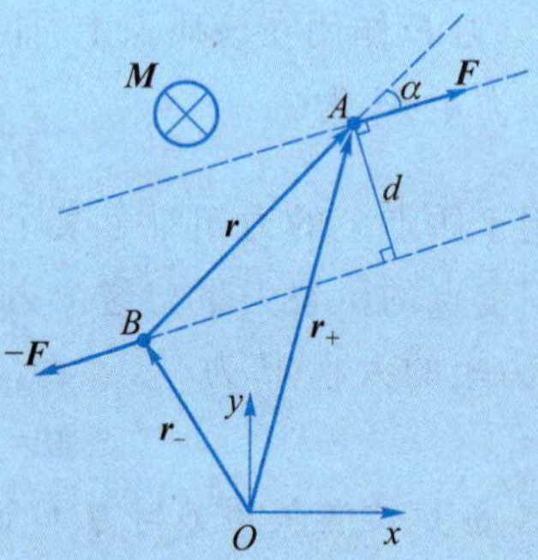

图 1-59 力偶 力偶矩

解：这一对力，大小相等，方向相反，故力偶对 O 的力矩为

$$\boldsymbol{M}=\boldsymbol{r}_+\times\boldsymbol{F}+\boldsymbol{r}_-\times(-\boldsymbol{F})=(\boldsymbol{r}_+-\boldsymbol{r}_-)\times\boldsymbol{F}$$

式中，$\boldsymbol{r}_+$和 $\boldsymbol{r}_-$分别为由 O 至 A、B 点的有向线段．记 B 点到 A 点的有向线段为 $\boldsymbol{r}$，则

$$\boldsymbol{M}=\boldsymbol{r}\times\boldsymbol{F}$$

力偶的力矩也被称为力偶矩，两个力作用线间的垂直距离 d 称为力偶的力偶臂．设 $\boldsymbol{r}$ 与 $\boldsymbol{F}$ 的夹角为 α，则力偶矩的大小为

$$M=Fr\sin\alpha=Fd$$

方向沿 z 轴负向．

想象以这样的力偶作用于一根中心固定的静止细杆，见图 1-60，那么该力偶会使细杆顺时针旋转，力偶矩的方向与杆的旋转方向成右手螺旋关系．

由计算结果可以看出，力偶矩等于 $\boldsymbol{r}\times\boldsymbol{F}$，与 O 点位置无关．力偶矩的大小等于其

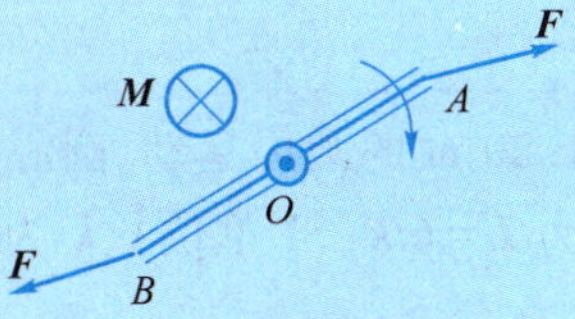

图 1-60 力偶矩的方向

中一个力的大小与力偶臂之积，方向与两个力引起的旋转方向成右手螺旋关系.

1.4.3 角动量定理

NOTE

1. 质点的角动量定理

牛顿第二定律表明，质点所受合力等于其动量对时间的变化率. 下面证明，作用于质点的合力矩等于该质点的角动量对时间的变化率.

按照定义，质点对于某个定点的角动量为 $\boldsymbol{L}=\boldsymbol{r}\times\boldsymbol{p}$，在惯性参考系中，将等式两侧对时间求导，

$$\frac{\mathrm{d}\boldsymbol{L}}{\mathrm{d}t}=\frac{\mathrm{d}(\boldsymbol{r}\times\boldsymbol{p})}{\mathrm{d}t}=\frac{\mathrm{d}\boldsymbol{r}}{\mathrm{d}t}\times\boldsymbol{p}+\boldsymbol{r}\times\frac{\mathrm{d}\boldsymbol{p}}{\mathrm{d}t}=\boldsymbol{v}\times\boldsymbol{p}+\boldsymbol{r}\times\frac{\mathrm{d}\boldsymbol{p}}{\mathrm{d}t}$$

因为速度与动量方向一致，所以 $\boldsymbol{v}\times\boldsymbol{p}$ 的值为零. 根据牛顿第二定律，$\mathrm{d}\boldsymbol{p}/\mathrm{d}t=\boldsymbol{F}$，$\boldsymbol{F}$ 是该质点受到的合力，所以

$$\frac{\mathrm{d}\boldsymbol{L}}{\mathrm{d}t}=\boldsymbol{r}\times\frac{\mathrm{d}\boldsymbol{p}}{\mathrm{d}t}=\boldsymbol{r}\times\boldsymbol{F}=\boldsymbol{M}$$

式中，$\boldsymbol{M}$ 为合力对于该定点的力矩. 这样，我们得到

$$\boldsymbol{M}=\frac{\mathrm{d}\boldsymbol{L}}{\mathrm{d}t} \tag{1-114}$$

这就是**质点的角动量定理**，质点受到的合力矩等于其角动量对时间的变化率. 考虑 $t_1\to t_2$ 的有限时间间隔，设质点在初态的角动量为 $\boldsymbol{L}_1$，末态的角动量为 $\boldsymbol{L}_2$，对上式积分得

质点的角动量定理

$$\int_{t_1}^{t_2}\boldsymbol{M}\mathrm{d}t=\boldsymbol{L}_2-\boldsymbol{L}_1 \tag{1-115}$$

$\int_{t_1}^{t_2}\boldsymbol{M}\mathrm{d}t$ 称为冲量矩，单位为牛顿米秒（N · m · s）. 质点角动量的增量等于在该时间间隔内质点所受合力的冲量矩. 这个定理是角动量定理的积分形式，与此相应，式（1-114）称为角动量定理的微分形式. 角动量定理适用于惯性参考系. 在前面的内容中，无论是力矩还是角动量都是对某个定点定义的. 运用角动量定理时，力矩和角动量的计算必须相对于惯性系中同一个定点.

例 1-25

一质点的质量为 2.10 kg，在 xOy 水平面上沿半径为 1.20 m 的圆周运动，圆心位于原点 O. 已知该质点对圆心的角动量随时间 t 变化的函数关系为 $\boldsymbol{L}=6t\boldsymbol{k}$（SI 单位），$\boldsymbol{k}$ 为沿 z 轴正向的单位矢量．求：

（1）质点所受的切向力 $\boldsymbol{F}$ 对圆心的力矩；

（2）质点角速度的大小随时间变化的函数关系.

解：（1）质点在水平面上做圆周运动，重力和支持力对圆心的力矩和为零，向心力指向圆心，力矩为零．因此，作用于质点上的合外力矩等于力 $\boldsymbol{F}$ 对圆心的力矩．由质点的角动量定理可知，切向力 $\boldsymbol{F}$ 对圆心的力矩为

$$\boldsymbol{M}=\frac{\mathrm{d}\boldsymbol{L}}{\mathrm{d}t}=\frac{\mathrm{d}(6t)}{\mathrm{d}t}\boldsymbol{k}=6\boldsymbol{k}\ \mathrm{N\cdot m}$$

该力矩恒定不变.

（2）圆周运动质点的角动量大小 L 与其角速度 ω 满足下面的关系：

$$L=mr^2\omega$$

由上式解得质点的角速度 ω 为

$$\omega=\frac{L}{mr^2}=\frac{6t}{2.10\times1.20^2}\approx1.98t$$

质点的角速度与时间成正比.

本题采用 SI 单位.

2. 质点系的角动量定理

质点的角动量定理可以推广到质点系．设质点系由 N 个质点组成，对其中任意一个质点 j 应用角动量定理得

$$\boldsymbol{M}_j=\frac{\mathrm{d}\boldsymbol{L}_j}{\mathrm{d}t}$$

$\boldsymbol{M}_j$是第 j 个质点受到的合力矩．将每个质点受到的力矩分为两类，以第 j 个质点为例，一类是质点系以外的物体作用在第 j 个质点上的外力矩之和，记为 $\boldsymbol{M}_{j外}$；另一类是质点系内的物体作用于第 j 个质点的内力矩之和，记为 $\boldsymbol{M}_{j内}$．这样对第 j 个质点有

NOTE

$$\boldsymbol{M}_{j外}+\boldsymbol{M}_{j内}=\frac{\mathrm{d}\boldsymbol{L}_j}{\mathrm{d}t}$$

将上式对 N 个质点求和得

$$\sum_{j=1}^{N}\boldsymbol{M}_{j外}+\sum_{j=1}^{N}\boldsymbol{M}_{j内}=\frac{\mathrm{d}\left(\sum_{j=1}^{N}\boldsymbol{L}_j\right)}{\mathrm{d}t}$$

上式右侧，$\sum_{j=1}^{N}\boldsymbol{L}_j$ 为质点系中所有质点角动量之矢量和，定义它为质点系的角动量，记为 $\boldsymbol{L}$. 上式左侧第一项为质点系内所有质点受到的外力矩的矢量和，称为质点系受到的合外力矩，记为 $\boldsymbol{M}$. 上式左侧第二项为质点系内所有质点受到的内力矩的矢量和.

内力有个特点，就是它们是成对地出现于求和之中的．为得

到 $\sum_{j=1}^{N} \boldsymbol{M}_{j内}$ 的值，先来讨论一对作用力和反作用力（以后简称一对力）对同一个点的力矩和．$\boldsymbol{F}_{jk}$ 和 $\boldsymbol{F}_{kj}$ 表示两个质点 j、k 间的一对力，如图1-61 所示．从牛顿第三定律可以得到，$\boldsymbol{F}_{jk}=-\boldsymbol{F}_{kj}$．$\boldsymbol{F}_{jk}$ 和 $\boldsymbol{F}_{kj}$ 对同一个固定点 O 的力矩和为

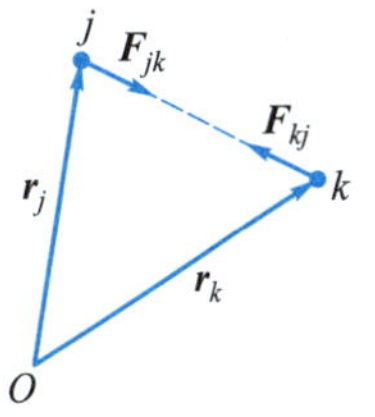

图 1-61 一对内力的力矩

$$\boldsymbol{r}_j\times\boldsymbol{F}_{jk}+\boldsymbol{r}_k\times\boldsymbol{F}_{kj}=\boldsymbol{r}_j\times\boldsymbol{F}_{jk}-\boldsymbol{r}_k\times\boldsymbol{F}_{jk}=(\boldsymbol{r}_j-\boldsymbol{r}_k)\times\boldsymbol{F}_{jk}$$

$\boldsymbol{r}_j-\boldsymbol{r}_k$ 的方向沿着两质点连线由 k 指向 j，与图中 $\boldsymbol{F}_{jk}$ 间的夹角为 180°，故 $\boldsymbol{r}_j\times\boldsymbol{F}_{jk}+\boldsymbol{r}_k\times\boldsymbol{F}_{kj}$ 的值为零．即一对力对同一个固定点的力矩和为零．$\sum_{j=1}^{N}\boldsymbol{M}_{j内}$ 是所有内力对同一个固定点的力矩和，而内力成对地出现于其中，所以，$\sum_{j=1}^{N}\boldsymbol{M}_{j内}$ 的值一定为零．这样，对于质点系得到

$$\boldsymbol{M}=\frac{\mathrm{d}\boldsymbol{L}}{\mathrm{d}t} \tag{1-116}$$

质点系所受合外力矩 $\boldsymbol{M}$ 等于质点系的角动量 $\boldsymbol{L}$ 对时间的变化率．这就是**质点系的角动量定理**．设系统在 t_1 到 t_2 时间间隔内，角动量由 $\boldsymbol{L}_1$ 变化为 $\boldsymbol{L}_2$，对上式积分得到角动量定理的积分形式：

质点系的角动量定理

$$\int_{t_1}^{t_2}\boldsymbol{M}\mathrm{d}t=\boldsymbol{L}_2-\boldsymbol{L}_1 \tag{1-117}$$

即质点系角动量的增量等于在相应时间间隔内所受合外力的冲量矩．质点系的角动量定理适用于惯性参考系，其中的力矩和角动量针对的是同一定点．

3. 对质心的角动量定理

设质点系由 N 个质点组成，质心为 C. 在如图 1-62 所示的惯性系 xOy 中，设质点系对于原点 O 的角动量为 $\boldsymbol{L}$，

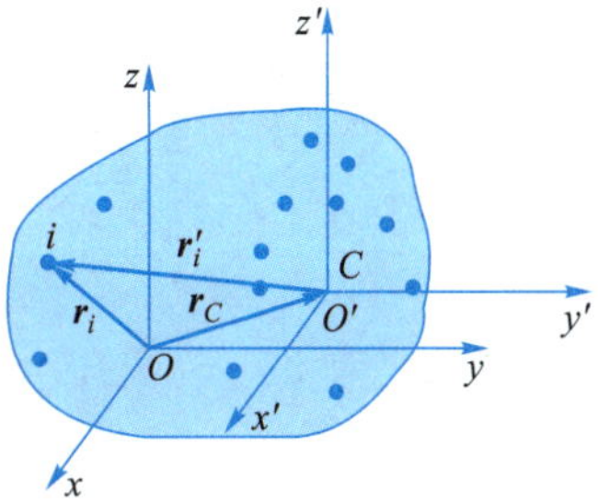

图 1-62 对质心的角动量

$$\boldsymbol{L}=\sum_{i=1}^{N}\boldsymbol{r}_i\times\boldsymbol{p}_i=\sum_{i=1}^{N}(\boldsymbol{r}_i\times m_i\boldsymbol{v}_i)$$

式中，$\boldsymbol{r}_i$ 为第 i 个质点的位置矢量，$\boldsymbol{p}_i$ 为第 i 个质点的动量，m_i 为第 i 个质点的质量，$\boldsymbol{v}_i$ 为第 i 个质点的速度．设质心的位置矢量为 $\boldsymbol{r}_C$，速度为 $\boldsymbol{v}_C$. 建立质心系 $x'O'y'$，原点 O' 在质心 C 处．对于第 i 个质点，设它在质心系中的位置矢量为 $\boldsymbol{r}'_i$，相对于质心系的速度为 $\boldsymbol{v}'_i$，则

$$\boldsymbol{r}_i=\boldsymbol{r}'_i+\boldsymbol{r}_C \quad 且 \quad \boldsymbol{v}_i=\boldsymbol{v}'_i+\boldsymbol{v}_C$$

质点系的角动量 $\boldsymbol{L}$ 可以写为

$$\begin{aligned}\boldsymbol{L}&=\sum_{i=1}^{N}m_i(\boldsymbol{r}'_i+\boldsymbol{r}_C)\times(\boldsymbol{v}'_i+\boldsymbol{v}_C)\\&=\sum_{i=1}^{N}\boldsymbol{r}'_i\times(m_i\boldsymbol{v}'_i)+\boldsymbol{r}_C\times\sum_{i=1}^{N}(m_i\boldsymbol{v}'_i)+\\&\quad\left(\sum_{i=1}^{N}m_i\boldsymbol{r}'_i\right)\times\boldsymbol{v}_C+\boldsymbol{r}_C\times\sum_{i=1}^{N}(m_i\boldsymbol{v}_C)\end{aligned}$$

授课录像：质心系中的角动量定理

NOTE

令 $\sum_{i=1}^{N}\boldsymbol{r}'_i\times(m_i\boldsymbol{v}'_i)=\boldsymbol{L}_C$，$\boldsymbol{L}_C$ 为质点系对质心的角动量．因为在质心系中，质点系的动量 $\sum_{i=1}^{N}(m_i\boldsymbol{v}'_i)$ 为零，质心的坐标 $\sum_{i=1}^{N}m_i\boldsymbol{r}'_i/\sum_{i=1}^{N}m_i$ 也为零，所以 $\boldsymbol{r}_C\times\sum_{i=1}^{N}(m_i\boldsymbol{v}'_i)$ 为零，且 $\left(\sum_{i=1}^{N}m_i\boldsymbol{r}'_i\right)\times\boldsymbol{v}_C$ 为零．故

$$\boldsymbol{L}=\boldsymbol{L}_C+\boldsymbol{r}_C\times\sum_{i=1}^{N}(m_i\boldsymbol{v}_C)$$

令 $\sum_{i=1}^{N}(m_i\boldsymbol{v}_C)=\boldsymbol{p}$，它是质点系在惯性系 xOy 中的动量．上式简写为

$$\boldsymbol{L}=\boldsymbol{L}_C+\boldsymbol{r}_C\times\boldsymbol{p} \tag{1-118}$$

质点系对原点 O 的角动量等于质点系对质心的角动量与质心对 O 点的角动量的矢量和.

设质点系对原点 O 的合外力矩为 $\boldsymbol{M}$，

$$\boldsymbol{M}=\frac{\mathrm{d}\boldsymbol{L}}{\mathrm{d}t}=\frac{\mathrm{d}}{\mathrm{d}t}(\boldsymbol{L}_C+\boldsymbol{r}_C\times\boldsymbol{p})=\frac{\mathrm{d}\boldsymbol{L}_C}{\mathrm{d}t}+\frac{\mathrm{d}\boldsymbol{r}_C}{\mathrm{d}t}\times\boldsymbol{p}+\boldsymbol{r}_C\times\frac{\mathrm{d}\boldsymbol{p}}{\mathrm{d}t}$$

$\frac{\mathrm{d}\boldsymbol{r}_C}{\mathrm{d}t}=\boldsymbol{v}_C$ 为质心相对于惯性系的速度，与质点系动量的方向相同，故 $(\mathrm{d}\boldsymbol{r}_C/\mathrm{d}t)\times\boldsymbol{p}$ 为零．设质点系所受的合外力为 $\boldsymbol{F}$，根据牛顿第二定律 $\mathrm{d}\boldsymbol{p}/\mathrm{d}t=\boldsymbol{F}$，有

$$\boldsymbol{M}=\frac{\mathrm{d}\boldsymbol{L}_C}{\mathrm{d}t}+\boldsymbol{r}_C\times\boldsymbol{F} \tag{1-119a}$$

质点系的合外力矩为

$$\begin{aligned}\boldsymbol{M}&=\sum\boldsymbol{r}_i\times\boldsymbol{F}_i=\sum(\boldsymbol{r}'_i+\boldsymbol{r}_C)\times\boldsymbol{F}_i\\&=\sum\boldsymbol{r}'_i\times\boldsymbol{F}_i+\boldsymbol{r}_C\times\sum\boldsymbol{F}_i\end{aligned}$$

式中，$\boldsymbol{F}_i$ 为第 i 个质点所受外力的矢量和．令 $\boldsymbol{M}_C=\sum\boldsymbol{r}'_i\times\boldsymbol{F}_i$，$\boldsymbol{M}_C$ 为质点系对质心的合外力矩，而 $\sum\boldsymbol{F}_i=\boldsymbol{F}$，这样，

$$\boldsymbol{M}=\boldsymbol{M}_C+\boldsymbol{r}_C\times\boldsymbol{F} \tag{1-119b}$$

对比式(1-119a)和式(1-119b)得

$$\boldsymbol{M}_C=\frac{\mathrm{d}\boldsymbol{L}_C}{\mathrm{d}t} \tag{1-120}$$

质点系对质心的角动量定理

质点系对质心的合外力矩等于质点系对质心的角动量对时间的变化率，这就是**质点系对质心的角动量定理**．请注意质心系不一定是惯性系，但是，式(1-120)成立，这里我们再次看到了质心的特殊性.

1.4.4 角动量守恒定律

由质点系的角动量定理可以得到，若质点系受到的合外力矩为零，则其角动量不随时间变化．角动量守恒定律：如果质点系受到的对某一定点的合外力矩为零，则该质点系对这一定点的角动量守恒．此定律适用于惯性参考系．值得注意的是，尽管我们是在牛顿力学中介绍的角动量守恒定律，但是其适用范畴不仅局限于牛顿力学，它是物理学中的一条基本定律，即使在微观物理学中也有着重要的应用．

授课录像：角动量守恒定律

角动量守恒定律

文档：开普勒

例 1-26

利用角动量守恒定律证明关于行星运动的开普勒第二定律，即行星对太阳的径矢在相等时间间隔内扫过相等的面积．

解：将行星和太阳视为质点，设太阳静止不动．图1-63 中的椭圆为行星绕太阳运动的轨道，太阳位于椭圆的一个焦点 O 上．设行星的质量为 m，相对于太阳的位置矢量为 $\boldsymbol{r}$，速度为 $\boldsymbol{v}$．行星只受到太阳万有引力的作用．万有引力的方向沿着行星与太阳的连线，对太阳的力矩为零．因此，行星对 O 点的合力矩等于零，角动量守恒．

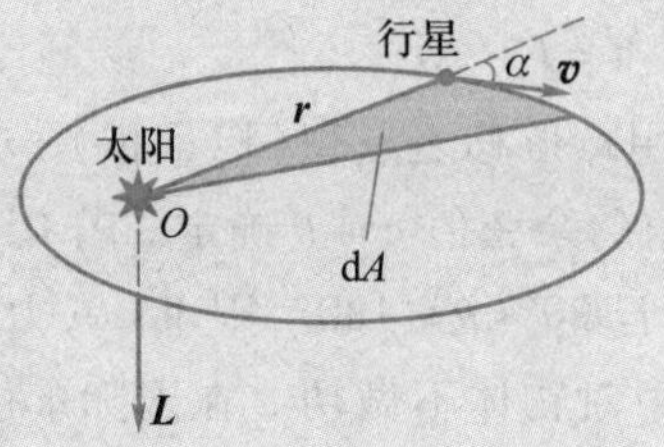

图 1-63 例 1-26 图

$$\boldsymbol{L}=\boldsymbol{r}\times m\boldsymbol{v}=\text{常矢量}$$

行星的角动量 $\boldsymbol{L}$ 必然垂直于由 $\boldsymbol{r}$ 和 $\boldsymbol{v}$ 确定的平面，也就是轨道平面方向恒定．故行星的轨道平面在空间的方位不变．角动量的大小为

$$L=rmv\sin\alpha$$

式中，α 为 $\boldsymbol{r}$ 和 $\boldsymbol{v}$ 间的夹角．行星的速率为 $v=\mathrm{d}s/\mathrm{d}t$，$\mathrm{d}s$ 为行星在 $\mathrm{d}t$ 内的无限小路程．代入角动量的计算式，得到行星角动量的大小为

$$L=rm\frac{\mathrm{d}s}{\mathrm{d}t}\sin\alpha=m\frac{r\sin\alpha\mathrm{d}s}{\mathrm{d}t}$$

设行星对太阳的径矢在 $\mathrm{d}t$ 时间内扫过的面积为 $\mathrm{d}A$，那么，$r\sin\alpha\mathrm{d}s=2\mathrm{d}A$．故

$$L=2m\frac{\mathrm{d}A}{\mathrm{d}t}$$

行星角动量守恒，L 是常量，所以

$$\frac{\mathrm{d}A}{\mathrm{d}t}=\text{常量}$$

即行星对太阳的径矢在相等的时间间隔内扫过相等的面积，这就是开普勒第二定律．开普勒第二定律是开普勒基于观测得到的行星运动定律．随着精密仪器的不断出现，人们发现，行星的实际运动与此定律有一些偏差，这是由于除了太阳的引力外，行星还会受到其他星球的引力，而且太阳也并不是静止不动的．

1.5 功和能

物质的运动形式多种多样，例如机械运动、热运动、电运动、生命运动等．通过长期大量的实践，人们认识到物质的各种运动形式可以彼此转化，并且通过研究这些运动形式之间的转化，在物理学中建立起了功和能的概念，进而发现了自然界中一条普遍的规律——能量守恒与转化定律．本节仅在力学范畴内研究能量守恒定律，即机械能守恒定律．

1.5.1 功

功

授课录像：功的计算

在研究各种机械运动的过程中，人们逐步建立起物理学中的一个非常重要的概念——功，它是能量变化和转化的一种量度．

1. 直线运动中恒力的功

一物体沿直线运动，大小和方向都不变的力 $\boldsymbol{F}$ 作用于其上，如图 1-64 所示．设物体在运动过程中，力 $\boldsymbol{F}$ 作用点的位移为 $\Delta\boldsymbol{r}$，定义力 $\boldsymbol{F}$ 对物体所做的功 W 为

$$W=F|\Delta\boldsymbol{r}|\cos\theta \tag{1-121}$$

式中，F 是力的大小；$|\Delta\boldsymbol{r}|$ 是力的作用点位移的大小，对于作用在质点上的力，$|\Delta\boldsymbol{r}|$ 也就是质点位移的大小；θ 是 $\boldsymbol{F}$ 与 $\Delta\boldsymbol{r}$ 两个矢量间的夹角．可以将式(1-121)简写为

$$W=\boldsymbol{F}\cdot\Delta\boldsymbol{r} \tag{1-122}$$

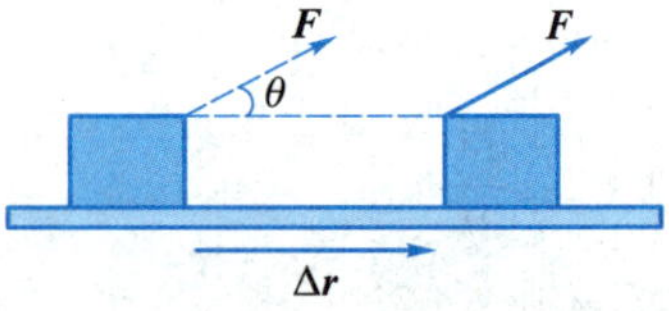

图 1-64 直线运动中恒力的功

恒力的功等于力与力的作用点位移之点积（标量积）．功是标量，其正负可以由 $\boldsymbol{F}$ 与 $\Delta\boldsymbol{r}$ 夹角的余弦值 $\cos\theta$ 确定．若 $0°\leqslant\theta<90°$，则 $W>0$，力对物体做正功；若 $90°<\theta\leqslant180°$，则 $W<0$，力对物体做负功；若 $\theta=90°$，则 $W=0$，力对物体不做功．在国际单位制中，功的单位是焦耳(J)．

2. 变力的功

一般来讲，力的大小及方向会随着物体的位置发生变化．设质点沿路径 L 从 a 点运动到 b 点，作用于其上的力 $\boldsymbol{F}$ 是个变力，如图 1-65 所示．如何计算物体运动过程中 $\boldsymbol{F}$ 的功呢？回忆一下，在学习冲量时，我们遇到过类似的问题．采用与那时同样的方法，将路径 L 分成许多很小的小段，使得在每一个小段上，力 $\boldsymbol{F}$ 均可被近似地视为恒力．将质点在每个小段上的位移记为 $\mathrm{d}\boldsymbol{r}$，那么对于无限小位移，$\boldsymbol{F}$ 的功为

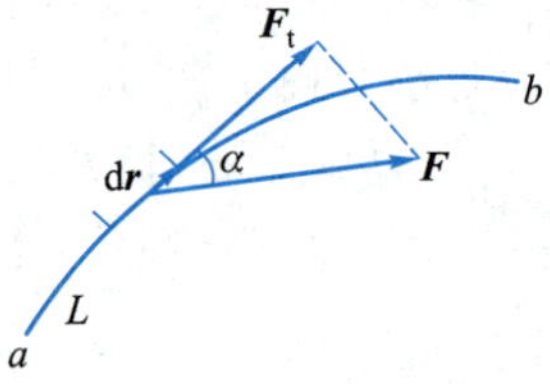

图 1-65 质点受变力作用

NOTE

$$dW = \boldsymbol{F} \cdot d\boldsymbol{r} \tag{1-123}$$

式中，dW 是力 $\boldsymbol{F}$ 在无限小位移 $d\boldsymbol{r}$ 上的功，称为元功．将运动路径各小段上的元功求和，就能得到在整个运动过程中力 $\boldsymbol{F}$ 的功．这就是计算变力做功的方法．质点沿路径 L 从 a 点运动到 b 点，作用于其上的力 $\boldsymbol{F}$ 在这个过程中的功为

$$\begin{aligned} W &= \int_{a(L)}^{b} \boldsymbol{F} \cdot d\boldsymbol{r} = \int_{a(L)}^{b} F\cos\alpha\,|d\boldsymbol{r}| \\ &= \int_{a(L)}^{b} F\cos\alpha\,ds \end{aligned} \tag{1-124}$$

式中，α 是力 $\boldsymbol{F}$ 与无限小位移 $d\boldsymbol{r}$ 间的夹角，ds 是质点运动轨道 L 上的线元．此式表明，变力的功等于力沿质点的运动路径 L 从起点 a 到终点 b 的线积分．由图1-65 可以看出，$F\cos\alpha$ 等于力 $\boldsymbol{F}$ 在质点运动轨道切线方向上的分量 F_t，故也可通过力沿质点运动轨道切向的分量来计算变力的功，计算公式为

$$W = \int_{a(L)}^{b} \boldsymbol{F} \cdot d\boldsymbol{r} = \int_{a(L)}^{b} F_t ds \tag{1-125}$$

在直角坐标系中，根据矢量点积的运算法则，变力所做的功可通过力的各个分量来计算，其一般表达式为

$$W = \int_{a(L)}^{b} \boldsymbol{F} \cdot d\boldsymbol{r} = \int_{a(L)}^{b} (F_x dx + F_y dy + F_z dz) \tag{1-126}$$

当质点做直线运动时，选取 x 轴方向沿质点的运动方向．为简化讨论，设作用于该质点上的力 $\boldsymbol{F}$ 也沿 x 轴方向，这个力的功为 $W = \int_{a(L)}^{b} F_x dx$．以 x 为横坐标，F_x 为纵坐标，可以画出 F_x 随 x 变化的曲线，如图 1-66 所示．质点沿 x 轴方向由 x_1 运动到 x_2 的过程中，这个力所做的功等于 F_x-x 曲线与 x 轴在 x_1 与 x_2 间所围的面积，即图中阴影部分的面积.

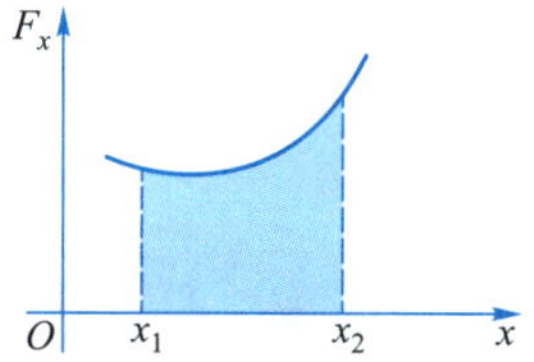

图 1-66 F_x-x 曲线阴影部分的面积为功

设多个力 $\boldsymbol{F}_1, \boldsymbol{F}_2, \cdots, \boldsymbol{F}_n$ 同时作用在一个质点上，在质点沿路径 L 从 a 到 b 的过程中，这些力的合力的功为

$$\begin{aligned} W &= \int_{a(L)}^{b} \boldsymbol{F} \cdot d\boldsymbol{r} = \int_{a(L)}^{b} (\boldsymbol{F}_1 + \boldsymbol{F}_2 + \cdots + \boldsymbol{F}_n) \cdot d\boldsymbol{r} \\ &= \int_{a(L)}^{b} \boldsymbol{F}_1 \cdot d\boldsymbol{r} + \int_{a(L)}^{b} \boldsymbol{F}_2 \cdot d\boldsymbol{r} + \cdots + \int_{a(L)}^{b} \boldsymbol{F}_n \cdot d\boldsymbol{r} \end{aligned}$$

式中，$\int_{a(L)}^{b} \boldsymbol{F}_1 \cdot d\boldsymbol{r}$ 为质点沿路径 L 从 a 到 b 的过程中力 $\boldsymbol{F}_1$ 的功，记为 W_1，依此类推，$W_2, \cdots, W_n$ 分别为力 $\boldsymbol{F}_2, \cdots, \boldsymbol{F}_n$ 沿路径 L 从 a

到 b 的功，那么合力的功为

$$W=W_1+W_2+\cdots+W_n \tag{1-127}$$

这表明，同时作用于质点上的几个力的合力的功等于各个力沿同一路径的功的和.

3. 功率

力做功是有快慢的，例如用倒链将汽车发动机抬高 1 m 需要几分，而用天车将相同的汽车发动机抬高 1 m 只需要十几秒．为了描述做功的快慢，需要引入功率的概念．定义**功率**等于单位时间内的功．设 dt 时间间隔内，力的元功为 dW，根据功率 P 的定义得到

功率

$$P=\frac{\mathrm{d}W}{\mathrm{d}t} \tag{1-128}$$

NOTE

将元功公式代入功率的定义得

$$P=\frac{\boldsymbol{F}\cdot\mathrm{d}\boldsymbol{r}}{\mathrm{d}t}=\boldsymbol{F}\cdot\boldsymbol{v}=(F\cos\theta)v=F_{\mathrm{t}}v \tag{1-129}$$

式中，θ 为力 $\boldsymbol{F}$ 与速度 $\boldsymbol{v}$ 间的夹角，$F_{\mathrm{t}}=F\cos\theta$ 是力沿质点轨道切向的分量．力所提供的功率等于力与速度的点积，等于力沿质点轨道切向的分量与速率之积．在国际单位制中，功率的单位是瓦(W).

功率还是各种机器性能的指标之一．普通汽车发动机的最大功率可达上百千瓦．一般台式计算机的功率为几十瓦左右．最新量子计算机中的量子处理器的功耗不足一微瓦．当功率恒定时，由式(1-129)可以看出，力与速度的点积是定值，切向力越大，速率越小．例如汽车爬坡时，需要较大的牵引力，故驾驶时要换低速挡，减小速率，道理就在于此.

例 1-27

放在光滑水平面上的小球与一端固定的水平轻弹簧相连，弹簧的弹性系数为 k. 对小球施加力的作用，使它沿 x 轴由 a 运动到 b，如图 1-67 所示，图中 x 轴原点 O 为小球的平衡位置．设小球在 a 和 b 的坐标分别为 x_a 和 x_b，求小球由 a 运动到 b 的过程中，弹簧弹力的功.

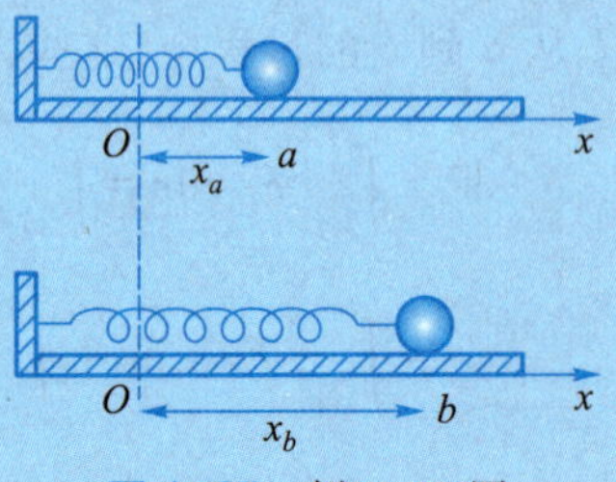

图 1-67 例 1-27 图

解:由胡克定律可知，在弹性限度内，弹簧的弹力 F 与伸长量 x 满足关系式 $F=-kx$，F 随 x 变化，是个变力．小球由 a 运动到 b，弹簧弹力的功为

$$W=\int_{a(L)}^{b}\boldsymbol{F}\cdot \mathrm{d}\boldsymbol{r}=\int_{x_a}^{x_b}F_x\mathrm{d}x=\int_{x_a}^{x_b}(-kx)\mathrm{d}x$$

$$=\frac{1}{2}kx_a^2-\frac{1}{2}kx_b^2$$

若 $|x_a|>|x_b|$，则弹力的功大于零，弹力做正功；若 $|x_a|<|x_b|$，则弹力做负功．请注意这个计算结果，它有个特点：即弹簧弹力的功与物体在始末两态弹簧的伸长量有关，与小球的运动过程无关.

例 1-28

一质量为 m 的物体位于水平桌面上，在外力作用下沿半径为 R 的圆周从 A 点运动到 B 点，AOB 为圆的直径，如图 1-68 所示．设物体与桌面间的动摩擦因数为 μ_k，求：

（1）在这个过程中，桌面对物体摩擦力的功；

（2）若该物体沿直径 AOB 由 A 运动到 B，桌面对它的摩擦力的功.

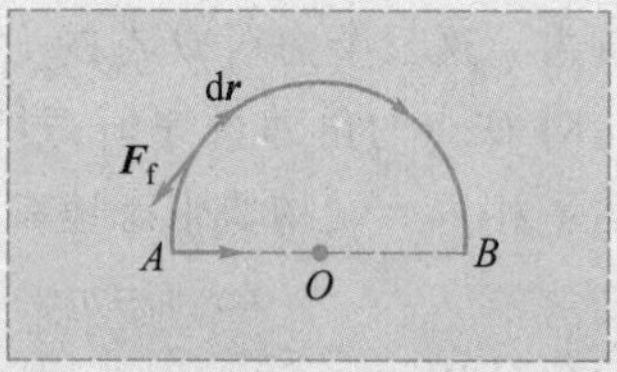

图 1-68 例 1-28 图

解:(1) 物体在水平面上沿半圆周运动，滑动摩擦力的大小为 $F_f=\mu_k mg$. 尽管摩擦力的大小是不变的，它的方向却在变化．在物体沿着半圆路径由 A 点运动到 B 点的过程中，滑动摩擦力沿物体轨道的切线方向，与物体的运动方向相反，所做的功为

$$W=\int_{A(\text{半圆})}^{B}\boldsymbol{F}_f\cdot \mathrm{d}\boldsymbol{r}=-\int_{A(\text{半圆})}^{B}F_f\mathrm{d}s$$

$$=-\pi\mu_k mgR$$

负号表明摩擦力对物体做负功.

(2) 物体沿直径 AOB 移动时，摩擦力的大小依旧为 $\mu_k mg$，方向与运动方向相反，沿直线 AB，由 B 指向 A. 此过程中摩擦力的大小和方向均不变化，它的功等于

$$W=\int_{A(\text{直径})}^{B}\boldsymbol{F}_f\cdot \mathrm{d}\boldsymbol{r}=-2\mu_k mgR$$

摩擦力仍然做负功.

比较(1)(2)两部分的计算结果，不难发现，摩擦力的功与物体运动所经过的路径相关，尽管起点和终点相同，但路径不同，摩擦力的功不同．在这一点上，摩擦力的功与上题中讨论的弹簧弹力的功完全不同.

例 1-29

一细绳穿过光滑水平桌面上的小洞 O 与置于桌面上的物块相连，如图 1-69 所示．物块开始时在桌面上做半径为 r_0、速率为 v_0 的圆周运动．缓慢地向下拉绳子，使物块最终沿半径为 r（$r<r_0$）的圆周运动．设小球的质量为 m，求：

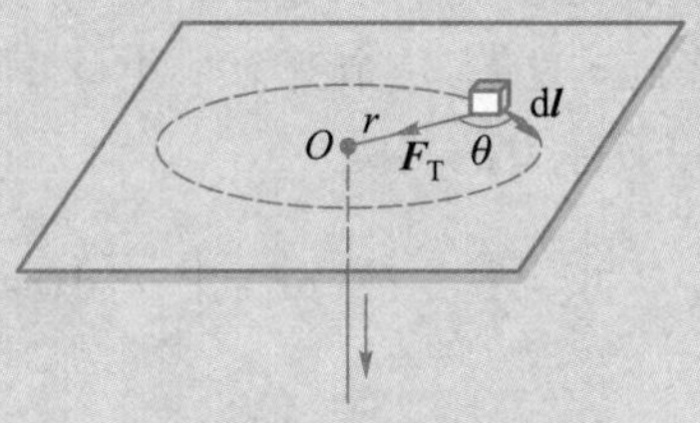

图 1-69 例 1-29 图

（1）物块的末速率；

（2）在物块与 O 点间的距离逐渐减小的过程中，绳子对物块拉力的功．

解：（1）以物块为研究对象，它在运动过程中，受到重力、桌面的支持力和绳子对它的拉力．这三个力对 O 点的力矩和为零，故物块对 O 点的角动量守恒，过程初、末态的角动量相等．设物块末态速率为 v，则有

$$mr_0v_0=mrv$$

解得物块与 O 点间的距离减小为 r 时，速率为

$$v=\frac{r_0}{r}v_0$$

由于 $r<r_0$，所以 $v>v_0$，物块的速率增大．

（2）物块在运动过程中，拉力的功为

$$W=\int_{A(L)}^{B}\boldsymbol{F}_{\mathrm{T}}\cdot \mathrm{d}\boldsymbol{l}=\int_{A(L)}^{B}F_{\mathrm{T}}\mathrm{d}l\cos\theta$$

式中，θ 为绳子对物块的拉力 $\boldsymbol{F}_{\mathrm{T}}$ 与物块的位移 $\mathrm{d}\boldsymbol{l}$ 间的夹角．由于物块与 O 点间距离逐渐减小，所以 $\mathrm{d}l\cos\theta=-\mathrm{d}r$，拉力的功为

$$W=-\int_{r_0(L)}^{r}F_{\mathrm{T}}\mathrm{d}r$$

绳子的拉力与物块的速率满足关系式

$$F_{\mathrm{T}}=m\frac{v^2}{r}=m\frac{r_0^2v_0^2}{r^3}$$

代入上面拉力的功的计算式得

$$W=-\int_{r_0(L)}^{r}F_{\mathrm{T}}\mathrm{d}r=-\int_{r_0(L)}^{r}m\frac{r_0^2v_0^2}{r^3}\mathrm{d}r$$

$$=\frac{1}{2}mr_0^2v_0^2\left(\frac{1}{r^2}-\frac{1}{r_0^2}\right)$$

由于 $r<r_0$，所以 $W>0$，即绳子的拉力对物块做正功，物块的动能增大．本题也可以用下面介绍的动能定理来求解．

1.5.2 动能 动能定理

授课录像：动能定理

1. 质点的动能定理

设质点的质量为 m，运动速度为 $\boldsymbol{v}$，沿路径 L 从 a 点运动到 b 点，质点在 a、b 两点的速率分别为 v_a 和 v_b，作用于其上的合外力为 $\boldsymbol{F}$．由牛顿第二定律，合力的元功为

$$\mathrm{d}W=\boldsymbol{F}\cdot\mathrm{d}\boldsymbol{r}=m\frac{\mathrm{d}\boldsymbol{v}}{\mathrm{d}t}\cdot\mathrm{d}\boldsymbol{r}=m\mathrm{d}\boldsymbol{v}\cdot\boldsymbol{v}$$

由矢量点积的定义得，对任意一个矢量 $\boldsymbol{A}$，有 $\boldsymbol{A}\cdot\boldsymbol{A}=A^2$，将此式微分，

$$\mathrm{d}\boldsymbol{A}\cdot\boldsymbol{A}+\boldsymbol{A}\cdot\mathrm{d}\boldsymbol{A}=2A\mathrm{d}A$$

化简后有

$$\mathrm{d}\boldsymbol{A}\cdot\boldsymbol{A}=A\mathrm{d}A \tag{1-130}$$

所以 $\mathrm{d}\boldsymbol{v}\cdot\boldsymbol{v}=v\mathrm{d}v$. 利用这个结果，作用在质点上合力的元功化简为

$$\mathrm{d}W=mv\mathrm{d}v$$

质点沿路径 L 从 a 点运动到 b 点过程中合力的功为

$$W=\int_{a(L)}^{b}\boldsymbol{F}\cdot\mathrm{d}\boldsymbol{r}=\int_{v_a}^{v_b}mv\mathrm{d}v=\frac{1}{2}mv_b^2-\frac{1}{2}mv_a^2 \tag{1-131}$$

上式表明，质点运动过程中合力的功等于两个量之差，这两个量具有相同的函数形式 $\frac{1}{2}mv^2$. 定义 $\frac{1}{2}mv^2$ 为物体的**动能**，记为 E_k.

NOTE

动能

$$E_\mathrm{k}=\frac{1}{2}mv^2 \tag{1-132}$$

物体的动能等于它的质量与其速度平方之积的一半．动能是标量，单位为焦(J). 定义了动能后，式(1-131)可以写成

$$W=E_{\mathrm{k}b}-E_{\mathrm{k}a} \tag{1-133}$$

即质点从 a 点运动到 b 点过程中，合力的功等于质点动能的增量，这就是**质点的动能定理**．这个定理适用于惯性参考系．动能定理告诉我们：当物体的运动状态发生变化时，无论做功的过程多么复杂，合力的功可仅由物体动能的改变量来确定．若合力做正功，则质点的动能增加；若合力做负功，则质点的动能减少.

质点的动能定理

2. 质点系的动能定理

质点系的动能等于组成质点系的各个质点的动能之和．设质点系由 $N(N>1)$ 个质点组成，它在初态时的动能为 $E_{\mathrm{k}a}$，在末态时的动能为 $E_{\mathrm{k}b}$. 质点系处于初态时，第 $j(j=1,2,\cdots,N)$ 个质点的动能为 $E_{\mathrm{k},ja}$；质点系处于末态时，第 j 个质点的动能为 $E_{\mathrm{k},jb}$. 根据质点的动能定理，对于第 j 个质点，作用于其上的各个力的功的和与其初、末态动能之间满足

授课录像：质点系的动能

$$W_j=E_{\mathrm{k},jb}-E_{\mathrm{k},ja}$$

式中，W_j 是作用在第 j 个质点上合力的功．对于质点系，其中质点受到的作用力可分为外力和内力．同样，作为质点系中的一个质点，合力的功也可以分为两类，一类是内力功的和，记为 $W_{j,内}$；

NOTE

另外一类是外力功的和，记为 $W_{j,外}$. 按照这种分类方法，对第 j 个质点，其内、外力功的和与其动能增量间满足

$$W_{j,内}+W_{j,外}=E_{k,jb}-E_{k,ja}$$

将上式对质点系内的所有质点求和，得到

$$\sum_{j=1}^{N} W_{j,外} + \sum_{j=1}^{N} W_{j,内} = \sum_{j=1}^{N} E_{k,jb} - \sum_{j=1}^{N} E_{k,ja}$$

式中，$\sum_{j=1}^{N} W_{j,外}$ 为作用于各个质点上所有外力功的和，称为质点系外力的功，记为 $W_{外}$；$\sum_{j=1}^{N} W_{j,内}$ 为各个质点所受内力功的和，称为质点系内力的功，记为 $W_{内}$. 等式右侧第一项为各个质点末态动能之和，也就是质点系末态的动能 E_{kb}；等式右侧第二项为质点系中各个质点初态动能之和，也就是质点系初态动能 E_{ka}. 因此有

$$W_{外}+W_{内}=E_{kb}-E_{ka} \qquad (1-134)$$

质点系的动能定理

上式表明：质点系外力功与内力功之和，等于质点系动能的增量，这就是**质点系的动能定理**.

由前面的学习可知：内力不能改变质点系的动量，也不能使质点系产生加速度. 对于一个固定的点，质点系内力矩之和也为零，所以内力矩也不能改变系统的角动量. 但是，根据质点系的动能定理，内力的功可以改变质点系的动能. 例如，一个爆竹被点燃后爆炸，碎片飞向四周，系统的动能增大，这恰恰是由于内力做了正功.

3. 一对力的功

质点系所受的力中，内力成对出现，要计算质点系内力的功，就要对若干对力的功求和. 为此有必要研究一对力的功的和（简称为一对力的功）的特点及其计算方法.

设质点 1 和质点 2 的运动轨道分别为 L_1 和 L_2，相对于坐标原点 O 的位置矢量分别为 $\boldsymbol{r}_1$、$\boldsymbol{r}_2$，它们之间的相互作用力分别为 $\boldsymbol{F}_1$、$\boldsymbol{F}_2$，如图 1-70 所示. 由牛顿第三定律，$\boldsymbol{F}_1=-\boldsymbol{F}_2$. 设在无限小时间间隔 $\mathrm{d}t$ 内，质点 1 和质点 2 的位移为 $\mathrm{d}\boldsymbol{r}_1$、$\mathrm{d}\boldsymbol{r}_2$，则这一对力的元功之和为

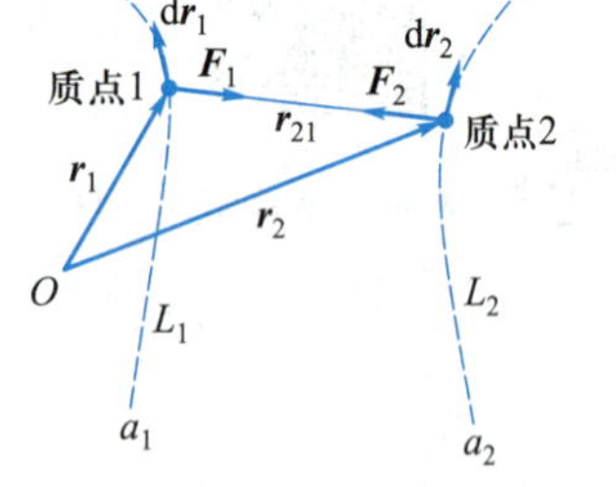

图 1-70 一对力的元功

$$\begin{aligned}\mathrm{d}W &= \boldsymbol{F}_1\cdot\mathrm{d}\boldsymbol{r}_1+\boldsymbol{F}_2\cdot\mathrm{d}\boldsymbol{r}_2\\ &=-\boldsymbol{F}_2\cdot\mathrm{d}\boldsymbol{r}_1+\boldsymbol{F}_2\cdot\mathrm{d}\boldsymbol{r}_2\\ &=\boldsymbol{F}_2\cdot\mathrm{d}(\boldsymbol{r}_2-\boldsymbol{r}_1)\end{aligned}$$

令 $\boldsymbol{r}_2-\boldsymbol{r}_1=\boldsymbol{r}_{21}$，有

$$\mathrm{d}W=\boldsymbol{F}_2\cdot\mathrm{d}\boldsymbol{r}_{21} \qquad (1-135)$$

式中，$\boldsymbol{r}_{21}$ 是质点 2 相对于质点 1 的位置矢量，$\mathrm{d}\boldsymbol{r}_{21}$ 是质点 2 相对于

质点 1 的元位移，$\boldsymbol{F}_2$是质点 2 受到的质点 1 对它的作用力．式(1-135)表明，质点 1 和质点 2 间一对力的元功 $\mathrm{d}W$ 等于质点 2 受到的质点 1 对它的作用力 $\boldsymbol{F}_2$与质点 2 相对于质点 1 的元位移 $\mathrm{d}\boldsymbol{r}_{21}$的点积．设初态时质点 1 和质点 2 分别处于 a_1、a_2两点，称之为初位形，记为 A；末态时质点 1 和质点 2 分别处于 b_1、b_2两点，称之为末位形，记为 B，在从初位形 A 变化到末位形 B 的过程中，一对力的功为

$$W=\int_A^B \boldsymbol{F}_2\cdot \mathrm{d}\boldsymbol{r}_{21} \tag{1-136}$$

两质点间一对力的功等于其中一个质点所受的力沿它对另一个质点的相对移动路径的线积分．公式(1-136)给出了计算一对力的功的方法，从计算过程以及结果可以看出：一对力的功与参考系的选取无关，它取决于两质点间的相对运动(两者的相对运动轨道以及始末相对位置)．

NOTE

例 1-30

一辆质量为 $m_车$ 的卡车以速度 $\boldsymbol{v}$ 沿平直路面直线行驶，其上载有质量为 m 的箱子，且箱子相对于卡车静止．因故突然刹车后，车轮立即停止转动，卡车向前滑行了一段距离后停了下来．在这期间，卡车上的箱子相对卡车向前滑行了距离 l 后停了下来．已知箱子与卡车间的动摩擦因数为 μ_1，卡车车轮与地面间的动摩擦因数为 μ_2，试求卡车滑行的距离 L．

解：将卡车和箱子作为研究系统，外力中只有车轮与地面间的摩擦力做功，内力中只有箱子与卡车间的摩擦力做功，如图 1-71 所示．在卡车上，观测到箱子向前滑动了距离 l，且箱子受到的摩擦力与箱子相对于卡车的位移方向相反．由一对力的功的计算方法，即式(1-136)，得到箱子与卡车间一对

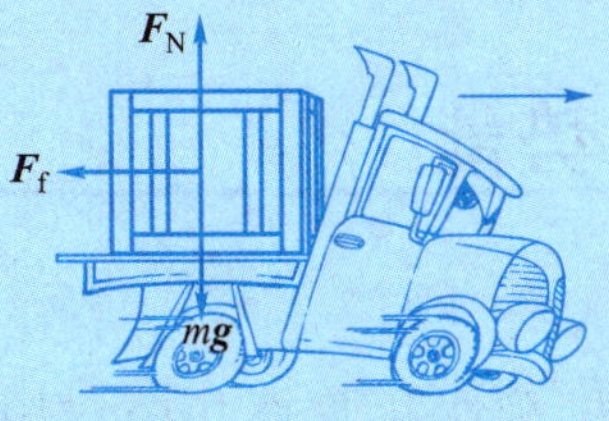

图 1-71 例 1-30 图

摩擦力的功为$-\mu_1 mgl$，这个结果与参考系的选取无关．车轮与地面间的摩擦力为$\mu_2(m+m_车)g$，在地面上看，这个力与其位移方向的夹角为 π，所以，它的功为$-\mu_2(m+m_车)gL$.

初态卡车与箱子一起以速度 $\boldsymbol{v}$ 运动，末态卡车和箱子均相对于地面静止，应用质点系的动能定理，

$$-\mu_2(m+m_车)gL-\mu_1 mgl=0-\frac{1}{2}(m+m_车)v^2$$

解得卡车滑行的距离 L 为

$$L=\frac{v^2}{2\mu_2 g}-\frac{\mu_1 ml}{\mu_2(m+m_车)}$$

4. 柯尼希定理

对于质点系来说，质心有着特殊的性质，我们已经讲述了其运动规律，并且明确了系统的动量和角动量与质心运动间的关

NOTE

系，可以接着追问：质点系的动能与质心的运动之间满足什么关系呢？

设质点系中第 $i(i=1,2,\cdots,N)$ 个质点的质量为 m_i，相对于某个惯性系的速度为 $\boldsymbol{v}_i$，并且设质心相对于此惯性系的速度为 $\boldsymbol{v}_C$. 再取质心系，令第 i 个质点相对于质心系的速度为 $\boldsymbol{v}_i'$，则 $\boldsymbol{v}_i=\boldsymbol{v}_i'+\boldsymbol{v}_C$. 以 E_k 表示质点系在惯性系中的动能，则

$$
\begin{aligned}
E_k &= \sum_{i=1}^{N}\frac{1}{2}m_i v_i^2 = \sum_{i=1}^{N}\frac{1}{2}m_i\boldsymbol{v}_i\cdot\boldsymbol{v}_i \\
&= \sum_{i=1}^{N}\frac{1}{2}m_i(\boldsymbol{v}_i'+\boldsymbol{v}_C)\cdot(\boldsymbol{v}_i'+\boldsymbol{v}_C) \\
&= \frac{1}{2}\left(\sum_{i=1}^{N}m_i\right)v_C^2+\boldsymbol{v}_C\cdot\sum_{i=1}^{N}m_i\boldsymbol{v}_i'+\sum_{i=1}^{N}\frac{1}{2}m_i v_i'^2
\end{aligned}
$$

$\sum_{i=1}^{N}m_i\boldsymbol{v}_i'$ 是系统在质心系中的总动量，其值为零．令质点系的总质量为 $m=\sum_{i=1}^{N}m_i$，则

$$
E_k=\frac{1}{2}mv_C^2+\sum_{i=1}^{N}\frac{1}{2}m_i v_i'^2 \qquad (1-137)
$$

将上式右侧第一项记为 E_{kC}，则

$$
E_{kC}=\frac{1}{2}mv_C^2 \qquad (1-138)
$$

柯尼希定理

E_{kC} 称为质心动能，它等于一个质量为系统总质量 m、与质心运动速度相同的质点对于这个惯性系的动能．式(1-137)右侧第二项为系统在质心系的总动能．式(1-137)给出了这样的结论：质点系在惯性系中的总动能等于它相对于质心系的总动能与质心动能之和，这被称为**柯尼希定理**.

1.5.3 保守力和势能

授课录像：保守力与势能

1. 保守力与非保守力

力的种类有很多，如重力、弹性力、摩擦力……根据力做功的特点，可以将力分为保守力与非保守力两类.

为了理解保守力，先来看一个例子．计算两个质点间一对万有引力的功．设两个质点的质量分别为 m_1、m_2，质点2相对于质点1的运动路径为 L，如图1-72所示．由万有引力定律，质点2受到的质点1对它的万有引力为

$$F=-\frac{Gm_1m_2}{r^3}r$$

式中，$\boldsymbol{r}$ 是 m_2 相对于 m_1 的位置矢量．设 m_2 初态位于 a 点、末态位于 b 点，且 a、b 到 m_1 的距离分别为 r_a、r_b，则 m_1 和 m_2 间一对万有引力的功为

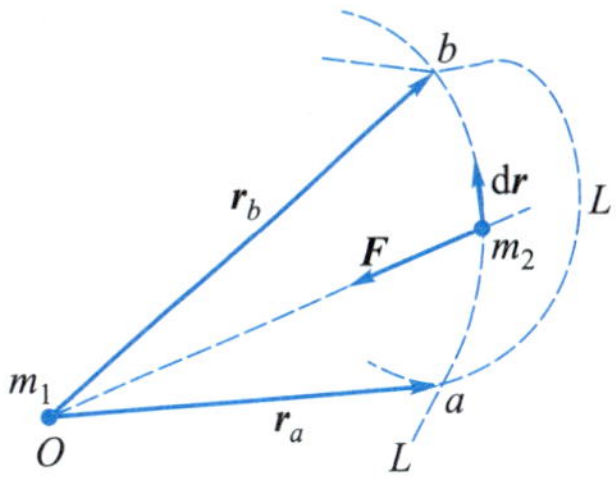

图 1-72 一对保守力的功

$$W_{ab}=\int_a^b \boldsymbol{F}\cdot \mathrm{d}\boldsymbol{r}=\int_a^b -\frac{Gm_1m_2}{r^3}\boldsymbol{r}\cdot \mathrm{d}\boldsymbol{r}$$

根据等式(1-130)，$\boldsymbol{r}\cdot \mathrm{d}\boldsymbol{r}=r\mathrm{d}r$，

$$W_{ab}=\int_{r_a}^{r_b} -\frac{Gm_1m_2}{r^3}r\mathrm{d}r$$

计算这个积分得到一对万有引力的功为

$$W_{ab}=\frac{Gm_1m_2}{r_b}-\frac{Gm_1m_2}{r_a} \tag{1-139}$$

可以看出，给定的两个质点间一对万有引力的功，只与末态和初态两质点间的距离有关．若 m_2 相对于 m_1 沿不同路径由 a 点移动到 b 点，例如 m_2 沿图 1-72 中的 L' 路径移动，则尽管移动路径不同，路径的长度也不同，但是由于起点、终点位置相同，所以这一对万有引力的功的数值保持不变，$W_{ab(L)}=W_{ab(L')}$．可以将这一性质表述为：万有引力的功与路径无关，只取决于两质点间的始末距离．若 m_2 相对于 m_1 移动的路径是闭合的，则

$$W=\oint_{(L)} \boldsymbol{F}\cdot \mathrm{d}\boldsymbol{r}=0 \tag{1-140}$$

即一对万有引力沿任一闭合路径的功为零．除了万有引力之外，还有其他一些力也具有这个性质，具有此性质的力统称为保守力．

NOTE

若一对力的功与相对路径的形状无关，只取决于质点间的始末相对位置，则这样的一对力称为**保守力**．或者，若一个质点相对于另一个质点沿闭合路径移动一周，一对力的功为零，则把它们之间相互作用的这一对力称为保守力．由保守力的定义可知，万有引力是保守力．此外，重力、弹簧的弹力、静电力也是保守力．

保守力

并非所有的力都是保守力．若力的功与路径相关，则称之为**非保守力**．例如动摩擦力就是非保守力．由例 1-28 可以看出，尽管起点和终点相同，但由于路径不同，摩擦力的功不同．此外，人对物体施加的力也是非保守力．

非保守力

2. 势能

对于保守力，可以定义与之相应的**势能**．针对万有引力、重力、弹簧的弹力以及静电力这四种保守力，有万有引力势能、重力

势能

NOTE

势能、弹簧的弹性势能和静电势能.

系统中一对保守内力的功仅与其中质点间的相对位置有关，也就是说无论运动的路径长短如何，例如图1-72中的L和L'，只要积分路径的起点与终点相同，所得的功就都是一样的．据此可以推测，系统一定存在由质点间相对位置决定的某个函数．这个函数称为势能函数．设系统存在保守内力，记初位形为A、末位形为B. 将系统在初位形A的势能记为E_{pA}、在末位形B的势能记为E_{pB}. 定义保守内力的功等于系统相应势能增量的负值（即势能的减少量），即

$$W_{AB}=E_{pA}-E_{pB}=-(E_{pB}-E_{pA})=-\Delta E_p \tag{1-141}$$

W_{AB}为从初位形A到末位形B过程中保守内力的功．可以看出，上式只定义了势能差，要得到系统在某一位形的势能，需确定势能零点．若取$E_{pB}=0$，则系统在任一位形A的势能为

$$E_{pA}=W_{AB} \tag{1-142}$$

系统在某一位形的势能等于它从此位形变化为势能零点位形过程中保守力的功．由于一对力的功与参考系的选取无关，所以势能与参考系的选取无关，它依赖于系统内质点间的相对位置或物体的形状．接下来，我们讨论力学中常见的几种势能.

（1）万有引力势能.

对于两个质点组成的系统，设两个质点间的距离由r_a变化到r_b，它们之间万有引力的功W_{ab}由式（1-139）给出．根据势能的定义，

$$W_{ab}=E_{pa}-E_{pb}=\frac{Gm_1m_2}{r_b}-\frac{Gm_1m_2}{r_a}$$

万有引力势能

定义两个质点相距无穷远时，系统的万有引力势能为零．即$r\to\infty$，$E_p=0$，则两质点间距离为r时，**万有引力势能**为

$$E_p=-\frac{Gm_1m_2}{r} \tag{1-143}$$

式中，m_1、m_2为两个质点的质量，r为两者间的距离．由于m_1、m_2及r均为正值，所以万有引力势能是负值．两个质点由相距为r的位形变化到相距为无限远的位形，万有引力做的功当然是负值.

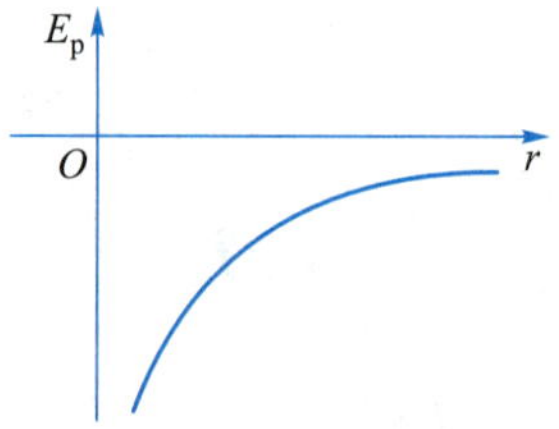

图1-73 万有引力势能曲线

式（1-143）给出了万有引力势能随两质点间距离变化的函数关系，可以按照这个关系描绘出万有引力势能E_p随两质点间距离r变化的E_p-r曲线，如图1-73所示．这个E_p-r曲线称为万有引力势能曲线.

例 1-31

四个质点的质量均为 $m=20.0\ \mathrm{g}$,恰好位于边长为 $d=0.600\ \mathrm{m}$ 的正方形的顶点处(见图 1-74). 若 d 减少为 0.200 m,求系统万有引力势能的变化量.

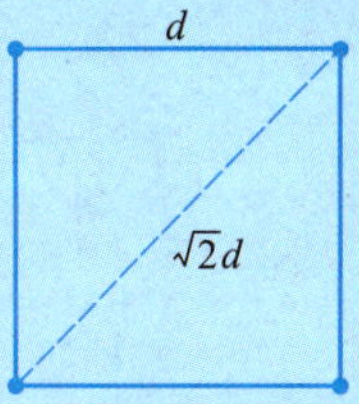

图 1-74 例 1-31 图

解: 系统的万有引力势能 E_p 等于系统内质点间万有引力势能之和. 正方形的边长为 d,则对角线长度为 $\sqrt{2}d$. 以无限远处为势能零点,得到

$$E_p=-G\frac{m^2}{d}\times4-G\frac{m^2}{\sqrt{2}d}\times2=-(4+\sqrt{2})G\frac{m^2}{d}$$

正方形边长减小,导致系统的万有引力势能减小,势能的变化量 ΔE_p 为

$$\Delta E_p=E'_p-E_p=-(4+\sqrt{2})Gm^2\left(\frac{1}{d'}-\frac{1}{d}\right)$$

将题目中给出的数据代入上式得到

$$\Delta E_p=-(4+\sqrt{2})\times6.67\times10^{-11}\times(20.0\times10^{-3})^2\times\left(\frac{1}{0.200}-\frac{1}{0.600}\right)\ \mathrm{J}\approx-4.82\times10^{-13}\ \mathrm{J}$$

通过这个例子,我们看到对于确定的势能零点,系统的势能取决于其位形.

(2) 重力势能.

设物体质量为 m,在地球表面附近运动,距离地面的高度为 h,它与地球组成的系统具有**重力势能**.

重力势能

对于由质点和均匀球体组成的系统,若质点在球体之外,则仍然可以利用式(1-143)计算系统的万有引力势能(请读者自己证明). 设地球的质量为 $m_{地}$,半径为 R. 质量为 m 的物体距地面的高度为 h 时,系统的万有引力势能为

$$E_{p,h}=-\frac{Gm_{地}m}{R+h}$$

当物体位于地球表面时,系统的万有引力势能为

$$E_{p,0}=-\frac{Gm_{地}m}{R}$$

两者之差为

$$E_{p,h}-E_{p,0}=-\frac{Gm_{地}m}{R+h}+\frac{Gm_{地}m}{R}=\frac{Gm_{地}mh}{R(R+h)}$$

物体在地球表面附近运动,故 $h\ll R$,

$$E_{p,h}-E_{p,0}\approx\frac{Gm_{地}mh}{R^2}$$

上式中 $Gm_{地}/R^2=g$,g 是重力加速度. 因此,

NOTE

$$E_{p,h}-E_{p,0}\approx\frac{Gm_{地}\,mh}{R^2}=mgh$$

对于在地球表面附近运动的物体，常常取 $h=0$ 处，$E_{p,0}=0$. 即物体位于地球表面时，系统的重力势能为零．这样选定重力势能的零点后，系统的重力势能为

$$E_p=mgh \tag{1-144}$$

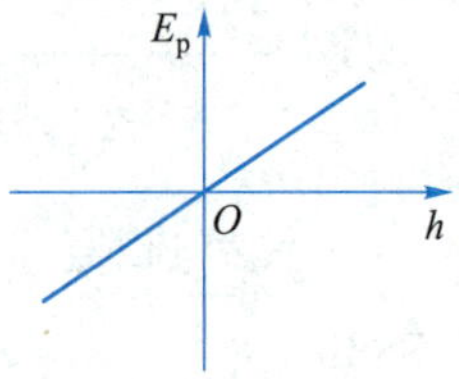

图 1-75 重力势能曲线

重力势能等于物体的重量与它距地面高度的乘积．按照式(1-144)，可以描绘出重力势能 E_p 随物体距地面的高度 h 变化的函数曲线，称之为重力势能曲线，如图 1-75 所示，这是一条过原点的直线.

重力势能是属于物体与地球组成的系统的，而不是物体单独具有的．"物体的重力势能"的说法是不严格的，只是为了叙述上的方便.

（3）弹簧的弹性势能.

对于图 1-67 中的弹簧，由例 1-27 的计算可知，若弹簧的弹性系数为 k，伸长量由 x_a 变化到 x_b，则弹性力的功 W_{ab} 为

$$W_{ab}=\frac{1}{2}kx_a^2-\frac{1}{2}kx_b^2$$

弹性势能

弹性力的功与路径无关，由弹簧的始末伸长量决定，弹性力是保守力．对于弹簧系统，可以定义与之相应的**弹性势能**．由势能的定义得到

$$E_{pa}-E_{pb}=\frac{1}{2}kx_a^2-\frac{1}{2}kx_b^2$$

规定弹簧为自然长度时，弹性势能为零，即 $x_b=0$ 时，$E_p=0$. 选定弹性势能的零点后，若弹簧的伸长量为 x，则其弹性势能为

$$E_p=\frac{1}{2}kx^2 \tag{1-145}$$

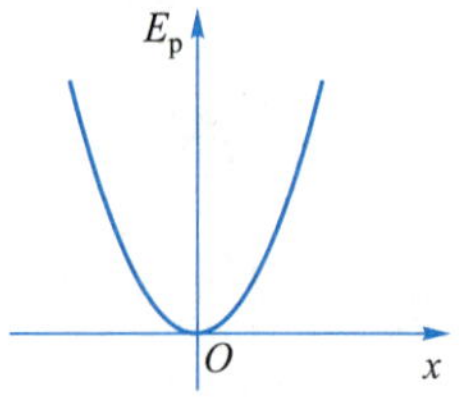

图 1-76 弹性势能曲线

弹性势能曲线为抛物线，如图 1-76 所示．$x>0$，对应于弹簧被拉长；$x<0$，对应于弹簧被压缩.

我们已经对万有引力势能、重力势能和弹簧的弹性势能进行了讨论，关于静电势能将在电学部分中作进一步的介绍．通过以上分析，可以进一步加深对势能一般概念的认识．若一个质点系内各质点间存在保守内力，则当质点间的相对位置发生变化，即质点系的位形发生变化时，保守内力做功．保守力的功与质点间初末态的相对位置有关，与变化过程中所经历的路径无关．这说明对于质点系来说，存在一个仅由其内部各质点的相对位置决定的函数，这就是势能函数，它是位置坐标的函数．规定质点系在初末态势能函数之差等于保守力在质点系位形变化过程中的功.

NOTE

这就是式(1-141)对势能函数的定义．保守力做正功,系统的势能减少;保守力做负功,系统的势能增加．势能属于整个系统,本质上是相互作用能.

3. 由势能求保守力

一对保守力的功与路径的形状无关,由系统初位形与末位形决定,故其元功 dW 一定是某个函数的全微分．取直角坐标系,由势能函数的定义得到

$$-\mathrm{d}E_\mathrm{p}=\boldsymbol{F}\cdot\mathrm{d}\boldsymbol{r}=F_x\mathrm{d}x+F_y\mathrm{d}y+F_z\mathrm{d}z$$

因此保守力在各个轴上的分量与其相应势能函数的关系为

$$F_x=-\frac{\partial E_\mathrm{p}}{\partial x},\quad F_y=-\frac{\partial E_\mathrm{p}}{\partial y},\quad F_z=-\frac{\partial E_\mathrm{p}}{\partial z}\tag{1-146}$$

由力在坐标轴上的分量得到保守力与势能函数的关系为

$$\boldsymbol{F}=F_x\boldsymbol{i}+F_y\boldsymbol{j}+F_z\boldsymbol{k}=-\left(\frac{\partial E_\mathrm{p}}{\partial x}\boldsymbol{i}+\frac{\partial E_\mathrm{p}}{\partial y}\boldsymbol{j}+\frac{\partial E_\mathrm{p}}{\partial z}\boldsymbol{k}\right)\tag{1-147}$$

上式表明,在直角坐标系中,保守力沿坐标轴的分量等于其势能函数对相应坐标偏导数的负值．这个结论也通常简写为

$$\boldsymbol{F}=-\nabla E_\mathrm{p}\tag{1-148}$$

式中,∇ 称为梯度算子,在直角坐标系中,$\nabla\equiv\frac{\partial}{\partial x}\boldsymbol{i}+\frac{\partial}{\partial y}\boldsymbol{j}+\frac{\partial}{\partial z}\boldsymbol{k}$.

∇E_p称为势能的梯度．势能是标量,而它的梯度是矢量．保守力等于其势能函数梯度的负值.

同理可证,保守力沿任意方向 $\boldsymbol{r}$ 的分量与其相应的势能的关系为

$$F_r=-\frac{\mathrm{d}E_\mathrm{p}}{\mathrm{d}s}\tag{1-149}$$

式中,F_r为力 $\boldsymbol{F}$ 沿 $\boldsymbol{r}$ 方向的分量(见图 1-77),ds 为该方向的线元. 此式表明,保守力沿某一方向的分量等于与这个保守力相应的势能函数沿该方向空间变化率的负值.

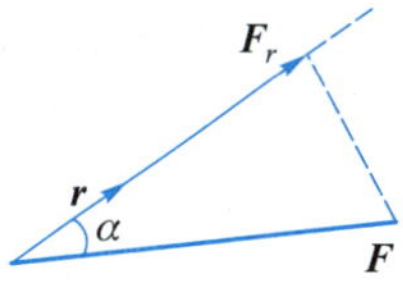

图 1-77 保守力的分量

若势能函数中只有一个空间自变量,设该自变量为 x,则保守力与其势能函数的关系化简为

$$F_x=-\frac{\mathrm{d}E_\mathrm{p}}{\mathrm{d}x}\tag{1-150}$$

上式表明,保守力等于其势能函数对 x 坐标变化率的负值,等于势能函数对坐标 x 导数的负值．根据导数的几何意义可知,保守力等于势能曲线斜率的负值．以图 1-76 所示弹性势能曲线为例,$x>0$,弹性势能曲线的斜率为正,而弹性力为负值,表明它的方向沿 x 轴负向,指向平衡位置;$x<0$,弹性势能曲线的斜率为负,而弹性力为正值,表明它的方向沿 x 轴正向,依然指向平衡位置;

$x=0$,弹性势能曲线的斜率为零,因此保守力为零,此时弹簧伸长量为零,弹性力为零.

我们来验证一下式(1-150). 在直角坐标系中,重力势能$E_p=mgy$,它是纵坐标y的函数. 将E_p对纵坐标求导,再取负值,得$-mg$. 即重力的大小为mg,方向竖直向下. 弹性势能为$\frac{1}{2}kx^2$,将其对x求导,取负值得$-kx$,这就是由胡克定律给出的弹簧的弹力. 万有引力势能为$-\frac{Gm_1m_2}{r}$,将其对r求导,取负值得$-\frac{Gm_1m_2}{r^2}$,负号表示该力为引力.

例 1-32

在双原子分子中,两原子间的势能函数近似为$U=U_0\left[\left(\frac{a}{x}\right)^{12}-2\left(\frac{a}{x}\right)^6\right]$,式中,$U_0$和$a$为正常量,$x$为两个原子间的距离.

(1) 问x为多大时,势能函数为零?

(2) 求两原子间的作用力F.

(3) 问x为多大时,势能函数的值最小?

解:(1) 令$U=0$,得到

$$U_0\left[\left(\frac{a}{x}\right)^{12}-2\left(\frac{a}{x}\right)^6\right]=0$$

解得

$$x=\frac{a}{\sqrt[6]{2}}$$

(2) 由力与势能的关系得

$$F=-\frac{\mathrm{d}U}{\mathrm{d}x}=\frac{12U_0}{a}\left[\left(\frac{a}{x}\right)^{13}-\left(\frac{a}{x}\right)^7\right]$$

(3) 令势能函数U对x的导数为零,得到

$$\frac{12U_0}{a}\left[\left(\frac{a}{x}\right)^{13}-\left(\frac{a}{x}\right)^7\right]=0$$

求得$x=a$时,

$$U_{\min}=-U_0$$

即$x=a$处势能最小,a是双原子分子中两原子间的平均距离. 题中给出的势能函数通常称为伦纳德-琼斯势能函数,也称为"6-12"势.

按照题中所给的势能函数可以绘出势能曲线,如图1-78所示. 分析该势能曲线,可得到两个原子间的作用力情况. $x>a$,势能曲线的斜率为正,而F为负,表明两个原子间的作用力为引力;$x<a$,势能曲线的斜率为负,而F为正,表明两个原子间的作用力为斥力;$x=a$,势能曲线的斜率为零,两个原子间的作用力为零,a为两原子间的平均距离.

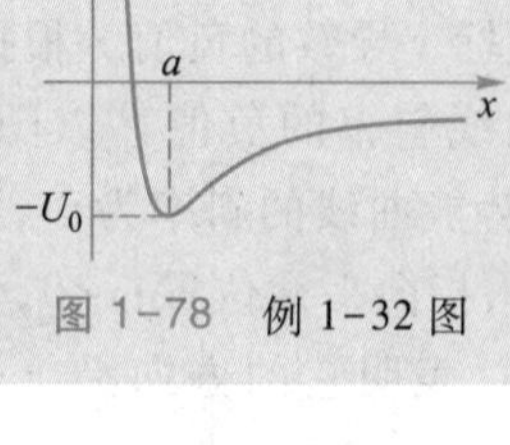

图 1-78 例 1-32 图

1.5.4 机械能守恒

1. 质点系的功能原理

质点系遵守动能定理,即

$$W_{外}+W_{内}=E_{kB}-E_{kA}$$

将内力的功分为两类,一类为保守内力的功,另一类为非保守内力的功,得

$$W_{外}+W_{保内}+W_{非保内}=E_{kB}-E_{kA}$$

保守内力的功 $W_{保内}$ 等于势能增量的负值,即

$$W_{保内}=-(E_{pB}-E_{pA})$$

这样,

$$W_{外}+W_{非保内}=E_{kB}-E_{kA}+(E_{pB}-E_{pA})=\Delta E_k+\Delta E_p \quad (1-151)$$

整理后得到

$$W_{外}+W_{非保内}=(E_{kB}+E_{pB})-(E_{kA}+E_{pA})$$

$E_{kB}+E_{pB}$是系统末态的动能与势能之和,$E_{kA}+E_{pA}$是系统初态的动能与势能之和. 定义系统动能与势能之和为系统的机械能,记为E,于是得

$$W_{外}+W_{非保内}=E_B-E_A=\Delta E \quad (1-152)$$

式中,E_B为系统末态的机械能;E_A为系统初态的机械能;ΔE 为系统机械能的增量. 质点系外力的功与非保守内力的功之和等于质点系机械能的增量. 这个结论称为**质点系的功能原理**.

质点系的功能原理

2. 质心系中的功能原理

经过前面的学习,我们已经发现质心的特殊与方便之处. 现在,我们不禁要问,在质心系中,功能之间的关系会如何呢?

NOTE

设系统经历了一个过程,以 A 表示初态,B 表示末态. 选择一个惯性系,质心在其中的位置矢量为 $\boldsymbol{r}_C$,运动速度为 $\boldsymbol{v}_C$. 设系统中第 i 个质点的位置矢量为 $\boldsymbol{r}_i$,受到的合外力为 $\boldsymbol{F}_i$. 另取质心系,设第 i 个质点在质心系中的位置矢量为 $\boldsymbol{r}'_i$,$\boldsymbol{r}_i=\boldsymbol{r}'_i+\boldsymbol{r}_C$. 在惯性系中,外力对系统的功为

$$W_{外}=\sum_i\int_A^B\boldsymbol{F}_i\cdot \mathrm{d}\boldsymbol{r}_i=\sum_i\int_A^B\boldsymbol{F}_i\cdot \mathrm{d}\boldsymbol{r}'_i+\int_A^B\left(\sum_i\boldsymbol{F}_i\right)\cdot \mathrm{d}\boldsymbol{r}_C \quad (1-153)$$

令 $W'_{外}=\sum_i\int_A^B\boldsymbol{F}_i\cdot \mathrm{d}\boldsymbol{r}'_i$,它是质心系中外力的功. $\sum_i\boldsymbol{F}_i$ 是系统所受的合外力. 设系统的总质量为 $m=\sum_i m_i$,根据质心运动定理,

NOTE

$$\sum_i \boldsymbol{F}_i = m\frac{\mathrm{d}\boldsymbol{v}_C}{\mathrm{d}t}$$

再看式(1-153)中的$\int_A^B\left(\sum_i \boldsymbol{F}_i\right)\cdot \mathrm{d}\boldsymbol{r}_C$一项,

$$\int_A^B\left(\sum_i \boldsymbol{F}_i\right)\cdot \mathrm{d}\boldsymbol{r}_C=\int_A^B m\frac{\mathrm{d}\boldsymbol{v}_C}{\mathrm{d}t}\cdot \mathrm{d}\boldsymbol{r}_C=\int_A^B m\boldsymbol{v}_C\cdot \mathrm{d}\boldsymbol{v}_C$$

$$=\int_A^B \mathrm{d}\left(\frac{1}{2}mv_C^2\right)=E_{\mathrm{k}CB}-E_{\mathrm{k}CA}=\Delta E_{\mathrm{k}C}$$

也就是$\int_A^B\left(\sum_i \boldsymbol{F}_i\right)\cdot \mathrm{d}\boldsymbol{r}_C$等于质心动能$E_{\mathrm{k}C}$的增量．利用这个结论,式(1-153)可以写为

$$W_{外}=W'_{外}+\Delta E_{\mathrm{k}C}$$

或写为

$$W'_{外}=W_{外}-\Delta E_{\mathrm{k}C}$$

对于质点系来说,内力总是成对的,内力的功与参考系无关．这样,在质心系中,

$$W'_{外}+W'_{非保内}=W_{外}-\Delta E_{\mathrm{k}C}+W_{非保内}$$

根据功能原理,

$$W_{外}+W_{非保内}=\Delta E_{\mathrm{k}}+\Delta E_{\mathrm{p}}$$

故

$$W'_{外}+W'_{非保内}=\Delta E_{\mathrm{k}}+\Delta E_{\mathrm{p}}-\Delta E_{\mathrm{k}C}$$

由柯尼希定理,

$$\Delta E_{\mathrm{k}}=\Delta E_{\mathrm{k}C}+\Delta E'_{\mathrm{k}}$$

所以

$$\Delta E_{\mathrm{k}}-\Delta E_{\mathrm{k}C}=\Delta E'_{\mathrm{k}}$$

系统的势能与参考系的选择无关,

$$W'_{外}+W'_{非保内}=\Delta E_{\mathrm{k}}+\Delta E_{\mathrm{p}}=\Delta E'_{\mathrm{k}}+\Delta E'_{\mathrm{p}}=\Delta(E'_{\mathrm{k}}+E'_{\mathrm{p}})$$

令$E'_{\mathrm{k}}+E'_{\mathrm{p}}=E'$,它是质心系中的机械能,那么

$$W'_{外}+W'_{非保内}=\Delta E'=E'_B-E'_A \tag{1-154}$$

质心系中的功能原理

这就是**质心系中的功能原理**．在质心系中,外力的功与非保守内力的功之和等于质点系机械能的增量.

3. 机械能守恒定律

对于质点系,若外力的功为零,非保守内力的功也为零,则由质点系的功能原理得

$$E_b-E_a=0$$

或

$$E_b=E_a=常量$$

若质点系在运动过程中只有保守内力做功，则系统的机械能守恒．这个结论称为机械能守恒定律.

机械能守恒定律

物理学中最具有普遍性的定律是能量守恒与转化定律．即能量既不能被创生，也不能被消灭，它只能从一种形式转化为另一种形式，或由一个物体传给另外一个物体．该定律是无数事实的概括总结，是一切自然过程都遵从的普适规律．在热学部分，我们会继续学习它．能量反映的是系统在一定状态下所具有的特性，是系统的状态函数；而做功是能量转化的一种方式，功是被转化和传递的能量的量度．机械能守恒定律是能量守恒与转化定律在力学中的特例.

能量守恒与转化定律

例 1-33

在地面上向太空发射物体．取地球的半径为 $R=6.4\times10^6$ m，求物体的逃逸速度（逃脱地球引力所需要的最小发射速度）.

解：以物体和地球作为研究系统，忽略外力．在物体飞向太空的过程中，对于这个系统来说，只有万有引力这对内力做功，而它们是保守内力，故系统的机械能守恒．若物体脱离了地球的引力，那么万有引力势能为零．以地球为参考系，系统初态的机械能包括物体的动能和系统的万有引力势能；而末态的机械能只有物体的动能．写出方程：

$$\frac{1}{2}mv^2+\left(-G\frac{m_{地}m}{R}\right)=\frac{1}{2}mv_\infty^2$$

当末速度 $v_\infty=0$ 时，所需发射速度最小，故逃逸速度 v_e 为

$$v_e=\sqrt{\frac{2Gm_{地}}{R}}=\sqrt{2Rg}\approx11.2\times10^3\ \text{m/s}$$

该速度也被称为第二宇宙速度.

假想有一个星体，发生了引力塌缩，半径不断减小，使得其密度不断增大．由例 1-33 中 v_e 的表达式可以看出，随着半径的减小，物体由该星体逃逸所需的速率增大．如果它演化为致密星体，体积极小而密度极高，那么逃逸速率会很大．真空中的光速 c 为实际物体运动速率的极限，一旦逃逸速率超过 c，以致连光都无法摆脱其引力束缚，这个星体就成为“黑洞”了．我们可以作个估算，设想一下，如果地球演化为黑洞，那么它所占据的临界半径 R_0 会有多大呢？根据推导结果，$v_e=\sqrt{\frac{2Gm_{地}}{R}}$，令 $v_e=c=3\times10^8$ m/s，得到 R_0 为

第二宇宙速度

$$R_0=\frac{2Gm_{地}}{c^2}$$

为了计算方便，采用重力加速度 g，$Gm_{地}=gR^2$，即

$$R_0=\frac{2gR^2}{c^2}=\frac{2\times9.8\times(6.4\times10^6)^2}{(3\times10^8)^2}\ \text{m}\approx 9\ \text{mm}$$

也就是说，假如地球变成黑洞，占据的半径将不足 1 cm. 黑洞是广义相对论建立之后发展出的概念，知名度极高，频频现身于广义相对论的书籍、科普宣传甚至电影中．要仔细讨论黑洞，需要借助广义相对论．这里求出的 R_0 是我们在牛顿力学范畴内进行的粗略估算，结果倒是与广义相对论比较接近.

例 1-34

一物体质量为 m，与上端固定的竖直轻弹簧相连，弹簧的弹性系数为 k. 在弹簧为原长时，将物体由静止释放．求：

（1）物体在运动过程中相对于起始位置的最大距离；

（2）物体被释放后的最大速率.

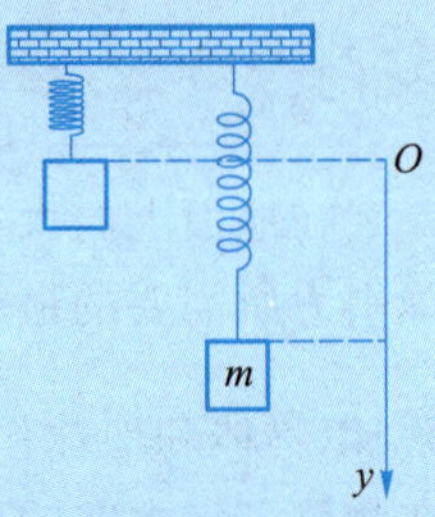

图 1-79 例 1-34 图

解：（1）建立如图 1-79 所示的坐标系，以竖直向下为 y 轴正向，原点位于物体的初始位置处，此时弹簧伸长量为零．以弹簧、物体和地球为系统，在物体运动过程中，只有保守内力做功，系统机械能守恒．设物体在初始位置时，重力势能为零，则初始时机械能为零．当物体坐标为 y 时，其速率为 v，此时弹簧的伸长量为 y，系统的机械能为 $\frac{1}{2}mv^2-mgy+\frac{1}{2}ky^2$，根据机械能守恒定律得

$$0=\frac{1}{2}mv^2-mgy+\frac{1}{2}ky^2 \qquad ①$$

物体向下运动到速率为零时，距初始位置最远．将 $v=0$ 代入上式，解得物体相对于初始位置的最大距离为

$$y_{max}=\frac{2mg}{k}$$

（2）由式①得到物体的动能为

$$E_k=\frac{1}{2}mv^2=mgy-\frac{1}{2}ky^2 \qquad ②$$

根据二次函数的性质可知，当 $y=mg/k$ 时，E_k 的值最大，即物体的速率最大.

将 $y=mg/k$ 代入式②，解得物体的最大速率 v_{max} 为

$$v_{max}=g\sqrt{\frac{m}{k}}$$

物体被释放后，在 $ky=mg$ 时，受到的合外力为零．对于这个系统，我们称合外力为零的位置为平衡位置．可见物体过平衡位置时，速度最大．后面，我们会学到振动，那时将对此题目有更进一步的理解.

机械能守恒定律反映了我们描述自然界的基本方法,就是去寻找一个物理过程中不变的量. 或许我们不知道过程进行中相互作用的细节,然而,只要研究系统初末态的机械能,就可以获得关于系统运动状态的一些信息. 机械能守恒定律是一条比牛顿运动定律更基本的规律,随着学习的不断深入,大家会越来越感受到能量守恒定律的重要作用.

授课录像:关于守恒定律和第 1 章小结

本章提要

1. 运动学

(1) 参考系. 为描述某个物体的运动而用来参考的其他物体以及校准的钟.

(2) 位置矢量、运动函数和位移.

位置矢量 $\boldsymbol{r}$ 是从坐标系原点向物体所在位置所引的有向线段,它是矢量,用以描述质点位置.

运动函数是描述质点位置随时间变化的函数,$\boldsymbol{r}=\boldsymbol{r}(t)$.

位移矢量是从质点初始位置到终止位置的有向线段,等于末态位置矢量减去初态位置矢量,$\Delta\boldsymbol{r}=\boldsymbol{r}(t+\Delta t)-\boldsymbol{r}(t)$,它描述了质点在一段时间间隔内位置的变化情况.

位移的大小以 $|\Delta\boldsymbol{r}|$ 表示. 要注意 $|\Delta\boldsymbol{r}|$ 与 Δr 两个物理量的区别.

在直角坐标系中,

$$\boldsymbol{r}=x\boldsymbol{i}+y\boldsymbol{j}+z\boldsymbol{k}$$

$$\boldsymbol{r}(t)=x(t)\boldsymbol{i}+y(t)\boldsymbol{j}+z(t)\boldsymbol{k}$$

$$\Delta\boldsymbol{r}=\Delta x\boldsymbol{i}+\Delta y\boldsymbol{j}+\Delta z\boldsymbol{k}$$

$$\Delta x=x(t+\Delta t)-x(t),\quad \Delta y=y(t+\Delta t)-y(t),\quad \Delta z=z(t+\Delta t)-z(t)$$

(3) 速度与加速度.

速度: $$\boldsymbol{v}=\frac{\mathrm{d}\boldsymbol{r}}{\mathrm{d}t}$$

速率: $$v=|\boldsymbol{v}|=\frac{|\mathrm{d}\boldsymbol{r}|}{\mathrm{d}t}=\frac{\mathrm{d}s}{\mathrm{d}t}$$

加速度: $$\boldsymbol{a}=\frac{\mathrm{d}\boldsymbol{v}}{\mathrm{d}t}=\frac{\mathrm{d}^2\boldsymbol{r}}{\mathrm{d}t^2}$$

在直角坐标系中,

$$\boldsymbol{v}=v_x\boldsymbol{i}+v_y\boldsymbol{j}+v_z\boldsymbol{k}$$

NOTE

NOTE

$$v_x=\frac{\mathrm{d}x}{\mathrm{d}t},\quad v_y=\frac{\mathrm{d}y}{\mathrm{d}t},\quad v_z=\frac{\mathrm{d}z}{\mathrm{d}t}$$

$$v=|\boldsymbol{v}|=\sqrt{v_x^2+v_y^2+v_z^2}$$

$$\boldsymbol{a}=a_x\boldsymbol{i}+a_y\boldsymbol{j}+a_z\boldsymbol{k}$$

$$a_x=\frac{\mathrm{d}v_x}{\mathrm{d}t}=\frac{\mathrm{d}^2x}{\mathrm{d}t^2},\quad a_y=\frac{\mathrm{d}v_y}{\mathrm{d}t}=\frac{\mathrm{d}^2y}{\mathrm{d}t^2},\quad a_z=\frac{\mathrm{d}v_z}{\mathrm{d}t}=\frac{\mathrm{d}^2z}{\mathrm{d}t^2}$$

（4）匀加速运动.

质点在运动过程中,其加速度 $\boldsymbol{a}$ 为常矢量．设 $t=0$ 时,质点的速度和位置矢量分别为 $\boldsymbol{v}_0$、$\boldsymbol{r}_0$(称之为初始条件),则

$$\boldsymbol{v}=\boldsymbol{v}_0+\boldsymbol{a}t$$

$$\boldsymbol{r}=\boldsymbol{r}_0+\boldsymbol{v}_0t+\frac{1}{2}\boldsymbol{a}t^2$$

对于匀加速直线运动,取 x 轴沿运动轨道,令初始位置坐标为 x_0,初始速度为 v_0,则

$$v(t)=v_0+at$$

$$x=x_0+v_0t+\frac{1}{2}at^2$$

$$v^2-v_0^2=2a(x-x_0)$$

（5）圆周运动.

角速度： $\omega=\frac{\mathrm{d}\theta}{\mathrm{d}t}$

角加速度： $\alpha=\frac{\mathrm{d}\omega}{\mathrm{d}t}$

加速度： $\boldsymbol{a}=\boldsymbol{a}_\mathrm{n}+\boldsymbol{a}_\mathrm{t}$

其大小为 $a=\sqrt{a_\mathrm{n}^2+a_\mathrm{t}^2}$

加速度的法向分量： $a_\mathrm{n}=\frac{v^2}{R}=R\omega^2$ （方向沿半径指向圆心）

加速度的切向分量： $a_\mathrm{t}=\frac{\mathrm{d}v}{\mathrm{d}t}=R\alpha$ （方向沿圆的切线）

（6）一般平面曲线运动.

加速度的法向分量：

$$a_\mathrm{n}=\frac{v^2}{\rho}\quad\text{（方向沿轨道的法向,指向凹侧）}$$

加速度的切向分量：

$$a_\mathrm{t}=\frac{\mathrm{d}v}{\mathrm{d}t}\quad\text{（方向沿轨道的切向）}$$

（7）伽利略速度变换．

$$\boldsymbol{v}=\boldsymbol{v}'+\boldsymbol{u}_0$$

NOTE

2. 动力学

(1) 牛顿运动定律.

牛顿第一定律:任何物体,如果没有力作用在它上面,都将保持静止或匀速直线运动状态不变. 这个定律也称为惯性定律.

牛顿第二定律:

$$\boldsymbol{F}=\frac{\mathrm{d}\boldsymbol{p}}{\mathrm{d}t},\quad \boldsymbol{p}=m\boldsymbol{v}$$

质量一定时,

$$\boldsymbol{F}=m\boldsymbol{a}$$

牛顿第三定律:物体间的作用力成对出现. 如果 A 物体对 B 物体有作用力 $\boldsymbol{F}_{\mathrm{AB}}$,那么 B 物体对 A 物体也会有作用力 $\boldsymbol{F}_{\mathrm{BA}}$,两者大小相等,方向相反.

$$\boldsymbol{F}_{\mathrm{AB}}=-\boldsymbol{F}_{\mathrm{BA}}$$

(2) 力学相对性原理.

力学规律对于所有的惯性系都是等价的.

(3) 惯性力. 在非惯性系中引入惯性力 $\boldsymbol{F}^*$,就可以将惯性系中应用牛顿第二定律处理问题的方法移植到非惯性系中.

在加速平动参考系中,

$$\boldsymbol{F}^*=-m\boldsymbol{a}_0$$

惯性离心力: $\boldsymbol{F}^*=m\omega^2\boldsymbol{r}$

(4) 质心.

质心的位置矢量:

$$\boldsymbol{r}_C=\frac{\sum_i m_i\boldsymbol{r}_i}{\sum_i m_i},\quad \boldsymbol{r}_C=\frac{\int\boldsymbol{r}\mathrm{d}m}{\int\mathrm{d}m}=\frac{\int\boldsymbol{r}\mathrm{d}m}{m}$$

质点系的动量:

$$\boldsymbol{p}=\sum_{i=1}^{N}m_i\boldsymbol{v}_i=m\boldsymbol{v}_C,\quad m=\sum_{i=1}^{N}m_i$$

质心运动定理:质点系质心加速度的方向与质点系所受合外力的方向相同,其大小与质点系所受合外力的大小成正比,与质点系的质量成反比,即

$$\boldsymbol{F}_{外}=\left(\sum_{i=1}^{N}m_i\right)\boldsymbol{a}_C=m\boldsymbol{a}_C$$

(5) 动量定理. 质点系在一段时间间隔内动量的增量等于合外力在这段时间间隔内的冲量,即

$$\boldsymbol{I}=\int_{t_1}^{t_2}\boldsymbol{F}(t)\,\mathrm{d}t=\boldsymbol{p}_2-\boldsymbol{p}_1$$

NOTE

上式中，$\boldsymbol{F}=\sum_i \boldsymbol{F}_i$，$\boldsymbol{p}$ 表示系统的动量，$\boldsymbol{p}=\sum_{i=1}^{N} m_i \boldsymbol{v}_i=\sum_{i=1}^{N} \boldsymbol{p}_i$.

动量定理适用于惯性系，对单个质点同样适用.

（6）动量守恒．若质点系所受合外力为零，则质点系的动量守恒.

（7）质心系．质心在其中静止的坐标系．常将坐标系的原点置于质心．在质心系中，系统的动量为零.

（8）角动量．质点相对于某个固定点的角动量 $\boldsymbol{L}$ 定义为

$$\boldsymbol{L}=\boldsymbol{r}\times\boldsymbol{p}$$

它等于质点相对于该固定点的位置矢量 $\boldsymbol{r}$ 与质点动量 $\boldsymbol{p}$ 的叉积，即 $\boldsymbol{r}$ 与 $\boldsymbol{p}$ 的矢量积.

角动量的大小为

$$L=rp\sin\varphi$$

其中，φ 为位置矢量 $\boldsymbol{r}$ 与动量 $\boldsymbol{p}$ 的夹角.

角动量的方向既与位置矢量 $\boldsymbol{r}$ 垂直，又与速度 $\boldsymbol{v}$ 垂直．它垂直于位置矢量与速度这两个矢量所确定的平面，方向可由右手螺旋定则确定.

（9）力矩．作用于质点上的力相对于某个固定点的力矩 $\boldsymbol{M}$ 定义为

$$\boldsymbol{M}=\boldsymbol{r}\times\boldsymbol{F}$$

它等于质点相对于该固定点的位置矢量 $\boldsymbol{r}$ 与力 $\boldsymbol{F}$ 的叉积，即 $\boldsymbol{r}$ 与 $\boldsymbol{F}$ 的矢量积.

力矩既与质点的位置矢量 $\boldsymbol{r}$ 垂直，又与力 $\boldsymbol{F}$ 垂直．它垂直于位置矢量与力这两个矢量所确定的平面，方向可由右手螺旋定则确定．可以利用力臂 d 计算力矩的大小，

$$M=Fd$$

力矩的大小等于力乘以力臂.

（10）角动量定理．质点所受合力矩等于质点角动量对时间的变化率.

$$\boldsymbol{M}=\frac{\mathrm{d}\boldsymbol{L}}{\mathrm{d}t}$$

积分形式：

$$\int_{t_1}^{t_2}\boldsymbol{M}\mathrm{d}t=\boldsymbol{L}_2-\boldsymbol{L}_1$$

质点系的角动量定理：质点系所受合外力矩等于该质点系角动量对时间的变化率，即

$$\boldsymbol{M}=\frac{\mathrm{d}\boldsymbol{L}}{\mathrm{d}t}$$

NOTE

式中，$\boldsymbol{M}=\sum_{j=1}^{N}\boldsymbol{M}_{j外}$ 为质点系所受的合外力矩，$\boldsymbol{L}=\sum_{j=1}^{N}\boldsymbol{L}_j$ 为质点系的角动量.

在角动量定理中，力矩和角动量必须相对于惯性系中同一个定点来计算.

对质心的角动量定理：质点系所受对质心的合外力矩等于质点系对质心的角动量对时间的变化率.

$$\boldsymbol{M}_C=\frac{\mathrm{d}\boldsymbol{L}_C}{\mathrm{d}t}$$

（11）角动量守恒定律．如果质点系受到的对某一定点的合外力矩为零，那么该质点系对该定点的角动量守恒.

（12）功.

元功的定义： $\mathrm{d}W=\boldsymbol{F}\cdot\mathrm{d}\boldsymbol{r}$

有限位移的功： $W=\int_{a(L)}^{b}\boldsymbol{F}\cdot\mathrm{d}\boldsymbol{r}$

（13）动能定理.

质点的动能定理：在质点从 a 点运动到 b 点的过程中，合力的功等于该质点动能的增量，即

$$W=\frac{1}{2}mv_b^2-\frac{1}{2}mv_a^2$$

质点系的动能定理：质点系动能的增量等于外力功与内力功之和，即

$$W_{内}+W_{外}=E_{\mathrm{k}b}-E_{\mathrm{k}a}$$

$E_{\mathrm{k}b}$和 $E_{\mathrm{k}a}$分别为系统末态和初态的动能.

（14）柯尼希定理．质点系在惯性系中的总动能等于它相对于质心系的总动能与质心动能之和.

$$E_{\mathrm{k}}=\frac{1}{2}mv_C^2+\sum_{i=1}^{N}\frac{1}{2}m_iv_i'^2$$

（15）保守力.

定义：若一对力的功与相对路径的形状无关，只取决于质点间的始末相对位置，则这样的一对力称为保守力.

对于保守力，

$$\oint_L\boldsymbol{F}\cdot\mathrm{d}\boldsymbol{r}=0$$

（16）势能．定义保守内力的功等于系统相应势能增量的负值（势能的减少量），即

$$W_{AB}=E_{\mathrm{p}A}-E_{\mathrm{p}B}=-\Delta E_{\mathrm{p}}$$

W_{AB}为从初位形 A 到末位形 B 过程中保守内力的功，$E_{\mathrm{p}A}$、$E_{\mathrm{p}B}$分别为初位形和末位形的势能.

NOTE

定义 B 位形为势能零点,则

$$E_{pA}=W_{AB}$$

系统处于某个位形时的势能等于它从此位形变化为势能零点位形过程中保守力的功．势能与参考系的选取无关.

重力势能：

$$E_p=mgh \quad (\text{取 } m \text{ 在地面时系统的势能为零})$$

万有引力势能：

$$E_p=-\frac{Gm_1m_2}{r} \quad (\text{取两质点相距无限远位形的势能为零})$$

弹簧的弹性势能：

$$E_p=\frac{1}{2}kx^2 \quad (\text{取弹簧无形变状态势能为零})$$

(17) 保守力与势能函数.

$$\boldsymbol{F}=-\nabla E_p$$

(18) 功能原理．质点系外力的功与非保守内力的功之和等于质点系机械能的增量．功能原理适用于惯性系.

$$W_{外}+W_{非保内}=\Delta E$$

质心系中的功能原理：在质心系中,外力的功与非保守内力的功之和等于质点系机械能的增量.

$$W'_{外}+W'_{非保内}=\Delta E'$$

(19) 机械能守恒定律．在质点系运动过程中,若只有保守内力做功,则系统的机械能守恒.

思考题

1-1 已知运动函数,如何判断物体的运动状态?

1-2 下列各组物理量有何区别和联系?

(1) 位移与路程;

(2) 速度和速率;

(3) 瞬时速度和平均速度.

1-3 回答下列问题并举例.

(1) 质点速度的大小不变,加速度是否可以不为零?

(2) 某时刻质点的速度为零,加速度是否一定为零?

(3) 某时刻质点的加速度为零,速度是否一定为零?

(4) 质点的加速度恒定,速度是否可以变化?

(5) 匀加速运动是否一定是直线运动?

1-4 若已知质点的加速度,不利用初始条件,你该如何确定质点的速度、位置呢?

1-5 平面曲线运动加速度方向总是指向质点轨道曲线凹进的一侧,为什么?

1-6 自行车在马路上加速前进,前后轮摩擦力的方向如何? 什么力使人和自行车前进?

1-7 汽车刹车后,若车轮打滑,摩擦力是什么方向? 车轮打滑与否,对车轮与地面间的摩擦力大小有何影响？

1-8 一根不可伸长的轻绳跨过定滑轮，一端挂一重物，另一端被人拉住，如图所示．忽略绳和滑轮间的摩擦．

（1）若人与重物的质量相等，当人沿绳上爬时，重物怎样运动？

（2）人爬到一定高度后，沿绳子下滑，重物怎样运动？

（3）若人的质量小于重物的质量，开始时人和重物均位于地面，则人不离开地面能否拉住绳子将重物挂在空中？

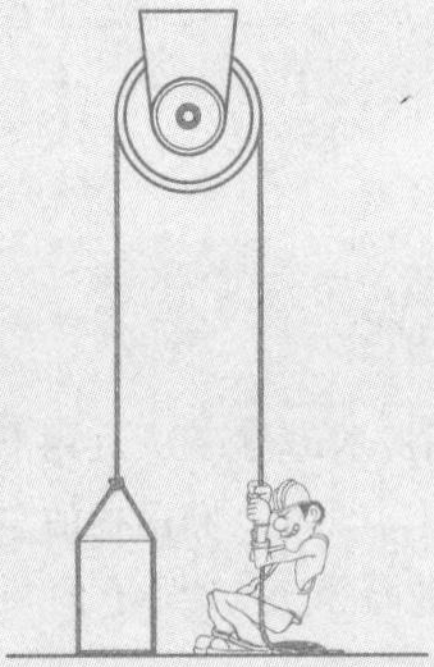

思考题 1-8 图

1-9 在一个参考系中，某时刻质点的角动量是否可以有多个值？

1-10 用锤子很难将钉子压入木块，而用锤子敲打钉子就很容易使它进入木块，为什么？

1-11 竖直悬挂的弹簧下连接一重物，以手托住重物，使弹簧为原长．

（1）手缓慢下移，弹簧的最大伸长量和最大弹力各为多少？

（2）突然放手，弹簧的最大伸长量和最大弹力各为多少？

1-12 势能的值是否与参考系的选择有关？

1-13 一对力的功如何计算？有什么特点？

1-14 质点系的质心有什么特点？质心系有什么特殊之处？

1-15 参考系的选择是否影响质点系的能量？是否影响质点系所有内力的功的和？

习题

1-1 一球沿斜面向上滚动，自出发时刻开始计时，它运动过的距离 s 与时间 t 的函数关系为 $s=3t-t^2$（SI 单位）．

（1）求球的初速度；

（2）问这个球何时开始向下滚动？

1-2 一质点沿螺线 $r=a\theta$ 运动，r 为质点位置矢量的大小，θ 为质点的位置矢量与 x 轴的夹角，a 为大于零的常量．已知 θ 随时间 t 变化的函数关系为 $\theta=\omega t$，且 ω 为常量，求该质点在 t 时刻的速度．

1-3 已知质点的运动方程为 $x=r(1-\cos\omega t)$，$y=r(\sin\omega t-\omega t)$，其中 r、ω 为常量．求该质点的速度与加速度随时间 t 变化的函数关系．

1-4 如图所示，一人站在堤岸顶上用绳子拉小船．设岸顶距水面的高度为 20 m，人收绳子的速率为 3 m/s，且保持不变．当船与岸顶的距离为 40 m 时开始计时，求 $t=5$ s 时小船的速度与加速度．

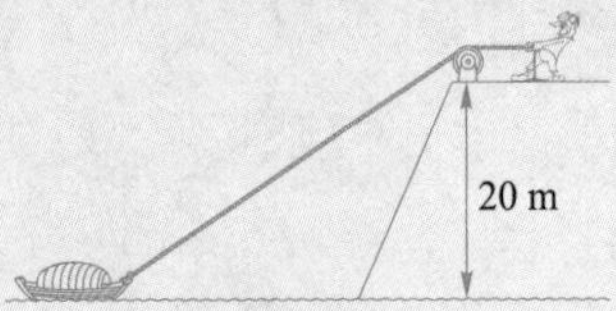

习题 1-4 图

1-5 如图所示，汽车 A 以 20 m/s 的恒定速率向东驶向某路口．当它进入该路口时，在路口正北方向距其 40 m 处，汽车 B 由静止开始向正南行驶．已知 B 以大小为 2.0 m/s^2、方向指向正南的恒定加速度运动，求经过 6 s 后，B 相对于 A 的位置矢量、速度与加速度．

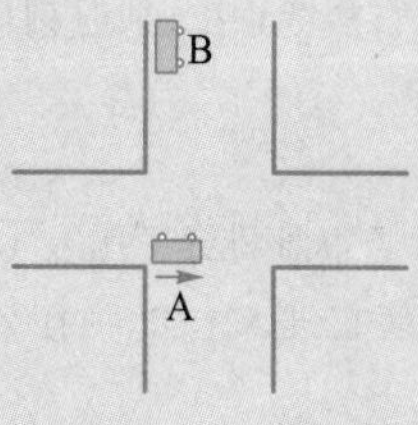

习题 1-5 图

1-6 在棒球比赛中,球以 35 m/s 的速率离开球棒,若不被接住,将落在 72 m 远处．一名队员在离球出发点 98 m 处,他用 0.5 s 判断了一下球的飞行方向,之后朝向球跑去,请根据计算判断,该队员能否在球落地前接住这个球.

1-7 如图所示,斜坡的倾角为 α,在其上 P 点以速率 v_0 向坡上投掷物体．要想将物体投得最远,那么物体被投出时其速度与斜坡所成的角度 φ 应为多大(忽略空气阻力)?

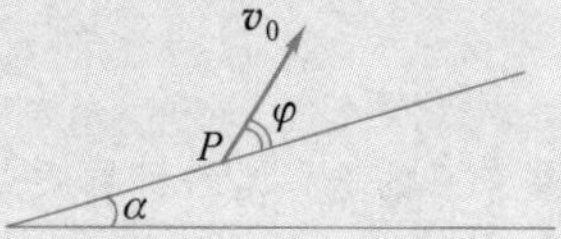

习题 1-7 图

1-8 三个质点分别沿各自的圆周轨道运动,且轨道半径均为 5 m. 计时开始时,三者均沿逆时针方向运动,此时它们加速度的大小及方向分别由(a)(b)(c)三个图给出．设三个质点的切向加速度都保持不变,求 $t=2$ s 时三个质点的速度.

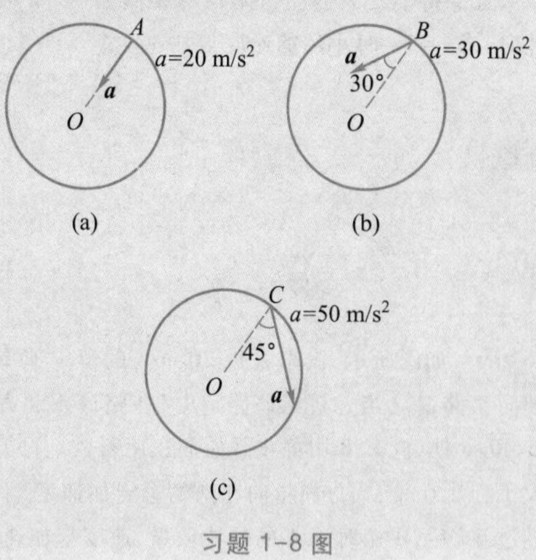

习题 1-8 图

1-9 质点做半径为 2 m 的圆周运动,其位置角与时间 t 的函数关系为 $\theta(t)=60t-9t^2$(SI 单位).

(1) 求质点的角加速度;

(2) 求 $t=3\text{s}$ 时质点加速度的大小;

(3) 问在什么时刻该质点的速率为零?

1-10 均匀细棒 AB 长为 $2L$,质量为 m_s. 在细棒 AB 的垂直平分线上距 AB 为 h 处有一个质量为 m 的质点 P,如图所示,求细棒与质点 P 间引力的大小.

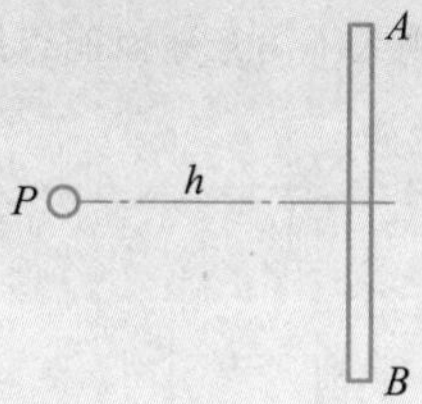

习题 1-10 图

1-11 如图所示,擦窗工人利用滑轮-吊桶装置上升．设工人和吊桶的总质量为 75 kg,忽略滑轮与绳子的质量,问:

(1) 要使自己慢慢匀速上升,这位工人需要用多大的力拉绳?

(2) 如果这位工人将拉力增大 10%,那么他的加速度是多大?

习题 1-11 图

1-12 质量为 20 kg 的物块 A 置于水平面上,它通过轻滑轮组与质量为 5 kg 的物块 B 相连,绳子 C 端固定不动,如图所示．忽略所有摩擦和绳长变化,求两个物块的加速度及绳中张力.

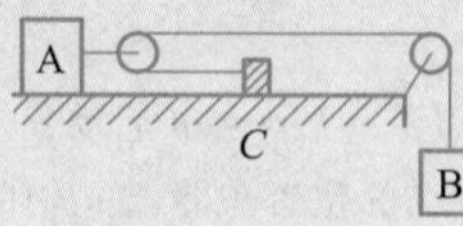

习题 1-12 图

1-13 物体 A 的质量为 m,位于光滑的固定水平面上,通过轻绳绕过轻滑轮与下端固定、弹性系数为 k 的轻弹簧相连,如图所示．从弹簧处于原长开始,以水平向右的恒力 $\boldsymbol{F}$ 由静止开始向右拉动物体,使之在水平面上向右滑动．问:当物体移动的距离为 l

时，获得的速率为多大（弹簧的伸长在弹性限度内）？

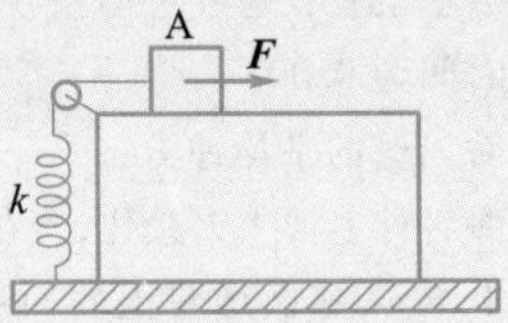

习题 1-13 图

1-14　如图所示，手持一均匀柔软的绳子，使其下垂，下端刚好与地面接触．现松开绳子的上端，使其下落，设绳子的线密度为 λ，求绳子上端落下距离 l 时，整根绳子对地面的压力．

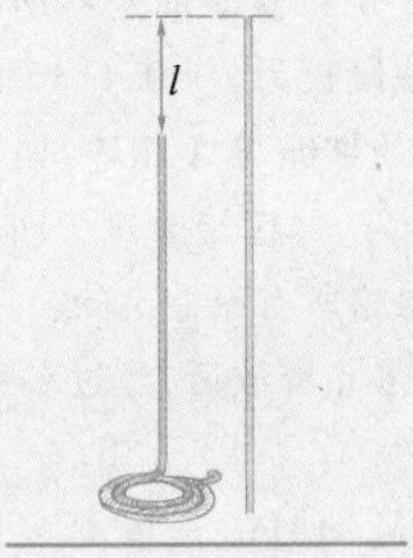

习题 1-14 图

1-15　如图所示，一个物体位于固定在水平面上的圆筒底部，紧贴住筒的侧面做圆周运动．圆筒底部光滑，半径为 R；圆筒侧面与物体间的动摩擦因数为 μ_k．若 $t=0$ 时刻物体的速率为 v_0，求：

（1）物体的运动速率随时间 t 变化的函数关系；

（2）从 0 到 t 时间间隔内，物体运动过的路程．

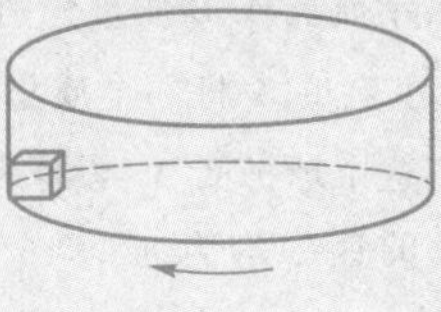

习题 1-15 图

1-16　如图所示，质量为 m_1 的物体拴在长为 L_1 的轻绳上，绳的另一端系在固定于光滑桌面的钉子上．用长为 L_2 的轻绳将另一质量为 m_2 的物体与 m_1 连接，并使二者在该桌面上做匀速圆周运动．设 m_1、m_2 的运动周期均为 T，求各段绳中的张力．

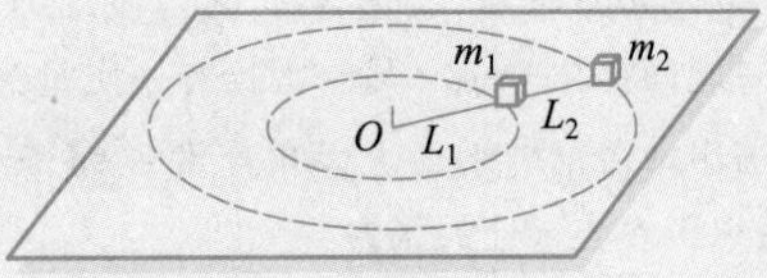

习题 1-16 图

1-17　在流体中运动的球形粒子会受到黏性阻力，黏性阻力的大小为 $F_d=6\pi\eta rv$，其中 r、v 分别为粒子的半径和速率，η 称为流体的黏度．空气的黏度 $\eta=1.8\times10^{-5}\ \mathrm{N\cdot s/m^2}$．若空气中有一个半径为 10^{-5} m、密度为 2 000 $\mathrm{kg/m^3}$ 的球形污染物颗粒，求：

（1）它在空气中运动的终极速率；

（2）这个污染物颗粒在静止空气中下落 100 m 所需要的时间．

1-18　质量为 $m=100$ g 的小珠子穿在半径为 $R=10$ cm 的光滑半圆形铁丝上，如图所示．现铁丝以 2 r/s 的转速绕竖直轴转动，若小珠子相对于铁丝静止，求小珠子与圆心的连线与竖直轴的夹角 φ．

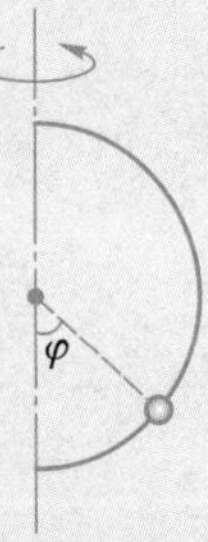

习题 1-18 图

1-19　设质点的质量为 m，在 $t=0$ 时刻从坐标原点 O 以初速度 $\boldsymbol{v}_0$ 被抛出，初速度 $\boldsymbol{v}_0$ 与 x 轴间的夹角为 α，如图所示．设质点在运动过程中受到的空气阻力与速度的关系为 $\boldsymbol{F}_D=-mk\boldsymbol{v}$，$k$ 为正常量．求：

（1）t 时刻质点的坐标；

（2）质点的轨道方程．

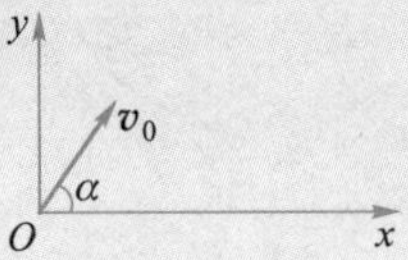

习题 1-19 图

1-20 如图所示，质量为 m 的匀质细绳长度为 L，它的一端固定在 O 点，另一端拴有一质量为 m_b 的小球．当小球在光滑平面上以角速度 ω 绕 O 点旋转时，求绳中距 O 点 r 处的张力．

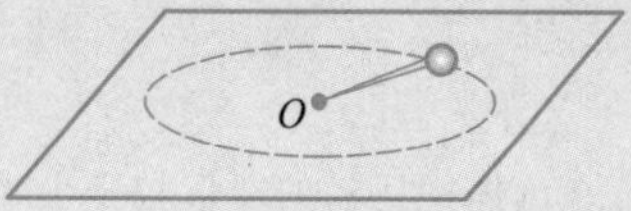

习题 1-20 图

1-21 如图所示，质量为 m_c 的卡车在雨中沿平直路面前行．雨水竖直下落，单位时间落入卡车斗内的雨水质量为 k（常量）．车斗总共可以容纳的雨水质量为 m_0．自关闭发动机时刻开始计时（$t=0$），设此刻车斗内无雨水，且车速的大小为 v_0．忽略地面对卡车的阻力，试求卡车雨中前行的速率随时间 $t(>0)$ 的变化关系．

习题 1-21 图

1-22 光滑金属丝弯成如图所示平面曲线形状，以角速度 ω 绕其对称轴转动．一小环套在金属丝上，且放在任何位置都与金属丝无相对滑动，试确定金属丝的形状．

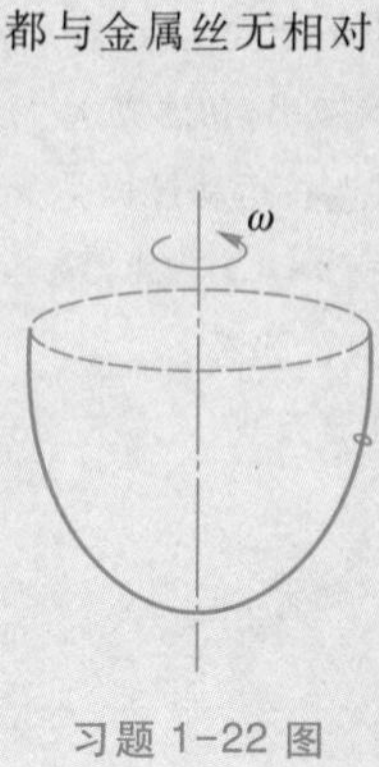

习题 1-22 图

1-23 质量为 300 g 的球以 8 m/s 的速率垂直击中墙壁，并以相同的速率垂直于墙壁反弹回来，若球与墙壁的接触时间为 0.003 s，

（1）求它对墙壁的平均冲力；

（2）球反弹后马上被一人接住，若在接球过程中，人的手后撤了 0.5 m，那么球对人的冲量及平均冲力有多大？

1-24 一物体沿 x 轴运动，运动方程为 $x=t^2$（SI 单位）．力 $\boldsymbol{F}$ 作用于该物体，方向沿 x 轴，大小为 $F=2x$（SI 单位），求 0~1 s 内该力的冲量．

1-25 物块 B、C 置于固定不动的光滑水平桌面上，两者间连有一段长为 $l=0.4$ m 的细绳．B 通过跨过桌边轻定滑轮的细绳与 A 相连，如图所示．设物块 A、B、C 的质量均为 m，起始时刻 B、C 靠在一起，且绳子不可伸长，并忽略所有摩擦．问：

（1）A、B 由静止释放后，经过多长时间 C 也开始运动？

（2）C 开始运动时的速度是多少？（本题 g 取 $10\ \text{m/s}^2$．）

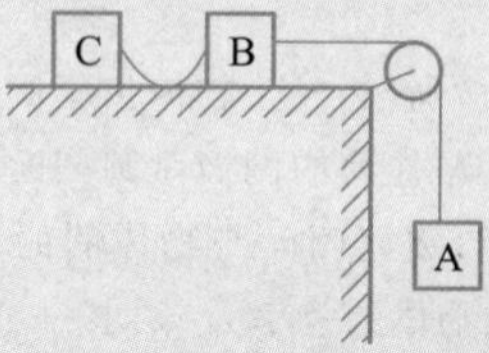

习题 1-25 图

1-26 两名宇航员 A、B 质量分别为 m_1、m_2，在太空中静止不动．宇航员 A 将一个质量为 m_b 的球扔向 B，宇航员 B 又将这个球扔回 A．设球每次被抛出后瞬间相对于宇航员的速率均为 v．求 A、B 两人最后的速率．

1-27 水平光滑平面上有一质量为 $m_车$、长度为 l 的小车．车的右端站一质量为 m 的人．人、车相对于地面静止．若人从车的右端走到左端，问人和车相对于地面各移动了多少距离？

1-28　A、B、C 三个质点的质量分别为 3 kg、1 kg、1 kg，以轻质细杆相连，位置如图所示，求该系统质心的坐标。

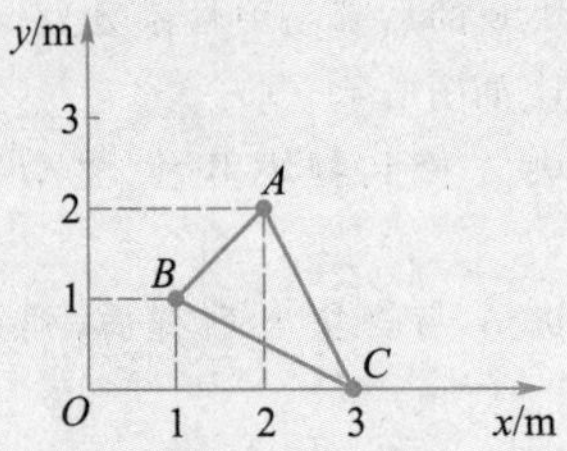

习题 1-28 图

1-29　在圆心位于 O 点、半径为 r 的均匀圆盘下部，以 O′为圆心挖出一个半径为 r/2 的圆洞，OO′ = r/2，如图所示，求带洞圆盘的质心位置。

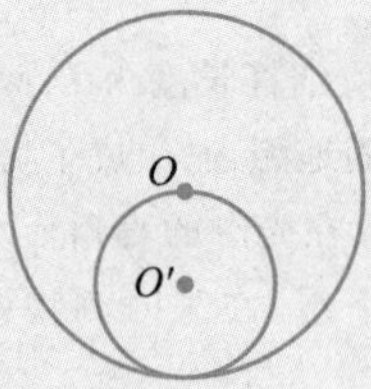

习题 1-29 图

1-30　求半径为 R 的均匀半球体的质心。

1-31　一个粒子的质量为 2 kg，沿一条直线以 4.5 m/s 的速率运动．直线外一点 P 到这条直线的距离为 6 m，求该粒子相对于 P 点的角动量。

1-32　一个粒子质量为 m，在如图所示的坐标系 xOy 中沿着平行于 x 轴的直线以恒定速度运动，速度方向与 x 轴正向一致．设粒子对坐标原点的角动量的大小为 L，证明：粒子的位置矢量在单位时间内扫过的面积为 $\frac{dA}{dt}=\frac{L}{2m}$.

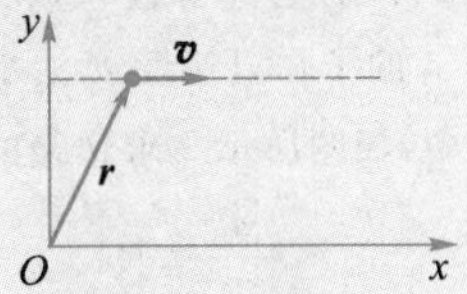

习题 1-32 图

1-33　哈雷彗星绕太阳运动的轨道是一个椭圆，它离太阳的最近距离是 8.75×10^{10} m，在这点的速率为 5.46×10^{4} m/s. 它离太阳最远时速率为 9.08×10^{2} m/s，这时它与太阳间的距离是多大？

1-34　质量为 3 kg 的物体在合力 $F_x=6+4x-3x^2$（SI 单位）的作用下由静止开始沿 x 轴从 x = 0 运动到 x = 3 m 处．计算：

（1）此过程中力 F_x 所做的功；

（2）该物体位于 x = 3 m 处时，力 F_x 的功率。

1-35　质量为 m 的质点在 xOy 平面上运动，其运动方程为 $\boldsymbol{r}=(a\cos\omega t)\boldsymbol{i}+(b\sin\omega t)\boldsymbol{j}$，式中 a、b、ω 是正值常量，且 a>b. 求：

（1）质点在 A 点(a,0)时和 B 点(0,b)时的动能；

（2）质点所受的合外力 $\boldsymbol{F}$ 以及当质点从 A 点运动到 B 点的过程中 $\boldsymbol{F}$ 的分力 $\boldsymbol{F}_x$ 和 $\boldsymbol{F}_y$ 分别做的功。

1-36　一个水池的截面积为 20 m²，池中的水深为 5 m，现在要将池中的水全部抽到距水面 15 m 高处，至少要做多少功？

1-37　物体的质量为 m，距地面的高度恰好与地球的半径 R 相同．设地球的质量为 $m_{地}$，若取物体距地球无限远位形为引力势能的零点，求物体与地球系统的万有引力势能．若选物体在地球表面处为势能零点，再求该系统的万有引力势能。

1-38　如图所示，一链条总长为 l、质量为 m，放在桌面上，并使其部分下垂，下垂段的长度为 a. 将链条由静止释放，它经过圆桌角自桌面滑下，且其总长度在运动过程中保持不变．设链条与桌面之间的动摩擦因数为 μ.

（1）问桌面对链条的摩擦力共做了多少功？

（2）求链条刚离开桌面时的速率。

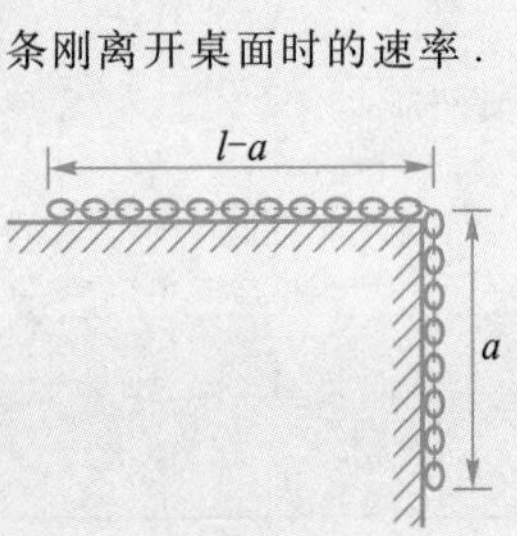

习题 1-38 图

1-39 质点系受到若干力的作用．证明：若系统的动量守恒，则各个力所做的总功与惯性参考系的选择无关．

1-40 力 $\boldsymbol{F}$ 作用于正在做圆周运动的粒子上．该粒子圆周运动的轨道位于 xy 平面内，半径为 5 m，圆心在坐标系的原点．已知 $\boldsymbol{F}=\frac{F_0}{r}(y\boldsymbol{i}-x\boldsymbol{j})$，其中 F_0 为常量，$r=\sqrt{x^2+y^2}$．

（1）求在粒子转动一周的过程中力 $\boldsymbol{F}$ 做的功；

（2）判断该力是否是保守力．

1-41 某力的势能函数为 $U(x)=3x^2-2x^3$（SI 单位）．

（1）求这个力与 x 坐标间的函数关系；

（2）若只有这个力作用于某物体，求物体的平衡位置．

1-42 已知 $\boldsymbol{F}=F_x\boldsymbol{i}+F_y\boldsymbol{j}$ 是二维保守力．证明：$\frac{\partial F_x}{\partial y}=\frac{\partial F_y}{\partial x}$．

1-43 一固定斜面的倾角为 30°，在其底部安装有弹性系数为 $k=100$ N/m 的轻弹簧．沿斜面在距弹簧上端 4 m 处将质量为 $m=2$ kg 的物块由静止释放，如图所示．

（1）若斜面光滑，求弹簧的最大压缩量；

（2）设斜面粗糙，物块和斜面间的动摩擦因数为 0.2，求弹簧的最大压缩量；

（3）对于粗糙的斜面，求物块与弹簧碰撞后距其释放处的最小距离 s．

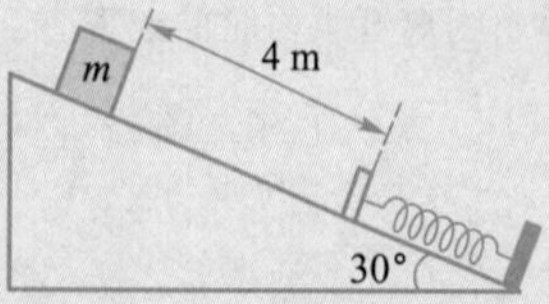

习题 1-43 图

1-44 物块 A 质量为 $m_1=2$ kg，以 10 m/s 的速率在水平光滑的桌面上运动．在物块 A 运动的正前方有一物块 B 正与其同向运动，B 的质量为 $m_2=5$ kg，速率为 3 m/s. 物块 B 的后部与弹性系数为 $k=1\ 120$ N/m 的轻弹簧相连，如图所示．求：

（1）物块 A 撞到物块 B 前，整个系统质心的速度；

（2）物块 A 与物块 B 碰撞后，弹簧的最大压缩量；

（3）两物块分离后各自的速度．

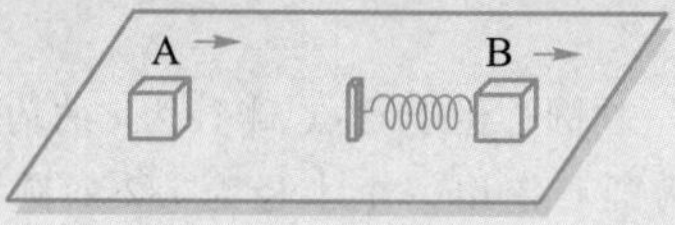

习题 1-44 图

1-45 一轻质细杆长度为 L，两端各与质量均为 m 的物体 A、B 牢固地相连，组成了物体 P，如图所示．将物体 P 竖直地放在光滑的直角形滑槽上．放手后，P 沿直角形滑槽下滑，在某时刻物体 A、B 的速率相等，设其值为 v，求 v．

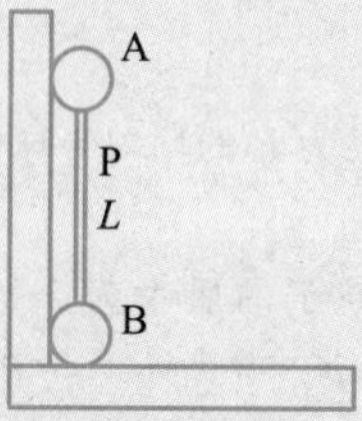

习题 1-45 图

1-46 水平光滑桌面上放置质量均为 m_w 的物块 A、B，两者通过弹性系数为 k 的轻质弹簧相连．质量为 m 的子弹以速度 $\boldsymbol{v}_0$ 沿水平方向射中物块 A 并嵌入其中，如图所示．求弹簧的最大压缩量．

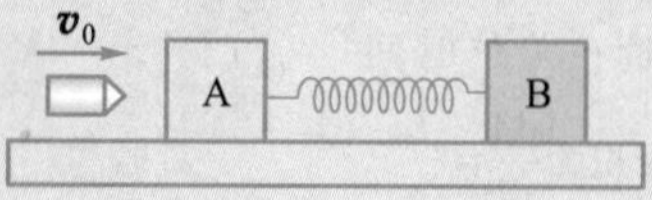

习题 1-46 图

第2章 刚体力学

在第1章中，我们经常使用质点模型，将物体抽象为几何点．当物体的形状和大小不是影响运动的主要因素时，采用这个模型研究物体的运动是一种有效的方法．但是，在许多实际问题中，例如地球的自转、各种转子的运动、车轮的滚动……物体的运动直接与其大小和形状相关，质点模型不再适用，必须将所研究的物体视为质点系．可以想象，任意质点系的运动规律极其复杂，定量研究它的运动时，会遇到很多数学上的困难．不过，有一种特殊质点系，称为刚体，其运动规律相对简单．它就是本章的研究对象．

刚体

在运动过程中，若物体上任意两个质元之间的距离保持不变，则称这个物体为刚体．换句话说，刚体是指在运动过程中大小、形状都不发生变化的物体，它是力学中关于固体的重要理想模型．实际物体在力的作用下，会发生形状及大小的变化．若物体形状和大小的改变对其本身运动的影响可以被忽略，则可将该物体抽象为刚体．例如，在研究一扇门绕门轴的转动时，可以认为门的大小、形状是不变的，将门处理为刚体．将一把铁锤抛向空中，它在空中运动过程中，可以被认为是刚体．然而，如果研究水的流动或梁的弯曲，就不能采用刚体模型．对于刚体，可以应用牛顿力学对它的运动进行相当全面的研究.

力学中，把关于刚体运动规律的这部分内容称为刚体力学. 本章介绍刚体力学的基本知识，主要讨论刚体的定轴转动和无滑滚动．

刚体力学

2.1 刚体的定轴转动

2.1.1 平动和转动

1. 平动

在运动过程中,若刚体上任意两个质点间的连线始终保持平行,则称刚体的运动为平动. 图 2-1 中的刚体在做平动,连线 AB 随刚体运动,在 $t_1, t_2, t_3, \cdots$ 时刻彼此平行. 在平动过程中,刚体上任一直线在空间的方向保持不变.

授课录像:刚体运动概述

由于不发生形变,所以在平动过程中,刚体上各点在任意时刻均具有相同的速度和加速度. 只要了解刚体上任一点的运动,就能知道刚体整体的运动. 对刚体平动规律的研究可以归结为对单个质点的研究. 一般来说,可以研究质心的运动,从而了解整个刚体的平动. 尽管质心并非刚体上的质元,甚至可能位于刚体外,但质心相对于刚体上各点的位置不变,可以将其与刚体视为一体.

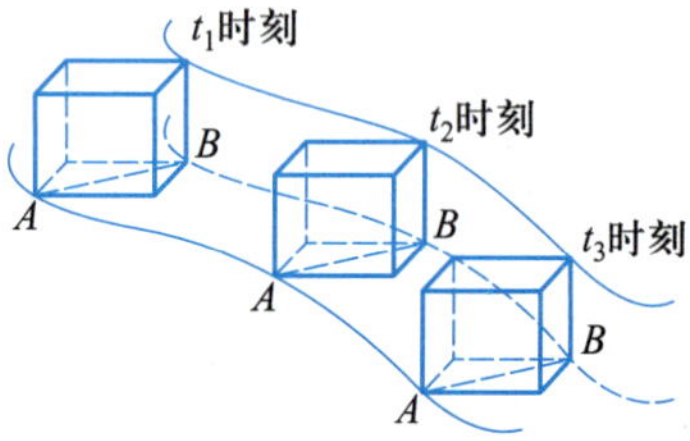

图 2-1 刚体的平动

2. 转动

若刚体上的质元做圆周运动,且所有圆周的圆心都在一条直线上,则称这种运动为**转动**,那条直线称为转轴. 如果在转动过程中,刚体上只有一个点不动,那么这种转动称为定点转动,例如陀螺的运动. 若刚体在转动过程中,转轴固定不动,则称这种转动为刚体绕固定轴的转动.

转动

文档:陀螺的定点转动

刚体的定轴转动是一种常见的运动形式,如电扇上的扇叶、车床上的齿轮、皮带轮的转动都是定轴转动. 刚体做定轴转动时,位于同一平行于转轴直线上的各点的运动情况相同. 只要知道垂直于转轴的某个平面上各点的运动,就可以了解整个刚体的转动. 刚体上与转轴垂直的平面称为转动平面. 在图 2-2 中,OO'为刚体的固定转轴,A、B、C 三点位于一条与转轴平行的直线上,它们的运动情况是一样的. 图中阴影所示的平面 S 为转动平面,它与转轴垂直. 对定轴转动刚体的研究可归结为对转动平面的研究.

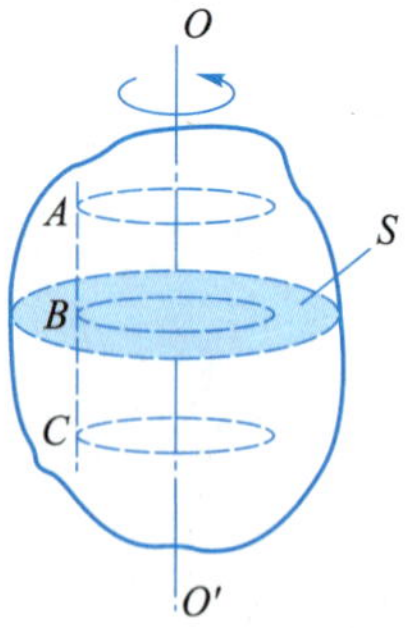

图 2-2 刚体的定轴转动

对于刚体来说,最简单、最基本的机械运动是平动和绕固定轴的转动. 任何复杂的刚体运动都可以分解为平动加转动. 例如,在汽车行驶过程中,车轮上各个质元在绕轴转动的同时还随着车轮的轴沿车前进的方向运动. 车轮的运动可看成平动和转动的合成. 地球的运动也可以被分解为绕地轴的转动(自转)与地轴的平动(公转). 本章主要讨论定轴转动和无滑滚动.

2.1.2 角速度和角加速度

对于定轴转动的刚体,由于其上的质元做圆周运动,所以往往采用角位移、角速度、角加速度等物理量来方便地描述它的运动.

授课录像:刚体运动的描述

1. 角位移

一刚体绕过 O 点且与纸面垂直的轴转动,如图 2-3 所示. 在位于纸面的转动平面上任取质元 P,设它到转轴的垂直距离为 r. 这一垂直距离也就是该质元圆周运动的半径. 在转动平面内自 O 点引一固定的 x 轴. 设 t 时刻 OP 与 x 轴的夹角为 θ. 随着刚体的转动,角 θ 的值随时间变化,即 $\theta=\theta(t)$. θ 角称为该质元的位置角,单位为弧度(rad). 设在 Δt 时间间隔内 P 点转过的角度是 $\Delta\theta$. 尽管不同质元的位置角可能不同,但是其上所有质元在相同时间间隔内转过的角度都相同,均为 $\Delta\theta$,这是由于刚体没有形变. 因此,可以用 $\Delta\theta$ 描述定轴转动刚体位置的改变情况,称之为刚体在 Δt 时间间隔内的**角位移**. 在国际单位制中,角位移的单位是弧度(rad).

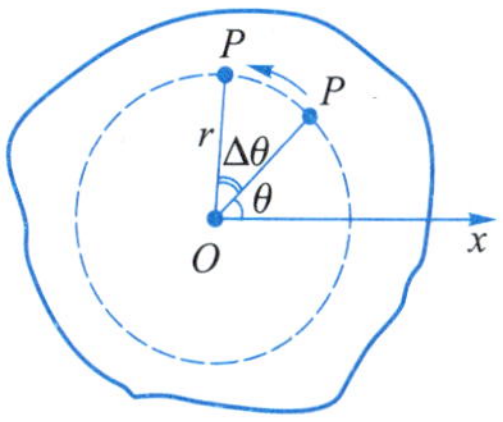

图 2-3 刚体的角位移

角位移

2. 角速度

定轴转动刚体上做圆周运动的质元在相同时间间隔内的角位移相同,故各质元的角速度相同,据此可以定义刚体的**角速度** ω,

角速度

$$\omega=\frac{d\theta}{dt} \tag{2-1}$$

刚体的角速度等于位置角对时间的变化率,即位置角对时间的一阶导数. 在国际单位制中,角速度的单位为 rad/s 或 s^{-1}. 角速度具有方向,它的方向由右手螺旋定则确定. 伸平右手,使拇指与四指垂直,之后按照刚体转动的方向弯曲四指,则拇指所指的方向就是角速度的方向,如图 2-4 所示. 对于定轴转动的刚体,角速度的方向平行于转轴.

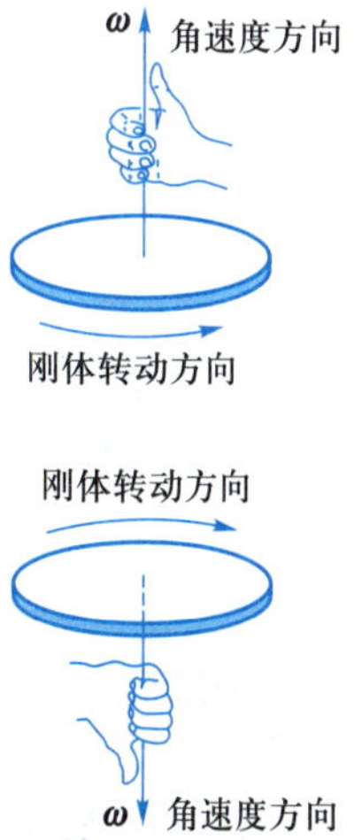

图 2-4 刚体角速度的方向

角速度的大小描述了刚体转动的快慢. 刚体转动得越快,角速度就越大. 还可以用转速 n 来描述刚体转动的快慢. 转速是指刚体在单位时间内转过的圈数,其常用单位为转每分(r/min). 若转速采用这个单位,则它和角速度的大小 ω 之间的换算关系为

$$\omega=\frac{\pi}{30}n \tag{2-2}$$

刚体的角速度属于整个刚体．由于不发生变形，所以在刚体上任意一点看去，其他点均以同一角速度旋转．刚体的角速度具有唯一性．

3. 角加速度

角加速度

刚体转动的角速度可以随时间变化，为了描述角速度随时间 t 的变化情况，引入角加速度这个物理量．定义刚体的**角加速度** $\boldsymbol{\alpha}$，

$$\boldsymbol{\alpha}=\frac{\mathrm{d}\boldsymbol{\omega}}{\mathrm{d}t} \tag{2-3}$$

NOTE

刚体的角加速度等于其角速度对时间的变化率，即等于角速度对时间的一阶导数．刚体做定轴转动时，角速度的方向平行于转轴，故角加速度的方向也平行于转轴．若角速度增大，则角加速度的方向与角速度的方向一致；若角速度减小，则角加速度的方向与角速度的方向相反．

角加速度与位置角的关系为

$$\alpha=\frac{\mathrm{d}\omega}{\mathrm{d}t}=\frac{\mathrm{d}^2\theta}{\mathrm{d}t^2} \tag{2-4}$$

刚体的角加速度等于位置角对时间的二阶导数．在国际单位制中，角加速度的单位为 $\mathrm{rad/s^2}$．

4. 角量与线量的关系

在描述刚体整体的转动时，我们采用了位置角、角位移、角速度、角加速度这些物理量．习惯上，这些量统称为角量．具体描述刚体上某个质元的运动时，常常用到的是位移、速度、加速度．与角量相应，这些量称为线量．

（1）速度与角速度．

在如图 2-5 所示的坐标系中，刚体绕 z 轴定轴转动，角速度沿 z 轴正向．设刚体上 P 质元的位矢为 $\boldsymbol{r}$，圆周运动的半径为 R，运动速度为 $\boldsymbol{v}$. 考虑大小和方向，利用叉乘运算，可将速度矢量表达为

$$\boldsymbol{v}=\boldsymbol{\omega}\times\boldsymbol{r} \tag{2-5}$$

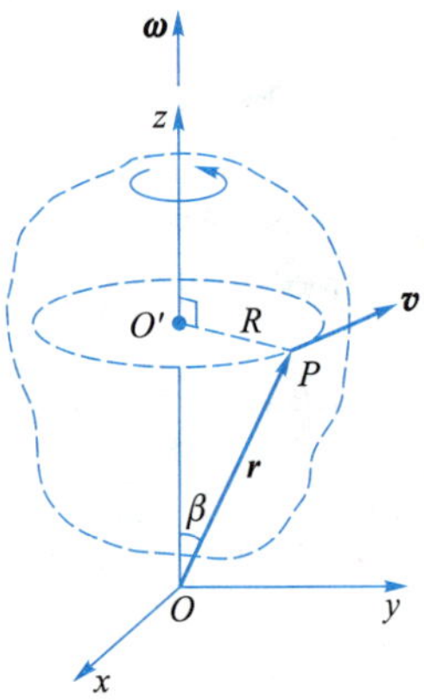

图 2-5 角速度与质元的速度

设 $\boldsymbol{\omega}$ 与 $\boldsymbol{r}$ 的夹角为 β，则

$$v=\omega r\sin\beta$$

由图中可以看出，$r\sin\beta=R$，故质元的运动速率为

$$v=R\omega$$

速度的方向垂直于 $\boldsymbol{\omega}$ 与 $\boldsymbol{r}$ 所确定的平面，遵从右手螺旋定则，沿质元运动轨道的切向．

（2）加速度与角量．

由式(2-5)，质元的加速度为

NOTE

$$\boldsymbol{a}=\frac{\mathrm{d}\boldsymbol{v}}{\mathrm{d}t}=\frac{\mathrm{d}}{\mathrm{d}t}(\boldsymbol{\omega}\times\boldsymbol{r})=\frac{\mathrm{d}\boldsymbol{\omega}}{\mathrm{d}t}\times\boldsymbol{r}+\boldsymbol{\omega}\times\boldsymbol{v}$$

$\frac{\mathrm{d}\boldsymbol{\omega}}{\mathrm{d}t}$为刚体的角加速度 $\boldsymbol{\alpha}$，利用式(2-5)，得到质元的加速度与角量之间的关系：

$$\boldsymbol{a}=\boldsymbol{\alpha}\times\boldsymbol{r}+\boldsymbol{\omega}\times(\boldsymbol{\omega}\times\boldsymbol{r}) \tag{2-6}$$

角加速度的方向沿转轴，平行或反平行于 z 轴．矢量积 $\boldsymbol{\alpha}\times\boldsymbol{r}=\frac{\mathrm{d}\boldsymbol{\omega}}{\mathrm{d}t}\times\boldsymbol{r}$ 的方向沿质元运动轨道的切向，要么与质元的速度方向一致，要么与质元的速度方向相反，是质元圆周运动的切向加速度，$\boldsymbol{a}_{\mathrm{t}}=\boldsymbol{\alpha}\times\boldsymbol{r}$. 质元加速度的切向分量为

$$a_{\mathrm{t}}=\alpha R$$

即定轴转动刚体上质元切向加速度的大小等于它到转轴的距离与角加速度的大小之积．离轴越远的点，其切向加速度的值越大. 矢量积 $\boldsymbol{\omega}\times(\boldsymbol{\omega}\times\boldsymbol{r})=\boldsymbol{\omega}\times\boldsymbol{v}$ 的方向垂直于角速度与速度所确定的平面，沿质元轨道半径指向圆心，它是质元圆周运动的法向加速度，

$$\boldsymbol{a}_{\mathrm{n}}=\boldsymbol{\omega}\times(\boldsymbol{\omega}\times\boldsymbol{r})=\boldsymbol{\omega}\times\boldsymbol{v}$$

角速度 $\boldsymbol{\omega}$ 与质元的速度 $\boldsymbol{v}$ 彼此垂直，故质元加速度的法向分量为

$$a_{\mathrm{n}}=\omega v=R\omega^{2}$$

即定轴转动刚体质元法向加速度的大小等于它距转轴的距离与角速度平方之积．离转轴越远的质元，其法向加速度越大．

设质元的加速度大小为 a，它到转轴的垂直距离为 R，则 a 与角速度和角加速度之间满足如下关系：

$$a=\sqrt{a_{\mathrm{n}}^{2}+a_{\mathrm{t}}^{2}}=R\sqrt{\alpha^{2}+\omega^{4}}$$

如图 2-6 所示，以 φ 表示加速度 $\boldsymbol{a}$ 与法向加速度 $\boldsymbol{a}_{\mathrm{n}}$ 间的夹角，它的值与角速度和角加速度的关系为

$$\varphi=\arctan\left|\frac{a_{\mathrm{t}}}{a_{\mathrm{n}}}\right|=\arctan\left|\frac{\alpha}{\omega^{2}}\right|$$

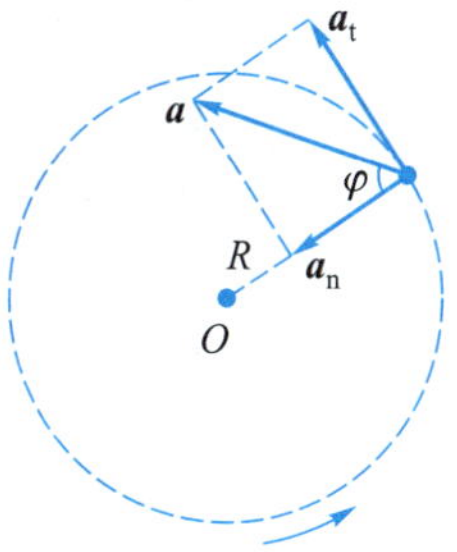

图 2-6 刚体上质元的加速度

刚体定轴转动时，若角加速度 $\boldsymbol{\alpha}$ 恒定，大小和方向都不变，则称此刚体的转动为匀加速定轴转动．这种转动比较简单．设 $t=0$ 时刻刚体的角速度为 ω_0，t 时刻刚体的角速度为 ω，Δt 时间间隔内刚体的角位移为 $\Delta\theta$，则描述定轴转动刚体的各运动学量满足下列公式：

$$\omega=\omega_0+\alpha t \tag{2-7}$$

$$\Delta\theta=\omega_0 t+\frac{1}{2}\alpha t^{2} \tag{2-8}$$

$$\omega^{2}-\omega_0^{2}=2\alpha\Delta\theta \tag{2-9}$$

读者可仿照第 1 章中匀加速运动公式的推导得到上面三个公式.

例 2-1

一张 CD 盘在 5.5 s 内由静止达到 500 r/min 的转速．盘上有一点 P,距盘心的距离为 6 cm. 设这张 CD 盘匀加速转动,求：

(1) CD 盘转动的角加速度；

(2) CD 盘在 5.5 s 内转过的圈数；

(3) P 点在这段时间内运动的路程；

(4) P 点在 $t=3$ s 时刻的法向加速度、切向加速度和加速度的大小.

解:(1) 对匀加速转动的刚体有

$$\omega=\omega_0+\alpha t$$

根据题意,$t=0$ 时, CD 盘静止,角速度为零,即 $\omega_0=0$. 在 $t=5.5$ s 时刻,角速度为

$$\omega=\frac{\pi}{30}n=\frac{3.14\times500}{30}\ \mathrm{rad/s}\approx52.33\ \mathrm{rad/s}$$

该 CD 盘角加速度 α 为

$$\alpha=\frac{\omega}{t}=\frac{\pi n}{30t}=\frac{3.14\times500}{30\times5.5}\ \mathrm{rad/s^2}\approx9.52\ \mathrm{rad/s^2}$$

(2) 利用匀加速转动的公式,并将初始时刻的角速度、角加速度和时间代入,得到 5.5 s 内 CD 盘的角位移为

$$\Delta\theta=\omega_0 t+\frac{1}{2}\alpha t^2=\frac{1}{2}\alpha t^2=\frac{1}{2}\times9.52\times5.5^2\ \mathrm{rad}$$

$$\approx144\ \mathrm{rad}$$

设 CD 盘在这 5.5 s 内转过的圈数为 N,则

$$N=\frac{\Delta\theta}{2\pi}=\frac{144}{2\times3.14}\ \mathrm{r}\approx22.9\ \mathrm{r}$$

(3) P 点在这 5.5 s 内运动的距离为

$$\Delta s=r\Delta\theta=6\times10^{-2}\times144\ \mathrm{m}=8.64\ \mathrm{m}$$

(4) CD 盘在 $t=3$ s 时的角速度为

$$\omega=\omega_0+\alpha t=\alpha t=9.52\times3\ \mathrm{rad/s}=28.56\ \mathrm{rad/s}$$

P 点的法向加速度和切向加速度的大小分别为

$$a_n=r\omega^2=6\times10^{-2}\times28.56^2\ \mathrm{m/s^2}\approx48.94\ \mathrm{m/s^2}$$

$$a_t=r\alpha=6\times10^{-2}\times9.52\ \mathrm{m/s^2}=0.57\ \mathrm{m/s^2}$$

由法向和切向加速度的值可以求得 P 点加速度的大小,

$$a=\sqrt{a_n^2+a_t^2}=r\sqrt{\alpha^2+\omega^4}$$

$$=6\times10^{-2}\times\sqrt{9.52^2+28.56^4}\ \mathrm{m/s^2}$$

$$\approx48.94\ \mathrm{m/s^2}$$

以 φ 表示加速度 $\boldsymbol{a}$ 与法向加速度 $\boldsymbol{a}_n$ 正方向间的夹角,

$$\varphi=\arctan\frac{a_t}{a_n}=\arctan\frac{\alpha}{\omega^2}=\arctan\frac{9.52}{28.56^2}\approx0.67^\circ$$

2.1.3 转动惯量

物体具有惯性,前面在研究物体的移动时,采用质量量度物体的惯性．在刚体力学中,人们常常采用转动惯量这个物理量,以方便地描述物体在转动中的惯性,并借助转动惯量,简洁地给出转动刚体所遵循的运动规律.

1. 转动惯量的定义

设刚体由 N 个质点组成,绕固定的 z 轴转动,如图 2-7 所示. 令第 i 个质点的质量为 Δm_i,距转轴的距离为 r_i,定义刚体对 z 轴的**转动惯量** J 为

转动惯量

$$J=\sum_{i=1}^{N}\Delta m_i r_i^2 \tag{2-10}$$

由定义可知:这 N 个质点分布得离轴越远,即 r_i 越大,刚体对转轴的转动惯量就越大.

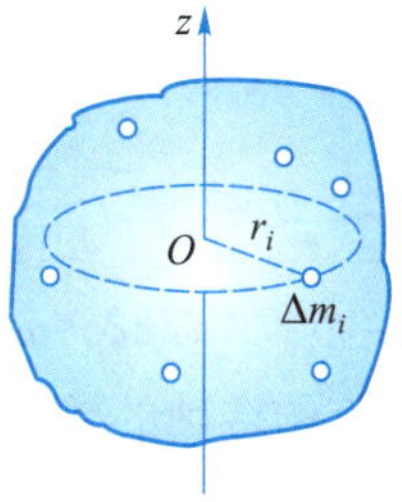

图 2-7 转动惯量的定义

对于质量连续分布的刚体,可以将其视为由许多质元构成. 设质量为 $\mathrm{d}m$ 的质元到转轴的垂直距离为 r,定义刚体的转动惯量 J 为

$$J=\int_V r^2\mathrm{d}m \tag{2-11}$$

由定义可以看出,转动惯量不仅与刚体的质量相关,而且与质量相对于转轴的分布以及转轴相对于刚体的位置相关. 它是刚体本身的一种属性,与刚体所受外力无关. 转动惯量是刚体转动时惯性的量度,在学习了刚体的定轴转动定律之后,读者会对这一点理解得更加深刻.

在国际单位制中,转动惯量的单位是 $\mathrm{kg}\cdot\mathrm{m}^2$.

由转动惯量的定义可知,转动惯量具有可加性,刚体对转轴的转动惯量等于其各个部分对转轴的转动惯量之和.

2. 转动惯量的计算

刚体转动惯量的值可以通过实验来测定. 形状规则刚体的转动惯量也可以由定义直接计算出来. 设刚体的密度为 ρ,在其上任取体积为 $\mathrm{d}V$、质量为 $\mathrm{d}m$ 的质元,则 $\mathrm{d}m=\rho\mathrm{d}V$. 设质元到转轴的垂直距离为 r,根据定义,刚体的转动惯量 J 为

授课录像:转动惯量的计算

$$J=\int_V r^2\rho\mathrm{d}V$$

若刚体质量是面分布型的,例如刚体为薄板、曲面状等,则可利用质量面密度(即单位面积的质量)σ 计算转动惯量. 在刚体上任取一面积为 $\mathrm{d}S$ 的质元,设其质量为 $\mathrm{d}m$,则 $\mathrm{d}m=\sigma\mathrm{d}S$,$\mathrm{d}S$ 也被称为面积元. 对于质量面分布型刚体,转动惯量 J 为

$$J=\int_S r^2\sigma\mathrm{d}S$$

式中,r 为 $\mathrm{d}S$ 到转轴的垂直距离.

同理,若刚体质量是线分布型的,如细丝、细棒等,则可利用质量线密度(即单位长度的质量)λ 计算刚体的转动惯量. 在刚体上取长度为 $\mathrm{d}l$ 的质元,则其质量为 $\mathrm{d}m=\lambda\mathrm{d}l$,$\mathrm{d}l$ 也称为线元. 对于质量线分布型刚体,转动惯量可按下式计算:

$$J = \int_L r^2 \lambda \mathrm{d}l$$

式中，r 为线元 $\mathrm{d}l$ 到转轴的垂直距离.

对于形状规则、质量连续分布的刚体，往往可以通过上述方法直接计算出它对转轴的转动惯量．下面计算一些常见的形状规则刚体的转动惯量.

例 2-2

细圆环质量为 m、半径为 R，求它对通过圆心且与环所在平面垂直的转轴的转动惯量.

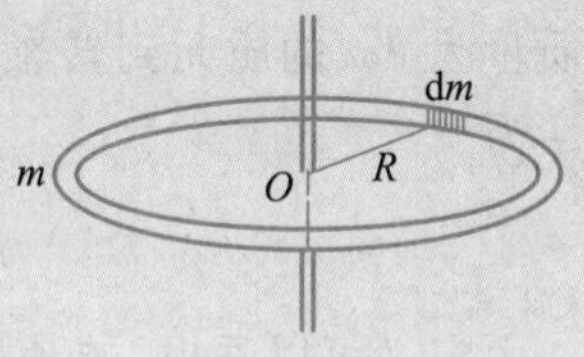

图 2-8 例 2-2 图

解：对于细圆环，可以认为其质量分布在半径为 R 的圆周上．将圆环分为许多质元，所有质元到转轴的距离均为该圆环的半径 R，如图 2-8 所示．根据定义得到圆环的转动惯量为

$$J = \int R^2 \mathrm{d}m = mR^2$$

由计算结果可知，半径相同的圆环，质量越大，对转轴的转动惯量就越大；质量相同的圆环，半径越大，对转轴的转动惯量就越大.

例 2-3

匀质薄圆盘质量为 m、半径为 R，求它对通过盘心且与盘面垂直转轴的转动惯量.

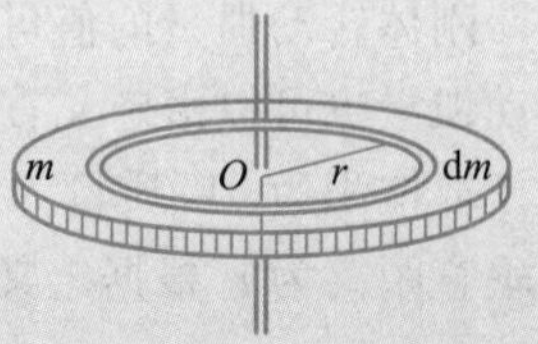

图 2-9 例 2-3 图

解：薄圆盘的质量分布在半径为 R 的圆平面上．将圆盘分割为许多同心圆环，对于其中一个内径为 r、外径为 $r+\mathrm{d}r$ 的圆环，如图 2-9 所示，利用上题的结果，可知它对该轴的转动惯量为

$$\mathrm{d}J = (\mathrm{d}m) r^2 \qquad ①$$

设圆盘的面密度为 σ，由于质量 m 均匀地分布在半径为 R 的圆面上，故 $\sigma = \dfrac{m}{\pi R^2}$. 圆环的质量可以表示为

$$\mathrm{d}m = \sigma \cdot 2\pi r \mathrm{d}r \qquad ②$$

将式②代入式①得

$$\mathrm{d}J = \sigma \cdot 2\pi r^3 \mathrm{d}r \qquad ③$$

对式③积分，得到圆盘对所求轴的转动惯量为

$$J = \int_0^R \sigma \cdot 2\pi r^3 \mathrm{d}r = \frac{1}{2}\sigma \pi R^4 = \frac{1}{2} mR^2$$

与例 2-2 相比较可知，相同质量与半径圆环的转动惯量更大，这是因为圆环的质量分布更远离转轴.

例 2-4

匀质细杆 AB 的质量为 m，长度为 L. 求：

（1）它对过杆的端点 A 且与杆垂直转轴的转动惯量；（2）它对过杆的质心且与杆垂直转轴的转动惯量.

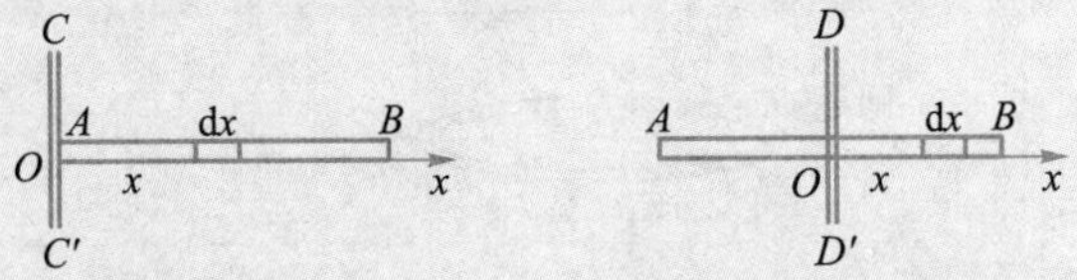

(a) 转轴位于杆的一端　　(b) 转轴通过杆的质心

图 2-10　例 2-4 图

解：（1）对于细杆，可以认为它的质量是线分布型的．取 x 轴沿棒长方向，原点位于棒的 A 端．设杆的质量线密度为 λ，对于匀质细杆，$\lambda=\dfrac{m}{L}$. 取长为 dx、质量为 dm 的线元，则 $dm=\lambda dx$. 该质元距轴的垂直距离为 x，如图 2-10(a) 所示，由定义可以计算出杆 AB 对 CC' 轴的转动惯量为

$$J_1=\int x^2 dm=\int_0^L x^2\lambda dx=\frac{1}{3}\lambda L^3=\frac{1}{3}mL^2$$

（2）匀质细杆的质心位于杆的中心，取 x 轴沿棒长方向，原点位于棒的中心，如图 2-10(b) 所示．由（1）中的分析得，杆对 DD' 轴的转动惯量为

$$J_2=\int x^2 dm=\int_{-\frac{L}{2}}^{\frac{L}{2}} x^2\lambda dx=\frac{1}{12}\lambda L^3=\frac{1}{12}mL^2$$

比较（1）（2）的结果可以看出，相对于不同转轴，同一刚体的转动惯量不同，$J_2<J_1$.（2）中的质量分布更靠近转轴，故其转动惯量更小．当转轴固定时，相同长度的细杆，质量越大，对轴的转动惯量就越大；相同质量的细杆，长度越长，对轴的转动惯量就越大.

由转动惯量的定义及上面三个例题的计算结果可以得到这样的结论：转动惯量的值与刚体的质量、质量相对于转轴的分布以及转轴的位置相关．表 2-1 给出了一些常用质量均匀分布刚体的转动惯量.

表 2-1　**常用质量均匀分布刚体的转动惯量**

刚体的名称及示意图	轴	转动惯量
细杆 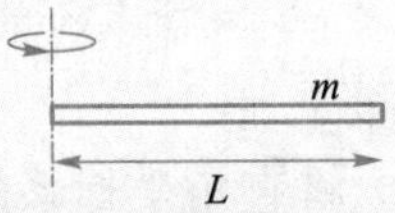	过杆的一端且与杆垂直	$\frac{1}{3}mL^2$
细杆 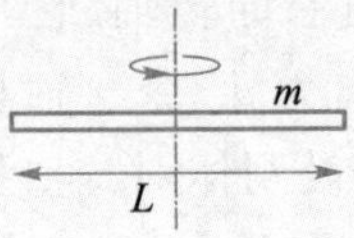	过杆的中点且与杆垂直	$\frac{1}{12}mL^2$

NOTE

续表

刚体的名称及示意图	轴	转动惯量
圆环 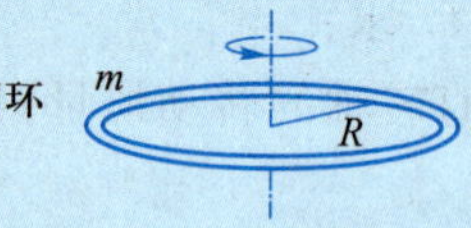	过环的中心且垂直于环面	mR^2
圆环 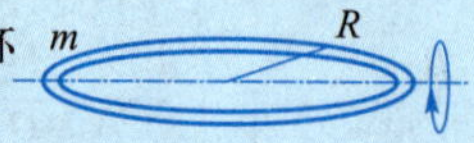	沿直径	$\frac{1}{2}mR^2$
圆盘 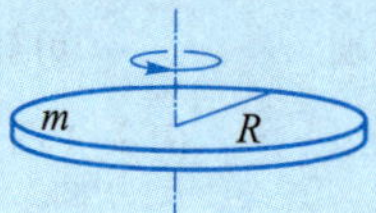	过盘的中心且垂直于盘面	$\frac{1}{2}mR^2$
圆盘 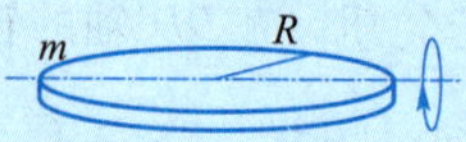	直径	$\frac{1}{4}mR^2$
薄球壳 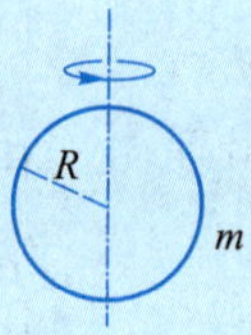	直径	$\frac{2}{3}mR^2$
球体 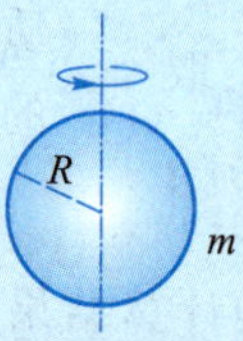	直径	$\frac{2}{5}mR^2$

3. 平行轴定理

平行轴定理

平行轴定理是计算刚体转动惯量时一个常用的定理，利用该定理可以简化转动惯量的计算．**平行轴定理**的表述为：若刚体对通过其质心转轴的转动惯量为 J_C，则刚体对另一与之平行且相距为 d 的转轴的转动惯量为

$$J=J_C+md^2 \tag{2-12}$$

式中，m 是刚体的质量．下面我们来证明该定理．

授课录像：平行轴定理

以一个质量为 m 的刚体为研究对象．将直角坐标系的原点 O 置于刚体的质心处，取 z 轴为过刚体质心的转轴，它与刚体的另外一条转轴 z' 轴平行，两轴之间的距离为 d. 令 y 轴与两个平行的转轴垂直且相交，如图 2-11 所示．设刚体对 z 轴和 z' 轴的转动惯量分别为 J_C 和 J. 在刚体中任意取质元 Δm_i，其坐标为

(x_i, y_i, z_i)，它到 z' 轴的垂直距离为 r_i'. 由几何关系可知

$$r_i'^2 = x_i^2 + (d - y_i)^2 = x_i^2 + y_i^2 + d^2 - 2y_i d$$

刚体对 z' 轴的转动惯量为

$$J = \sum_i \Delta m_i r_i'^2 = \sum_i \Delta m_i (x_i^2 + y_i^2 + d^2 - 2y_i d)$$

$$= \sum_i \Delta m_i (x_i^2 + y_i^2) + \left(\sum_i \Delta m_i\right) d^2 - 2d \sum_i \Delta m_i y_i$$

式中，$\sum_i \Delta m_i (x_i^2 + y_i^2)$ 为刚体对 z 轴的转动惯量，$\left(\sum_i \Delta m_i\right) d^2 = md^2$，根据质心坐标的定义得到 $\sum_i \Delta m_i y_i = my_C$，$y_C$ 为刚体质心的 y 坐标，而质心位于坐标系的原点，故 $y_C = 0$. 于是得到平行轴定理，$J = J_C + md^2$.

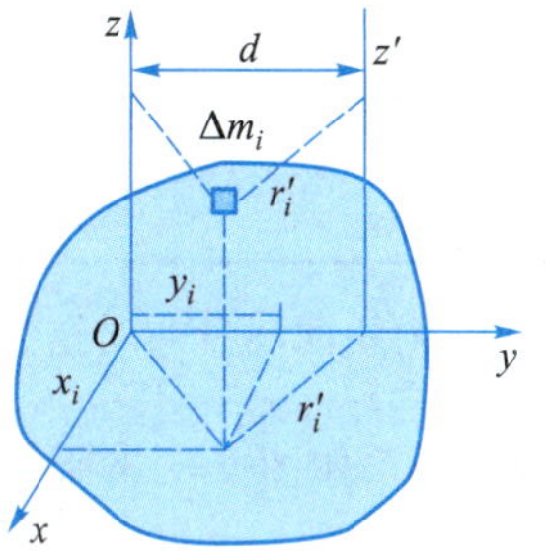

图 2-11　平行轴定理的证明

可以利用例 2-4 验证平行轴定理. 题中，DD' 轴为过细杆质心的轴，CC' 轴与之平行. 两轴间的距离为 $\frac{1}{2}L$. 如果已知刚体对 DD' 轴的转动惯量为 $J_C = \frac{1}{12}mL^2$，那么由平行轴定理可得这根细杆对 CC' 轴的转动惯量为

$$J = J_C + m\left(\frac{1}{2}L\right)^2 = \frac{1}{12}mL^2 + \frac{1}{4}mL^2 = \frac{1}{3}mL^2$$

这与由定义出发直接计算出来的结果一致，不过利用平行轴定理会更方便.

4. 垂直轴定理

授课录像：垂直轴定理

生活中人们常常会见到一些物体，它们的厚度很小，例如一张纸、一枚硬币或是一扇门板，如果刚体的厚度可被忽略，也就是说刚体的形状为薄板型，比如说薄圆盘、薄平板等，那么计算其转动惯量时，可以利用垂直轴定理.

如图 2-12 所示，一个薄板型刚体位于 xy 平面内，坐标系的 z 轴与刚体垂直，原点位于刚体所在平面内. 在刚体上取质元 Δm_i，坐标为 $(x_i,\ y_i)$，距 z 轴的垂直距离为 r_i. 刚体对 z 轴的转动惯量 J_z 为

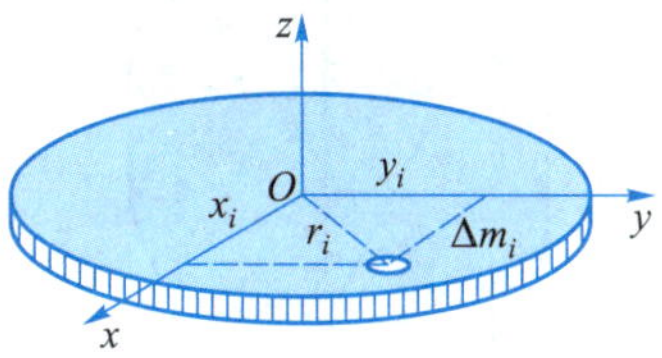

图 2-12　垂直轴定理的证明

$$J_z = \sum_i \Delta m_i r_i^2 = \sum_i \Delta m_i x_i^2 + \sum_i \Delta m_i y_i^2$$

根据转动惯量的定义，$\sum_i \Delta m_i x_i^2$ 为刚体对 y 轴的转动惯量 J_y，$\sum_i \Delta m_i y_i^2$ 为刚体对 x 轴的转动惯量 J_x. 因此，

$$J_z = J_x + J_y \tag{2-13}$$

薄板型刚体对于与之垂直转轴的转动惯量等于它对板面内

垂直轴定理

的另外两个彼此垂直转轴的转动惯量之和，这个结论称为**垂直轴定理**．利用此定理可以简化转动惯量的计算．

例 2-5

匀质薄圆盘的质量为 m，半径为 R，求它对沿直径转轴的转动惯量．

解：建立如图 2-13 所示的坐标系，坐标原点位于圆心．由例 2-3 的结论，圆盘对 z 轴的转动惯量为

$$J_z=\frac{1}{2}mR^2$$

根据垂直轴定理，

$$J_z=J_x+J_y$$

对于质量均匀分布的圆盘，根据对称性得 $J_x=J_y$．因此它对沿直径转轴的转动惯量为

$$J_x=J_y=\frac{1}{4}mR^2$$

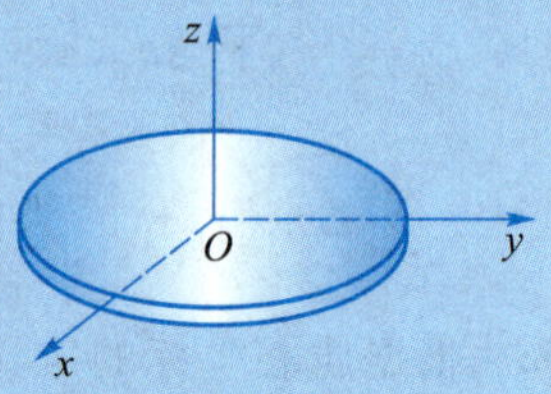

图 2-13　例 2-5 图

2.1.4 定轴转动刚体的角动量

授课录像：刚体对定轴的角动量

在第 1 章中，我们已经学习了质点对定点的角动量，本节将介绍定轴转动刚体对转轴的角动量．质量为 m 的刚体绕 z 轴以角速度 ω 旋转，转动方向如图 2-14 所示．在图示转动情况中，角速度的方向沿 z 轴正向．在刚体上任取质元 Δm_i，随着刚体的转动，它做以 O 为圆心、半径为 r_i 的圆周运动．设这个质元 Δm_i 的速度为 $\boldsymbol{v}_i$，则它对转轴上任意一点 O' 的角动量为

$$\boldsymbol{L}_i=\boldsymbol{r}_i'\times(\Delta m_i\boldsymbol{v}_i)$$

式中，$\boldsymbol{r}_i'$ 是由 O' 到 Δm_i 的有向线段．由例 1-22 的计算知，$\boldsymbol{L}_i$ 沿转轴方向的分角动量 $\boldsymbol{L}_{iz}$ 为

$$\boldsymbol{L}_{iz}=\Delta m_i r_i^2\omega\boldsymbol{k}$$

式中，r_i 为质元 Δm_i 到转轴的垂直距离，$\boldsymbol{k}$ 是沿 z 轴正向的单位矢量．$\boldsymbol{L}_{iz}$ 与 O' 在轴上的位置无关．质元角速度的方向沿 z 轴正向，故可将这个质元沿转轴方向的分角动量写为

$$\boldsymbol{L}_{iz}=\Delta m_i r_i^2\boldsymbol{\omega}$$

整个刚体沿 z 轴的分角动量等于各个质元沿 z 轴的分角动量之和，故刚体沿 z 轴的分角动量 $\boldsymbol{L}_z$ 为

$$\boldsymbol{L}_z=\sum_i\boldsymbol{L}_{iz}=\left(\sum_i\Delta m_i r_i^2\right)\boldsymbol{\omega}$$

式中，$\sum_i\Delta m_i r_i^2$ 为刚体对 z 轴的转动惯量 J_z，于是上式可写为

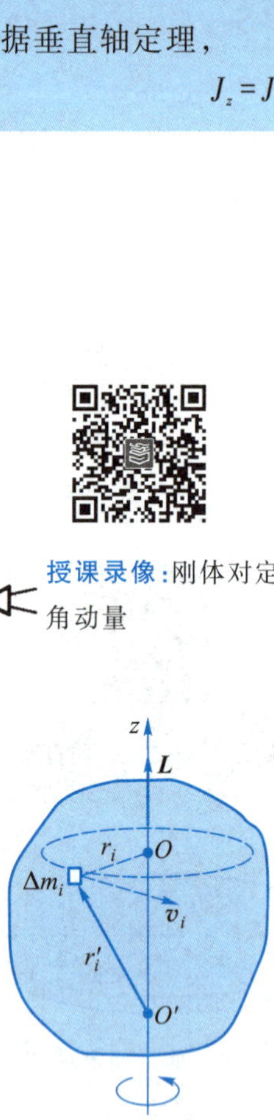

图 2-14　刚体对轴的角动量

$$L_z = J_z\omega$$

L_z称为**刚体对转轴的角动量**. 对于定轴转动,略去脚标,得到刚体对转轴的角动量为

刚体对转轴的角动量

$$L = J\omega \tag{2-14}$$

式中,J为刚体对转轴的转动惯量,ω为刚体绕轴转动的角速度. 定轴转动刚体对转轴的角动量方向与其角速度方向相同,角动量的大小等于刚体对转轴的转动惯量与其角速度的大小之积. 在讨论定轴转动时,人们常常会用到刚体对转轴的角动量,它是刚体沿转轴的分角动量,方向沿着转轴,有两种可能的取向,以图 2-14 为例,它要么沿 z 轴正向,要么沿 z 轴负向.

2.2 刚体定轴转动定律及其应用

定轴转动刚体遵从独特的动力学规律,即刚体定轴转动定律. 这个定律阐述了刚体所受合外力矩与刚体角动量对时间变化率之间的关系,以及刚体受到的合外力矩与刚体的角加速度、转动惯量之间的关系.

授课录像:转动定律

2.2.1 刚体定轴转动定律

1. 对转轴的力矩

在第 1 章中,本书已经定义了力对某个固定点的力矩. 对于定轴转动的刚体,力对转轴的力矩决定着刚体运动状态的改变情况,因此,有必要就力对转轴的力矩进行详细讨论. 如图 2-15 所示,设刚体绕 z 轴转动,力 F_i作用于刚体上的某质元 Δm_i. Δm_i在与 z 轴垂直的平面 S 内做以 O 为圆心、半径为 r_i的圆周运动. O'为转轴上的任意一点,为计算力 F_i对 O'点的力矩,将它沿平行于轴与垂直于轴两个方向分解为 $F_{i//}$ 和 $F_{i\perp}$,如图 2-15 所示. $F_{i\perp}$位于 S 面内,与转轴垂直;$F_{i//}$ 与 S 面垂直,平行于转轴. 对定轴转动的刚体,力矩沿转轴方向的分量决定着刚体运动状态的改变情况,在下面的学习中读者会对这一点更加清楚. $F_{i//}$ 对 O'的力矩等于 $r_i'\times F_{i//}$. 由于 $F_{i//}$ 与转轴平行,所以它对 O'点的力矩沿转轴方向的分量为零. $F_{i\perp}$ 对 O'点的力矩为

$$M_i' = r_i'\times F_{i\perp}$$

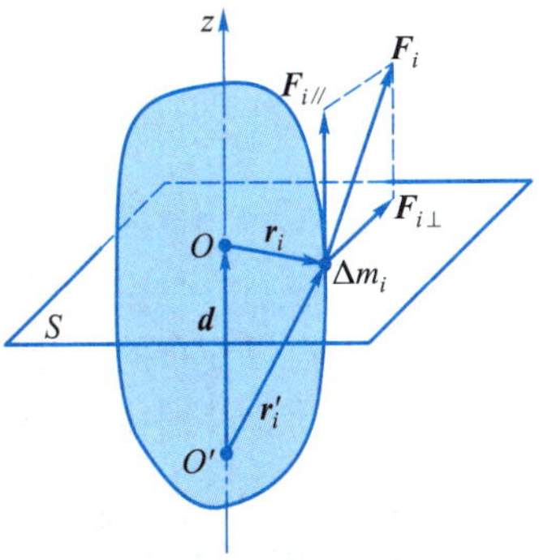

图 2-15 计算力矩时将作用于刚体质元上的力分解

由矢量的加法运算法则得到 $\boldsymbol{r}_i'=\boldsymbol{r}_i+\boldsymbol{d}$. $\boldsymbol{r}_i$ 为由 O 点到质元 Δm_i 的有向线段，$\boldsymbol{d}$ 为由 O' 到 O 的有向线段．利用这个关系得到

$$\boldsymbol{M}_i'=(\boldsymbol{r}_i+\boldsymbol{d})\times\boldsymbol{F}_{i\perp}=\boldsymbol{r}_i\times\boldsymbol{F}_{i\perp}+\boldsymbol{d}\times\boldsymbol{F}_{i\perp}$$

由于 $\boldsymbol{d}$ 沿着转轴，所以 $\boldsymbol{d}\times\boldsymbol{F}_{i\perp}$ 与转轴垂直，它沿转轴方向的分量为零．综上所述，力 $\boldsymbol{F}_i$ 沿转轴的分力矩为

$$\boldsymbol{M}_{iz}'=\boldsymbol{r}_i\times\boldsymbol{F}_{i\perp}$$

$\boldsymbol{M}_{iz}'$ 的大小和方向与 O' 点在轴上的位置无关，它对于轴上的任意一点都是相同的．力 $\boldsymbol{F}_i$ 沿转轴的分力矩 $\boldsymbol{M}_{iz}'$ 称为**力对于转轴的力矩**.

力对于转轴的力矩

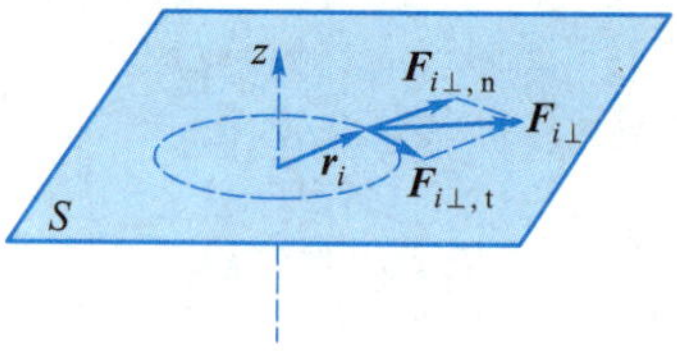

图 2-16 计算力矩时，将位于垂直于转轴平面内的力分解

将 $\boldsymbol{F}_{i\perp}$ 沿 Δm_i 圆周运动轨道的切向和法向分解为 $\boldsymbol{F}_{i\perp,t}$ 和 $\boldsymbol{F}_{i\perp,n}$，如图 2-16 所示，可以得到 $\boldsymbol{F}_i$ 对转轴的力矩为

$$\boldsymbol{M}=\boldsymbol{r}_i\times\boldsymbol{F}_{i\perp}=\boldsymbol{r}_i\times(\boldsymbol{F}_{i\perp,t}+\boldsymbol{F}_{i\perp,n})$$

由于 $\boldsymbol{F}_{i\perp,n}$ 与 $\boldsymbol{r}_i$ 共线，因此 $\boldsymbol{r}_i\times\boldsymbol{F}_{i\perp,n}$ 的值为零，力对转轴的力矩为

$$\boldsymbol{M}=\boldsymbol{r}_i\times\boldsymbol{F}_{i\perp,t}$$

力矩的大小为 $M=r_iF_{i\perp,t}$. 力矩的方向总是垂直于相应的力，作用于定轴转动刚体上的力对转轴的力矩方向沿转轴，只有正、反两个方向.

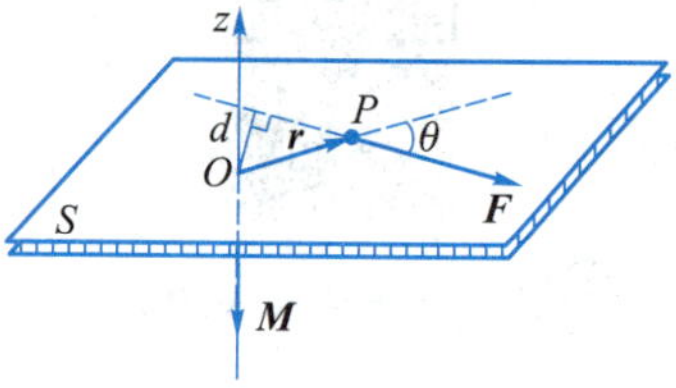

图 2-17 力位于垂直转轴平面内时，力矩的计算

总之，作用于定轴转动的刚体上与转轴平行的力对转轴的力矩为零，位于与转轴垂直平面内的力 $\boldsymbol{F}$ 对转轴的力矩为

$$\boldsymbol{M}=\boldsymbol{r}\times\boldsymbol{F} \tag{2-15}$$

设力 $\boldsymbol{F}$ 所在的平面与转轴的交点为 O，$\boldsymbol{F}$ 作用于刚体上的 P 点．上式中，$\boldsymbol{r}$ 为从 O 点到 P 点的有向线段，如图 2-17 所示，图中 z 轴为刚体的转轴．力矩的方向沿着刚体的转轴，或沿 z 轴的正向，或沿 z 轴的负向，根据 $\boldsymbol{r}$ 与 $\boldsymbol{F}$ 的方向，由右手螺旋定则确定．设 $\boldsymbol{r}$ 与 $\boldsymbol{F}$ 间的夹角为 θ，$\boldsymbol{M}$ 的大小为

$$M=rF\sin\theta=Fd$$

式中，d 为由 O 到力 $\boldsymbol{F}$ 作用线的垂直距离，称为力臂.

例 2-6

质量均匀分布的细棒 AB 绕过 A 点的固定水平轴在竖直平面内转动．设细棒的质量为 m，长度为 L. 当细棒转动到与水平线间的夹角为 θ 时，如图 2-18 所示．求它所受重力对转轴的力矩.

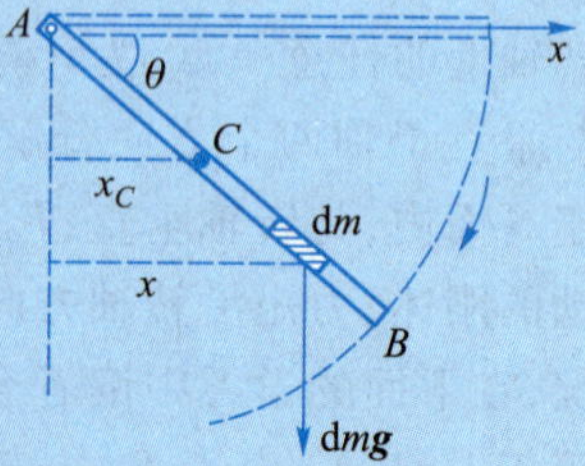

图 2-18 例 2-6 图

解：以水平向右为 x 轴正向，坐标系原点位于 A 点．在棒上任取质量为 dm 的质元，设

它的横坐标为 x. 该质元所受重力对轴的力矩为 $x\mathrm{d}mg$,方向垂直于纸面向里. 整个棒上各个质元所受重力对转轴的力矩方向相同. 以垂直纸面向里为正方向,细棒受到的重力矩为

$$M_g = \int x\mathrm{d}mg = g\int x\mathrm{d}m$$

由质心的定义,$\int x\mathrm{d}m = mx_C$,x_C是质心的 x 坐标.

$$M_g = mgx_C$$

质量均匀分布细棒的质心位于其中心,$x_C = (L\cos\theta)/2$.重力矩为

$$M_g = \frac{L}{2}mg\cos\theta$$

方向垂直于纸面向里.

此题的计算表明,整个棒所受的重力矩等于将全部重力集中作用于质心处产生的力矩. 该结论虽然是由定轴转动的细棒得到的,但是它具有一定的普适性. 对于定轴转动的刚体,重力对转轴的力矩等于将重力作用于质心所产生的对转轴的力矩. 读者可以利用力矩和质心的定义证明这个结论,利用该结论可以方便地计算刚体所受的重力矩.

2. 刚体定轴转动定律

刚体绕 z 轴转动,任取其上一质量为 Δm_i 的质元,该质元对轴上任一点的角动量 $\boldsymbol{L}_i$ 与作用于该点上的合力矩 $\boldsymbol{M}_i$ 满足

$$\boldsymbol{M}_i = \frac{\mathrm{d}\boldsymbol{L}_i}{\mathrm{d}t}$$

沿 z 轴投影,得到

$$\boldsymbol{M}_{iz} = \frac{\mathrm{d}\boldsymbol{L}_{iz}}{\mathrm{d}t}$$

式中,$\boldsymbol{M}_{iz}$为第 i 个质元受到的合力矩沿 z 轴的分力矩,也就是该质元受到的对转轴的合力矩. $\boldsymbol{L}_{iz}$为第 i 个质元沿 z 轴的分角动量. 对刚体上所有质元求和,得到

$$\sum_i \boldsymbol{M}_{iz} = \frac{\mathrm{d}\left(\sum_i \boldsymbol{L}_{iz}\right)}{\mathrm{d}t}$$

式中,$\sum_i \boldsymbol{L}_{iz}$为刚体对转轴的角动量,将之记为 $\boldsymbol{L}$. $\sum_i \boldsymbol{M}_{iz}$为刚体上各个质元受到的所有的力对转轴的力矩之和. 在第 1 章中,本书已证明质点系的内力矩之和为零. 因此,$\sum_i \boldsymbol{M}_{iz}$等于刚体受到的对转轴的合外力矩,即刚体受到的外力对转轴的力矩之和,记为 $\sum_i \boldsymbol{M}_{外}$. 由此得到

$$\sum_i \boldsymbol{M}_{外} = \frac{\mathrm{d}\boldsymbol{L}}{\mathrm{d}t} \tag{2-16}$$

NOTE

定轴转动刚体受到的对转轴的合外力矩等于刚体对转轴的角动量对时间的变化率．将角动量与角速度的关系式(2-14)代入式(2-16)得

$$\sum_i \boldsymbol{M}_{外}=\frac{\mathrm{d}(J\boldsymbol{\omega})}{\mathrm{d}t}=J\frac{\mathrm{d}\boldsymbol{\omega}}{\mathrm{d}t}$$

授课录像：转动定律举例

式中，J 为刚体对转轴的转动惯量，$\frac{\mathrm{d}\boldsymbol{\omega}}{\mathrm{d}t}$ 为刚体转动的角加速度 $\boldsymbol{\alpha}$．故

$$\sum_i \boldsymbol{M}_{外}=J\boldsymbol{\alpha} \tag{2-17}$$

刚体的定轴转动定律

定轴转动刚体的角加速度与所受对转轴的合外力矩成正比，与刚体对轴的转动惯量成反比．角加速度的方向与刚体对轴的合外力矩方向相同．该结论被大量的实验所证明，称为**刚体的定轴转动定律**，是定轴转动刚体服从的客观规律．

授课录像：转动定律例题 1

授课录像：转动定律例题 2

将刚体的定轴转动定律式(2-17)与牛顿第二定律 $\boldsymbol{F}=m\boldsymbol{a}$ 对比可以发现，两者在形式上相似．前者适用于定轴转动的刚体，后者适用于质点．在两个公式中，作用于质点的合外力对应作用于刚体的对转轴的合外力矩，质点的加速度与刚体的角加速度相对应，而质点的质量与刚体的转动惯量相对应．

由转动定律可以看出，施加相同的外力矩于两个定轴转动的刚体，转动惯量大的刚体获得的角加速度小，转动惯量小的刚体获得的角加速度大．转动惯量是定轴转动刚体惯性的量度．与此对应，刚体的质量是刚体平动时惯性的量度．

2.2.2 刚体定轴转动定律的应用

例 2-7

物体的质量为 m，与缠绕在定滑轮上的细绳相连，沿竖直方向下落，如图 2-19(a)所示．定滑轮的半径为 R，对于其转轴的转动惯量为 J. 定滑轮轴处的摩擦可忽略，且绳子不可伸长．若在物体下落过程中，绳子与滑轮之间不打滑，求绳子对物体的拉力以及物体的加速度．

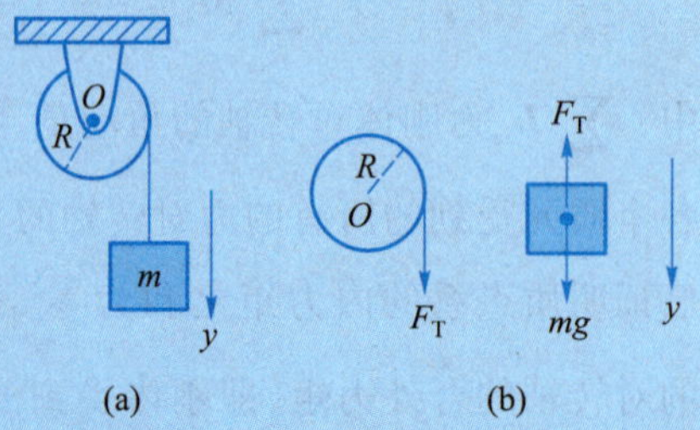

图 2-19 例 2-7 图

解：下落的物体受到两个力的作用，向下的重力和绳子对物体的拉力(方向向上)，如图 2-19(b)所示．

在物体下落过程中，定滑轮绕转轴 O 顺时针转动，作用于定滑轮的力为重力、转轴对滑轮的作用力以及绳子对滑轮的拉力，其中只有拉力的力矩不为零（因此图中只画出了拉力，没有标明重力和轴的作用力）.

选竖直向下为 y 轴的正向，对物体应用牛顿第二定律得

$$mg-F_T=ma$$

式中，a 是物体的加速度，F_T 为绳子对物体的拉力．对滑轮应用转动定律得

$$F_TR=J\alpha$$

式中，α 是定滑轮的角加速度．物体下落时，绳子不打滑，因此物体的加速度与滑轮的角加速度间有如下关系：

$$a=R\alpha$$

联立上面三个方程解得

$$F_T=\frac{J}{J+mR^2}mg,\quad \text{方向向上}$$

$$a=\frac{mR^2}{J+mR^2}g,\quad \text{方向向下}$$

由上述结论可以看出，若 $J=0$，则 $a=g$，$F_T=0$，物体做自由落体运动，绳子松弛不拉紧．若 $\frac{J}{R^2}\gg m$，则

$$F_T\approx mg,\quad a\approx 0$$

例 2-8

一学生将自行车后轮用支架支起，在原地用力蹬脚踏板，使后轮转动．已知链条作用于飞轮的力为 $F=18$ N，作用点距轴心的距离为 $r_s=7$ cm. 后轮的半径为 $R=35$ cm，质量为 $m=2.4$ kg. 若将后轮视为圆环，且忽略转轴处的摩擦，求车轮转动 5 s 时，其角速度的大小.

解：自行车的后轮做定轴转动，它对转轴的转动惯量为 $J=mR^2$. 作用于后轮的合外力矩为

$$M=Fr_s$$

由转动定律，车轮角加速度的大小为

$$\alpha=\frac{M}{J}=\frac{Fr_s}{mR^2}$$

角加速度不随时间变化．由匀加速转动的运动学公式得到车轮的角速度为

$$\omega=\omega_0+\alpha t=\omega_0+\frac{Fr_s}{mR^2}t$$

将 $\omega_0=0$ 及 m、R、F、r_s 的数值代入上式可以计算出所求角速度的大小，

$$\omega=\alpha t=\frac{Fr_s}{mR^2}t=\frac{18\times0.07}{2.4\times0.35^2}\times5\ \text{rad/s}\approx21.4\ \text{rad/s}$$

例 2-9

将例 2-6 中的细棒由水平静止状态释放，设转轴光滑，求它下摆了 θ 角时的角加速度和角速度，如图 2-20 所示.

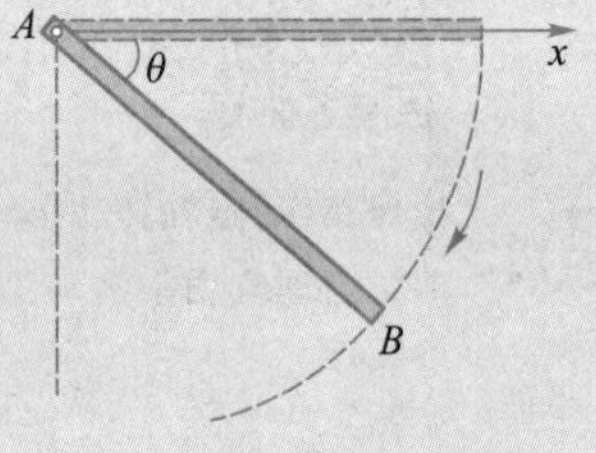

图 2-20 例 2-9 图

解：以棒为研究对象，取垂直纸面向里为正方向．因为转轴光滑，因此棒受到的合外力矩就等于棒对转轴的重力矩．由例 2-6 结论得到，重力矩为

$$M_g=\frac{L}{2}mg\cos\theta$$

设 J 为细棒对轴的转动惯量，其值为 $J=\frac{1}{3}mL^2$，由转动定律得

$$\frac{L}{2}mg\cos\theta=\frac{1}{3}mL^2\alpha$$

解得棒的角加速度为

$$\alpha=\frac{3g\cos\theta}{2L}$$

其值随下摆的角度 θ 变化．由棒的角加速度、角速度及位置角间的关系得

$$\alpha=\frac{d\omega}{dt}=\frac{d\omega}{d\theta}\frac{d\theta}{dt}=\omega\frac{d\omega}{d\theta}$$

故棒的角速度与 θ 角满足等式：

$$\omega\frac{d\omega}{d\theta}=\frac{3g\cos\theta}{2L}$$

$$\omega d\omega=\frac{3g\cos\theta}{2L}d\theta$$

由已知条件得：当 $\theta=0$ 时，棒的角速度为零．将上式两侧积分得

$$\int_0^{\omega}\omega d\omega=\int_0^{\theta}\frac{3g\cos\theta}{2L}d\theta$$

计算得棒的角速度为

$$\omega=\sqrt{\frac{3g\sin\theta}{L}}$$

由计算结果可以看出，在棒的下摆过程中，角加速度随 θ 的增大而减小，角速度随 θ 的增大而增大．当棒处于竖直位置时，$\theta=90°$，角加速度等于零，角速度达到最大值．后面我们会看到，利用能量的方法求解角速度更方便．

2.3 角动量与转动

2.3.1 定轴转动角动量定理

授课录像：定轴转动角动量定理

授课录像：定轴转动角动量定理应用举例

设质点系绕固定转轴转动，根据式(2-16)，质点系所受对转轴的合外力矩 M 与其对转轴的角动量 L 满足 $M=\frac{dL}{dt}$．任取无限小时间间隔 dt，有

$$Mdt=dL$$

Mdt 为合外力对转轴的冲量矩，dL 为对转轴的角动量的增量．取 t_1 到 t_2 时间间隔，令 L_1 和 L_2 分别为质点系在 t_1 和 t_2 时刻对转轴的角动量，对上式积分得

$$\int_{t_1}^{t_2}Mdt=L_2-L_1 \tag{2-18}$$

冲量矩

$\int_{t_1}^{t_2}Mdt$ 为合外力对转轴的**冲量矩**；L_2-L_1 为角动量在 t_1 到 t_2 时间

间隔的增量．对于定轴转动的质点系，合外力矩对转轴的冲量矩等于该系统对转轴的角动量的增量，这一结论称为**定轴转动角动量定理**．它表明力矩在时间上的积累效果是改变了质点系的角动量．

定轴转动角动量定理

例 2-10

一匀质圆盘质量为 m，半径为 R，静止于光滑水平面上，可绕过其中心 O 的固定竖直轴无摩擦地转动，如图 2-21 所示．在极短时间内，圆盘上 A 点受到水平向左、大小为 I 的冲量，进而绕轴发生了转动．求圆盘开始转动的角速度．

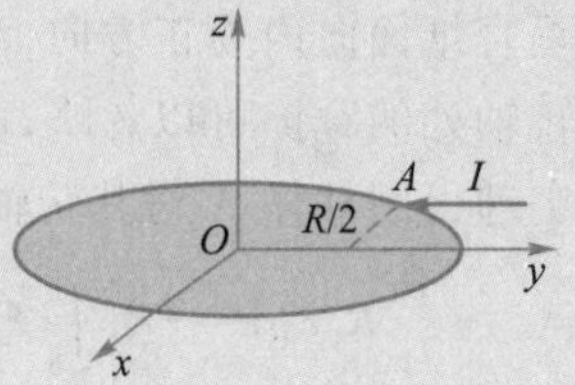

图 2-21 例 2-10 图

解：在击打过程初态 $t=0$ 时刻，圆盘静止，角动量为零；末态圆盘以角速度 ω 绕 z 轴转动，对转轴的角动量为 L. 重力与桌面对圆盘的支持力对转轴的力矩为零，题中忽略轴处以及盘与水平面间的摩擦，故圆盘所受合外力矩 M 等于在盘上 A 点所受冲力的力矩．将作用于 A 点的冲力记为 F，则

$$M=F\frac{R}{2} \quad ①$$

设击打过程所用时间为 Δt，圆盘对 z 轴的转动惯量为 J，根据定轴转动角动量定理，

$$\int_0^{\Delta t} M\mathrm{d}t=L-0=J\omega \quad ②$$

式中 $J=\frac{1}{2}mR^2$. 利用式①，

$$\int_0^{\Delta t} M\mathrm{d}t=\int_0^{\Delta t} F\frac{R}{2}\mathrm{d}t=\frac{R}{2}\int_0^{\Delta t} F\mathrm{d}t$$

$\int_0^{\Delta t} F\mathrm{d}t$ 为作用于 A 点的冲量 I，

$$\int_0^{\Delta t} F\mathrm{d}t=I \quad ③$$

联立以上方程，解得所求角速度为

$$\omega=\frac{I}{mR}$$

例 2-11

如图 2-22 所示，匀质圆柱体 A 的质量为 m_1，半径为 R_1，以角速度 ω 绕过其对称轴的固定轴转动．另有匀质圆柱体 B，质量为 m_2，半径为 R_2，可以绕过其对称轴的固定轴转动. B 初态静止．使转动的圆柱体 A 与静止的圆柱体 B 逐渐靠近，并保持两个圆柱体的转轴彼此平行．两个柱面接触后，在摩擦力作用下，两者最终稳定转动，没有相对滑动．忽略两转轴处的摩擦，求两个圆柱体稳定转动时各自的角速度．

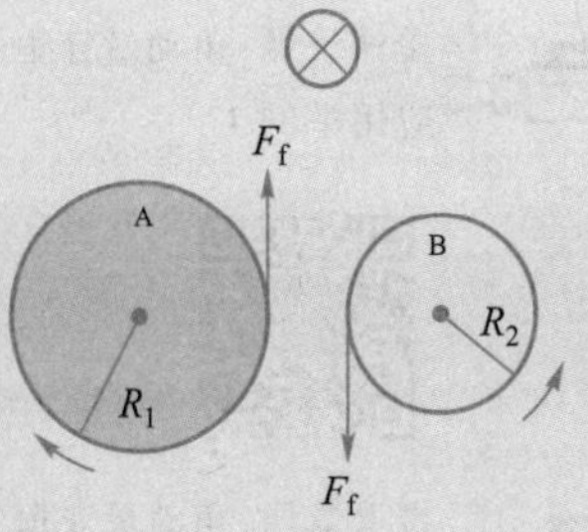

图 2-22 例 2-11 图

解：自圆柱体 A、B 开始接触时刻计时．设它们在 t 时刻达到稳定转动状态，此时 A 与 B 的角速度分别为 ω_A、ω_B；并且设圆柱体 A、B 对各自转轴的转动惯量分别为 J_1、J_2．达到稳定转动前，两柱面受到的摩擦力大小相等，方向相反，设摩擦力的大小为 F_f．以垂直纸面向内为正方向，注意两个圆柱体在转轴处的摩擦可以忽略，由定轴转动角动量定理得圆柱体 A 对其转轴：

$$-\int_0^t R_1 F_f \mathrm{d}t = -R_1\int_0^t F_f \mathrm{d}t = J_1\omega_A - J_1\omega$$

圆柱体 B 对其转轴：

$$-\int_0^t R_2 F_f \mathrm{d}t = -R_2\int_0^t F_f \mathrm{d}t = J_2\omega_B$$

由以上两式得到

$$R_2 J_1(\omega_A - \omega) = R_1 J_2 \omega_B \qquad ①$$

对于两个圆柱体，有

$$J_1 = \frac{1}{2}m_1 R_1^2,\quad J_2 = \frac{1}{2}m_2 R_2^2 \qquad ②$$

转动稳定后，ω_A 和 ω_B 方向相反，两柱面接触处无相对滑动，故

$$R_1\omega_A = -R_2\omega_B \qquad ③$$

联立式①、式②、式③，解得两圆柱体稳定转动时各自的角速度分别为

$$\omega_A = \frac{m_1}{m_1+m_2}\omega$$

$$\omega_B = -\frac{m_1 R_1 \omega}{(m_1+m_2)R_2}$$

若 $R_1 = R_2$，则 $\omega_A = -\omega_B = \dfrac{m_1}{m_1+m_2}\omega$．若 $R_1 = R_2$ 且 $m_1 = m_2$，则 $\omega_A = -\omega_B = \dfrac{\omega}{2}$．

授课录像：角动量守恒及其应用

对定轴的角动量守恒定律

授课录像：角动量守恒应用举例 1

授课录像：角动量守恒应用举例 2

2.3.2 角动量守恒定律与定轴转动

设质点系绕 z 轴做定轴转动．根据角动量定理，若 $\sum\limits_i M_z = 0$，则该质点系对转轴的角动量保持不变．这表明，对于做定轴转动的质点系，若作用于其上的外力对转轴的力矩之和为零，则该质点系对转轴的角动量保持不变，这一结论称为**对定轴的角动量守恒定律**．

对于定轴转动的质点系，若其角动量守恒，则质点系对转轴的转动惯量与角速度之积是常量．转动惯量增大，角速度减小；转动惯量减小，角速度增大．这个结论可用下面的实验来定性验证．人坐在可以绕竖直轴转动的凳子上，手持一对哑铃．人平伸双臂，令凳子和人以一定的角速度转动．当人把双臂收回时，转速增大；当人将双臂重新伸开时，转速减小．人、哑铃和凳子的质量之和恒定，当人将双臂伸开时，转动惯量增大，转速减小；当人将双臂收回时，转动惯量减小，转速增大，类似现象在生活实际中也常常见到．杂技演员翻筋斗时，会把身体蜷缩起来，使转动惯量减小，旋转速度增大；将落地时，将身体展开，转动惯量增大，旋转速度变慢，便于平稳着地．芭蕾舞演员用一只脚的脚尖着地进

行旋转，她将双臂抱紧，腿收拢，旋转速度加快；将手脚伸展开，旋转速度变慢，如图 2-23 所示.

图 2-23 角动量守恒与芭蕾舞演员的旋转

例 2-12

匀质细杆被通过其上端的光滑水平轴吊起，处于静止状态．杆的长度为 L，质量为 $m_{杆}$．现有一质量为 m 的子弹沿水平方向以速率 v 射中杆的中点并嵌在其中，如图 2-24 所示．求细杆开始摆动时的角速度．

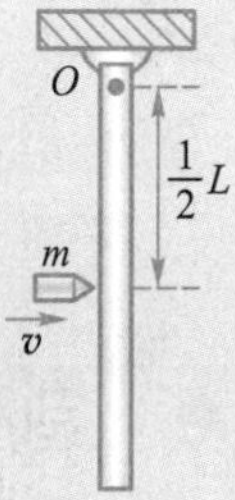

图 2-24 例 2-12 图

解：以子弹和杆为系统．子弹与杆的碰撞时间非常短，过程中杆几乎均处于竖直位置. 这样系统受到的重力矩为零；忽略轴处摩擦，轴对杆的力矩也为零．因此，系统所受对转轴的合外力矩为零，对转轴的角动量守恒.

碰撞开始时，系统的角动量为 $mv\frac{1}{2}L$，方向垂直纸面向外；设碰撞结束时，杆的角速度为 ω，系统的角动量为 $\left[\frac{1}{3}m_{杆}L^2+m\left(\frac{1}{2}L\right)^2\right]\omega$，方向垂直纸面向外. 由角动量守恒得

$$mv\frac{L}{2}=\left[\frac{1}{3}m_{杆}L^2+m\left(\frac{L}{2}\right)^2\right]\omega$$

解得杆开始摆动时的角速度为

$$\omega=\frac{6mv}{(4m_{杆}+3m)L}$$

请读者思考：系统水平方向的动量是否守恒？如果不守恒，原因是什么？

例 2-13

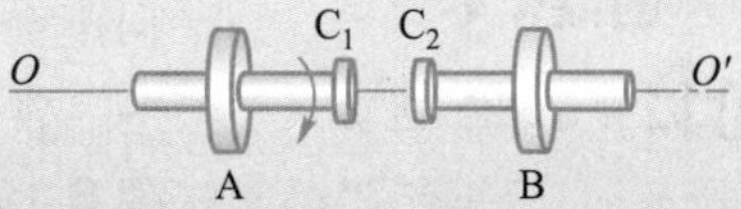

图 2-25 例 2-13 图

图 2-25 所示的装置为一种联轴器，它是通过啮合器 C_1 和 C_2 之间的摩擦力来传动的．已知 A 轮的转动惯量为 $J_A=4\ \text{kg}\cdot\text{m}^2$. 当两轴尚未联结时，A 轮以转速 $n_A=600\ \text{r/min}$ 匀速转动，B 轮静止. 现使两轴联结，B 轮加速而 A 轮减速，最后两者以相同的转速 $n=400\ \text{r/min}$ 转动．设 C_1 和 C_2 的转动惯量可忽略，转轴处的摩擦也可忽略．求 B 轮的转动惯量 J_B.

解：将 A、B 和啮合器看成一个系统，C_1 和 C_2 之间的摩擦力是内力，各个轴处的摩擦忽略，重力和轴处作用力的作用线通过转轴 OO'，所以作用于系统之上对 OO' 轴的合外力矩为零，系统的角动量守恒．两轴联结前系统的角动量为 $J_A\omega_A$，联结后的角动量为 $(J_A+J_B)\omega$，以联结前系统的角动量方向为正向，得到如下等式：

$$J_A\omega_A=(J_A+J_B)\omega$$

式中，$\omega_A=\dfrac{\pi n_A}{30}$，$\omega=\dfrac{\pi n}{30}$.

将已知数据代入，解得 B 轮的转动惯量为

$$J_B=\frac{n_A-n}{n}J_A=\frac{600-400}{400}\times 4\ \text{kg}\cdot\text{m}^2=2\ \text{kg}\cdot\text{m}^2$$

请读者思考：两轴联结前后，系统的机械能是否守恒？若不守恒，原因是什么？

2.3.3 回转仪与定点转动

授课录像：常平架回转仪

定点转动

授课录像：地球的进动与岁差

授课录像：进动 1

授课录像：进动 2

回转仪泛指绕其对称轴高速转动的物体，如汽车和轮船发动机上高速转动的飞轮或转子、小孩玩的陀螺、飞机上高速转动的螺旋桨、行进中自行车的车轮等都可以被视为回转仪．回转仪的特点是它具有对称轴，其质量以及几何形状相对于自身的对称轴对称分布．图 2-26 所示的是一个绕自身竖直对称轴旋转的刚性陀螺．它运动时只在 O 点受到支撑，且 O 点保持不动，这样的运动称为刚体的**定点转动**．将坐标原点置于陀螺的尖端 O 处，以竖直向上为 z 轴正向，陀螺绕其对称轴 Oz 转动，角速度为 $\boldsymbol{\omega}=\omega\boldsymbol{k}$，$\boldsymbol{k}$ 为沿 z 轴正向的单位矢量．陀螺绕其对称轴转动，故对 O 点的角动量为（见习题 2-19）

$$\boldsymbol{L}=J\boldsymbol{\omega}=J\omega\boldsymbol{k}$$

在旋转过程中，作用于陀螺上的对 O 点的合外力矩为零，所以陀螺的角动量守恒．由于它相对于轴的转动惯量不变，因此陀螺角速度的方向不变，转轴始终保持初始时刻的方向．由此可知，在合外力矩为零的条件下，绕对称轴高速转动的回转仪，其转轴方向不会改变，它具有定轴性.

常平架就是这样的回转仪．其结构简图如图 2-27 所示，框架 S 上有两个圆环，外环可以绕支撑 AA' 所确定的轴线转动，内环可以绕与外环相连的支撑 BB' 所确定的轴线相对于外环转动．回转体 G 的轴靠支撑 OO' 装在内环上，可以绕 OO' 轴转动，且 AA'、BB'、OO' 轴都通过回转体 G 的质心．这种装置使回转体 G 的轴线 OO' 可以在空间取任意方向，且使系统不会受到重力矩的

作用．若各轴的支撑处做得十分光滑，并忽略空气阻力，则系统将不受外力矩的作用，角动量守恒．由于角动量守恒，所以一旦回转体 G 高速旋转起来，那么无论框架怎样运动，其转轴 OO'将始终保持其初始指向．转子可以在宇宙中确定一个方向，其转轴始终沿着这个方向．这种定轴性相当奇妙，可以用于自动导航．在实际应用中，人们往往用三个回转仪，使三者的转轴相互垂直，构成一个笛卡儿直角坐标系．在火箭、导弹、鱼雷、无人机等飞行器上安装回转仪，按需要设定好方向，一旦飞行器偏离了预定设置，可通过相应的传感器发出信号，进而纠正飞行方向或者飞行器的姿态．

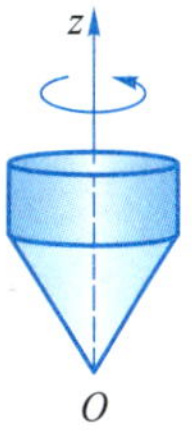

图 2-26　绕对称轴高速旋转的陀螺

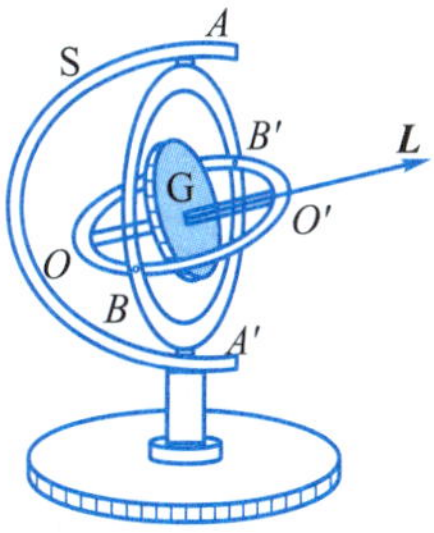

图 2-27　常平架

若回转仪受到外力矩作用，它会如何运动呢？可以通过实验来观察：将一个自行车的车轮安在轴上，使车轮的质量远大于车轴，将轴的一端 O 用一根结实的细绳系紧，如图 2-28(a)所示．用一只手握住车轮的轴，使轴保持水平且静止．再用另外一只手拉紧绳子，然后松开握住车轮的手，车轮会如何运动呢？答案很简单，它会下摆，见图 2-28(a)．这就像我们将一根一端固定的水平杆释放后，杆在竖直面内下摆那样，例 2-9 中对此问题进行过详细讨论．这里没有什么新内容，关键在于下面的操作和讨论．

现在，改变初始条件．一只手握住车轮的轴，使轴保持水平，另一只手转动车轮，使它绕轴高速旋转起来，再将绳子拉紧，之后松开握住车轴的那只手，使车轮和车轴组成的系统在 O 点被悬挂起来．实验中发现，在这种情况下，车轮不像图 2-28(a)中那样下摆，车轮的轴可以依旧位于水平面内，不过会绕着竖直的细绳转动，而车轮仍然绕轴转动．也就是说，车轮绕着它的轴转动，车轮的轴绕着竖直的细绳转动，这种现象称为**进动**，如图 2-28(b)所示．所谓进动是指高速自转回转仪的轴在空间转动的现象．

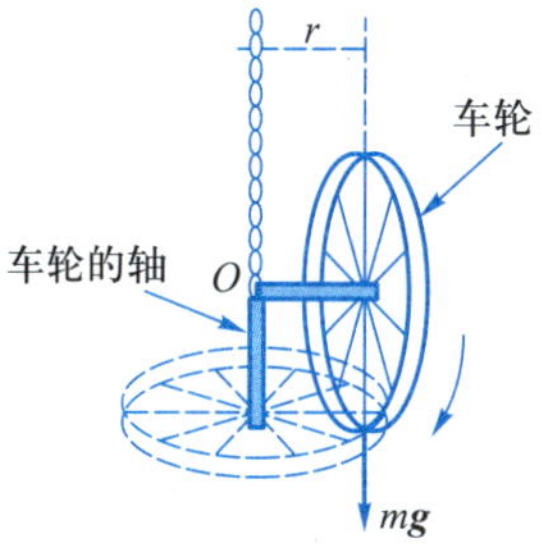

(a) 初态静止的车轮下摆

进动

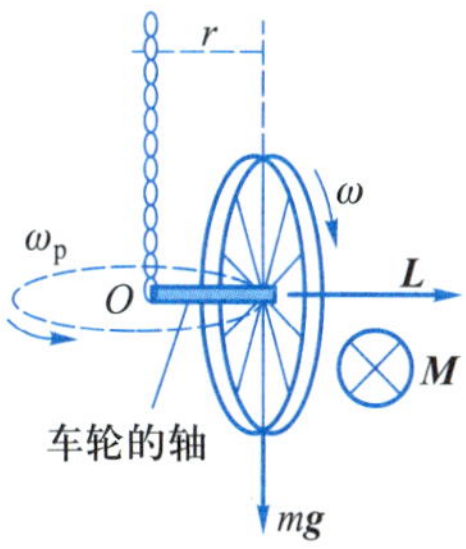

(b) 高速自旋车轮的进动

图 2-28　车轮的两种运动

可以用角动量定理对进动现象进行粗略的分析．系统在 O 点悬挂起来，车轮绕轴高速自转，车轴绕细绳转动．系统对定点 O 的角动量等于进动角动量与自转角动量之矢量和．设车轴绕绳子转动的角速度为 $\boldsymbol{\omega}_p$，称之为进动角速度，车轮绕对称轴转动的角速度为 $\boldsymbol{\omega}$．一般来说，自转角速度会远远大于进动角速度，即车轮绕对称轴转动的角速度远远大于其对称轴绕着绳子转动的角速度，$\omega \gg \omega_p$，因此，我们常常作近似，计算系统的角动量时只考虑车轮绕对称轴自转的角动量，忽略由于进动引起的角动量．于是系统对 O 点的角动量近似等于车轮的自转角动量．由于车轮绕其对称轴旋转，所以车轮对 O 点的角动量 $\boldsymbol{L}$ 为(见习题 2-19)

$$\boldsymbol{L}=J\boldsymbol{\omega}$$

NOTE

式中,J 为车轮相对于其对称轴的转动惯量. $\boldsymbol{L}$ 的方向与 $\boldsymbol{\omega}$ 相同,沿车轮的轴的方向. 当轴位于纸面内且水平时,若车轮位置如图 2-28(b)所示,则 $\boldsymbol{L}$ 的方向水平向右.

系统受到对 O 点的合外力矩为重力矩 $\boldsymbol{M}$,该力矩的方向与重力垂直. 图 2-28(b)中,重力矩的方向垂直于纸面向里. 根据角动量定理,在 $\mathrm{d}t$ 时间间隔内系统对 O 点角动量的增量为

$$\mathrm{d}\boldsymbol{L}=\boldsymbol{M}\mathrm{d}t$$

角动量增量 $\mathrm{d}\boldsymbol{L}$ 的方向与重力矩 $\boldsymbol{M}$ 的方向相同. 图 2-28(b)中,$\mathrm{d}\boldsymbol{L}$ 位于水平面内,垂直于纸面向里,与系统的角动量 $\boldsymbol{L}$ 垂直. $t+\mathrm{d}t$ 时刻的角动量与 t 时刻的角动量间满足关系式:

$$\boldsymbol{L}(t+\mathrm{d}t)=\boldsymbol{L}(t)+\mathrm{d}\boldsymbol{L}$$

先看看角动量的大小,

$$|\boldsymbol{L}(t+\mathrm{d}t)|^2=|\boldsymbol{L}(t)+\mathrm{d}\boldsymbol{L}|^2=L^2(t)+2\boldsymbol{L}(t)\cdot\mathrm{d}\boldsymbol{L}+|\mathrm{d}\boldsymbol{L}|^2$$

因为 $\boldsymbol{L}(t)$ 与 $\mathrm{d}\boldsymbol{L}$ 垂直,所以 $\boldsymbol{L}(t)\cdot\mathrm{d}\boldsymbol{L}$ 为零. 忽略二阶无穷小量 $|\mathrm{d}\boldsymbol{L}|^2$,得到

$$|\boldsymbol{L}(t+\mathrm{d}t)|^2\approx L^2(t)$$

也就是角动量的大小近似不变. 这意味着重力矩 $\boldsymbol{M}$ 将只改变系统角动量的方向,使车轮自转角动量的方向在与细绳垂直的水平面内偏转. 自转角动量的方向沿着车轮的对称轴,故车轮的轴绕绳子旋转,车轮发生进动.

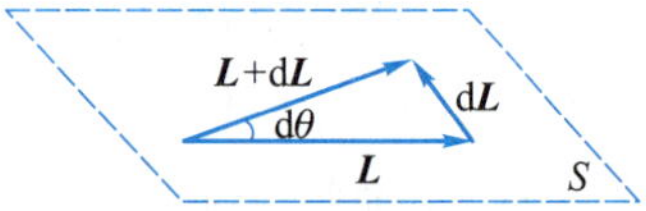

图 2-29 高速自转车轮的角动量及其增量,$\boldsymbol{L}$ 与 $\mathrm{d}\boldsymbol{L}$ 垂直且均在水平面 S 内

进动角速度的大小 ω_{p} 可以通过如下方法计算. 设 $\mathrm{d}t$ 时间间隔内车轴转过的角度为 $\mathrm{d}\theta$,见图 2-29,则

$$\mathrm{d}\theta=\frac{\mathrm{d}L}{L}=\frac{M\mathrm{d}t}{L}$$

所以进动角速度的大小 ω_{p} 为

$$\omega_{\mathrm{p}}=\frac{\mathrm{d}\theta}{\mathrm{d}t}=\frac{M}{L}=\frac{M}{J\omega}$$

忽略轴的质量,重力矩的大小近似为

$$M=rmg$$

式中,m 表示车轮的质量,r 表示车轮中心距 O 点的垂直距离,见图 2-28(b). 所以,进动角速度的大小为

$$\omega_{\mathrm{p}}=\frac{M}{L}=\frac{rmg}{J\omega}$$

可以看出,L 越大,ω_{p} 越小. 也就是对于一个回转体来说,自转角速度 ω 越大,进动角速度越小. 同理,对于相同的自转角速度,转动惯量越大的回转体,其进动角速度越小.

其实,无论车轮的对称轴是否水平,都能发生进动. 此处设车轮对称轴水平,只是为了讨论方便罢了.

以上关于车轮进动现象的解释比较粗糙,详细地讨论这个现象需要更多的知识和更长的篇幅. 实际上,如果在实验中仔细观察就会发现,车轮在进动时,它的轴还会周期性地上下摆动,这称为**章动**,其原因比较复杂,这里就不赘述了.

章动

NOTE

对比图 2-28(a)与(b),可以看出,对于这两种情况,力矩是相同的重力矩,但是运动却有很大的区别,(a)中重力矩使车轮下摆,(b)中由于车轮自身的旋转,抵抗住了重力矩的作用,车轮并不下摆,而是进动. 为什么会如此不同呢? 原因在于初始条件,以及角动量和力矩的矢量性. 车轮获得力矩后,角动量增量的方向与合外力矩相同,$\mathrm{d}\boldsymbol{L}=\boldsymbol{M}\mathrm{d}t$. 设初态角动量为 $\boldsymbol{L}(0)$,经过时间 $\mathrm{d}t$ 后,在 $\mathrm{d}t$ 时刻的角动量为 $\boldsymbol{L}(\mathrm{d}t)$,则 $\boldsymbol{L}(\mathrm{d}t)=\boldsymbol{L}(0)+\mathrm{d}\boldsymbol{L}$. 图 2-28(a)中,初态角动量为零,这样,角动量 $\boldsymbol{L}(\mathrm{d}t)$ 的方向与力矩方向相同,故车轮下摆. 图 2-28(b)中,初态角动量 $\boldsymbol{L}(0)$ 不为零,且 $\mathrm{d}\boldsymbol{L}$ 与 $\boldsymbol{L}(0)$ 垂直,两矢量相加,使车轮进动. 类似的情况在质点中也有,树上的苹果和地球的卫星,都受到地球的引力作用,但是它们的运动截然不同. 树上苹果的初速度为零,所以我们看到它直线加速落向地面. 卫星却不同,它开始时就具有很大的且与引力垂直的切向速度,致使它可以绕地球做圆周运动.

回转仪的进动在技术上有各种各样的应用. 用炮筒内壁上的来复线来控制炮弹的飞行方向就是其应用之一(见图 2-30). 炮筒的内壁上均被刻出螺旋线,称之为来复线. 由于来复线的作用,炮弹从炮口射出时会绕自身对称轴高速自转. 飞行炮弹的这种自转对于命中目标有着重要的作用. 如果没有来复线,炮弹被射出后无自转,空气阻力对炮弹的力矩可能会使炮弹在空中翻转,导致炮弹尾部落地,从而失效. 由于来复线的作用,炮弹从炮筒射出后,绕自身对称轴高度转动,它受到的空气阻力的力矩会使炮弹绕其质心前进的方向进动(见图 2-31). 炮弹的前端围绕质心所经过的轨道边旋转边前进,可以使炮弹落地时前端向下,以利于击中目标.

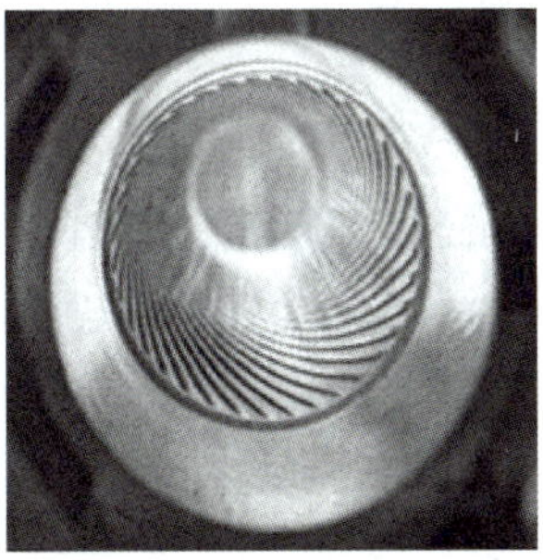

图 2-30 枪筒内壁上的来复线

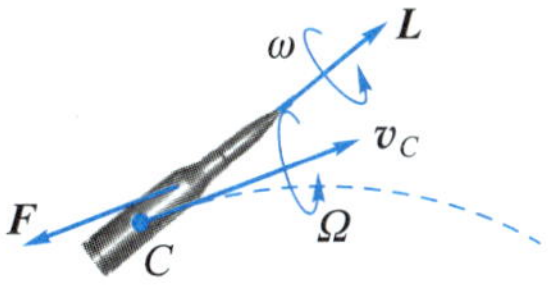

图 2-31 飞行炮弹的进动

现在,人们广泛地将绕支点高速旋转的刚体称为陀螺,并利用陀螺的定轴性以及进动等性质研制出陀螺仪,用于航海、航空、海洋与气象探测、石油钻探、地球物理测量等许多领域. 除了机械陀螺之外,人们还研发出了更精密的电陀螺、磁陀螺、光学陀螺(激光陀螺与光纤陀螺),用于惯性制导系统等尖端精密仪器之中.

2.4 刚体定轴转动的功和能

前面已经讨论过质点系的功和能，现针对刚体的定轴转动，推导关于功和能的一些相对简单的结论．

授课录像：定轴转动的功和功率

2.4.1 力矩的功

1．力矩的功

设刚体绕过 O 点且垂直于纸面的固定轴转动，如图 2-32 所示．力 $\boldsymbol{F}$ 位于与转轴垂直的平面 S 内，作用于刚体上的 A 质元．A 质元做以 O 为圆心、r 为半径的圆周运动．将 $\boldsymbol{F}$ 沿 A 质元轨道的切向和法向分解，令切向和法向的分量分别为 $\boldsymbol{F}_t$ 和 $\boldsymbol{F}_n$．在刚体经历角位移 $d\theta$ 的过程中，A 质元的位移为 $d\boldsymbol{r}$，运动过的路程为 $ds=rd\theta$．力 $\boldsymbol{F}$ 的元功为

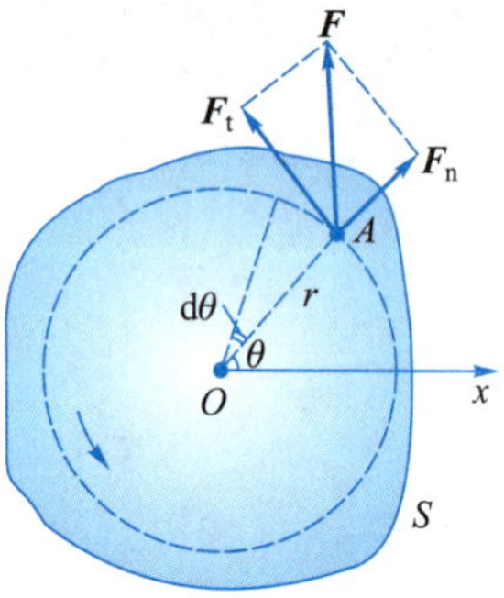

图 2-32 作用于刚体的力

$$dW=\boldsymbol{F}\cdot d\boldsymbol{r}=F_t\,ds=F_t r d\theta$$

式中，$F_t r$ 为 $\boldsymbol{F}$ 对转轴的力矩的大小，令这个力矩为 $\boldsymbol{M}$，则力 $\boldsymbol{F}$ 的元功可以表达为

$$dW=Md\theta \tag{2-19}$$

在刚体定轴转动过程中，力的元功等于力对转轴的力矩与刚体无限小角位移之积．习惯上，将上式所表达的功称为**力矩的功**，其本质仍然是力所做的功．

力矩的功

若刚体经历有限角位移，A 质元的位置角由 θ_1 变化到 θ_2，则力矩的功为

$$W=\int_{\theta_1}^{\theta_2}Md\theta \tag{2-20}$$

此式是作用于定轴转动刚体上的力的功之特殊形式．

2．力矩的功率

设刚体以角速度 ω 做定轴转动，作用于刚体上力矩 M 的功率为

$$P=\frac{dW}{dt}=\frac{Md\theta}{dt}=M\omega \tag{2-21}$$

力矩的功率

对于定轴转动的刚体，**力矩的功率**等于力对转轴的力矩与刚体角速度之积．

2.4.2 定轴转动刚体的机械能

1. 转动动能

授课录像:定轴转动刚体的能量

设刚体以角速度 ω 定轴转动,刚体对轴的转动惯量为 J. 取刚体上一个质量为 Δm_i 的质元,设它的速率为 v_i,距轴的距离为 r_i,则它的动能为

$$\Delta E_{ki}=\frac{1}{2}\Delta m_i v_i^2=\frac{1}{2}\Delta m_i r_i^2\omega^2$$

刚体的动能等于各个质元动能之和,因此,刚体的动能为

授课录像:例题

$$E_k=\sum_i\frac{1}{2}\Delta m_i v_i^2=\frac{1}{2}\left(\sum_i\Delta m_i r_i^2\right)\omega^2$$

式中,$\sum_i\Delta m_i r_i^2$ 为刚体对轴的转动惯量 J,故

$$E_k=\frac{1}{2}J\omega^2 \tag{2-22}$$

刚体的转动动能

上式是由转动惯量和角速度所表达的刚体动能,被称为**刚体的转动动能**. 刚体的转动动能等于刚体的转动惯量与角速度平方之积的一半,其本质为定轴转动刚体上所有质元的动能之和.

2. 重力势能

将刚体与地球视为一个系统,其重力势能等于组成刚体的各个质元与地球的重力势能之和. 建立如图 2-33 所示的直角坐标系,取 xOy 面为重力势能的零势能面. 质量为 Δm_i、坐标为 z_i 的质元与地球系统的重力势能为 $E_{pi}=\Delta m_i g z_i$. 若刚体的质量为 m,且刚体不太大,其所在区域的重力加速度可被视为常量,则刚体与地球系统的重力势能为

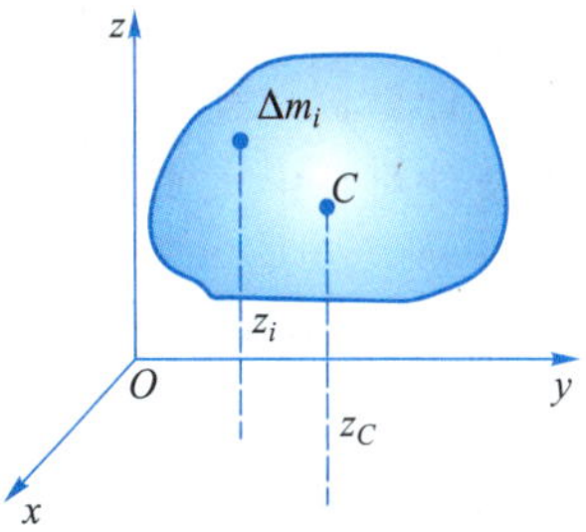

图 2-33 刚体与重力势能

$$E_p=\sum_i\Delta m_i g z_i=\left(\sum_i\Delta m_i z_i\right)g$$

由质点系质心的定义得

$$\sum_i\Delta m_i z_i=m z_C$$

式中 z_C 是刚体质心的 z 坐标. 于是,得到刚体与地球组成的系统的重力势能为

$$E_p=mgz_C \tag{2-23}$$

刚体的重力势能

刚体的重力势能等于其质量全部集中在质心时的重力势能.

2.4.3 定轴转动刚体的动能定理

设刚体做定轴转动，初态角速度为 ω_1、末态角速度为 ω_2，由质点系的动能定理得

$$W_{外}+W_{内}=E_{k2}-E_{k1}$$

由于刚体不发生变形，其上任意两点间不会有相对位移，所以每一对内力的功均为零．既然每对内力的功均为零，那么所有内力的功的和一定为零．所以，对于定轴转动的刚体，动能定理可以写为

$$W_{外}=E_{k2}-E_{k1} \tag{2-24}$$

定轴转动刚体的动能定理

即作用于刚体上合外力的功等于刚体的末态动能与初态动能之差，这称为**定轴转动刚体的动能定理**．对于定轴转动，利用式(2-22)得

$$W_{外}=E_{k2}-E_{k1}=\frac{1}{2}J\omega_2^2-\frac{1}{2}J\omega_1^2 \tag{2-25}$$

式中，J 为刚体对轴的转动惯量．

注意上式对于非定轴转动是不成立的．

例 2-14

计算例 2-11 圆柱体 B 由开始和 A 接触到稳定转动过程中，作用于其上的摩擦力的功以及此过程中 A、B 间一对摩擦力的功．

解：忽略转轴处的摩擦．在圆柱体 B 的角速度由零增长到 ω_B 的过程中，只有 A 对 B 的摩擦力矩做功，由动能定理得，其值为

$$W=E_{k2}-E_{k1}=\frac{1}{2}J_2\omega_B^2-0$$

将已解得的圆柱体 B 的末态角速度 ω_B 代入，

$$W=\frac{1}{2}\times\frac{1}{2}m_2R_2^2\left[\frac{m_1R_1\omega}{(m_1+m_2)R_2}\right]^2=\frac{m_2m_1^2R_1^2}{4\,(m_1+m_2)^2}\omega^2$$

摩擦力矩做正功，圆柱体 B 的动能增加．

将 A、B 视为一个系统，由质点系的动能定理，

$$W_{外}+W_{内}=E_{k2}-E_{k1}$$

作用于系统的外力矩的功为零，只有内力即 A、B 间的摩擦力做功，故这一对摩擦力矩的功为

$$W_f=E_{k2}-E_{k1}=\frac{1}{2}J_2\omega_B^2+\frac{1}{2}J_1\omega_A^2-\frac{1}{2}J_1\omega^2$$

将已解得的圆柱体 B 的末态角速度 ω_B 和圆柱体 A 的末态角速度 ω_A 代入得

$$W_f=\frac{1}{2}\times\frac{1}{2}m_2R_2^2\times\frac{m_1^2R_1^2}{(m_1+m_2)^2R_2^2}\omega^2+\frac{1}{2}\times\frac{1}{2}m_1R_1^2\times\frac{m_1^2}{(m_1+m_2)^2}\omega^2-\frac{1}{2}\times\frac{1}{2}m_1R_1^2\omega^2=-\frac{m_1m_2}{4(m_1+m_2)}R_1^2\omega^2$$

摩擦力矩做负功，A、B 系统的动能减少．

例 2-15

如图 2-34 所示，长为 l、质量为 m 的匀质细棒可绕通过其一端的光滑轴 O 在竖直平面内转动．使棒自水平位置由静止开始自由下摆，求它摆到与竖直线成 θ 角时的角速度．

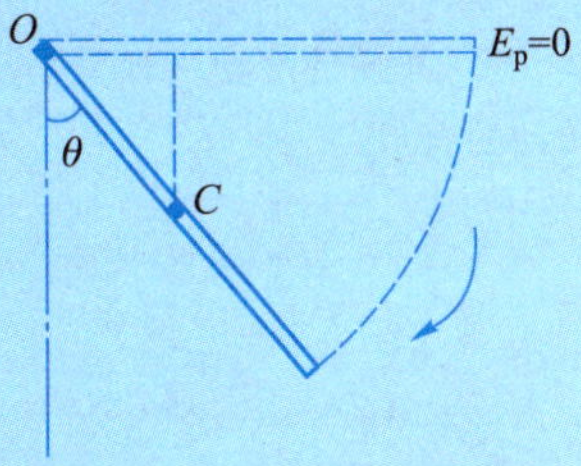

图 2-34 例 2-15 图

解：把细棒和地球视为系统．重力是保守内力，转轴是光滑的且不计空气阻力，故外力的功为零，非保守内力的功为零，系统机械能守恒．以棒初始时刻位置为计算重力势能的零点，又由于棒初始时静止，所以系统初态的机械能为零．质量均匀分布细棒的质心位于其中心，当棒摆到与竖直线成 θ 角时，系统的重力势能为

$$E_p=-\frac{1}{2}mgl\cos\theta$$

系统的动能为

$$E_k=\frac{1}{2}J\omega^2$$

由机械能守恒得

$$\frac{1}{2}J\omega^2-\frac{1}{2}mgl\cos\theta=0$$

解得

$$\omega=\sqrt{\frac{mgl\cos\theta}{J}}$$

将 $J=\frac{1}{3}ml^2$ 代入得

$$\omega=\sqrt{\frac{3g\cos\theta}{l}}$$

将这个求解过程与例 2-9 进行对比，可以发现在求解角速度时，利用机械能守恒定律比利用转动定律更加方便．

2.5 滚动

滚动是一种常见的运动，泛指物体在其支承面上的持续翻转移动，如路面上行驶车辆轮子的运动、原木沿山坡的滚落、保龄球沿木板道的翻滚前行等．将滚动分解为平动与转动，分别对平动与转动进行分析，而后将两种运动合成，即可得到关于滚动的规律，这是研究滚动的常用方法．例如，可将车轮的滚动分解为随质心的平动与绕过质心轴的转动，进而了解轮子上各点的运动情况（见图 2-35）．

按照其上的点接触支承面时的运动情况，可将刚体的滚动分为有滑滚动和无滑滚动．若刚体上的点接触支承面时相对支承

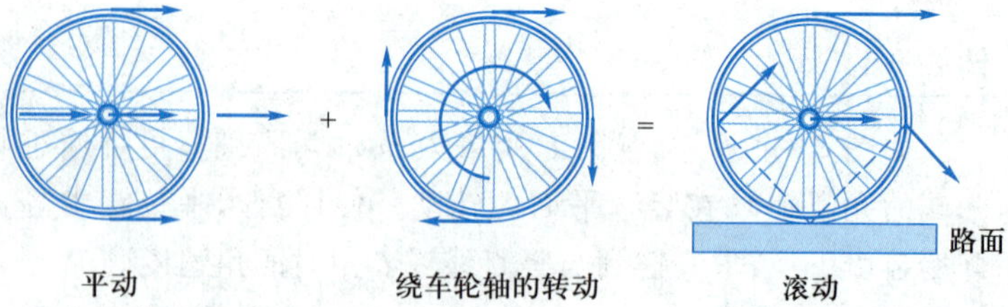

图 2-35 车轮的滚动可视为平动和转动的合成

面瞬间静止，则称这种滚动为无滑滚动，也称之为纯滚动．在汽车行驶过程中，若车轮做无滑滚动，则轮胎胎面上的点在接触地面时相对地面瞬间静止，不在地面上发生滑动，车子往往会在雪地或是沙地上留下清晰可见的轮胎花纹．若刚体上的点在接触支承面时相对支承面运动，则称这种滚动为有滑滚动．驾驶汽车时，过于快速猛烈的启动或刹车常常导致汽车轮胎在路面上发生有滑滚动．本节重点讨论刚体在刚性支承面上所做的无滑滚动．

2.5.1 无滑滚动

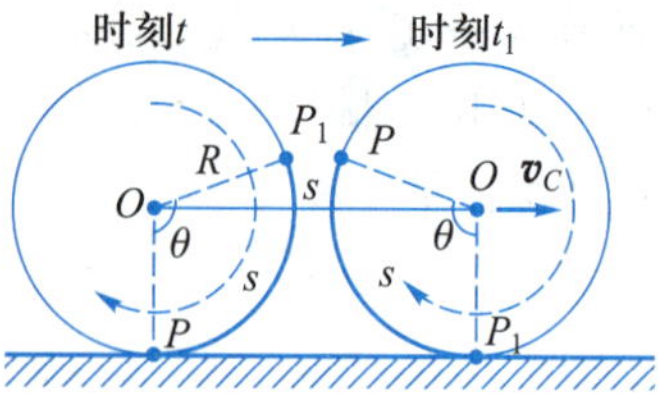

图 2-36 圆环向右无滑滚动，$s=R\theta$

NOTE

设半径为 R 的刚性匀质薄圆环在水平地面上沿直线向右滚动，其质心的运动速度为 $\boldsymbol{v}_C$，方向水平向右，如图 2-36 所示．把圆环的滚动分解为随质心的平动与绕过其质心且垂直纸面对称轴的转动，将其转动的角速度记为 ω. 圆环上任意一点相对于地面的运动速度等于质心平动速度与其绕环心 O 圆周运动速度的矢量和．任取时刻 t，设圆环上的 P 点接触地面．若圆环做无滑滚动，则 P 点相对于地面瞬间静止，此刻相对于地面的速度 v_P 为零．P 点圆周运动的速度方向水平向左，大小为 $R\omega$，故 $v_P=v_C-R\omega=0$. 质心平动速度与圆环的角速度满足

$$v_C=R\omega \tag{2-26}$$

对时间求导，

$$\frac{\mathrm{d}v_C}{\mathrm{d}t}=R\frac{\mathrm{d}\omega}{\mathrm{d}t}$$

得到质心加速度 a_C 满足

$$a_C=R\alpha \tag{2-27}$$

式中，α 为圆环绕过质心且垂直纸面轴转动的角加速度．任取 t 到 t_1 时间间隔，设圆环质心运动过的距离为 s，发生的角位移为 θ，它与地面的接触点由 P 变为 P_1，如图 2-36 所示．对于无滑滚动，圆环上 PP_1弧的长度与 s 相等，

$$s=R\theta \tag{2-28}$$

例 2-16

一人在水平路面上沿直线骑自行车．当车速达到 8.40 m/s 时，他开始均匀地减慢车速．经过 115 m 的距离，自行车停了下来．已知车轮直径为 68.0 cm，整个减速过程中轮子在地面上不打滑．求：

(1) 起始时刻车轮绕自身轴转动的角速度；

(2) 减速过程中，车轮转过的总圈数；

(3) 车轮的角加速度；

(4) 减速过程所用的时间．

解：(1) 由题意判断，自行车减速过程中车轮做无滑滚动．设车轮直径为 D，根据式(2-26)，起始时刻车轮绕自身轴转动的角速度为

$$\omega_0=\frac{v}{R}=\frac{v}{D/2}=\frac{8.40}{68.0\times10^{-2}/2}\ \text{rad/s}\approx24.7\ \text{rad/s}$$

(2) 车轮做无滑滚动．根据式(2-28)，车轮每转动一圈，其质心移动的距离为 πD．在 115 m 距离内，车轮转过的总圈数 N 为

$$N=\frac{115}{\pi D}=\frac{115}{3.14\times68.0\times10^{-2}}\ \text{r}\approx53.9\ \text{r}$$

(3) 车速均匀减慢，车轮质心的加速度是常量．根据式(2-27)，车轮绕自身轴转动的角加速度 α 也是常量．减速过程中，车轮共转过了 N 圈，发生的角位移为 $\Delta\theta=2\pi N$．根据匀加速转动公式，

$$\alpha=\frac{\omega^2-\omega_0^2}{2\Delta\theta}=\frac{0-24.7^2}{2\times2\times3.14\times53.9}\ \text{rad/s}^2\approx-0.901\ \text{rad/s}^2$$

(4) 减速过程所用的时间 t 为

$$t=\frac{\omega-\omega_0}{\alpha}=\frac{0-24.7}{-0.901}\ \text{s}\approx27.4\ \text{s}$$

车轮在地面上无滑滚动时，车胎与地面接触点 P 相对于地面瞬间静止．为了处理问题方便，有时将车轮的无滑滚动视为绕通过接触点 P 且垂直于纸面之瞬时轴的转动．据此比较车轮上各点的速度值，可以得到结论：车轮上离地面越远的点，其运动速度越大，如图 2-37 所示．车轮上最高点 Q 的速度最大，为质心速度的两倍．显然，随着车轮的滚动，其上接触地面的点在不停地改变，瞬时轴相对于地面的位置是变化的，这也是其得名“瞬时”轴的原因．

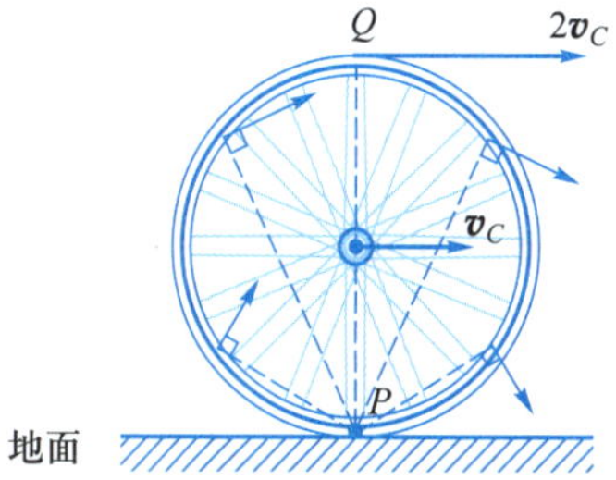

图 2-37 车轮上各点绕通过接触点 P 且垂直于纸面的瞬时轴转动

2.5.2 无滑滚动的基本动力学方程

设刚体在惯性系 S 中沿支承面无滑滚动，将其运动分解为随质心的平动与绕质心轴的转动．在 S 系中，质心运动遵守质心运动定理，

NOTE

$$\boldsymbol{F}=m\boldsymbol{a}_C \tag{2-29}$$

$\boldsymbol{F}$ 为刚体所受合外力，m 为刚体的质量，$\boldsymbol{a}_C$ 为质心相对于 S 系的加速度．取质心系 S′，将原点置于刚体质心处．由质点系对质心的角动量定理，

$$\boldsymbol{M}_C=\frac{\mathrm{d}\boldsymbol{L}_C}{\mathrm{d}t} \tag{2-30}$$

式中，$\boldsymbol{M}_C$ 为对质心的外力矩之和，$\boldsymbol{L}_C$ 为质点系对质心的角动量．对于无滑滚动，设其质心轴为 z' 轴，$\boldsymbol{L}_C$ 沿该质心轴的投影为 $L_{z'}$，则

$$L_{z'}=J_C\omega \tag{2-31}$$

式中，J_C 为刚体对质心轴的转动惯量，ω 为角速度．将式(2-30)沿 z'轴投影，并将式(2-31)代入，得到

$$M_{z'}=J_C\frac{\mathrm{d}\omega}{\mathrm{d}t}=J_C\alpha$$

即

$$M_{z'}=J_C\alpha \tag{2-32}$$

α 为角加速度，$M_{z'}$为外力对质心轴的力矩之和．此式表明，各外力对质心轴的总力矩等于刚体对质心轴的转动惯量与角加速度之积，这称为刚体对质心轴的转动定理．

注意，质心系不一定是惯性系，但是利用式(2-32)处理纯滚动问题时，不必考虑惯性力的力矩，这正是质心的特殊与方便之处．

2.5.3 无滑滚动刚体的动能

设质量为 m 的刚体在支承面上无滑滚动，根据柯尼希定理，其动能为

$$E_\mathrm{k}=\frac{1}{2}mv_C^2+\frac{1}{2}J_C\omega^2 \tag{2-33}$$

式中，v_C 为质心的运动速率，J_C 为刚体对质心轴的转动惯量，ω 为角速度．无滑滚动刚体的动能等于随质心平动的动能与绕质心轴的转动动能之和．对于无滑滚动，刚体接触支承面的点相对于支承面瞬间静止，故质心速率 v_C 与角速度 ω 之间存在某种联系．例如，对于图 2-36 中的圆环，v_C 等于圆环半径与角速度之积．

例 2-17

匀质刚性实心球从高 H 处沿固定斜面由静止无滑滚下,如图 2-38(a)所示,求它到达斜面底部时质心的速率.

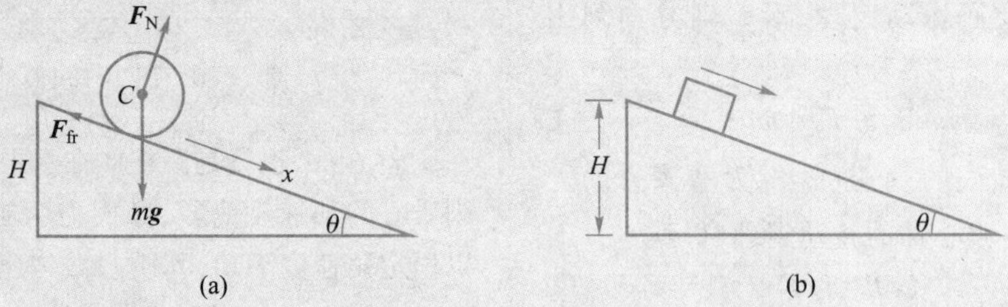

图 2-38 例 2-17 图

解:以实心球和地球为系统. 球纯滚动下滑,其上与斜面接触点相对于斜面的瞬时速度为零,摩擦力不做功,斜面对球的支持力也不做功. 只有保守内力——重力做功,系统机械能守恒.

$$mgH=\frac{1}{2}mv_C^2+\frac{1}{2}J_C\omega^2 \quad ①$$

式中,m 为球的质量,v_C 为质心相对于地面的速度,ω 为球的角速度,J_C 为对过质心且与纸面垂直的轴的转动惯量.

$$J_C=\frac{2}{5}mR^2 \quad ②$$

球做纯滚动,故

$$v_C=R\omega \quad ③$$

联立以上三个方程,解得球到达斜面底部时质心的速率为

$$v_C=\sqrt{\frac{2mgH}{m+J_C/R^2}}=\sqrt{\frac{10}{7}gH}$$

由计算结果可知,v_C 与匀质球的质量、半径均无关.

如果将一个物块从这个斜面顶部由静止释放,如图 2-38(b)所示,忽略摩擦,那么它到达斜面底部的速率为$\sqrt{2gH}$,大于匀质实心球下落 H 时质心的速率 v_C. 之所以会有这个结果,是因为重力势能 mgH 全部转化为动能,物块仅做平动,其动能全部为平动动能. 对于实心球,其动能包括平动动能和转动动能,因此它到达斜面底部时质心的速率小于$\sqrt{2gH}$.

请读者思考:假设将匀质圆环、匀质实心圆柱以及匀质实心球置于斜面顶部,将三者自同一高度同时由静止释放,谁先到达斜面的底部呢?

例 2-18

匀质刚性实心圆柱体沿固定斜面无滑滚下,如图 2-39 所示. 已知圆柱体质量为 m、半径为 R,斜面的倾角为 θ. 求该圆柱体滚动时的质心加速度和所受摩擦力.

解：以圆柱体为研究对象，其受力如图所示．图中 C 为圆柱体的质心．在惯性系中取 x 轴平行于斜面，正向沿斜面向下．在圆柱体沿斜面向下滚动过程中，质心沿 x 轴正向运动．根据质心运动定理，沿 x 轴方向列出方程：

$$mg\sin\theta - F_{fr} = ma \quad ①$$

式中，a 为质心的加速度，F_{fr} 为摩擦力的大小．利用对质心轴的转动定理，得到

$$F_{fr}R = J_C\alpha \quad ②$$

式中，α 为圆柱体的角加速度，J_C 为圆柱体对垂直纸面的质心轴的转动惯量．

$$J_C = \frac{1}{2}mR^2 \quad ③$$

圆柱体在滚动过程中不打滑，质心加速度与角加速度满足方程

$$a = R\alpha \quad ④$$

解得质心加速度为

$$a = \frac{2}{3}g\sin\theta$$

圆柱体受到的摩擦力为

$$F_{fr} = \frac{1}{3}mg\sin\theta$$

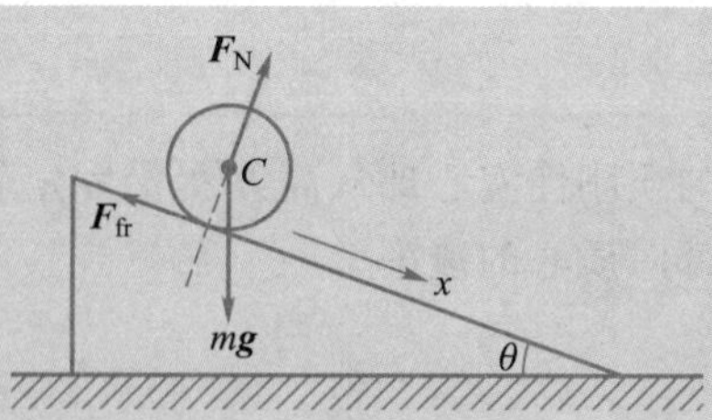

图 2-39 例 2-18 图

若 $\theta=0$，也就是圆柱体在水平面上滚动，则质心的加速度为零，摩擦力为零．圆柱体以恒定角速度滚动，其质心做匀速直线运动．若 $\theta=90°$，则 $a=\frac{2}{3}g$，$F_{fr}=\frac{1}{3}mg$．无滑滚动要求 F_{fr} 不能大于最大静摩擦力，即

$$F_{fr} \leqslant \mu_s F_N$$

$$\frac{1}{3}mg\sin\theta \leqslant \mu_s mg\cos\theta$$

故静摩擦因数 μ_s 的取值范围为

$$\mu_s \geqslant \frac{1}{3}\tan\theta$$

如果静摩擦因数太小，或斜面的倾角太大，使得 $\mu_s<\frac{1}{3}\tan\theta$，则圆柱体在下滑过程中会在斜面上打滑，它与斜面接触点的速率不等于零，④式也就不成立了．

例 2-19

掷保龄球．保龄球被掷出，在刚与地面接触时（$t=0$）以速率 v_0 平动，随后开始滚动．设球沿直线运动，与地面间的动摩擦因数为 μ_k，如图 2-40 所示．问触地多长时间后，保龄球开始无滑滚动？

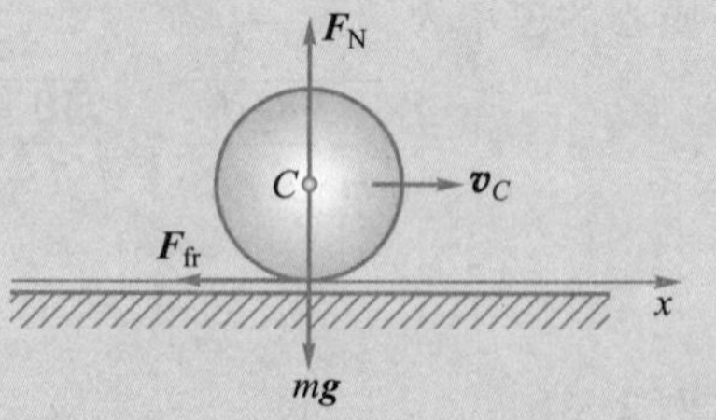

图 2-40 例 2-19 图

解：保龄球受力如图 2-40 所示．取 x 轴沿水平方向，正向向右，与初速度方向一致．对于平动，由质心运动定理得

$$-F_{fr} = ma \quad ①$$

$$F_{fr} = \mu_k mg \quad ②$$

质心的加速度与初速度方向相反，其运动速率 v_C 由 v_0 逐渐减小．

保龄球一触地即在摩擦力矩作用下开始转动，角速度 ω 由零开始增大．对垂直于纸面的质心轴，利用对质心轴的转动定理列方程：

$$F_{fr}R=J_C\alpha \qquad ③$$

式中 $J_C=\frac{2}{5}mR^2$ 是球对质心轴的转动惯量，α 为保龄球的角加速度．保龄球与地面接触点的速度等于其随质心平动速度与其绕质心轴转动速度的合成．在开始的一段时间内，质心的运动速度相对大，$v_C>R\omega$，保龄球在平面上的滚动是打滑的．随时间的延续，质心速率 v_C 减小，球的角速度增大，一旦满足 $v_C=R\omega$，保龄球就开始无滑滚动．

在无滑滚动前，由式①得到质心的加速度为

$$a=-\mu_k g$$

它是常量．t 时刻质心的运动速率为

$$v_C=v_0-\mu_k gt \qquad ④$$

由式②、式③解得，在无滑滚动前，球的角加速度为

$$\alpha=\frac{\mu_k mgR}{J_C}=\frac{5\mu_k g}{2R}$$

角加速度 α 是常量，在无滑滚动前，t 时刻球的角速度为

$$\omega=\omega_0+\alpha t=0+\frac{5\mu_k gt}{2R} \qquad ⑤$$

当满足 $v_C=R\omega$ 时，保龄球开始无滑滚动．将式④、式⑤代入得

$$v_0-\mu_k gt=\frac{5\mu_k gt}{2R}R$$

解得自球触地到开始无滑滚动所需时间为

$$t=\frac{2v_0}{7\mu_k g}$$

球达到纯滚动所需的时间与球本身的质量和半径没有关系，取决于其初始的平动速度和它与地面间的动摩擦因数．

还可以考虑一下，另有一个圆环和一个圆柱，按照本题的方式，将它们以相同的初速度掷于水平面上，两者同时开始滚动．设两者与水平面间的动摩擦因数相同，它们达到纯滚动状态所需的时间相同吗？如果不同，谁先开始纯滚动？

2.5.4 滚动摩擦

在例 2-19 中，一旦保龄球在水平面上做纯滚动，则摩擦力为零，质心的加速度为零．那么，这个球是否会一直滚动下去，停不下来呢？答案是否定的．解决这个问题的关键是，必须放弃刚体模型，重新分析球的受力情况，并考虑以前并未提及的滚动摩擦．

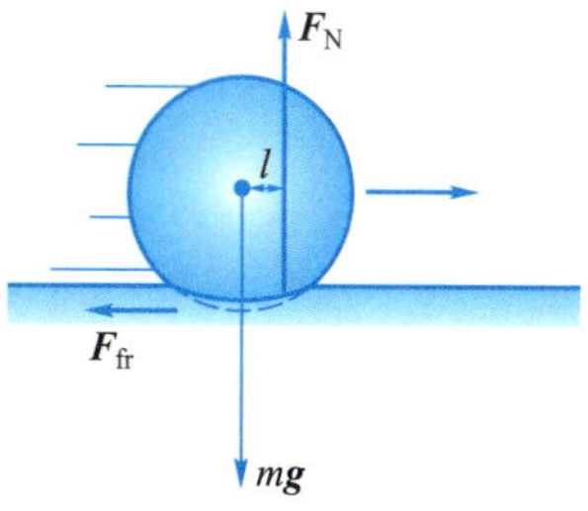

图 2-41 支持力的作用线移动到球心前侧，出现滚动摩擦

实际上，物体相互接触时都会在一定程度上发生形变．以图 2-41 中的球为例，在滚动过程中，球会被稍稍压扁一些，水平面也会有微小的形变，球与水平面之间实际上是面接触，并不是原来刚性球中那样的点接触．这导致地面阻碍球的滚动．在物体

滚动过程中，出现的这种阻碍滚动、减少机械能（动能）的作用称为滚动摩擦．滚动摩擦不仅会减小质心的速度，还会对球施加减慢其滚动的力矩，称之为滚动摩擦力矩．滚动摩擦力矩与地面对球的支持力相关，可以等效地认为是由于支持力的作用线移动到球心的前侧而形成的力矩，如图 2-41 所示．水平面对球支持力的作用线移到球心前 l 远处，不再通过球心．滚动摩擦力矩等效为支持力 $\boldsymbol{F}_N$ 与重力 $m\boldsymbol{g}$ 构成的力偶矩．在一般情况下，滚动摩擦远小于滑动摩擦．工程上采用滚珠轴承就是基于这个道理．

本章提要

刚体是力学中的理想模型，运用这一模型可以体现物体形状、大小等因素对运动的影响．在物体运动过程中，若其上任意两个质元之间的距离保持不变，则称这个物体为刚体．若形状和大小的改变对其本身运动的影响可以被忽略，则可将该物体抽象为刚体．

平动与转动是刚体最基本的运动，本章重点讨论刚体的定轴转动与无滑滚动．

1. 运动学

（1）定轴转动．

若刚体上运动的点都围绕同一固定直线做圆周运动，则称其运动为定轴转动．人们常常用角量描述刚体的定轴转动．

（2）角速度．

NOTE

角速度是矢量，刚体的角速度等于位置角对时间的变化率．

$$\omega=\frac{\mathrm{d}\theta}{\mathrm{d}t}$$

可根据刚体的转动方向，由右手螺旋定则确定角速度的方向．角速度的单位为 rad/s．

转速 n（单位为 r/min）和角速度 ω 的关系为

$$\omega=\frac{\pi}{30}n$$

定轴转动刚体角速度的方向沿转轴．

（3）角加速度．

角加速度等于角速度对时间的变化率．

$$\boldsymbol{\alpha}=\frac{\mathrm{d}\boldsymbol{\omega}}{\mathrm{d}t}$$

NOTE

$$\alpha=\frac{\mathrm{d}^2\theta}{\mathrm{d}t^2}$$

角加速度的单位为 $\mathrm{rad/s^2}$.

定轴转动刚体角加速度的方向沿转轴.

（4）定轴转动角量与线量的关系.

① 角速度与线速度.

$$\boldsymbol{v}=\boldsymbol{\omega}\times\boldsymbol{r}$$

$$v=R\omega$$

② 角加速度和线加速度.

$$\boldsymbol{a}=\boldsymbol{\alpha}\times\boldsymbol{r}+\boldsymbol{\omega}\times(\boldsymbol{\omega}\times\boldsymbol{r})=\boldsymbol{a}_{\mathrm{t}}+\boldsymbol{a}_{\mathrm{n}}$$

$$a_{\mathrm{n}}=R\omega^2$$

$$a_{\mathrm{t}}=R\alpha$$

$$a=\sqrt{a_{\mathrm{n}}^2+a_{\mathrm{t}}^2}=R\sqrt{\alpha^2+\omega^4}$$

以 φ 表示质元的加速度 $\boldsymbol{a}$ 与法向加速度 $\boldsymbol{a}_{\mathrm{n}}$ 间的夹角，

$$\varphi=\arctan\left|\frac{a_{\mathrm{t}}}{a_{\mathrm{n}}}\right|=\arctan\left|\frac{\alpha}{\omega^2}\right|$$

（5）匀加速转动.

刚体做定轴转动时，角加速度 $\boldsymbol{\alpha}$ 保持不变的运动.

$$\omega=\omega_0+\alpha t$$

$$\Delta\theta=\omega_0 t+\frac{1}{2}\alpha t^2$$

$$\omega^2-\omega_0^2=2\alpha\Delta\theta$$

（6）无滑滚动.

刚体上与支承面接触的点相对于支承面瞬间静止.

2. 动力学

（1）转动惯量的定义.

设刚体由 N 个质点组成，绕 z 轴转动，其上第 i 个质点的质量为 Δm_i，到转轴的垂直距离为 r_i，定义刚体对 z 轴的转动惯量 J 为

$$J=\sum_{i=1}^{N}\Delta m_i r_i^2$$

对于质量连续分布的刚体，设其上质元 $\mathrm{d}m$ 到转轴的垂直距离为 r，定义其对转轴的转动惯量为

$$J=\int_V r^2\mathrm{d}m$$

在国际单位制中，转动惯量的单位是 $\mathrm{kg\cdot m^2}$.

（2）平行轴定理.

设质量为 m 的刚体对通过其质心的 z 轴的转动惯量为 J_C，对

另一与 z 轴平行且相距 d 转轴的转动惯量为 J,则

$$J=J_C+md^2$$

(3) 垂直轴定理.

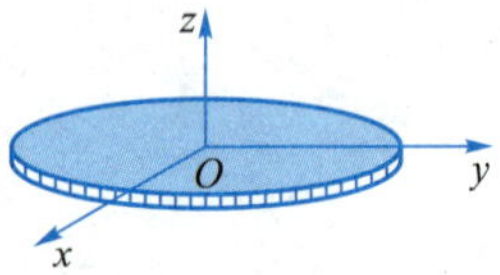

图 2-42 垂直轴定理

薄板型刚体对 z 轴的转动惯量等于它对 x 轴的转动惯量与对 y 轴的转动惯量之和.

$$J_z=J_x+J_y$$

x、y、z 三个轴彼此垂直,且 z 轴垂直于刚体面,如图 2-42 所示.

(4) 对转轴的角动量.

刚体对某个轴的角动量等于它对该轴的转动惯量与它绕该轴转动的角速度之积.

$$\boldsymbol{L}=J\boldsymbol{\omega}$$

(5) 对转轴的力矩.

平行于转轴的力对转轴的力矩为零,垂直于转轴的力 $\boldsymbol{F}$ 对转轴的力矩为

$$\boldsymbol{M}=\boldsymbol{r}\times\boldsymbol{F}$$

(6) 定轴转动定律.

$$\sum_i \boldsymbol{M}_{外}=\frac{\mathrm{d}\boldsymbol{L}}{\mathrm{d}t}$$

$$\sum_i M_{外}=J\alpha$$

(7) 定轴转动的角动量定理.

$$\int_{t_1}^{t_2} M_z\mathrm{d}t=L_2-L_1$$

(8) 定轴转动角动量守恒定律.

若 $\sum\limits_i M_z=0$,则质点系对转轴的角动量保持不变.

NOTE

(9) 力矩的功.

力矩的元功为

$$\mathrm{d}W=M\mathrm{d}\theta$$

有限角位移的功为

$$W=\int_{\theta_1}^{\theta_2} M\mathrm{d}\theta$$

(10) 力矩的功率.

$$P=\frac{\mathrm{d}W}{\mathrm{d}t}=M\omega$$

(11) 转动动能.

$$E_\mathrm{k}=\frac{1}{2}J\omega^2$$

转动动能等于刚体对转轴的转动惯量与角速度平方之积的一半.

NOTE

（12）重力势能.

对于不太大的刚体，它与地球系统的重力势能为

$$E_p = mgz_C$$

（13）定轴转动刚体的动能定理.

$$W = E_{k2} - E_{k1} = \frac{1}{2}J\omega_2^2 - \frac{1}{2}J\omega_1^2$$

合外力矩的功等于刚体末态转动动能与初态转动动能之差.

（14）对质心轴的转动定理.

$$M_{z'} = J_C\alpha$$

外力对质心轴的力矩之和 $M_{z'}$ 等于刚体对质心轴的转动惯量 J_C 与角加速度 α 之积.

（15）滚动与动能.

无滑滚动刚体的动能等于随质心平动的动能与绕质心轴转动的动能之和.

$$E_k = \frac{1}{2}mv_C^2 + \frac{1}{2}J_C\omega^2$$

思考题

2-1 刚体转动时，如果角速度很大，是否作用在其上的力和力矩也一定很大？

2-2 使刚体由静止开始转动，为了省力，应该怎样对刚体施力？

2-3 刚体在某一力矩作用下绕定轴转动，当力矩增大时，角速度和角加速度怎样变化？当力矩减小时，角速度和角加速度怎样变化？

2-4 就人体自身来讲，人采用什么姿势和对什么样的轴，转动惯量最小或最大？

2-5 一刚体做定轴转动，它对转轴的角动量方向如何？它对转轴上任意一点的角动量是否一定平行于转轴？

2-6 一人手持哑铃，双臂向身体两侧平伸，坐在转动的转椅上，忽略转椅的摩擦．若他将双臂收回，使他对轴的转动惯量减少，角速度如何变化？转动动能如何变化？

2-7 对于一个系统，若角动量守恒，动量是否一定守恒？若动量守恒，角动量是否一定守恒？

2-8 从生活经验可知，要使一根长棒保持在水平位置，握住棒的中点比握住棒的端点更容易，试解释原因.

2-9 有两个半径和质量相同的轮子．其中一个轮子的质量分布在边缘，另外一个轮子的质量均匀分布于它所占据的圆面．(1)若两个轮子的角动量相同，哪个轮子转得快？(2)若两个轮子的角速度相同，哪个轮子的角动量大？

2-10 如图所示，宇航员悬立在飞船座舱内的空间时，不触按舱壁，只是用右脚顺时针划圈，身体就会

思考题 2-10 图

向左转；两臂伸直向后划圈，身体又会向前转．试说明其中的道理．

2-11 刚体定轴转动，若作用于其上的力不在与转轴垂直的转动平面内，如何计算它所做的功？

2-12 刚体定轴转动时，其动能的增量只取决于外力对它的功，与内力无关，对非刚体此结论是否成立？为什么？

2-13 观察路面上正常行驶车辆的照片，会发现车轮上越远离地面的部分越模糊．试解释这一现象．

2-14 刚体无滑滚动过程中所受支承面的摩擦力是否做功？

2-15 刚性圆柱体在水平面上无滑滚动时是否受到支承面所施加的摩擦力？

习题

2-1 一张唱盘转速为 78 r/min，关掉电动机后，唱盘在 30 s 内停止了转动．设在此过程中唱盘的角加速度恒定．

（1）求唱盘角加速度的大小；

（2）问在这 30 s 内，唱盘转了多少转？

2-2 半径为 6.0 m 的圆台位于水平面内，以 10 r/min 的转速绕通过其中心的竖直轴顺时针转动．位于圆台边缘的人相对于圆台以 1.0 m/s 的速率沿圆台的边缘逆时针行走．求：

（1）人相对于地面的角速度；

（2）人相对于地面的速率．

2-3 一个半径为 0.10 m、位于竖直面内的圆盘由静止开始以 2.0 rad/s^2 的角加速度绕通过其中心的固定水平轴转动．P 为圆盘边缘上的一点，开始时位于圆盘的最高点，求 $t=1.0$ s 时 P 点的位置及加速度的大小．

2-4 一个网球的质量为 57 g，直径为 7 cm，视之为球壳，求它对过球心轴的转动惯量．

2-5 一个车轮的直径为 1.0 m，由薄圆环和六根车条组成．设圆环的质量为 8.0 kg，每根车条的质量为 1.2 kg，求车轮对过其中心且与圆环垂直轴的转动惯量．

2-6 地球的密度为 $\rho=C\left(1.22-\dfrac{r}{R}\right)$，式中 r 为到地心的距离，R 为地球的半径，C 为常量．设地球的质量为 m，求：

（1）常量 C；

（2）地球对过地心轴的转动惯量．

2-7 长方形匀质薄板长、宽分别为 a、b，质量为 m．求这块板对下列轴的转动惯量：

（1）过长边的轴；

（2）过宽边的轴；

（3）过板的中心且垂直于板面的轴．

2-8 一匀质薄圆板的面密度为 σ、圆心为 O、半径为 R，在其上挖去直径为 R 的圆板，被挖掉的圆板的圆心为 O'，且 $OO'=R/2$，如图所示．求剩余部分对过点 O 且与板垂直的轴的转动惯量．

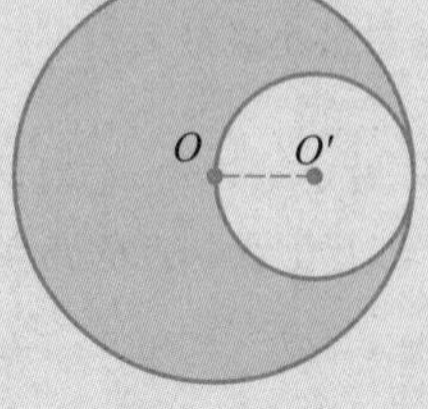

习题 2-8 图

2-9 如图所示，定滑轮质量为 $m_p=2.00$ kg，半径为$R=0.100$ m，其上绕有不可伸长的轻绳，绳子下端挂一质量为 $m=5.00$ kg 的物体．在初始时刻，该定滑轮沿逆时针方向转动，角速度的大小为 10.0 rad/s，将滑轮视为匀质圆盘，忽略轴处的摩擦且绳子在滑轮上不打滑，求：

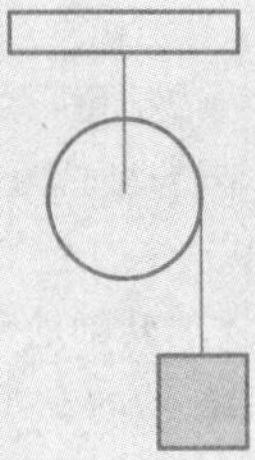

习题 2-9 图

（1）滑轮的角加速度；

（2）物体可上升的最大高度；

（3）物体落回初始位置时，滑轮的角速度．

2-10 在如图所示的滑轮系统中，物体 A 和 B 的质量分别为 4.00 kg 和 2.00 kg. 滑轮的半径为0.100 m，滑轮对其固定轴的转动惯量为 0.200 kg · m^2，忽略轴处的摩擦且绳与滑轮间无相对滑动，求：

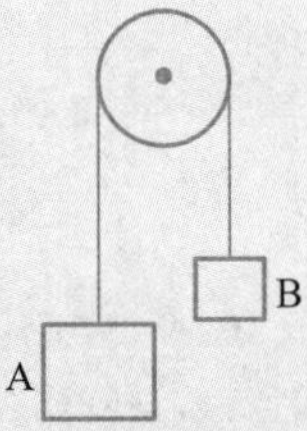

习题 2-10 图

（1）物体 A、B 的加速度；

（2）滑轮的角加速度；

（3）滑轮两侧绳子中的张力．

2-11 一个固定斜面的倾角为 37°，其上端装有质量为 $m_p=20$ kg、半径为 $R=0.20$ m 的飞轮，飞轮对其光滑转轴的转动惯量为 0.20 kg · m^2. 飞轮上绕着绳子，与斜面上质量为 $m=5.0$ kg 的物体相连，如图所示，设物体与斜面间的动摩擦因数为 $\mu=0.25$. 求：

（1）物体在斜面上向下滑动的加速度（设物体下滑过程中绳子在飞轮上不打滑）；

（2）绳子对物体的拉力．

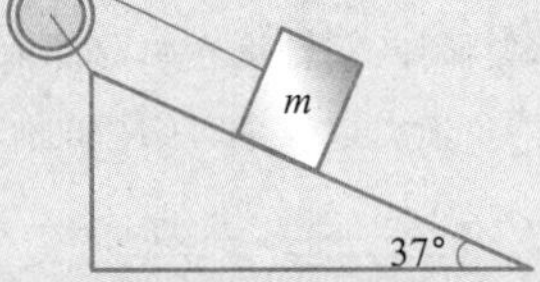

习题 2-11 图

2-12 质量分别为 m_1 和 m_2 的两个物体通过跨过定滑轮的轻绳相连，如图所示．定滑轮的质量为 m，可视为半径为 r 的匀质圆盘．已知 m_2 与桌面间的动摩擦因数为 μ_k，设绳子和滑轮间无相对滑动，滑轮轴处的摩擦可以忽略不计．求 m_1 下落的加速度和水平、竖直两段绳子中的张力．

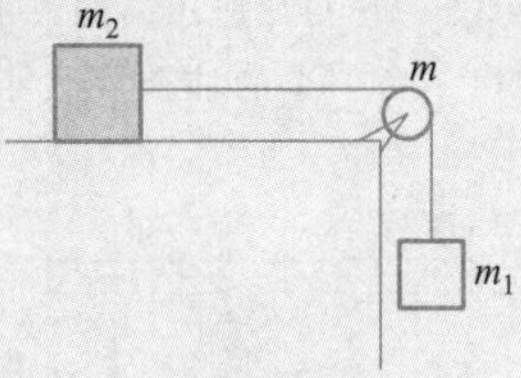

习题 2-12 图

2-13 半径为 R 的圆柱体 A，可绕 OO' 轴转动，其上绕有细绳，绳的一端绕过质量可以忽略的小滑轮 K 与质量为 m 的物体 B 相连，如图所示．设物体 B 由静止开始在时间 t 内下降的距离为 d，忽略转轴处的摩擦，求物体 A 的转动惯量．

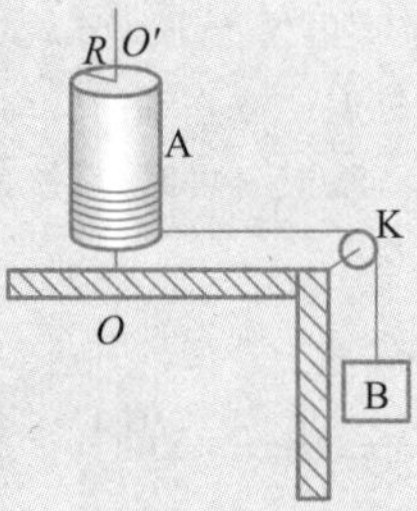

习题 2-13 图

2-14 两个固连在一起的同轴匀质圆柱体可绕它们的固定轴 OO' 转动，如图所示．两个圆柱体上均绕有绳子，分别与质量为 m_1、m_2 的物体相连．设小圆柱体和大圆柱体的半径分别为 R_1、R_2，两者的质量分别为 m_{p1}、m_{p2}．将 m_1、m_2 两物体释放后，m_2 下落，且绳子均不打滑．忽略转轴处的摩擦，求圆柱体的角加速度．

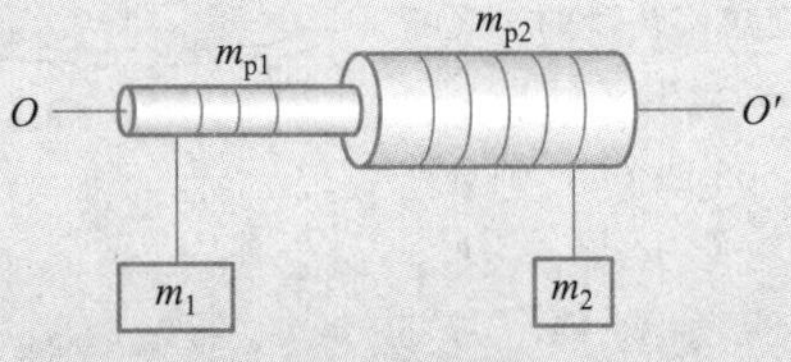

习题 2-14 图

2-15 如图所示，一水平悬挂的匀质细棒 AB 质量为 m. 若剪断悬挂棒 B 端的绳子 BC，则棒 AB 在竖

直面内绕过 A 点的光滑固定轴转动．对于剪断 BC 瞬间，

（1）求细棒质心的加速度；

（2）求竖直杆 AD 对棒作用力的大小；

（3）问细棒上哪个点的加速度大小等于 g（g 为重力加速度）？

习题 2-15 图

2-16　如图所示，长度为 $2r$ 的匀质细杆的一端与半径为 r 的圆环固连在一起，它们可绕过杆的另外一端 O 点的光滑水平轴在竖直面内转动，设杆和圆环的质量均为 m. 使杆处于水平位置，然后由静止释放该系统，使之在竖直面内转动，求：

（1）系统对过 O 点水平轴的转动惯量；

（2）杆与竖直线成 θ 角时，系统的角加速度与系统质心的切向加速度．

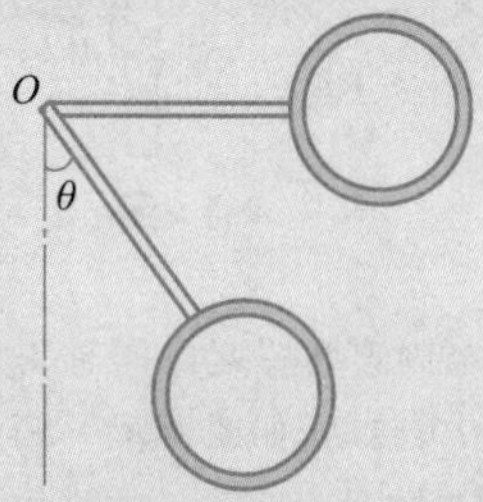

习题 2-16 图

2-17　一水平转盘可绕过其中心的竖直轴转动，已知该转盘的半径为 2.0 m，对其轴的转动惯量为500 kg·m^2，轴处的摩擦忽略不计．一儿童质量为 25 kg，以 2.5 m/s的速率沿转盘的切线方向跳上静止的转盘，并站在了转盘的边缘处，如图所示．求该儿童跳上转盘后，转盘的角速度．

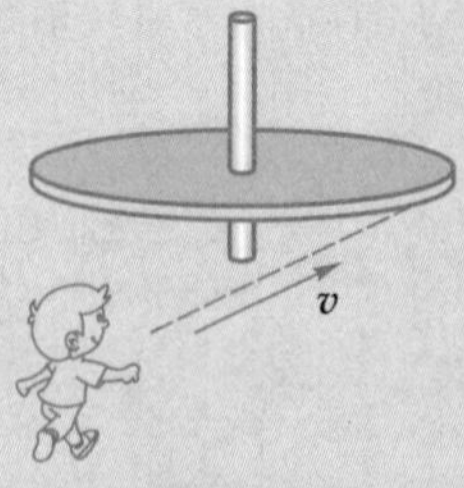

习题 2-17 图

2-18　一飞船尾部如图所示，其边缘处有两个可喷气的小孔．当飞船以 6 r/min 的转速绕与尾部垂直的轴转动时，为使飞船停止转动，两个喷气孔开始以 v = 800 m/s 的速率沿边缘切向喷射出气体．已知喷气孔到飞船转轴的距离为 R = 3 m，且每个喷气孔每秒喷射出 10 g 的气体，若飞船对轴的转动惯量为 J = 4 000 kg·m^2，那么喷气孔喷气多长时间后飞船可停止转动？

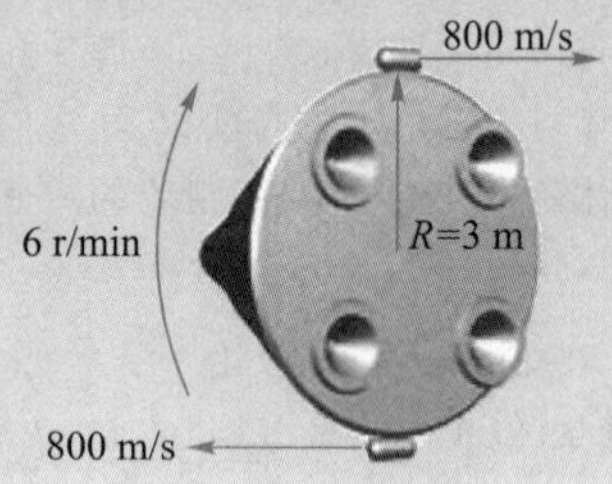

习题 2-18 图

2-19　一刚体质量分布均匀，几何形状具有轴对称性．若该刚体绕其对称轴转动，证明：它对轴上任一点的角动量为 $\boldsymbol{L}=J\boldsymbol{\omega}$. 其中，$J$ 为刚体对转轴的转动惯量，$\boldsymbol{\omega}$ 为刚体的角速度．

2-20　假定地球是密度均匀的圆球．

（1）求地球的自转动能（取地球的半径为 6.4×10^6 m，质量为 6.0×10^{24} kg）；

（2）假定这些能量可用来为人类服务，若给地球上 65 亿人中每个人提供 1.0 kW 功率，则可用多长时间？

2-21　质量均匀分布的细棒 AB 可以绕过 A 点的固定水平轴无摩擦地在竖直平面内转动．先将细棒的 B 端用支架支起，使细棒静止于水平位置，如图所示．设细棒的质量为 m，长度为 L. 求：

（1）轴对细棒的作用力；

（2）将支架撤掉，当细棒在竖直面内转过 θ 角时，它的角加速度、角速度以及轴对细棒的作用力．

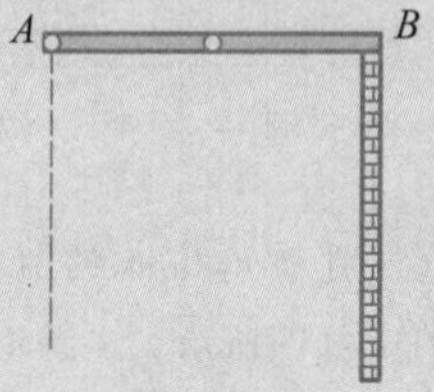

习题 2-21 图

2-22 如图所示，AB 为匀质细棒，质量为 m，可绕过 O 点的光滑水平固定轴在竖直平面内转动．使棒处于水平位置，然后将它由静止释放，若 $AO=\frac{l}{4}$，求：

(1) 放手瞬间棒的角加速度和棒在 O 点受到的作用力；

(2) 当棒转动到竖直位置时，棒的角速度；

(3) 当棒转动到竖直位置时，棒的角加速度和棒在 O 点受到的作用力．

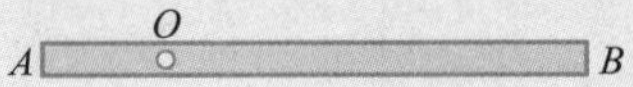

习题 2-22 图

2-23 唱机的转盘绕通过盘心的光滑固定竖直轴转动，唱片放上去后将受转盘摩擦力的作用而随转盘转动，如图所示．设唱片是半径为 R、质量为 m 的匀质圆盘，唱片和转盘间的动摩擦因数为 μ_k，转盘以角速度 ω 匀速转动，且转盘水平．问：

(1) 唱片刚被放到转盘上时受到的摩擦力矩有多大？

(2) 唱片达到角速度 ω 需要多长时间？在这段时间内，转盘保持角速度 ω 不变，驱动力矩共做了多少功？唱片获得了多大的动能？唱片和转盘的角位移如何？

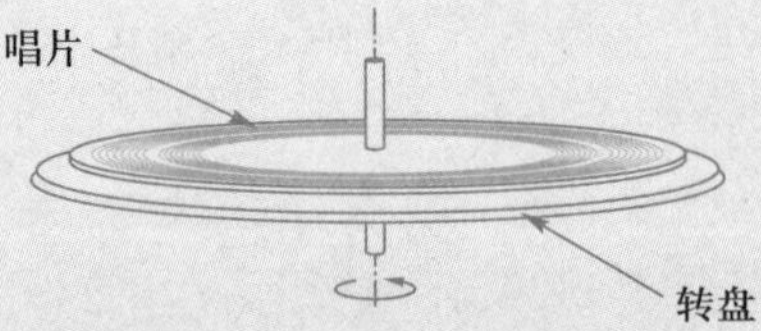

习题 2-23 图

2-24 如图所示，质量为 m、长为 l 的匀质细棒可绕其底端的固定轴自由转动．现假设棒由竖直位置由静止开始向右倾倒，忽略轴处的摩擦．求棒转过角 θ 时的角加速度和角速度．

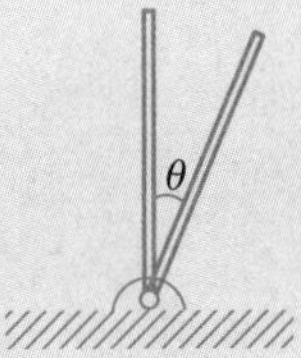

习题 2-24 图

2-25 质量均匀分布的细杆上端被光滑的水平固定轴吊起并处于静止状态，如图所示．杆的长度为 $L=0.40$ m，质量为 $m_{杆}=1.0$ kg．质量为 $m=8.0$ g 的子弹以 $v=200$ m/s 的速率水平射中杆上距水平轴 $d=3L/4$ 处，并停在杆内．求：

(1) 细杆开始摆动时的角速度；

(2) 细杆的最大偏转角．

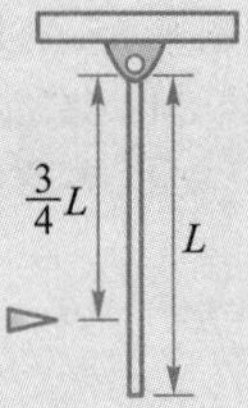

习题 2-25 图

2-26 半径为 R 的台球静止于水平桌面上．现以球杆沿水平方向快速击打台球，如图所示．将台球视为匀质实心球，若球杆恰好位于球心所在的竖直面内，且要使台球一开始就无滑滚动，则球杆到桌面的高度 h 应如何取值？

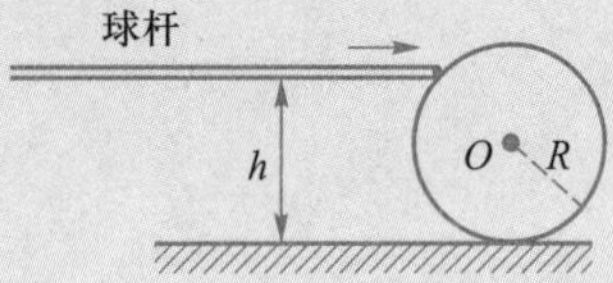

习题 2-26 图

2-27 匀质圆柱体在固定水平面上无滑滚动，如图所示．对下面几种情况，求圆柱体所受的摩擦力．

(1) 沿圆柱体上缘作用一水平拉力 $\boldsymbol{F}$，圆柱体加速滚动；

(2) 在圆柱体中心轴线上作用一水平拉力 $\boldsymbol{F}$，圆柱体加速滚动；

(3) 不受任何主动的拉动或推动，圆柱体在水平面上匀速滚动；

(4) 设圆柱体半径为 R，给圆柱体施加一主动力偶矩 $\boldsymbol{M}$，驱动其加速度滚动．

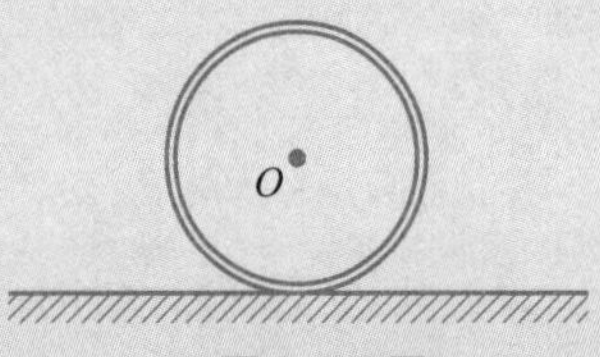

习题 2-27 图

2-28 下落的悠悠球．将质量为 m、半径为 R 的悠悠球由静止释放，使之沿竖直绳子无滑动地下落，如图所示．将悠悠球视为绕着细线的匀质圆柱体，求：

（1）悠悠球下落的加速度和绳中张力.

（2）悠悠球下落 h 高度时，质心获得的速度.

习题 2-28 图

2-29 以水平向右的恒力 $\boldsymbol{F}$ 加速置于水平地面上且载有匀质圆柱体的长板，如图所示. 在运动过程中，圆柱体在长板上无滑滚动. 已知长板的质量为 m_b，圆柱体的质量为 m_c、半径为 R，长板与水平地面间的摩擦因数为 μ. 求圆柱体的角加速度和长板的加速度.

2-30 将上题中的长板和圆柱体从静止开始加速，并忽略长板与水平地面间的摩擦．若长板在力 $\boldsymbol{F}$ 作用下水平向右运动了距离 d，求圆柱体和长板在此过程中各自获得的动能并证明所得结果符合质点系的动能定理．

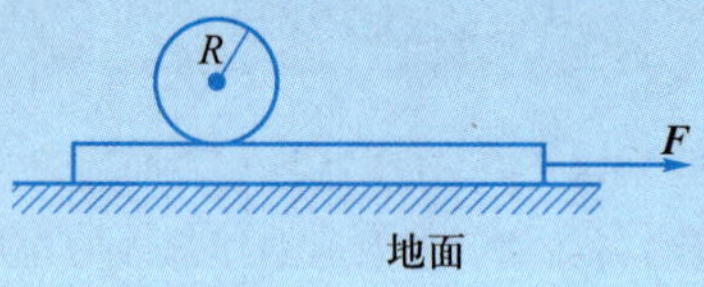

习题 2-29、2-30 图

第 3 章　连续体力学

连续体力学又称连续介质力学,包括固体的弹性力学和流体力学．前面介绍的刚体是不能形变的,用质点组的观点来说,就是内部质点之间没有相对运动．而本章所讨论的连续体,包括弹性体和流体(液体和气体),它们的共同特点是其内部质点之间可以有相对运动．从宏观上看,连续体可以有形变或非均匀流动．与刚体不同,对于连续体来说,我们不能再把它看成一个个离散且没有相对运动的质点,而是取有体积且能发生形变的“质元”．于是,力也不再看成作用在各个质点上,而是看成作用在质元表面上,这就需要引入一个描述作用在单位面积上的力的物理量,即“应力”．

本章我们主要介绍固体的弹性、静止流体的力学性质,以及流体的流动性质.

3.1　固体的弹性

在前面各章节中,涉及有体积的物体时,我们采用的都是刚体模型,忽略了固体的一切形变．而实际物体在所受的合外力与合外力矩为零时,虽然也会处于平衡状态,但并不意味着这些力和力矩对物体没有作用效果．物体受到接触力的作用时,会发生形变(见图 3-1),即物体的大小或形状发生了改变．许多物体非常坚硬,即使对它们施加很大的力,肉眼可能也看不出什么外观上的变化,然而这并不表示它们没有发生形变,只是需要用一些灵敏的仪器才能观测到．如果一个物体在接触力被移除后,能够恢复原来的形状和尺寸,我们就可以称之为**弹性**物体．绝大多数固体在其所受外力不太大的时候都具有弹性．然而,当受到的外力超过一定限度的时候,任何物体都会产生永久性的形变而不能自动复原,甚至被破坏,这个外力的限度称为**弹性限度**(**弹性极限**)．例如当我们用较小的力去敲击玻璃窗时,玻璃不会有任何损坏,

弹性

弹性限度　弹性极限

图 3-1 体育运动中的物体形变现象

表现出弹性;如果敲击力度过大,就会敲碎玻璃,产生永久性的破坏. 我们人体也表现出一定的弹性,只不过弹性限度比较小,受到稍微大一点的力,身体就无法恢复原来的状态,甚至会受伤.

3.1.1 应力和应变——胡克定律

应变

弹性物体在外力的作用下,其内部会发生相应的形变(**应变**,用 ε 表示),此时物体内各部分之间会产生相互作用的内力,以抵抗外力的作用,并试图使物体从形变后的状态恢复到形变前的状态,这种物体内部某截面上的单位面积的内力称为应力(用 τ 表示). 根据外力施加方式的不同(见图 3-2),应变可以有以下几种基本形式.

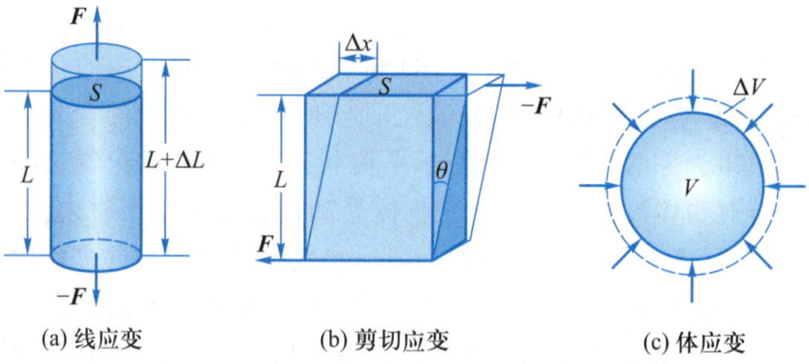

图 3-2 应变

1. 拉伸与压缩——线应变

线应变

应力

对一根匀质柱体(杆)的两端沿轴向施以大小相等、方向相反的外力时,其长度会发生改变,我们称之为**线应变**. 柱体的伸长或收缩视受力方向而定. 如图 3-2(a)所示,设力的大小为 F,柱体的截面积为 S,则 F/S 称为正**应力**,其国际制单位是帕斯卡(Pa),与压强单位相同. 设柱体的原长是 L,在外力 $\boldsymbol{F}$ 作用下长度的改变量为ΔL,则相对变化量$\Delta L/L$称为线应变．实验表明，在引起形变的力不太大的时候，正应力和线应变成正比．这一规律是由英国物理学家胡克(Robert Hooke,1635—1703)提出的，称为**胡克定律**,其数学形式可表示为

胡克定律

$$\frac{F}{S}=E\frac{\Delta L}{L} \quad 或 \quad \tau_{线}=E\varepsilon_{线} \tag{3-1}$$

式中，E为比例系数，它取决于材料的固有属性，与材料的长度、横截面积无关，称为**杨氏模量**．杨氏模量可以理解为材料固有的可伸缩特性，能够衡量材料本身的抗拉和抗压性能．从表3-1中列出的数据可以看出，较硬的比较难以被拉伸或压缩的材料(比如一些金属)都具有比较大的杨氏模量；很硬的金刚石的杨氏模量远远大于表中其他材料；而我们的人体组织大都比较软，其杨氏模量较小.

杨氏模量

NOTE

表3-1 一些材料的杨氏模量(E)

物质	E/GPa	物质	E/GPa
橡胶	0.002~0.008	铅	15
人体软骨	0.024	大理石	50~60
人体脊椎	0.088(压缩) 0.17(拉伸)	铝	68
		银	75
人体肌腱	0.6	金	81
蜘蛛丝	4	生铁	100~120
人体肱骨	9.4(压缩) 16(拉伸)	铜	126
		铂	168
砖	14~20	不锈钢	197
混凝土	20~30(压缩)	金刚石	1 200

在中学阶段，我们都学习过关于弹簧的胡克定律，其表述为$F=k\Delta x$. 其中，k称为**弹性系数**,F是弹簧两端所受的作用力，Δx是弹簧相对于原长的改变量．如果把上述的弹性杆看成一根弹簧，比较式(3-1),就可以得到

弹性系数

$$F=\frac{ES}{L}\Delta L \quad \Rightarrow \quad k=\frac{ES}{L} \tag{3-2}$$

可见杨氏模量与弹簧弹性系数非常类似，都是反映伸缩弹性的.

弹簧拉伸或压缩后本身具有势能，物体发生弹性形变也具有势能．类比我们熟知的弹簧的弹性势能公式$W_p=\frac{1}{2}k\Delta x^2$,可得

匀质杆的弹性势能为

$$W_p=\frac{1}{2}\frac{ES}{L}\Delta L^2=\frac{1}{2}ESL\left(\frac{\Delta L}{L}\right)^2 \tag{3-3}$$

注意到杆的体积为 $V=SL$,则杆内单位体积的势能(势能密度)可表示为

$$w_p=\frac{1}{2}E\left(\frac{\Delta L}{L}\right)^2 \tag{3-4}$$

即杨氏模量与线应变平方乘积的一半.

例 3-1

碳纳米管(图 3-3)是一种具有特殊结构的一维量子材料,具有许多奇异的力学性能. 比如它有极高的杨氏模量(与金刚石相当)、极强的抗拉强度等,性能远超钢铁,却比钢铁轻得多. 假设某种理想结构的单层壁碳纳米管的杨氏模量约为 1 200 GPa、直径为1.0 nm,已知这种碳纳米管的线应变达到 0.5 时将断裂,那么几根这样的碳纳米管拧在一起,可以提起 1 t 的重物?

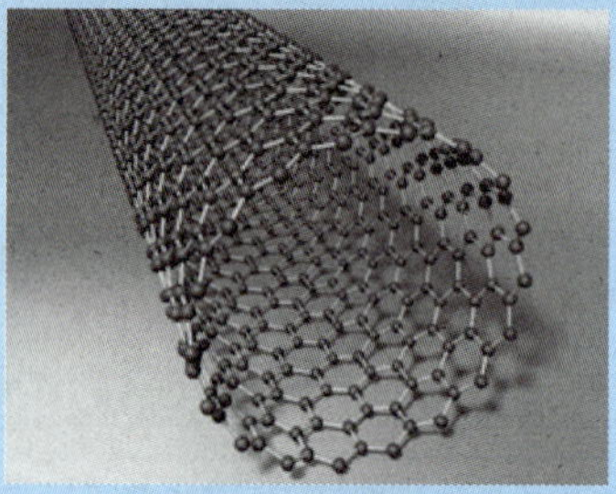

图 3-3 碳纳米管

解: 由伸缩杆的胡克定律 $F/S=E(\Delta L/L)$,可得单根这种碳纳米管能够承受的拉力为

$$F=ES(\Delta L/L)=1.2\times10^{12}\times S\times0.5\ (\mathrm{N})$$

其中,碳纳米管的截面积是 $S=\pi\times(0.5\ \mathrm{nm})^2\approx7.85\times10^{-19}\ \mathrm{m}^2$. 于是单根管能够承受的力为

$$\begin{aligned}F&=1.2\times10^{12}\times7.85\times10^{-19}\times0.5\ \mathrm{N}\\&=4.71\times10^{-7}\ \mathrm{N}\end{aligned}$$

则需要

$$1\,000\times9.8\div(4.71\times10^{-7})\approx2.08\times10^{10}$$

根碳纳米管才能够承受 1 t 的重物.

这看上去像是需要很多根,我们可以估算一下这么多根纳米管拧在一起的截面积,大约是 $7.85\times10^{-19}\times2.08\times10^{10}\ \mathrm{m}^2\approx1.63\times10^{-8}\ \mathrm{m}^2$. 这是一个非常小的截面积,相当于直径不到 0.2 mm,与我们的头发丝差不多. 想象一下一根大约头发丝粗细的碳纳米管能够拉起 1 t 的重物,可见其抗拉强度是多么大.

2. 切应变

一块长方体材料,对其两个相对的侧面施加与侧面平行的大小相等、方向相反的两个力时,其形状会发生扭曲,这种形变称为剪切应变,如图 3-2(b)所示. 外力 F 与施力面积 S 之比 F/S 称为**切应力**,两个相对的施力面因相互错开而引起的角度变化 $\theta=\Delta x/L$称为**切应变**. 与杆伸缩的情况类似,在所施加的力不太大时,切应力与切应变也成正比关系,有

切应力

切应变

$$\frac{F}{S}=G\theta=G\frac{\Delta x}{L} \quad \text{或} \quad \tau_{切}=G\varepsilon_{切} \tag{3-5}$$

其中，比例系数 G 称为**切变模量**(或**剪切模量**)，它是由材料性质决定的常量，这个公式就是适用于剪切应变的胡克定律.

切变模量
(剪切模量)

发生剪切应变的材料也具有弹性势能. 可以证明，材料发生剪切应变时，其单位体积的弹性势能等于切变模量与切应变平方乘积的一半，即

$$w_p=\frac{1}{2}G\left(\frac{\Delta x}{L}\right)^2 \tag{3-6}$$

这与伸缩杆内的弹性势能具有相似的形式.

例 3-2

一根截面积为 0.5×0.5 cm^2 的钢条，要用铁钳剪断，如图 3-4 所示. 假设此钢条的切变模量为 90 GPa，当其切应变达到 0.003 时，会发生断裂. 问铁钳至少需要多大的剪切力作用在此钢条上，才能剪断它？

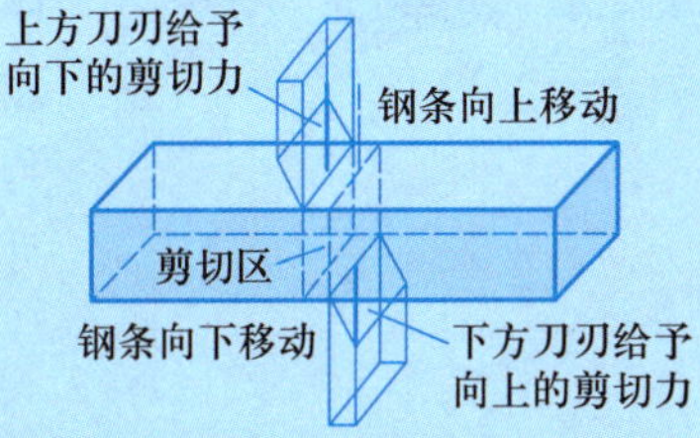

图 3-4 铁钳剪钢条时，刀刃对钢条施加剪切力

解：根据剪切形变的胡克定律 $F/S=G\theta$，此钢条受到的剪切力与切应变之间的关系为 $F=GS\theta$. 这里，铁钳对钢条施加剪切力时，力的作用面积就是钢条的截面积 0.5×0.5 cm^2. 剪断时，钢条的切应变达到 0.003. 于是，铁钳需要施加的剪切力至少为

$$F=9.0\times10^{10}\times2.5\times10^{-5}\times0.003\ \text{N}$$
$$=6.75\times10^{3}\ \text{N}$$

这相当于接近 700 kg 物体的重力，一般家里进行简单维修所用的钳子，不可能产生这么大的剪切力，需要用比较大型的老虎钳才可以.

这里我们用简单的对长方体施以剪切力的例子，来阐明一般的切应力与切应变的关系. 实际中许多发生剪切应变的例子不容易一下看出. 比如一根杆的扭转(如图 3-5 所示)，实际上就是发生了剪切应变. 我们人体发生骨折，大多也是因为骨骼受到了扭转的力，相应地产生了切应力与切应变. 骨骼的结构和成分决定了它能够抵抗比较大的拉伸和压缩的力，而对于扭转，抵抗能力就弱了很多，所以扭转骨头很容易导致螺旋状断裂(如图 3-5 所示).

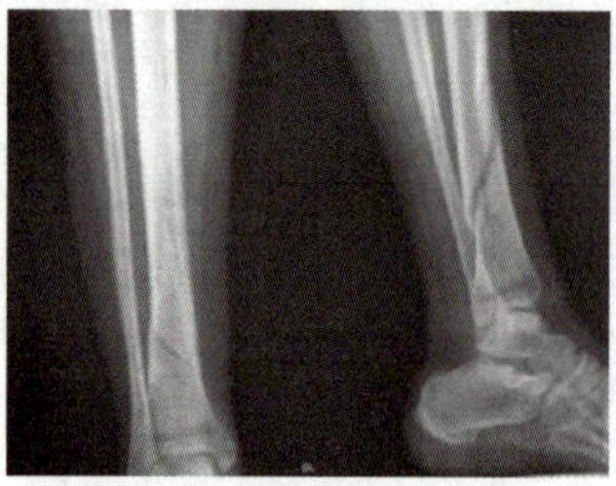

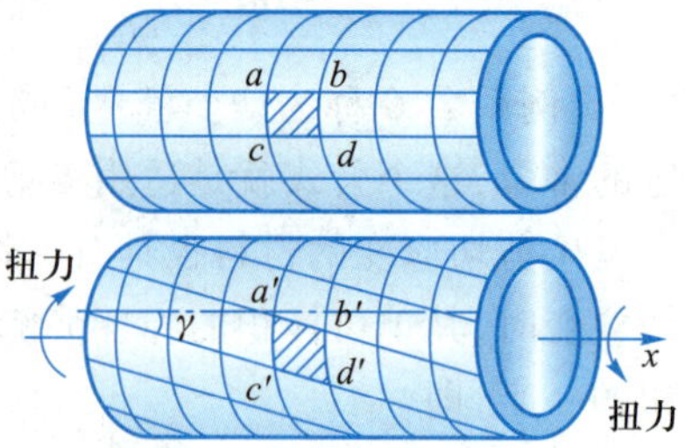

图 3-5 小腿胫骨螺旋形骨折(左)和杆的扭转(右)

3. 静液压——体应变

体积应力 体积应变 体应变

物体沉浸在静止液体中时,液体对其总是有垂直于表面向内的作用力,所以物体被压缩,体积减小,如图 3-2(c)所示.液体压强 p 等于单位面积的正压力,可以被看成作用于物体的**体积应力**.而物体因此产生的形变用**体积应变**(也称**体应变**)描述,它等于体积的变化率 $-\Delta V/V$. 实验表明,应力不太大时,应力与应变以固定的系数成比例变化,此即体积应变时的胡克定律,可表示成如下形式:

$$\Delta p=-K\frac{\Delta V}{V} \quad 或 \quad \tau_{体}=K\varepsilon_{体} \tag{3-7}$$

体积模量

式中,比例系数 K 称为**体积模量**,总是取正值,其大小由物质本身的性质来决定.负号是由于压强增大($\Delta p>0$),体积减小($\Delta V<0$).根据式(3-7),我们很容易理解,体积模量大的物质更难被压缩,因为在同样的压强改变下,较大的 K 使得体积变化比较小.

与前面讨论的两种应力应变不同,体积应力还适用于流体(液体和气体).液体的体积模量并不比固体小多少,因为液体中的原子分子与固体相似,也是紧密结合的.在后面介绍流体的时候,我们假设液体是不可压缩的,正是因为它们的体积模量一般都很大,确实不易被压缩.而气体中原子分子间的距离要比固体和液体大得多,很容易被压缩,因此气体的体积模量一般都比较小.

NOTE

显然,物体发生体积压缩形变的时候,也具有弹性势能.可以证明,单位体积的弹性势能为

$$w_{p}=\frac{1}{2}K\left(\frac{\Delta V}{V}\right)^{2} \tag{3-8}$$

它有着与前述两种形变类似的形式,也是相应的体积模量 K 与应变(体积应变 $-\Delta V/V$)平方乘积的一半.

例 3-3

许多液体是近似不可压缩的，利用表 3-2 中的数据分析一下水的情况.

解：水的体积模量约为 2.2 GPa，根据 $\Delta p=-K(\Delta V/V)$，每增加一个大气压（约10^5 Pa），体积减小率为$-\Delta V/V=\Delta p/K\approx4.5\times10^{-5}$. 设想在极深的海沟底（比如大约 10 000 m 深处），相当于 1 000 个大气压的高压，水体积的减小率也仅约为 $4.5\times10^{-5}\times1\ 000=4.5\%$. 所以我们把日常生活中见到的水看成不可压缩，是合理的.

表 3-2 一些材料的切变模量（G）和体积模量（K）

物质	G/GPa	K/GPa	物质	G/GPa	K/GPa
水		2.2	银	27	104
乙醇		0.9	金	28.5	169
水银		25	铜	40~50	120~140
铅	5.4	36	铂	64	142
铝	25	78	不锈钢	75.7	164
生铁	40~50	60~90	金刚石		620

NOTE

通过以上三种形变方式的讨论，我们可以看到，在不同形变情况下，应力和应变都有着相似的成比例的关系. 现在，人们把这个规律统称为胡克定律，可以将其表述为

$$\text{应力}(\tau)=\text{弹性模量}(M)\times\text{应变}(\varepsilon) \tag{3-9}$$

而相应的单位体积的弹性势能可写为

$$\text{弹性势能密度}(w_p)=\frac{1}{2}\times\text{弹性模量}(M)\times\text{应变}(\varepsilon)^2 \tag{3-10}$$

*3.1.2 胡克定律以外

如果物体受到的外力作用超出了比例极限，那么应力和应变将不再成比例变化（如图 3-6 所示），这时胡克定律不再适用，但在释放应力后物体还能恢复原先的形状和尺寸，因此还是弹性物体. 如果继续加大应力而超过了**弹性极限**，物体就不能恢复原状，以致发生永久性形变. 如果再继续增加应力到断裂点，物体就会被破坏. 物体能够承受的不发生断裂的最大应力称为**极限强度**. 对材料施加拉伸、压缩和剪切等作用，表现出来的极

弹性极限

极限强度

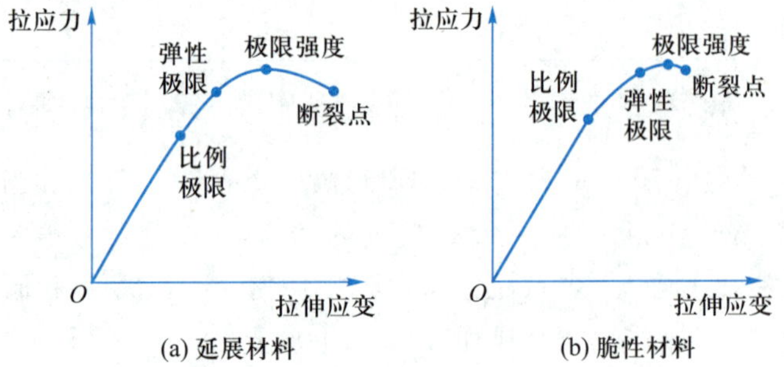

图 3-6 应力-应变曲线

限强度是不同的，因此需要指明极限强度是哪一种（如抗拉强度、抗压强度和抗剪强度等）. 像日常用的纸张，它的抗拉强度和抗剪强度就很不同. 我们都有这样的经验，想拉断一张纸并不太容易，而要撕碎或者剪破一张纸就很容易. 再比如建筑用的混凝土，它的抗压强度很大，而抗拉强度却比较小. 所以在实际建筑中，我们采用钢筋混凝土，在混凝土中加入抗拉强度较大的钢筋，从而弥补了混凝土抗拉强度小的缺点.

有些材料的延展性很好，我们称之为延展材料. 对其拉伸超过极限强度后，它仍然可以被继续拉伸而不被破坏，同时应力也在逐渐下降［图 3-6(a)］. 一些比较软的金属，例如金、银、铜和铅等，就是常见的延展材料，它们可以像口香糖一样被拉伸得很长很薄，直到达到其断裂点. 这类材料有一个特点就是在其应力-应变曲线上，它们的弹性极限、极限强度和断裂点彼此相距比较远. 这点很容易理解，因为如果这些点距离很近，就表明材料所受应力刚刚到达弹性极限，使得材料发生永久性形变后不久，马上就会发生断裂，那也就表现不出延展性了. 而对于脆性材料来说，其弹性极限、极限强度和断裂点十分接近［图 3-6(b)］，并且其弹性极限很小，表现出来的就是材料在外力的作用下，仅很小的形变就会发生破坏断裂，也就是我们通常所说的材料比较“脆”.

NOTE

例 3-4

如图 3-7 所示，两种不同材料的应力-应变曲线都终止于断裂点. 问：

(1) 哪种材料的弹性模量大？

(2) 哪种材料的极限强度高？

(3) 哪种材料更像延展材料？

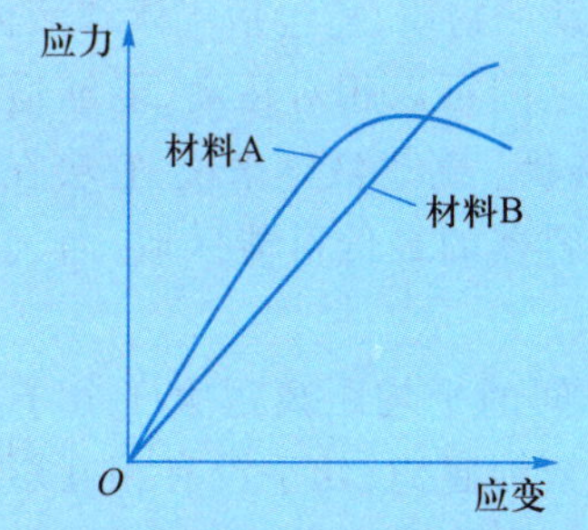

图 3-7 两种材料的应力-应变曲线

解：(1) 材料 A 的弹性模量大．弹性模量是在比例极限内应力-应变曲线的斜率，图中曲线 A 的斜率更大，所以它的弹性模量更大．

(2) 材料 B 的极限强度高．极限强度是材料不发生断裂时所能承受的最大应力，是应力-应变曲线上的最大值，图中曲线 B 的最大值更大，所以它的极限强度更高．

(3) 材料 A 更像延展材料．因为它在达到弹性极限，乃至极限强度后，并不马上断裂，而是可以继续被拉伸一段，直到断裂点．

在陆地上，巨大的动物与小动物有着不同的体型．哺乳类动物体型比较大，腿显得比较粗，鸟类一般比较轻，腿显得比较细，而昆虫类更轻，腿就更细了．这是很容易理解的，因为重的身体需要粗壮的腿来支撑．可是不好理解的是，它们之间并不成比例，也就是说，如果把昆虫按身体各部分的比例放大到人体的大小，它们的腿就显得太细了．为什么不同大小的动物，支撑腿的粗细不按照比例变化呢？这可以用我们这一小节的知识来解释．地球上的动物平均密度都差不多，与水十分接近，那么动物体重增加的倍数就与体积增加的倍数相同．例如，把昆虫的身长增加 100 倍（达到人体的长度），那么体重就增加了百万倍（因为三个维度都增加 100 倍，体积就增加百万倍）．从另一个角度看，一根腿骨的横截面积相应地增加了一万倍，如果骨质成分不变，那么它能够承受的最大力也只增加了一万倍，对于增加的百万倍体重来说，这显然是不够的，所以需要相对来说更粗的腿．在科幻电影中经常出现的巨型昆虫和巨人，它们的身体都被描绘为正常昆虫和人类的放大版，这样的动物在实际中会被自身的重量压垮．同样的道理，建造一栋小楼所用的建筑材料，不能用来建造按比例放大很多倍的摩天大楼，必须采用极限强度更高的建筑材料．

NOTE

3.2 流体静力学

从本节开始，我们讨论另一类连续体（流体）的性质．与固

NOTE

体不同，流体是一种可以流动的物质，它包括气体和液体，没有固定的形状，其内部各个部分之间可以相对运动，能够适应我们将其放入的任何容器内壁的形状．对于液体来说，它会在重力的作用下流动，直到它占据所盛容器的最低可能区域，而气体将充满整个容器.

从微观上说，气体分子间的平均距离远大于分子的有效直径，它们之间除了短暂而频繁的碰撞，几乎没有相互影响．液体分子会聚集在一起，它们之间存在瞬时性的短程键，并且在热运动影响下，这些短程键不断被破坏而又再形成．这些瞬时短程键使得液体分子可以没有固定形状地聚集在一起，而如果没有这些键，液体分子就会像气体分子一样，很快地蒸发掉.

在本节中，我们将介绍静态流体的一些力学性质.

3.2.1 压强——帕斯卡原理

与刚体不同，流体是一种可延伸的物质，我们对于其中可能点点不同的物理性质或许更感兴趣．在处理流体问题时，我们不能把它看成一个个离散但没有相对运动的质点，而是取有体积能形变的“质元”，其上的受力作用在质元表面．这时，引入单位面积上的作用力这一物理量，能够更好地描述质元的受力状况，它是比力更有用的物理量.

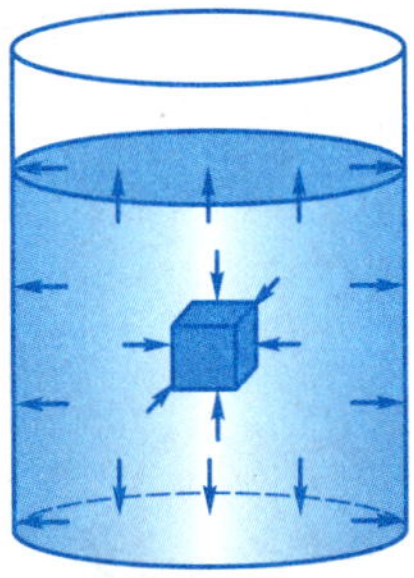

图 3-8 静态流体作用在物体和容器壁上的压力

静态的流体（比如水）会对与其接触的任何物体表面施加一个垂直方向的力（如图 3-8 所示）．而静态流体不能施加平行于该表面的作用力，因为如果存在这个平行于接触面的力，其反作用力也平行于该表面，这将使得接触面附近的流体出现流动现象，与静态这一前提相矛盾．作用在面积 ΔS 上的法向力为 ΔF，平均单位面积所受的压力 $p_{av}=\Delta F/\Delta S$ 称为平均压强．ΔS 趋于零时 $\Delta F/\Delta S$ 的极限值称为该点的**压强**，用 p 表示，

压强

$$p=\lim_{\Delta S\to 0}\frac{\Delta F}{\Delta S}=\frac{dF}{dS} \tag{3-11}$$

压强的国际单位制单位是帕斯卡（pascal），简称帕（Pa），1 Pa = 1 N/m^2. 另一种常用的压强单位是标准大气压（atm），1 atm = 101.325 kPa.

中学阶段我们也学习过压强的概念，比如桌面上放着一本书，这两个物体之间存在大小相等、方向相反的相互正压力，压强概念在这个例子里很容易理解，只要用正压力除以接触面积就可以得到平均压强．那么，存在于容器中的流体内部的压强怎么理解呢？进一步地，怎样理解流体内部任意点的压强？它有没有方向？在不同方向上大小有什么不同？怎样测量？我们可以通过一个假想实验来解释这些问题．如图3-9所示，我们把一个很微小的压力传感器放入流体，使其悬于某个特定位置，通过此传感器可以测量作用在其上的正压力，传感器上探测面的大小和方向都是容易知道的，于是我们就可以利用式(3-11)算出传感器所在位置以及探测面所指方向上的流体压强．如果传感器足够小，那么所得压强就是流体在该点及探测面所指方向上的压强．我们还可以设计一个简易的理想的微小压力传感器，便于读者理解作用在其上的压力．如图3-9所示，传感器可以设计成一个微小的密封真空容器，带有可无摩擦滑动的轻质活塞，活塞与容器底部通过可读数的轻质弹簧相连．显然，弹簧上的读数就是作用在活塞上的正压力，除以活塞面积，就是活塞处的法向压强．当我们把这个小装置放在流体中的任意位置，朝向任何方向时，通过弹簧读数，就可以得到流体中任意点任意方向的压强(装置足够小)．实验和理论都可以证明，在静态流体中，压强的大小在某一特定位置的任意方向上都是相同的，也就是说上述小装置在某一位置上无论怎么旋转，都具有相同的读数．于是，虽然压强这个概念本身具有矢量性，但对于静态流体来说，其中任意给定点的压强大小只与位置相关，而与方向无关，所以静态流体中的压强可以看成一个标量.一些压强的数值如表3-3所示.

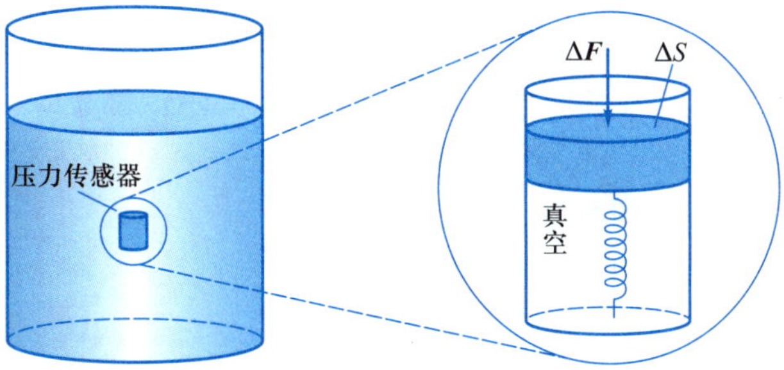

图3-9 在盛有液体的容器中安置一个小型压力传感器

表3-3 一些压强

	压强/Pa		压强/Pa
太阳中心	2×10^{16}	汽车轮胎	2×10^{5}
地球中心	4×10^{11}	海平面大气压	1.01×10^{5}
实验室能维持的最大压强	1.5×10^{10}	正常血压(收缩压)	1.6×10^{4}
最深海沟底部	1.1×10^{8}	最好的实验室真空	10^{-12}

流体静压强

有潜水经历的人都有这样的体会,身体承受的压强会随着下潜深度的增加而增加．有攀登较高山峰经历的人也会有气压随高度上升而减小的感受．潜水员和登山者身体感知的压强通常称为**流体静压强**．显然,上述例子告诉我们,在地球上,流体静压强会随深度或高度的变化而变化．这里我们要求流体静压强随位置变化的表达式.

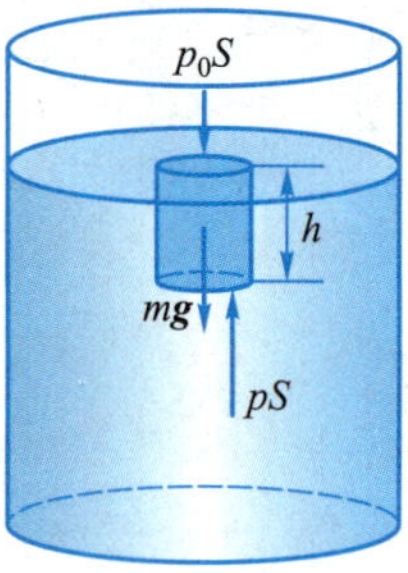

图 3-10 静态液体中的一根液柱,上端截面在液体表面

如图 3-10 所示,我们考虑大水箱中的一根横截面积为 S、深入水下 h 的水柱,水柱上端截面暴露在大气中,显然承受着 p_0 的压强(1 个大气压). 水柱本身的重力为

$$mg=\rho Vg=\rho Shg \tag{3-12}$$

其中,ρ 是液体的密度．大多数液体(例如水)在压强不太大的条件下表现出一定的不可压缩性,所以,在这里的讨论中我们可以近似认为 ρ 是常量．考虑到流体处于静态这一前提条件,这根水柱在竖直方向上受力是平衡的．于是,在深 h 处的水柱底端截面应该承受竖直向上的压力:

$$pS=p_0S+\rho Shg \tag{3-13}$$

以维持此水柱的力学静态平衡,则水深 h 处的压强可表示为

$$p=p_0+\rho hg \tag{3-14}$$

例 3-5

计算水面下 10 m 处的压强.

解:在水面处有 $p_0=101\ \mathrm{kPa}$,$\rho_{水}=10^3\ \mathrm{kg/m^3}$,$g=9.81\ \mathrm{N/kg}$. 于是,

$$p=p_0+\rho_{水}hg\approx 199\ \mathrm{kPa}$$

由此可知,在水中每下降 10 m,增加约一个大气压．地球上最深的马里亚纳海沟大约 11 000 m 深,所以那里的水压大约就是 1 100个大气压,和表 3-3 提供的数据相符.

图 3-11 潜水员欣赏海底美景

人类无法在水中长时间生存,最重要的原因就是无法在水中呼吸．随着科技的进步,人类发明出配备氧气瓶的潜水装置,使水下呼吸成为可能．如今有许多海滩旅游景点提供这种潜水装备,吸引了不少游客尝试,去实现自己的潜水梦想(见图 3-11). 第一次进行这种携带氧气瓶装备的潜水活动,事前一定要接受简单的安全培训．不少人可能有这样的想法,觉得自己带着氧气瓶,可以在水里呼吸了,想怎么游就怎么游,还有什么不安全的呢? 如果我们理解了这里介绍的静态流体压强的知识,就可以知道其中一个很重要的不安全因素,就是深水高压对人体可能造成的伤

NOTE

害. 利用式(3-14)可以得出潜水员每下潜约 10 m,身体就要多承受 1 个大气压,如果下潜到约 100 m 深,身体就要承受 11 个大气压. 可能有的读者会问,我们身体上表面如果被施加了 11 个大气压,下表面就应该被施加 11 个多一点的大气压(因为人体厚度并不大),两者压强差不是很大,我们为什么承受不了呢? 其实这里的压强差是后面要介绍的浮力的来源,而不是给我们身体造成伤害的原因. 我们的身体在空气中时,其表面一直承受着 1 个大气压,之所以身体没有被压扁,是因为体内的细胞、血液、肺泡、骨骼等人体组织都能够提供近似 1 个大气压的内应力,来抵抗外界空气施加的 1 个大气压. 长期的自然选择和进化,使人体组织可以提供偏离 1 个大气压不太远的内应力,从而适应一定范围内的压强. 然而在深水中,由于外界压强太大,人体的组织不可能提供支撑强大外压强的内应力,人体就会被压扁. 所以,如果初学潜水的人因不注意而下潜得过深,可能会因为强大的压强,造成体内血流不畅,导致脑缺血而引发昏迷,进而发生危险. 实际中,一个身体强壮经过严格训练的潜水员,携带氧气瓶最多也只能下潜到 200 多米的深度. 这个例子也告诉我们,深海潜水艇的艇壁一定要造得很厚很坚固,才能抵抗极高的深水压. 因为艇内的空气压强始终要维持在 1 个大气压,这样艇员才能生存,那么强大的水压就几乎完全是靠艇身来抵抗的.

17 世纪,法国科学家帕斯卡(Blaise Pascal,1623—1662)研究流体压强时,提出一个基本原理:

封闭的、不可压缩的流体中任意一点压强的变化等值地传递到流体各处及容器壁上.

这被称为**帕斯卡原理**. 液压升降机、维修车辆时常用的液压千斤顶,都应用了帕斯卡原理. 图 3-12 是液压升降机的工作原理. 假设一个力 $\boldsymbol{F}_1$ 作用在面积为 S_1 的小活塞上,小活塞移动了一段距离 d_1,小活塞处液体增加的压强为

$$\Delta p=\frac{F_1}{S_1} \tag{3-15}$$

根据帕斯卡原理,小活塞处的压强增量将等值地传递到大活塞处. 忽略液体重量(当液体升高或降低部分的重量远小于施加的外力时可以这样近似),液体施加在大活塞上的力 $\boldsymbol{F}_2$ 与 $\boldsymbol{F}_1$ 的关系为

$$\Delta p=\frac{F_1}{S_1}=\frac{F_2}{S_2} \quad \Rightarrow \quad F_2=F_1\left(\frac{S_2}{S_1}\right) \tag{3-16}$$

由于 $S_2>S_1$,所以液体作用在大活塞上的力大于施加在小活塞上的外力. 如果我们增大 S_2/S_1 的比值,大活塞处就可以获得很大

帕斯卡原理

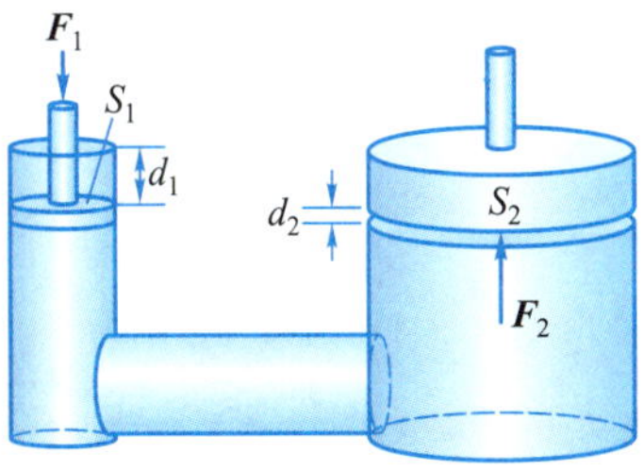

图 3-12 液压升降机工作原理示意图

的上推力．在这里，我们用较小的力就能推起很重的东西，有没有“不劳而获”呢？尽管施加在小活塞上的力较小，但它移动的距离却更长．如图 3-12 所示，大活塞要移动一段距离d_2，小活塞就需要移动一段更长的距离d_1．假设液体是不可压缩的，大小活塞的移动不会改变密闭容器内液体的体积，所以必然有

$$S_1 d_1 = S_2 d_2 \tag{3-17}$$

活塞的位移与面积成反比．因为力与活塞面积成正比，所以力和位移的乘积相同：

$$\frac{F_1}{S_1}\times S_1 d_1 = \frac{F_2}{S_2}\times S_2 d_2 \quad \Rightarrow \quad F_1 d_1 = F_2 d_2 \tag{3-18}$$

这说明推动小活塞做的功（力乘以位移）与大活塞举起重物所做的功相同．

杠杆原理

阿基米德的名言“给我一个支点，我就能撬动地球！”阐明了**杠杆原理**，告诉我们一种使用较小的力去移动较重物体的方法．我们可以对比一下杠杆原理和上述的液压机原理，在实际生产和生活中，液压机原理在某些情况下可能更加实用．在液压机的例子里，作用力是和活塞面积成正比的，而在杠杆的例子里，作用力是和力臂的长度成反比的．于是，如果用同样的较小外力来获得相同的较大推力，利用杠杆原理制造的力学装置会显得尺度很大．比如，我们想用 1 N 的力获得 100 N 的推力，杠杆支点两端力臂之比就要达到 100，而液压机两个活塞的面积之比虽然也要 100，但直径之比只要 10 就可以了．这说明要想达到同样的“放大力”的效果，液压机可以做得比较小，更符合实际应用的需要．

NOTE

3.2.2 浮力——阿基米德原理

如果一个悬挂在弹簧秤上的物体被浸入水中，那么弹簧秤上的读数会比在空气中时小，这是因为水施加给物体一个向上的作用力，抵消了一部分向下的重力．如果被浸入水中的是一块木头，这个向上的力就更加明显，甚至超过了木头的重力，需要用手压住才能使木头完全浸没在水中．这种水施加给浸入物体的作用力，称为浮力．通过进一步分析，我们可以知道浮力来源于液体作用在物体上下表面的压强差．浸入水中的物体，其上表面处水的压强比下表面处小，上下表面处的压强差使物体受到向上的合力，这就是浮力．所以浮力不是一种由流体施加的新种类的力，它仅仅是流体对浸入其中物体表面的压力的总和．实验和理论都可以证明，浮力的大小就等于

被浸入物体排开的那部分液体的重力,这个结论称为**阿基米德原理**:

阿基米德原理

无论是完全还是部分浸没,液体对浸入物体的浮力方向向上,大小等于被物体排开那部分液体的重力.

该原理是由古希腊哲学家、数学家和物理学家阿基米德(Archimedes,前287—前212)首先提出的.

一个长方体浸没在密度为ρ的液体中(图3-13).它的每对竖直面(前和后、左和右)面积相同,其上所受压力大小相等、方向相反,因此两两抵消.设顶面和底面的面积都是S,作用在顶面和底面的压力分别是$F_1=p_1S$和$F_2=p_2S$.液体作用在物体上的合力,即浮力可表示为

$$\boldsymbol{F}_B=\boldsymbol{F}_1+\boldsymbol{F}_2 \quad \Rightarrow \quad F_B=(p_2-p_1)S \tag{3-19}$$

根据式(3-14),$p_2-p_1=\rho g(h_2-h_1)=\rho gd$(其中,$h_1$、$h_2$分别为长方体顶部和底部处的水深,$d$是长方体高度),故

$$F_B=\rho gdS=\rho gV \tag{3-20}$$

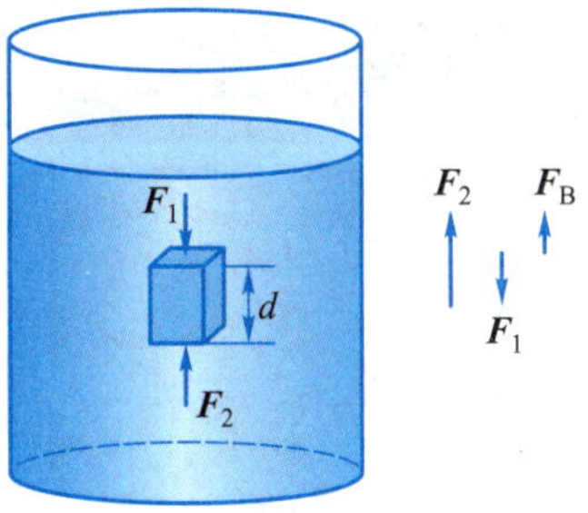

图3-13 完全浸没在液体中的长方体,流体作用于顶部和底部的压力差产生浮力

其中,V是长方体的体积.从长方体的例子可以很容易得到阿基米德原理,但对于形状不规则的物体,计算浮力就不可能像长方体那样简单,我们如何处理呢?设想浸没在液体中的任意形状物体,把它占据的空间用该种液体取代[图3-14(a)].因为有静态流体这个前提,所以这部分"液体"是静止悬浮在液体中的,它所受的合外力必为零,这就表明这部分"液体"所受浮力,即周围液体对它的合外力,等于它自身的重力.显然,此部分"液体"所受浮力与被它取代的物体所受浮力是相同的,因为它们具有相同的表面形状.同理可证,部分浸入液体的物体,其所受浮力也符合阿基米德原理.

完全或部分浸入液体中的物体所受合外力为(取竖直向下为正向)

$$F=mg-F_B=\rho_0 gV_0-\rho_f gV_f \tag{3-21}$$

其中,ρ_0是物体平均密度,V_0是物体体积,ρ_f和V_f分别是液体密度和物体排开的液体体积.F可正可负,在完全浸没的情况下,取决于物体和液体哪个密度大.如果$\rho_0<\rho_f$,那么浮力大于物体重力,物体会向上移动,最终部分浮出并漂浮于液体表面.此时,重力大小等于浮力[图3-14(b)].可见,物体能否漂浮于液体表面,关键在于两者密度的大小对比.平均密度大于液体的物体不能漂浮,反之可以.

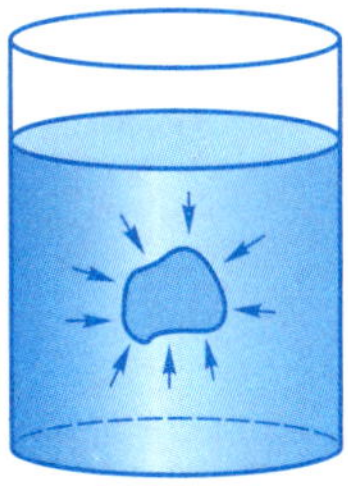

(a) 完全浸没在液体中的任意形状的物体,被同样形状的该种液体取代

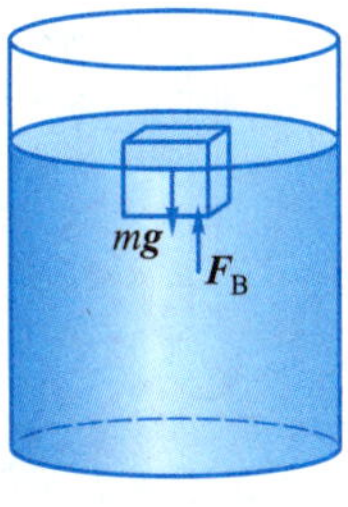

(b) 作用在漂浮物体上的浮力与重力平衡

图3-14 浮力的计算

大型轮船、航母或巡洋舰,均由钢铁构成,动辄几万吨,且其上各种设备的密度也比水大得多,为什么能够漂浮于水面上呢?因为这些船只被正常放置于水中后,它们的排水体积可以远大于

船本身及各种设备的体积，从而产生很大的浮力．从另一个角度来看，船上大部分空间充满了空气而不被海水进入，这些“空”的地方可以使船的平均密度远小于水的密度，从而使船只能够漂浮于水面上．当船体受损出现漏水的时候，船上那些“空”的地方不再空了，排水体积就将大幅减小，或者说船只的平均密度大幅增加（超过水的密度），就会出现沉没的现象．这样看来，如果是木质船只，就不会发生沉没了，可是船只的坚固程度就会大受影响．

图 3-15 潜入水下的潜艇（上）和水中行走的河马母子（下）

潜艇也是基于阿基米德原理建造的．钢铁制造的潜艇因其内部的空腔而使得其平均密度可以略小于水（1 000 kg/m^3）．让艇内水舱吸入一定的海水，就可以增加潜艇的平均密度，使其下潜，反过来，排出一部分水，又可以使其上浮，从而控制潜艇在水中的升降．显然，潜艇就不能用木质材料制造了，因为就算实心的木质潜艇，平均密度也小于水，也就无法潜入水中．

游泳的时候，对于一个正常体型的人来说，深吸一口气，是可以漂浮在水面上的．如果人想潜到池底，就需要把肺部空气尽量呼出．这是因为人体本身的平均密度很接近水，当我们吸足空气时，肺部扩张，相当于人体体积增加，平均密度减小到水密度以下，人体就可以漂浮于水面上，而把肺部空气呼出后，人体平均密度就会增加到水密度以上，从而可以实现下潜．所以说，一个脂肪含量很高的人，可能无法潜水，因为就算他把肺部空气全部呼出，身体的平均密度可能还是会小于水．很多水中或水陆两栖动物都是靠这个原理在水中下潜或上浮的（图 3-15）．而且，我们可以这样联想，水中的生物是不是脂肪含量都不能很高呢？是的，否则它们就只能生活在水面了．日常饮食中，我们也会发现水产品的脂肪含量一般都比牛羊肉低一些．

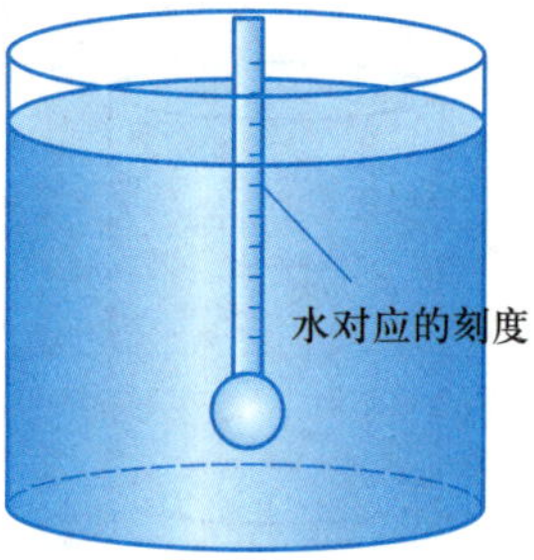

图 3-16 比重计

图 3-16 是一个利用阿基米德原理制造的比重计，它是一根粗细均匀的密闭玻璃管，上有用以指示比重的刻度，下端连接着一个体积稍大的玻璃泡，内装小铅粒或水银，使玻璃管能在被检测液体中竖直浸入到足够深度，并能稳定地漂浮于液体中，也就是当它出现摇动时，能自动恢复到竖直的静止位置．当比重计稳定地漂浮于液体中时，其本身的重力等于其排开液体的重力．在不同比重的液体中，排开液体的体积不同，对应的比重计浸入的深度也就不同，于是，我们可以根据液面指示的刻度得到液体的比重．考虑比重计的重量为 mg，均匀玻璃管部分的横截面积为 S，水的密度是 ρ_0，比重计浸入水中稳定漂浮后排水体积为 V_0，则有

$$mg=\rho_0 g V_0 \tag{3-22}$$

若比重计插入某密度为 ρ 的待测液体稳定漂浮后，液面指示的玻

璃管位置相对于插入水中的情况移动了 h，则

$$mg=\rho g(V_0-hS) \quad \Rightarrow \quad \rho_0 gV_0=\rho g(V_0-hS) \tag{3-23}$$

于是

$$h=\left(1-\frac{\rho_0}{\rho}\right)\frac{V_0}{S} \tag{3-24}$$

这里，h 反映了比重计上刻度分布的情况．当 $\rho<\rho_0$ 时，$h<0$，根据图 3-16，比重计向下移动，也就是插得更深；反之，若 $\rho>\rho_0$，则 $h>0$，比重计插得更浅．显然，根据上式，比重计上的刻度不是均匀分布的，而是比重数值大的地方，刻度比较密．

NOTE

3.2.3 表面张力

前面我们讨论了静态流体内部的应力，其表现为压强以及由此产生的浮力．在两种不相溶的液体或液体与气体之间会形成分界面，分界面上存在另一种应力——**表面张力**．表面张力是由分子间拉住彼此的内聚力引起的，表现为液体表面像处于绷紧状态的一张弹性膜一样，具有收缩的趋势，倾向于使液体的表面积尽可能小．我们看到的液滴、肥皂泡等在表面张力的作用下总是呈现球状，这是因为在相同体积下，球体拥有最小的表面积．比水密度大的物体，也有可能稳定地停留在水面处．例如轻轻放置在水面上的小铁针或硬币，它们并没有部分浸入水中，而是将水面压出了凹陷，像是被放置在一张薄膜上，这是水的表面张力在起作用，提供它们向上的支撑力（图 3-17）．

表面张力

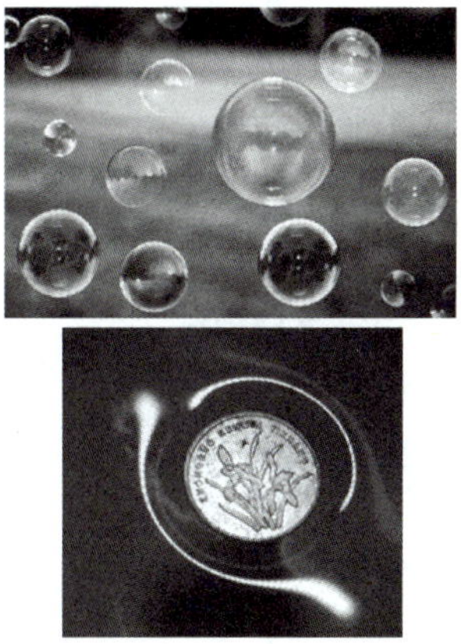

图 3-17　五颜六色的肥皂泡（上）、液体的表面张力可以托住硬币（下）

从微观来说，表面张力是由分子间的吸引力产生的．在表面以下，每个分子都受到周围各个方向分子的吸引力，它所受的拉力没有任何特定方向，表现出各向同性．然而，液体表面的分子只受到它旁边和下面周围分子的拉力，没有向上的拉力（图 3-18）．因此这些分子所受的力倾向于把它们从表面拉回液体，这种倾向使表面积最小化．

液体的表面张力（常用希腊字母 σ 表示）等于单位长度上的力．在边缘处，力的方向与液体表面相切．图 3-19 给出一种解释液膜表面张力的简易装置．金属框下方可自由滑动，形成液膜后，在其下端悬挂一个砝码（重量为 W），稳定后液膜的表面张力与砝码重量平衡．设金属框下边长为 l，则 $W=2\sigma l \Rightarrow \sigma=W/2l$．这里出现因子 2，是因为液膜有前后两个表面．

表 3-4 列出了一些液体的表面张力．

图 3-18 表面分子只受到周围分子向侧面和向下的拉力，内部分子受到周围分子各向同性的拉力

表 3-4 一些液体的表面张力

物质	温度/℃	σ/(10^{-2} N · m^{-1})	物质	温度/℃	σ/(10^{-2} N · m^{-1})
水	10	7.42	水银	20	54.0
	18	7.30	酒精	20	2.2
	30	7.12	甘油	20	6.5
	50	6.79	CCl_4	20	2.57

由于存在表面张力，当液面弯曲时会造成液面两边的压强差．如前所述，表面张力使液面像一张绷紧的弹性膜，我们可以拿气球的例子来进行类比．可以想象，气球充气后，因为气球的橡皮膜是绷紧的，所以它有向内收缩的趋势，实际上相当于给了内部气体一个向内的压强，这部分压强加上外界的大气压，与气球内部气体向外的压强平衡．所以，气球橡皮膜的弹性收缩趋势导致了气球内外气体具有压强差（内部压强比外部压强要大一点）．

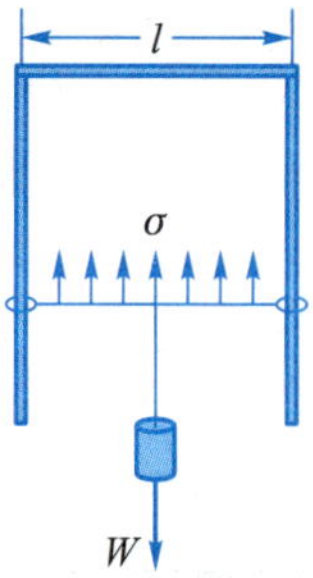

图 3-19 液膜的表面张力

这里，我们用一个水中的球形气泡作为例子（图 3-20），来计算一下它内外的压强差．对于这个气泡而言，周围水的表面张力倾向于压缩气泡，产生一个向内的附加压强（Δp），而被封闭的空气将气泡表面向外撑（具有压强 p_{in}）．处于平衡状态时，气泡内的空气压强必须略大于水施加给气泡的压强（p_{out}），这样才能使气泡内外压强产生的合力（向外）与由表面张力提供的向内的收缩力平衡．如图 3-20 所示，设气泡为一个理想的球形（半径为 R）．一个假想的大圆把气泡分成上下两个半球，它们之间存在由表面张力引起的相互拉力，拉力作用在两个半球表面的大圆衔接处．考虑气泡的下半球，在大圆周上，表面张力竖直向上且与球面相切，大小为 $2\pi R\sigma$，这个拉力应该与气泡内外压强差引起的合力平衡．内压力作用在半球的大圆面上，数值等于$p_{in}\pi R^2$．外压力垂直作用在半球面上，其沿竖直方向的分量相当于外压强 p_{out} 均匀作用在半球面的投影面积 πR^2 上，数值为 $p_{out}\pi R^2$（严格的数学证明留给读者自己完成）．于是，气泡半球的平衡条件为

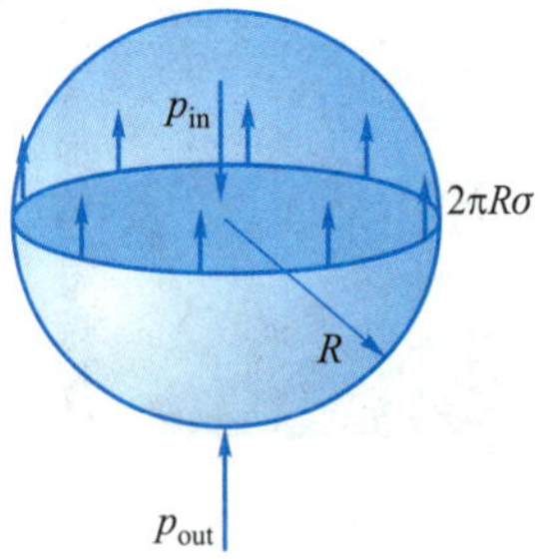

图 3-20 球形气泡内外存在压强差

$$(p_{in}-p_{out})\pi R^2 = 2\pi R\sigma \tag{3-25}$$

则

$$\Delta p = \frac{2\sigma}{R} \tag{3-26}$$

我们可以看到，气泡半径越小，内外压强差越大.

仔细观察一杯香槟，可以发现成串的气泡其实是从同一个地方出现的，而不是随机地出现在各处．由上面的计算可以知道，非常小的气泡需要很大的内外压强差才能存在，以至于它们本身可能无法承受．也就是说，香槟中析出的气体（比如 CO_2 等），在刚刚形成气泡的时候，由于体积很小，会被表面张力引起的强大附加压强再次压回到液体中．那么实际看到的气泡是从哪里来的呢？事实上，气泡的形成需要以某种物质作为核，比如尘埃粒子，在其上形成的气泡一开始就会比较大，这时附加压强就不那么大了．所以说，香槟中成串气泡出现的地方，正是含有“杂质”的地方．另外，读者还可以做一个小实验．在快要烧开的水中撒上一勺细盐，水中会迅速出现大量气泡，原因和香槟的例子类似.

NOTE

例 3-6

一些很小的昆虫可以在水面行走（图 3-21）．昆虫的脚会在水面上踩出压痕，使水面发生形变，产生含有竖直分量的表面张力，以支撑昆虫的身体．那么人有没有可能因表面张力而在水面行走呢？利用表 3-4 的数据分析一下.

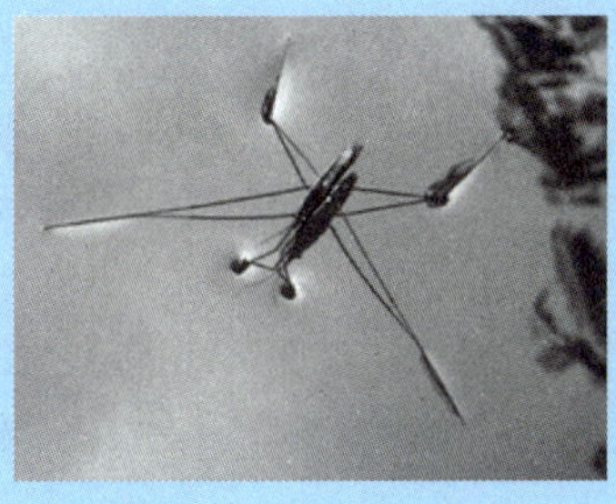

图 3-21 小昆虫可以凭借水的表面张力在水面行走

解：显然，要想获得足够的支撑力，就需要很大的周长，也就是说我们要穿上很大的鞋子．这样一来，才有可能获得很大的表面张力以支撑体重．从表 3-4 中的数据可知，水的表面张力大约是 7×10^{-2} N/m．相当于每米可以提供 0.07 N 的力，一个 70 kg 的人需要大约 700 N 的支撑力，所以如果我们穿上周长为 10 000 m 的超级防水鞋，就可以产生大约 700 N 的表面张力．不过，这个估算结果已经告诉我们，穿这样的鞋在水面行走是不现实的.

下面，我们再讨论一个液体和固体接触时与表面张力有关的现象——毛细现象．液体与不同的固体表面接触时，液体表面会呈现不同的形状．例如，水滴落在普通玻璃上，表面是摊开的形状，如果玻璃倾斜，水滴会滑动，在滑动的路径上会有水痕；而把水滴落在一块石蜡板上，水滴会呈现扁球状，如果滑动，滑动路径上也不会有痕迹，看上去水不容易把石蜡弄湿．前者我们称水对玻璃是**浸润**（或**润湿**）的，后者是**不浸润**（或**不润湿**）的．像水银这样的液体，洒在很多固体上，都呈现近似小圆球状，很容易滚来

浸润 润湿 不浸润 不润湿

滚去，且不留下痕迹，说明水银对很多固体都是不浸润的（图 3-22），不过水银对铜、铁等浸润．荷叶上的水珠也有类似的不浸润现象．物理上对于浸润与否的定义如图 3-23 所示．液体与固体接触时，在固液接触面与液体表面切线之间会形成一定角度，称之为接触角．接触角的大小只与固体和液体本身的性质有关．接触角为锐角时，我们说液体浸润固体［图 3-23（a）］；接触角为钝角时，我们说液体不浸润固体［图 3-23（b）］．极端情况，接触角等于 0 时，为**完全浸润**；等于 180°时，为**完全不浸润**.

完全浸润　完全不浸润

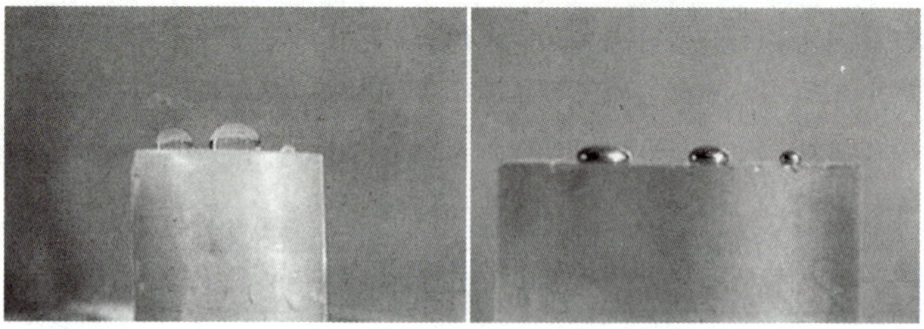

图 3-22　石蜡上的水珠（左）和玻璃上的水银（右）都是不浸润的

毛细现象是由表面张力和浸润与否决定的．将一根很细的玻璃管插入某些液体（比如水）中时，管中液面会升高；而插入另外一些液体（比如水银）中时，管中液面却下降．这种浸润管壁的液体在细管中升高，不浸润管壁的液体在细管中下降的现象，称为**毛细现象**.

毛细现象

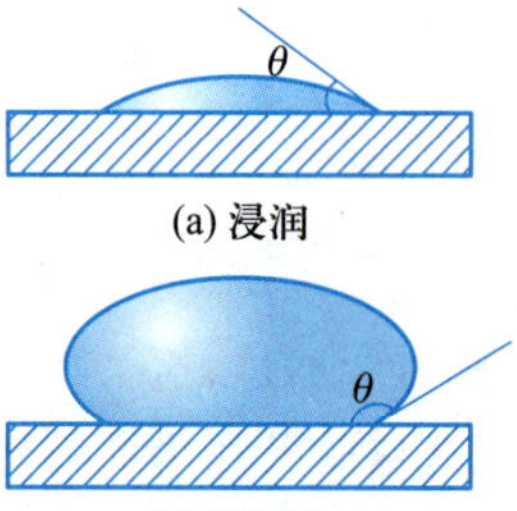

图 3-23　浸润情况和不浸润情况

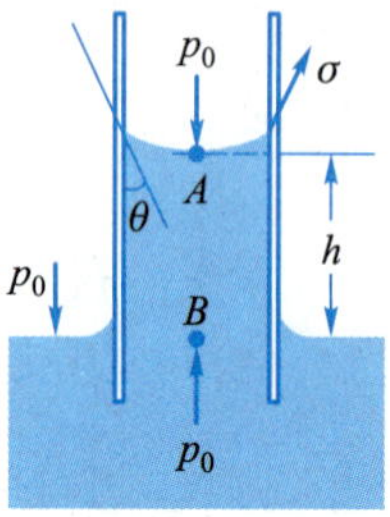

图 3-24　细管中液面升高的毛细现象

图 3-24 是一个细管中液面升高的例子，我们可以计算一下升高的高度，并以此来说明为什么会有毛细现象．在这个例子里，液体对于玻璃管是浸润的，所以液面应该是凹的．在液体表面与玻璃管壁接触的圆周上，存在表面张力，其方向与凹的液面相切（图3-24），于是就存在竖直向上的表面张力的分量，这个分量会提起一部分毛细管中的液体，以达到力学平衡，这样我们就会看到一段升高的液柱．反过来，如果液体对于毛细管是不浸润的，可以推理出管内液面应该下降一段高度，这留给读者自己思考．假设毛细管的半径为 r，液体的密度和表面张力分别是 ρ 和 σ，接触角为 θ，液体升高 h. 对于升高的这段液柱，在竖直方向上，它受到作用在上表面 A 处向下的大气压和下面 B 处向上的静水压，两者都等于 1 个大气压，所以两者产生的力平衡．此外，表面张力的竖直分量与液柱本身的重量平衡．液面与管壁接触的圆周上的表面张力的竖直分量可表示为 $2\pi r\sigma\cos\theta$，液柱的重量为 $\pi r^2 h\rho g$，两者相等，于是有

$$h=\frac{2\sigma\cos\theta}{\rho g r} \tag{3-27}$$

由此可见,对于同样材质的液体和毛细管,管的半径越小,升高的高度越大,毛细现象越显著. 这个结果对于不浸润液体也适用. 此时 θ 为钝角,余弦值为负,则 h 小于 0,表明液面降低.

生活中能看到不少与毛细现象有关的现象. 比如很常见的海绵、毛巾等物品,很容易吸水,甚至能把低处的水吸引到高处,就是因为它们内部都有很细小的管状结构,毛细现象在其中起了作用. 把灯芯插入盛油的灯盏,由于毛细现象,灯芯可以不断地把油吸到燃烧的一端,所以能够持续照明,否则灯芯自身很快就会被烧掉. 在图 3-25 中,把花插入不同颜色的液体中,花的茎、叶和花瓣中都有细管,会产生毛细现象,可以把颜料吸到花瓣上,就像给花染色一样.

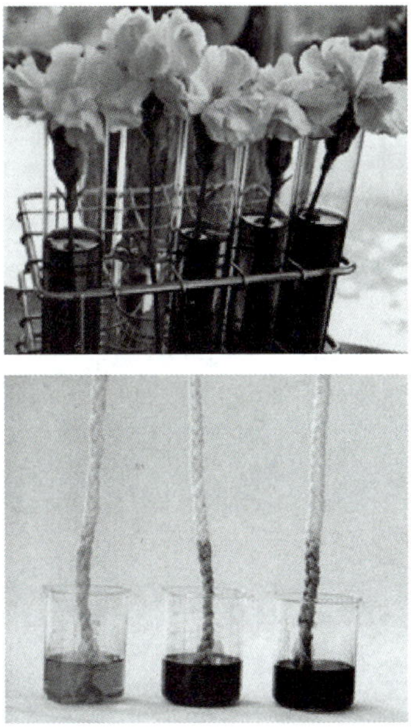

图 3-25　花的毛细现象(上)、毛线吸水(下)

植物可以从土壤中吸收水分,否则较高的地方就会干枯. 有一种解释是毛细现象在这里起了主要作用. 因为植物的根和茎里面有许许多多的细管,相当于毛细管,可以将土壤中的水分吸引到较高的地方. 我们可以估算一下毛细作用能够把水吸引到多高的地方,来看看这种解释是否合理. 假设树干中的毛细管半径的数量级为 10^{-5} m,水对管壁的接触角取 $\theta=0$,水的表面张力取表 3-4 中的数据 $\sigma\approx 7\times10^{-2}$ N/m,水的密度为 10^{3} kg/m^{3}. 利用式(3-27)可得 $h\approx1.4$ m. 可见,毛细作用最多把土壤中的水分吸引到一米多的高度上,这显然不足以解决参天大树的饮水问题. 事实上,巨大植物的饮水问题目前还没有公认的合理解释,蒸腾作用似乎在其中起了重要作用(可参考植物学的书籍).

3.3　流体的流动

NOTE

"流体"之所以称为流体,是因为它们最鲜明的特征是可以流动. 自然界中流动的现象随处可见(图 3-26). 相比于固体的死气沉沉,流动性赋予了流体生命的气息. 无论是"明月松间照,清泉石上流"的涓涓细流,还是气势磅礴的"滚滚长江东逝水",都使人感到勃勃生机. 然而,什么是"流动性"呢? 水可以流动,油也可以流动,我们感受上后者的流动性明显不及前者;蜂蜜也可以流动,但其流动性就更差了. 这些流动性上的差异,从物理本质上来说,就是在液体上施加剪切力时,各个液层之间是否容易发生相对滑动. 要想长时间地保持不滑移,就需要有切应力. 黏稠到能长时间维持这样一个切应力的物质,比如干了的胶水,也就称不上液体了. 从这里我们可以看出,流体与固体的一个主

NOTE

要区别就在于，它们在静态中不能维持切应力，也可以说，这就是它们的流动性.

图3-26 瀑布（左）、大气漩涡（右）

本节我们首先讨论理想流体的流动性，然后简要介绍黏性流体和湍流的一些基本性质.

3.3.1 关于理想流体的几个基本概念

研究流动的流体是一个奇妙而复杂的课题. 为了简单阐明一些基本的、重要的观点，我们首先将讨论限定在一些简化条件下的流体流动中.

1. 理想流体

理想流体

我们首先介绍**理想流体**，它是从实际流体中抽象出来的一种模型. 在研究某些流体流动的问题时，它抓住流体的主要特点，忽略一些次要性质，同样可以对流动问题进行合理的解释，并且使问题大大简化，因此是研究流体流动性的一种很重要的模型.

实验表明，液体不容易被压缩，在研究很多实际问题时，液体可以足够准确地看成是不可压缩的. 气体虽然容易被压缩，但很容易流动，在一些问题中（如气体在管道中的流动），气体各处密度差异不大，仍然可以近似看成是不可压缩的.

实际流体流动时，会有分层的现象. 例如水在河床上流动，表层移动较快，中间的水流较慢，底层几乎不动. 在相邻的流层之间一般都有摩擦力的作用，可以阻碍各流层的相对滑动，这种性质称为**黏性**. 许多液体（如水、酒精等）的黏性很小，气体的黏性更小，在研究某些流体流动性问题时，可以忽略黏性.

黏性

为了突出"流动性"这一流体的主要性质，初步讨论一些流体流动问题时，可以忽略可压缩性和黏性，引入理想流体模型，即不可压缩的、没有黏性的流体. 对于最重要的流体——水和空气，很多流动现象都可以用理想流体模型来讨论.

2. 流线和流管

为了直观地描述流体流动的情况，我们在流体的流动区域中画出许多曲线，其上每一点的切线方向就是流体质元经过该点时的速度方向，如图 3-27 所示，这些曲线称为**流线**．因为对于运动着的流体质元，它在任意时刻都有一个确定的速度矢量，所以流线是不会相交的．如果出现流线相交的点，那么流体质元在经过该点时，将面临运动方向的“选择”问题．流线是抽象出来的描述流体流动的曲线，而图 3-28 所示的汽车风洞实验，使我们可以看到空气的流动轨迹，这实际上就是形象化的流线．

流线

NOTE

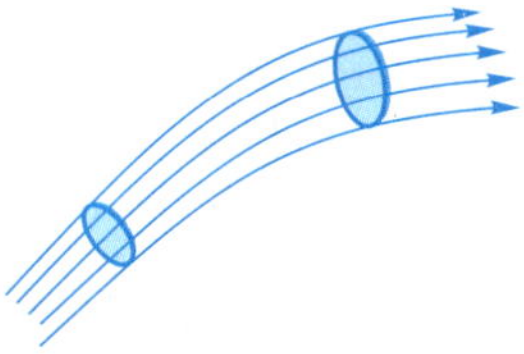

图 3-27 流线和流管

图 3-28 汽车风洞实验（在流动的气体中添加有色物质，就可以看到空气流动的轨迹，这实际上就是形象化的流线）

如图 3-27 所示，在流动的流体内取一个微小面元，通过它边界上各点的流线可以围成一根细管，我们称之为**流管**．因为流线不能相交，所以流管内外的流体不会穿越管壁．

流管

3. 定常流动

流体的流动可以看成组成流体的所有质元的运动总和，任意时刻流过空间任一点的流体质元，都有一个确定的速度矢量．在一般情况下，这个速度矢量是随时间变化的，或者说，流线和流管的形状和分布是随时间变化的．但也有一种最基本的流动模式，在这种流动中，空间每一点都具有不随时间改变的速度矢量，换句话说，每一个流经空间某定点的流体质元，都具有相同的速度矢量，这种流动模式就称为**定常流动**．显然，用来描绘定常流动的流线和流管，其形状和分布都是不随时间改变的．在流速不太大的情况下，定常流动在实际中是很常见、也很容易实现的．比如，缓慢流动的河流、水龙头流出的细流，其流动都可以近似看成定常流动．

定常流动

4. 连续性原理

利用流管的概念以及流体总质量不会改变的性质，可以导出

理想流体的连续性原理

一个重要的原理——**理想流体的连续性原理**.

在流体定常流动区域中取一段很细的流管(图 3-29),设其两端的垂直截面积分别为 S_A 和 S_B. 流管很细,可以认为流经任一垂直截面上各点的流体质元速度都相同,而且不随时间改变. 于是,可设通过 A、B 两截面的流速分别为 v_A 和 v_B. 在很短的时间 Δt 内,流经 A 和 B 截面的流体质量分别为 $\rho S_A v_A \Delta t$ 和 $\rho S_B v_B \Delta t$. 对于不可压缩的理想流体来说,流体密度 ρ 是一个常量,且截面 A 和 B 之间的流管内充满流体,质量恒定,于是在相同的时间 Δt 内,流过截面 A 和 B 的质量相等,所以有 $\rho S_A v_A \Delta t = \rho S_B v_B \Delta t$,即

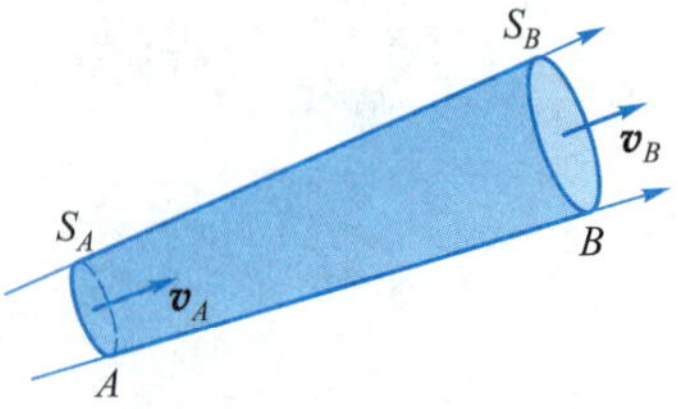

图 3-29 连续性原理

$$S_A v_A = S_B v_B \tag{3-28}$$

连续性方程 连续性原理

这就是理想流体的**连续性方程**,也可称为**连续性原理**. 连续性原理体现了流体在流动中的质量守恒. 另外,根据连续性原理,我们可以很容易地从流线图中定性地看出各点流速的快慢,即流线密集的地方流速快,而流线稀疏的地方流速慢. 如图 3-28 中的汽车风洞实验,汽车的顶部的流线明显比其他地方密集,说明这里的气流速度比较大.

连续性原理告诉我们,流入管道的液体体积等于相同时间内流出管道的液体体积. 管中细的地方流速大,粗的地方流速小. 比如,当河床变窄或受到岩石阻碍时,水流会变急. 再比如,我们给园林浇水的时候,出水口的水流速度不是很大,水喷不高也喷不远,只要我们用手指捏住出水口,使其出水截面积变小,就会看到水流急射而出. 即使没有一根有形的管道,连续性原理也适用. 试想打开水龙头,形成缓慢的水流(图 3-30),我们会看到越下方的水流越细,这是为什么呢? 读者可以自己思考一下.

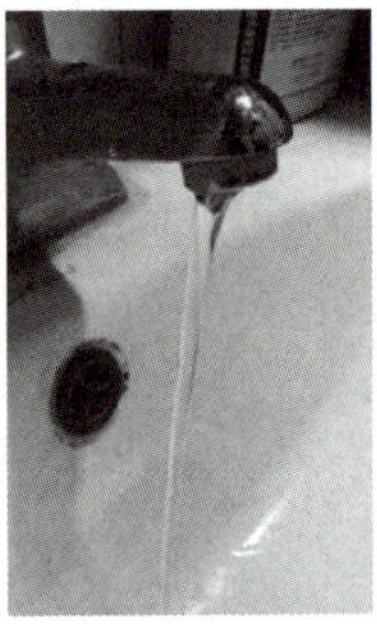
图 3-30 水龙头里缓缓流出的水流

例 3-7

血液从一段半径为 0.3 cm 的动脉,以 10 cm/s 的速率,流入另一段因血管壁变厚而变细的血管(动脉硬化),半径减小为 0.2 cm,求血液在这段较细的血管中的流速.

解:可以将血管中流动的血液看成理想流体. 根据连续性原理,单位时间内流过较粗血管截面与较细血管截面的血液体积应该相同,于是有 $S_A v_A = S_B v_B$,其中 A、B 分别标记半径为 0.3 cm 和 0.2 cm 的血管截面位置,S、v 分别表示相应位置的血管截面积和血液流速,则

$$v_B = \left(\frac{S_A}{S_B}\right) v_A = \frac{\pi \times 0.3^2}{\pi \times 0.2^2} v_A = 22.5\ \text{cm/s}$$

3.3.2 伯努利方程

连续性原理指明了横截面积变化的管道中，理想流体在不同点的流速．进一步地，结合机械能守恒的观点，可以导出流体在不同流速时的压强．这个关于理想流体流速与压强关系的理论是18世纪由瑞士物理学家伯努利（Daniel Bernoulli，1700—1782）首先提出的，它的数学形式被称为**伯努利方程**．

伯努利方程

1．伯努利方程的推导

如图3-31所示，理想流体在一根高度和截面积都有变化的流管中定常流动．用截面 A、B 截出一段流体，两端的截面积分别为 S_A、S_B．在微小的时间间隔 Δt 内，这段流体的 A、B 两端分别移动到了 A'、B' 两处．令 $AA'=\Delta l_A$、$BB'=\Delta l_B$，则 $\Delta V_A=S_A\Delta l_A$ 和 $\Delta V_B=S_B\Delta l_B$ 分别是同一时间间隔内，流入和流出这段流管的流体体积，对于不可压缩流体的定常流动，显然有 $\Delta V_A=\Delta V_B=\Delta V$．因为所考虑的理想流体没有黏性，所以没有内摩擦引起的能量损耗，我们可以把机械能守恒定律用于这段流管内的流体．首先，我们来计算一下这段流体经历 Δt 时间，从 AB 位置流动到 $A'B'$ 位置所含机械能的改变量．显然，在 A' 到 B 的这段流管中，虽然流体更换了，但对于定常流动来说，其运动状态不变，因此这段流体的动能和势能没有改变．所以整段流体的机械能改变量只是相当于两端体积元 ΔV_A 和 ΔV_B 内流体的能量差．于是，动能的改变量就是 ΔV_A 和 ΔV_B 内流体的动能差，可表示为

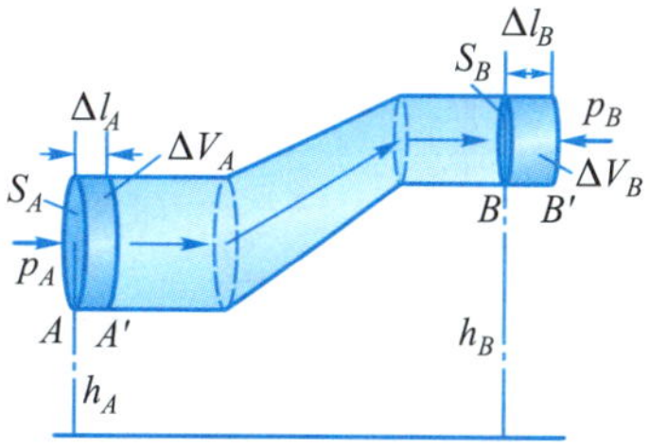

图3-31 理想流体在一根高度和截面积均有变化的管道中定常流动

$$\Delta E_k=\frac{1}{2}\rho\Delta Vv_B^2-\frac{1}{2}\rho\Delta Vv_A^2 \tag{3-29}$$

其中，v_A 和 v_B 分别为 A 和 B 两端流体的速度，ρ 是流体的密度．而重力势能的改变量就是 ΔV_A 和 ΔV_B 内流体的重力势能差，即

$$\Delta E_p=\rho g(h_B-h_A)\Delta V \tag{3-30}$$

其中，h_A 和 h_B 分别是两端体积元 ΔV_A 和 ΔV_B 的高度．根据功能原理，这段流体机械能的改变量等于外力所做的功．接下来，我们就来计算外力对这段流体所做的功．设 A、B 两端的压强分别为 p_A 和 p_B，则作用在截面积 S_A 和 S_B 上的力分别为 $F_A=p_AS_A$ 和 $F_B=p_BS_B$．于是，外力所做的功的大小分别是 $W_A=F_A\Delta l_A=p_AS_A\Delta l_A=p_A\Delta V$ 和 $W_B=F_B\Delta l_B=p_BS_B\Delta l_B=p_B\Delta V$．考虑到流体流动方向以及外力 F_A 和 F_B 作用在流体上的方向（如图3-31所示），A 端后方流体向前的压力做正功，B 端前方流体向后的压力做负功，于是合外力做的功可表示为

$$W=W_A-W_B=(p_A-p_B)\Delta V \tag{3-31}$$

NOTE

NOTE

由功能原理 $W=\Delta E_k+\Delta E_p$，可得

$$(p_A-p_B)\Delta V=\frac{1}{2}\rho\Delta V(v_B^2-v_A^2)+\rho g(h_B-h_A)\Delta V \tag{3-32}$$

或

$$p_A+\frac{1}{2}\rho v_A^2+\rho gh_A=p_B+\frac{1}{2}\rho v_B^2+\rho gh_B \tag{3-33}$$

因为 A、B 两端可以是同一流管内的任意两点，所以上式也可表示沿任一流线上某点的流速、高度和压强之间的关系：

$$p+\frac{1}{2}\rho v^2+\rho gh=常量 \tag{3-34}$$

式(3-33)或式(3-34)就是伯努利方程．伯努利方程的使用，需要满足三个条件：理想流体、定常流动、同一流线．在许多问题中，伯努利方程常和连续性原理联合使用．

这里我们再补充说明一点，前面提到的流体内部压强是一个标量，与方向无关这一结论，不仅适用于静态流体，也适用于流动的流体，这是流体中不能维持剪切应力的必然结果(可参考更专业的流体力学教材)．所以，前面讨论做功时用到的 p_A、p_B，是可以代表 A、B 两点流体压强的．

2. 伯努利方程的应用

例 3-8

如图 3-32 所示，一个大桶盛满水，水面下方 h 处有一个小喷嘴，求：(1) 小喷嘴水平时水流出射的速率；(2) 小喷嘴竖直向上时，水流可喷射到的最大高度．

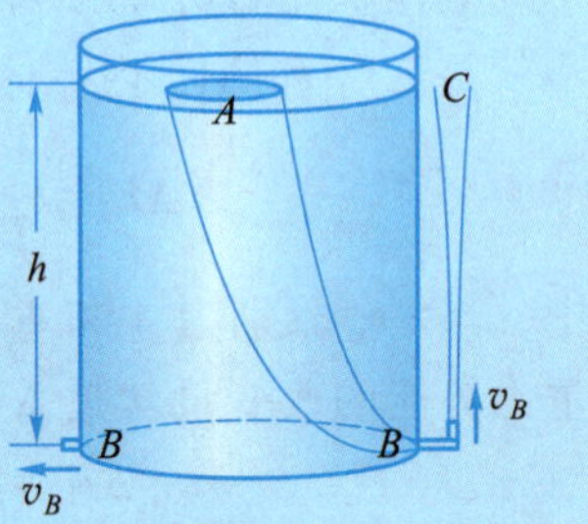

图 3-32 装满水的大桶，侧壁有一个小喷嘴
(左)小喷嘴水平；(右)小喷嘴向上

解：(1) 水可看成理想流体．因为大桶的水面比小喷嘴的截面大得多，水面下降是很慢的，在短时间内可认为 h 几乎不变，可以把桶内的水的流动看成定常流动，所以可以用伯努利方程来处理这里的水流．取一根从水面到小喷嘴的流管 AB．因 A 和 B 都暴露在空气中，故可认为两处压强皆为大气压强 p_0．水面下降缓慢，可近似认为 A 处水流速度为 0．于是对此流管的两端用伯努利方程，有

$$p_0+\rho gh=p_0+\frac{1}{2}\rho v_B^2 \tag{3-35}$$

由此可得小喷嘴处水流出射速率为

$$v_B=\sqrt{2gh} \tag{3-36}$$

(2) 假设小喷嘴竖直向上，水流可喷射到 h' 高度．这里，无论小喷嘴朝向如何，都可以用前面的方法得到相同的出射速率 $\sqrt{2gh}$．接下来的计算可以看成简单的竖直

上抛问题．利用机械能守恒定律，得到单位体积水流的机械能守恒方程：

$$\rho g h' = \frac{1}{2}\rho v_B^2 \quad \Rightarrow \quad h' = \frac{v_B^2}{2g} = h \qquad (3-37)$$

竖直喷出的水流可达到的最大高度与桶内水面的高度一样．

还可以从另一个角度来考虑这个问题．做一根细流管连接 ABC，C 点为水喷射到的最高点．对这根流管仍然可以用伯努利方程，则关于 A 点和 C 点有

$$p_0 + \rho g h = p_0 + \rho g h' \quad \Rightarrow \quad h' = h \qquad (3-38)$$

这与前面的结果一致．实际中，考虑到水的黏性以及空气阻力，会消耗一些能量，喷射高度要比水面低一些．

例 3-9

如图 3-33 所示，在一个高度为 H 的量筒侧壁开一系列小孔．问：为使水流射程最远，小孔应开在何处？

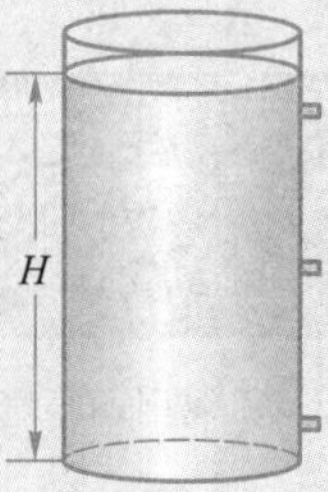

图 3-33 装满水的大桶，侧壁开一系列小孔

解：根据例 3-8 可知，高度 h 处水流出射速率为 $\sqrt{2g(H-h)}$．利用平抛物体的知识，可以得到水流射程为 $\sqrt{2g(H-h)} \times \sqrt{2h/g} = 2\sqrt{(H-h)h}$．易知，$h=H/2$ 时，射程最远．而且我们可以发现，从 h 和 $H-h$ 处，即关于 $H/2$ 上下对称的出口处，喷出的水流具有相同的射程．

例 3-10

如图 3-34 所示，这是一个文丘里流速计，可以用来测定管道中流体流速．管道中含有一段很细的地方，此处和管道其他地方的某处分别与一个压强计的两端相连通．试分析这个仪器的工作原理．

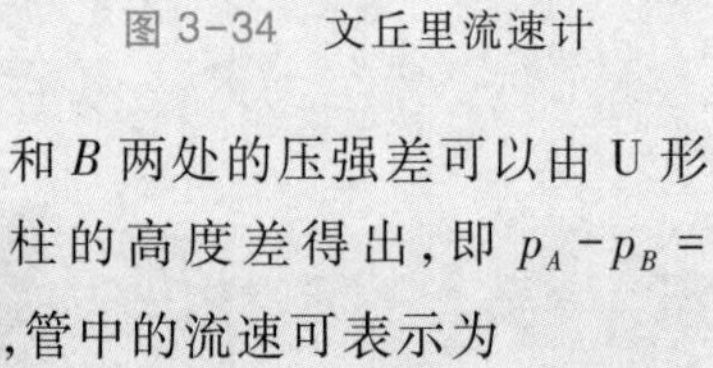

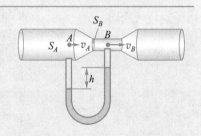

图 3-34 文丘里流速计

解：设 S_A 和 S_B 分别是管道粗细部分的截面积，v_A 和 v_B 分别为流体通过它们时的流速．根据连续性原理，$S_A v_A = S_B v_B \Rightarrow v_B = v_A(S_A/S_B)$．由于管子平放，所以 A 和 B 两处高度可认为相同．伯努利方程给出

$$p_A + \frac{1}{2}\rho v_A^2 = p_B + \frac{1}{2}\rho v_B^2 \quad \Rightarrow$$

$$p_A - p_B = \frac{1}{2}\rho v_A^2\left[\left(\frac{S_A}{S_B}\right)^2 - 1\right] \qquad (3-39)$$

另一方面，A 和 B 两处的压强差可以由 U 形管中的水银柱的高度差得出，即 $p_A - p_B = \rho_{汞} gh$．于是，管中的流速可表示为

$$v_A = \sqrt{\frac{2\rho_{汞} gh}{\rho\left[\left(\frac{S_A}{S_B}\right)^2 - 1\right]}} \qquad (3-40)$$

其中，管道粗细位置的截面积是仪器本身的参量，待测流体的密度也很容易得到，通过这个公式就可以计算出被测流体的流速.

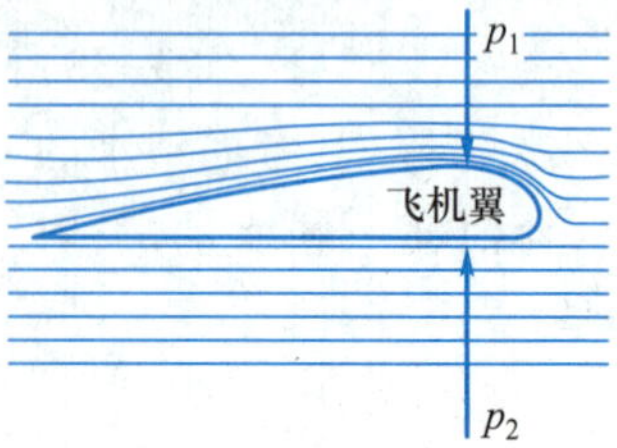

图 3-35 风洞中流过机翼的流线

在日常生活中，有很多现象可以用伯努利原理来解释. 接下来我们举几个例子.

飞机的机翼大都制造成如图 3-35 所示的形状，可以在飞行过程中提供向上的升力，以对抗重力，这个升力就来源于伯努利原理. 图 3-35 画出了风洞中流过机翼的流线草图. 空气虽然并非不可压缩，但在亚音速飞行时，机翼附近空气密度变化很小，仍可看成理想流体而对其使用伯努利方程. 由于机翼上侧有一部分凸起，导致上方流线排列比下方紧密，也就是说本来机翼前方一根根粗细相同的流管从上方通过的会明显变细，而从下方通过的变化不大，这就使机翼上方空气流速明显大于下方，从而导致下方的压强大于上方，产生向上的升力.

图 3-36 流线型的小汽车

有些时候，伯努利原理产生升力不一定是好事. 比如我们日常用的小汽车，大都采用流线型的设计(图 3-36)，这样可以减小空气阻力. 不过这种形状的车身与机翼的形状很相似，可以想象汽车底部也会产生一定的升力，只不过因为在低速时，这个升力比较小，我们感觉不到. 但是当车速很高时，这个升力就不能忽略了，它甚至有可能掀翻小汽车，这在有些赛车比赛中可以看到. 所以高速赛车外形的设计是一门很复杂的学问. 一方面要设计成尽可能减小空气阻力，另一方面又要尽量减小伯努利原理带来的升力，甚至还需要一些下压力，保证轮胎有足够的抓地力以便能够顺利转向. 好的汽车外形设计，就需要综合考虑很多空气动力学因素，最终达到完美的平衡.

NOTE

在足球比赛中，我们常常能看到一种弧线球，也称为“香蕉球”. 特别是在发任意球时，球员经常可以让球绕过人墙直接得分(图 3-37). 球在空中飞行时，为什么能够发生水平方向的偏转呢? 图3-37是以飞行中的足球为参考系的空气流线草图. 如果足球不旋转，那么两侧的流线分布是对称的，两侧空气对球的压力是平衡的，也就没有侧向力使足球转弯. 一旦球体发生高速

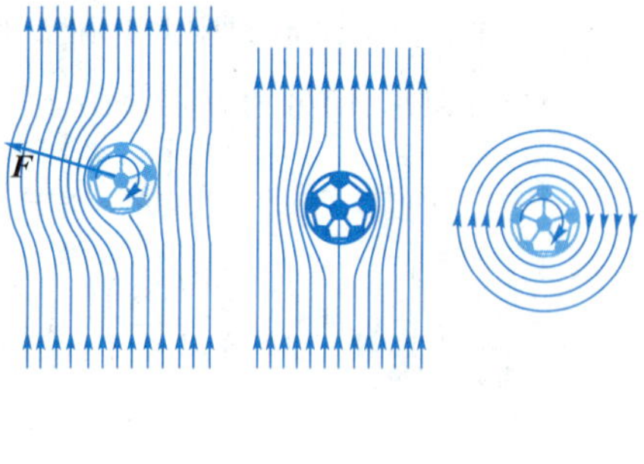

图 3-37 香蕉球(左)及其原理示意图(右：在足球参考系中)

旋转,由于球面与周围空气的摩擦,必然导致一侧的空气相对于球体的流速减慢,而另一侧则加快,于是两侧空气产生压力差,使足球发生偏转."香蕉球"现象的原理有一个更专业的名称,即**马格纳斯效应**,它是一个关于旋转物体在流体中受力情况的原理,这里不作详细讨论.乒乓球比赛中经常出现的弧圈球(图 3-38),与"香蕉球"的原理类似,只不过弧圈球一般是上旋球.根据前面所述,空气会对球产生一个重力以外的向下的力,使球不按抛物线飞行,而是有一个急坠的趋势.弧圈球的好处在于,具有很高速度的球在过网后,由于附加的空气下推力,球能够及时落于球台上,从而提高命中率.

马格纳斯效应

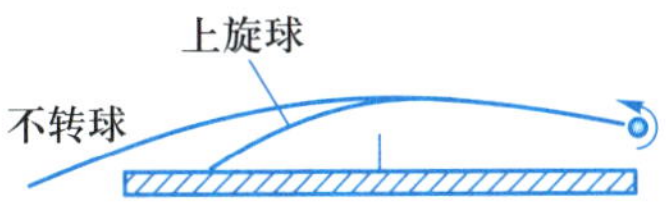

图 3-38　弧圈球(乒乓)示意图

火车站台或者地铁站台边都会有一条安全线.当列车进站时,工作人员都会提醒人们站在安全线后面,不过这主要不是怕乘客拥挤掉下站台.列车在行进过程中,会带动周围空气一起运动,相对于站在旁边的人来说,列车与人之间的空气流速较快,而在人的外侧空气流速较慢,根据伯努利原理,这就会产生压力差,从而把人推向列车,造成事故.特别是在有些小的火车站,高速列车经常不停靠而快速驶过,如果人比较靠近,是非常危险的.即使在列车进站将要停下的时候,只要列车还没完全停稳,这个推力还是会存在的,就是还有安全隐患.所以,为了安全起见,我们还是不要去冒险,不要去试验那个推力究竟有多大了.

NOTE

*3.3.3 黏性流体

在这一小节,我们简要介绍一下流体的黏性.所有真实的流体都具有黏性,那么什么是流体的黏性呢?当流体分层流动,各流层之间有相对滑动时,它们之间存在切向的摩擦力(称为**黏性力**),以阻碍流体的相对滑动,这种流体在流动状态下抵抗剪切形变的能力就是流体的**黏性**.

黏性力

黏性

例如在管道中流动的流体(图 3-39),想象流体在各个圆柱壳层内流动,如果流体没有黏性,那么各层将以同样的速率移动

(a) 管中非黏性流体流过时,流体流速处处相等　(b) 黏性流体流过时,流速与位置有关,距离管中心近的地方流速较快

图 3-39　流体流动

（从侧面看没有剪切应变），而对于黏性流体，各流层速率就会存在差异（有剪切应变）．与管壁接触的流层流速几乎为零，远离管壁的流层流速较快，中心处流速最快．每一层流体都会对相邻流层施加黏性力，以阻碍层与层之间的相对滑动．

黏度

衡量流体黏性的物理量是**黏度**，用希腊字母 η 表示，其国际单位制单位是帕秒（Pa·s）．如图 3-40 所示，流体中相距 Δl 的两个平面上流体的切向流速分别为 v 和 $v+\Delta v$，则 $\lim\limits_{\Delta l\to 0}(\Delta v/\Delta l)=\mathrm{d}v/\mathrm{d}l$ 称为速度梯度．17 世纪，牛顿在大量实验的基础上提出**牛顿黏性定律**（也称**牛顿内摩擦定律**），其表述为：流体内部相邻流层之间的黏性力 F_{f} 正比于速度梯度和接触面积 ΔS，即

牛顿黏性定律　牛顿内摩擦定律

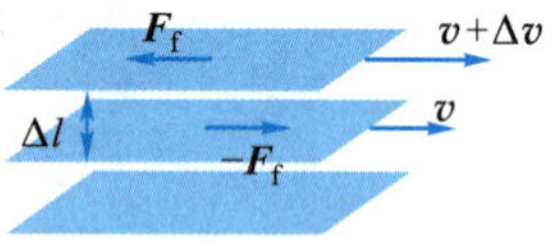

图 3-40　流体的黏度

$$F_{\mathrm{f}}=\eta\frac{\mathrm{d}v}{\mathrm{d}l}\Delta S \tag{3-41}$$

式中，比例系数 η 就是流体的黏度．黏性力的方向是与平面相切，且阻碍平面相对滑动的方向．黏度 η 除了与流体本身的性质相关，还比较敏感地依赖于温度．表 3-5 给出了一些流体的黏度．我们可以看到，气体的黏度大约比液体小两个数量级．一般来说，液体的黏度随温度升高而减小，气体则相反．液体与气体的黏性如此不同，是因为它们的微观机制不同．实际中，有些做层流的流体，层间的黏性力并不与速度梯度成正比，它们的流动不符合牛顿黏性定律．凡是满足牛顿黏性定律的流体，我们称之为**牛顿流体**．自然界中，许多流体是牛顿流体．水、酒精等大多数纯液体，轻质油、低分子化合物溶液，以及低速流动的气体等，均为牛顿流体；高分子聚合物的浓溶液和悬浮液等，一般为非牛顿流体．血液中因含有血细胞，严格说来不是牛顿流体，它的黏度不是常量，但在正常生理条件下其值变化不大，在处理一般的血液流动问题时，血液仍可看成牛顿流体．

牛顿流体

NOTE

表 3-5　一些流体的黏度

物质（液体）	温度/℃	η/(10^{-3} Pa·s)	物质（气体）	温度/℃	η/(10^{-5} Pa·s)
水	0	1.79	空气	0	1.7
	20	1.01		100	2.2
	50	0.55	水蒸气	0	0.9
	100	0.28		100	1.27
水银	0	1.69	CO_2	20	1.47
	20	1.55		302	2.7

续表

物质（液体）	温度/℃	η/(10^{-3} Pa·s)	物质（气体）	温度/℃	η/(10^{-5} Pa·s)
乙醇	0	1.84	氢	20	0.89
	20	1.20		251	1.3
轻机油	15	11.3	氦	20	1.96
重机油	15	66	CH_4	20	1.10

黏性流体通过水平圆柱形管道时，如果管道两端没有压强差，就不能形成持续的流动，因为黏性力最终会使流体停下来．大到石油运输，小到血液流动，这种压强差都很重要．19 世纪，法国医生泊肃叶（Poiseuille，1799—1869）在研究血管中的血液流动问题时，发现了一个关于流体在圆柱形管道中流动的定律：

$$\frac{\Delta V}{\Delta t}=\frac{\pi}{8}\frac{\Delta p}{\eta L}R^4 \tag{3-42}$$

该定律称为**泊肃叶定律**，是流体力学里有关黏性的一个著名且很重要的定律．其中，$\Delta V/\Delta t$ 是单位时间流过管道某截面的体积，也称为**体积流量**，Δp 是管道两端的压强差，R 和 L 分别为管道内半径和长度，η 是流体的黏度．

泊肃叶定律

体积流量

这个公式可以从流体力学的基本原理得出，在这里我们不作详细推导，只是定性分析一下这个公式，以便于读者理解．第一，黏性流体在管中的持续稳定流动需要压强差，而且显然压强差越大，体积流量就越大．假设某确定的体积流量 $\Delta V/\Delta t$ 在长度为 L 的管道中需要 Δp 的压强差能够稳定维持，那么在长度为 $2L$ 的管道中就需要 $2\Delta p$ 的压强差才能维持该体积流量（前半部分需要一个 Δp，后半部分需要另一个 Δp）．因此，体积流量必须与单位长度的压强差（$\Delta p/L$）成正比．第二，体积流量应与黏度成反比．可以想象，如果其他因素都相同，那么流体越黏稠，流动就越慢，体积流量就越小．第三，体积流量一定与管道半径有关，显然管道越粗，体积流量就越大，进一步的理论推导和实验都可以证明，体积流量是和半径的四次方成正比的．

NOTE

心血管疾病里有很重要的一类是涉及血液在血管中流动问题的．比如，高血脂可以说是心血管疾病的前奏，我们可以根据泊肃叶定律来分析一下．高血脂简单来说就是血液中脂类含量比较高，造成血液比较黏稠，即黏度比较大，在其他因素相同的情况下，血液流量就比较小，或者说要想获得足够的血液流量以维持正常新陈代谢，就要增加压强差，这对人体健康来说当然是不利的因素．另一方面，血液中较高含量的脂类会逐渐沉积在血管壁上，使血管变窄，同样会降低血液流量，影响健康．

例 3-11

医生告诉患者，他的心脏左前支动脉收窄了5%. 需要增加多少压强差才能使血液维持正常流动？

解：假设血液黏度不变，动脉长度也不变．为了保证血液正常流动以维持身体机能，就要求体积流量 $\Delta V/\Delta t$ 不变．设 R 是正常血管内半径，Δp_1 和 Δp_2 分别为这段血管正常情况与患病情况下两端的压强差，L 是血管长度，η 是血液的黏度．根据泊肃叶公式可得

$$\frac{\Delta V}{\Delta t}=\frac{\pi}{8}\frac{\Delta p_1}{\eta L}R^4=\frac{\pi}{8}\frac{\Delta p_2}{\eta L}(0.95R)^4 \tag{3-43}$$

则压强差之比为

$$\frac{\Delta p_2}{\Delta p_1}=\frac{R^4}{(0.95R)^4}\approx 1.23 \tag{3-44}$$

1.23 这个数字代表这段动脉中压强差有23%的增长．这部分压强是由心脏提供的．如果这段动脉正常的压强差是 10 mmHg（1 mmHg = 133.322 4 Pa），则收窄的动脉压强差就是 12.3 mmHg，人的血压就要升高 2.3 mmHg，否则通过这段动脉的血流量就会减少．于是，为了维持人体正常的生理活动，血压就要升高，心脏负担就要加大．另外，因为血流量与半径的四次方成正比，而与压强差的一次方成正比，所以较小的血管收窄幅度就会导致较大的压强差增量．像此例，血管只是变窄 5%，压强差就增加了23%．用同样的方法可以得到，如果血管变窄 10%，压强差就要增加 52%，可见增加了不少的心脏负担．

从上面这个例子，就可理解为什么很多养生节目里总是说高脂肪类食物摄入过多容易引起高血压．而且，高脂血液不仅会使血管变窄，它本身的黏度就比正常的血液要大，这进一步增加了血压．只不过因为黏度对压强差的影响是一次方的关系，没有血管粗细对压强差的影响大．

在结束流体黏性的讨论之前，我们再简要介绍另一个有名的公式，它是由英国数学家和物理学家斯托克斯（George Gabriel Stokes，1819—1903）导出的，称为**斯托克斯定律**，是一个关于球形物体在流体中运动时所受阻力的公式．它具有如下形式：

斯托克斯定律

$$F=6\pi\eta rv \tag{3-45}$$

其中，r 和 v 分别是球体半径和相对于流体的速率，η 是流体黏度，F 为球体在流体中受到的阻力．

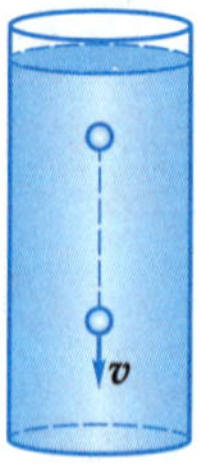

图 3-41 利用斯托克斯公式测量流体的黏度

利用斯托克斯公式，我们可以测量流体的黏度．如图 3-41 所示，在盛有某种液体的量筒中，让一个半径为 r、质量为 m 的小球降落．随着降落速度加快，小球受到的黏性阻力（F）也会增加，连同浮力（F_B）最终将与小球所受的重力平衡，小球便以匀速 v 继续降落，这个最终的速度称为**终极速度**．我们如果能测出终极速度，就可以计算液体的黏度：

终极速度

$$F+F_B=6\pi\eta rv+\frac{4}{3}\rho g\pi r^3=mg \tag{3-46}$$

式中，ρ 和 η 分别为液体的密度和黏度，则有

$$\eta=\frac{mg-\frac{4}{3}\rho g\pi r^3}{6\pi rv} \tag{3-47}$$

*3.3.4 湍流

如图 3-42 所示，在平静的空气中，点燃一支香烟，一缕青烟袅袅升空．在开始的时候，烟柱是直的，看上去很规则，当烟柱上升到一定高度时，突然变得紊乱起来，这是一个典型的**湍流**现象．

湍流

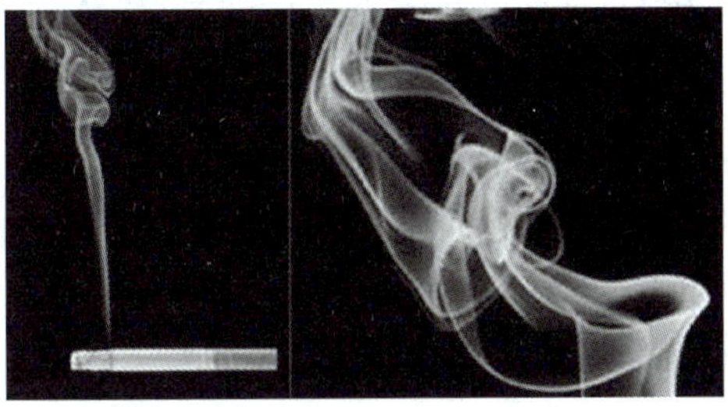

图 3-42 烟缕向湍流突变

图 3-43 是英国物理学家雷诺(Osborne Reynolds，1842—1912)在研究湍流现象时做的一个实验的示意图．在盛水的容器下方有一根水平放置的玻璃管，端口装有阀门以控制水流速度．容器内另有一根细管，里面盛有带颜色的液体，液体可以从下方的小口处流出．雷诺先让容器内的水缓慢地流出，这时从细管小口处流出的有色液体呈一直线水平流动，各层流体之间互不混杂、各自流动，这称为**层流**．通过控制阀门，使水流的速度加快，达到一定程度时，就会发现有色液体与周围流体出现混杂的情形，这是湍流现象．仔细观察，还可以看到流动的涡状结构．通过研究发现，对于在水平圆管中的流动来说，发生湍流现象与一个量纲一的物理量 $d\rho v/\eta$ 的数值有关，这个量纲一的参数称为**雷诺数**(Re)．其中，ρ 和 η 是流体的密度和黏度，d 是圆管的直径，v 是流体的平均速度．由层流向湍流过渡的雷诺数，称为**临界雷诺数**．实验表明，雷诺数小于 2 000 时，流动表现为层流；而大于 3 000 时，表现为湍流；2 000~3 000 之间则属于层流向湍流的过渡区域，流体处于不稳定状态，并且可能从一个状态转变为另一个状态．可见，临界雷诺数往往不是一个确定的数，而是一个数值范围．

层流

雷诺数

临界雷诺数

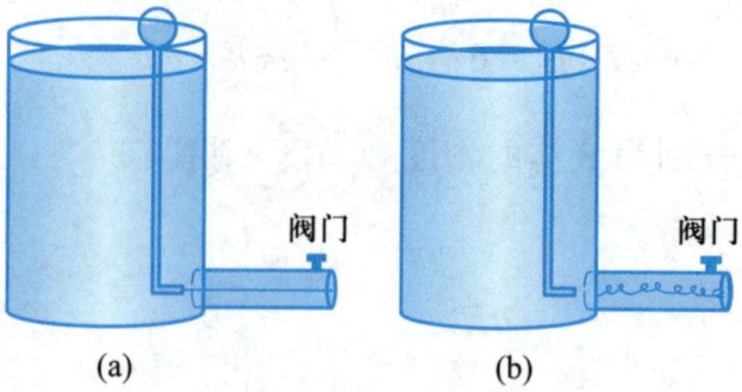

图 3-43 层流(左)与湍流(右)

再来看那缕上升的青烟(图 3-42),因为香烟产生的热气流是加速上升的,所以当流速达到一定程度,使得雷诺数超过了临界雷诺数,层流就开始转变为湍流了.

例 3-12

血液在一根直径为 1.0 cm 的动脉血管中以 60 cm/s 的速度流动. 假设血液的黏度是 4 mPa · s,密度是 1 050 kg/m³,试计算雷诺数,并且判断是否会形成湍流.

解: 雷诺数

$$Re=\frac{d\rho v}{\eta}$$

$$=\frac{0.01\ \text{m}\times 1\ 050\ \text{kg/m}^3\times 0.6\ \text{m/s}}{0.004\ \text{Pa}\cdot\text{s}}$$

$$=1\ 575$$

由于雷诺数小于 2 000,所以血液以层流的方式流动,不会形成湍流.

本章提要

NOTE

1. 应力和应变.

应力:物体内各部分之间单位面积上的相互作用力.

应变:在外力的作用下,物体内部产生的相应形变.

2. 胡克定律:弹性材料在引起形变的力不太大的情况下,应力与应变成正比,即

应力(τ)= 弹性模量(M)×应变(ε)

线应变:

$$\frac{F}{S}=E\frac{\Delta L}{L} \quad 或 \quad \tau_{线}=E\varepsilon_{线}$$

切应变:

$$\frac{F}{S}=G\theta=G\frac{\Delta x}{L} \quad 或 \quad \tau_{切}=G\varepsilon_{切}$$

体应变:

$$\Delta p=-K\frac{\Delta V}{V} \quad 或 \quad \tau_{体}=K\varepsilon_{体}$$

NOTE

3. 弹性势能密度：弹性模量与应变平方乘积的一半，即

$$弹性势能密度(w_p)=\frac{1}{2}\times弹性模量(M)\times应变(\varepsilon)^2$$

线应变：

$$w_p=\frac{1}{2}E\left(\frac{\Delta L}{L}\right)^2$$

切应变：

$$w_p=\frac{1}{2}G\left(\frac{\Delta x}{L}\right)^2$$

体应变：

$$w_p=\frac{1}{2}K\left(\frac{\Delta V}{V}\right)^2$$

4. 静态流体压强：各向同性，只随高度变化.

$$p=p_0+\rho hg$$

5. 帕斯卡原理：封闭的、不可压缩的流体中任意一点压强的变化等值地传递到流体各处及容器壁上.

6. 阿基米德原理：无论是完全或者部分浸没，液体对浸入物体的浮力方向向上，大小等于被物体排开那部分液体的重力.

7. 表面张力：液体表面任意两个相邻部分之间垂直于它们单位长度分界线的相互作用拉力.

毛细现象：管内液面高度为

$$h=\frac{2\sigma\cos\theta}{\rho gr}$$

其中，ρ 是液体密度，r 是毛细管半径．接触角 $\theta<90°$，浸润情形，液柱上升；$\theta>90°$，不浸润情形，液柱下降.

8. 理想流体：不可压缩的、没有黏性的流体.

9. 定常流动：流体流动时，若流体中任何一点的速度都不随时间变化，这种流动就称为定常流动.

10. 理想流体的连续性原理（连续性方程）：

$$S_Av_A=S_Bv_B$$

11. 伯努利方程：对于理想流体的定常流动，在同一流线上各点的压强、速度与高度之间有如下关系：

$$p_A+\frac{1}{2}\rho v_A^2+\rho gh_A=p_B+\frac{1}{2}\rho v_B^2+\rho gh_B$$

或

$$p+\frac{1}{2}\rho v^2+\rho gh=常量$$

12. 牛顿黏性定律：在剪切流中，各流层间的黏性力 F_f 正比于

NOTE

横向速度梯度 $\mathrm{d}v/\mathrm{d}l$ 和接触面积 ΔS,比例系数即黏度 η,表达式为

$$F_{\mathrm{f}}=\eta\frac{\mathrm{d}v}{\mathrm{d}l}\Delta S$$

13. 泊肃叶定律:

$$\frac{\Delta V}{\Delta t}=\frac{\pi}{8}\frac{\Delta p}{\eta L}R^4$$

其中,$\Delta V/\Delta t$ 是单位时间流过圆形管道某截面的体积,Δp 是管道两端的压强差,R 和 L 分别为管道内半径和长度,η 是流体的黏度.

14. 斯托克斯定律:

$$F=6\pi\eta rv$$

其中,r 和 v 分别是球体半径和相对于流体的速率,η 是流体黏度,F 为球体在流体中受到的阻力.

15. 雷诺数:

$$Re=\frac{d\rho v}{\eta}\begin{cases}<2\ 000(\text{层流})\\ 2\ 000\sim3\ 000(\text{过渡区域})\\ >3\ 000(\text{湍流})\end{cases}$$

其中,ρ 和 η 分别是流体的密度和黏度,d 是圆管的直径,v 是流体的平均速度.

思考题

3-1 建筑中经常用到水平横梁,承载重物时会发生形变(如图所示).实际中,钢制的水平横梁经常做成"工"字形,试分析其中的原因.

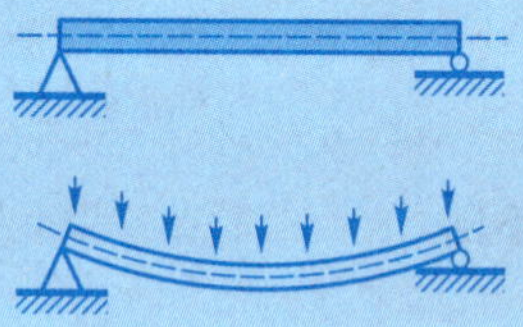

思考题 3-1 图

3-2 一台起重机要吊起一定重量的货物.在选择钢缆的规格时,主要考虑钢缆的以下哪个参量?杨氏模量、比例极限、弹性极限、抗拉强度.

3-3 在地球上,静态流体内部有没有可能存在压强为零的点?

3-4 在地球上,一个普通人通过吸管用嘴吸水,最多能把水吸到多高的地方?如果换成身体远比人类强壮的"超人",能够吸到多高的地方?

3-5 如何用 1 g 的水托起 1 kg 的木块?(木块只能与水接触.)

3-6 如果地球的引力场增强,水中悬浮的鱼会漂浮到水面,下沉,还是继续悬浮在原来的地方?

3-7 干毛笔的笔毛一般不是聚拢在一起的,甚至会有不少分叉.而从水中取出的湿毛笔,笔毛一般都是收拢的.请解释原因.

3-8 同向行驶的两艘船要避免靠得太近,这是为什么?

3-9 一个海员想用木板压住船底一个正在漏水的洞,但力气不够,木板总是被水冲开.在另一个海员的帮助下,他终于把木板压住了.帮忙的海员离开后,他一个人也可以压住木板.请解释原因.

3-10 如果把乒乓球的球网升高，是对于擅长弧圈球的选手有利，还是对于相对来说旋转较慢而速度较快的快攻型选手有利？

3-11 大气中的水滴，直径小到 10^{-3} mm（比如云里面的小水珠），大到 2~3 mm（下落的雨滴），大小可以相差很多．然而我们从来没有看到过很大的，比如像西瓜那么大的雨滴，这是为什么？利用黏性和表面张力的知识，分析一下其中的原因．（提示：使雨滴破碎主要是由于气流的冲击，而维持雨滴不散的原因是表面张力．）

3-12 血液湍流对心血管的影响不能忽视．医学上已经证明，血液湍流容易引起动脉粥样硬化．因为湍流时，横向的血流速度会引起血管的高频震颤，使血管比正常管段更易膨胀，从而损伤血管．试分析一下血液发生湍流的原因．

习题

3-1 吊车下悬挂一个重 1 000 kg 的铁球，连接它的钢索长为 30 m，直径为 0.02 m．摇摆这个铁球，通过撞击，拆除一栋废旧大楼．假设铁球摆到最高点时，钢索与竖直方向夹角为 40°．问：当铁球摆到最低点时，钢索伸长了多少？（钢的杨氏模量取 200 GPa．）

3-2 一根钢制小提琴弦，直径为 0.40 mm．在 50 N 的拉力下，长度为 40 cm．求：

（1）没有拉力时，琴弦的长度；

（2）从自然状态到当前状态，拉力所做的功；

（3）拉断这根琴弦需要的拉力．（钢的杨氏模量和抗拉强度分别取 200 GPa 和 0.5 GPa．）

3-3 剪切钢板时，由于对剪刀施加的力量不够，所以钢板没有切断，然而钢板发生了剪切应变．钢板的横截面积为 $S=100\ \text{cm}^2$，两刀口间的距离为 $d=0.2$ cm．当剪切力为 8×10^5 N 时，

（1）求钢板中的切应力；

（2）求钢板的切应变；

（3）求与刀口齐的两个截面发生的相对滑移；

（4）问用多大的力可以剪断钢板？（钢的切变模量和抗剪强度分别取 80 GPa 和 0.3 GPa．）

3-4 自行车刹车时，是靠闸皮对车轮的摩擦力使车辆停止的．假设闸皮材料的杨氏模量为 E、切变模量为 G、体积模量为 K，闸皮与车轮之间的接触面积为 S、摩擦因数为 μ，某次刹车时摩擦力为 F_f．问：闸皮发生了哪种形式的应变？用题中的参量给出应力和应变的表达式．（假设各种应变是相互独立的．）

3-5 一箱珠宝随轮船沉没在深海，计算一下 1 cm^3 的黄金和钻石因为深水压，体积减小了多少．（假设珠宝沉没在 10 000 m 的深海处，黄金和钻石的体积模量分别取 169 GPa 和 620 GPa．）

3-6 如图所示，一个圆锥形玻璃瓶，高为 H，瓶底大（半径为 R），瓶口小（相对于瓶底大小可忽略），里面装满密度为 ρ 的液体，瓶口敞开．

（1）求液体的总重量；

（2）求瓶底的压强；

（3）求瓶底所受的压力；

（4）为什么瓶底所受的压力比水的重力大？

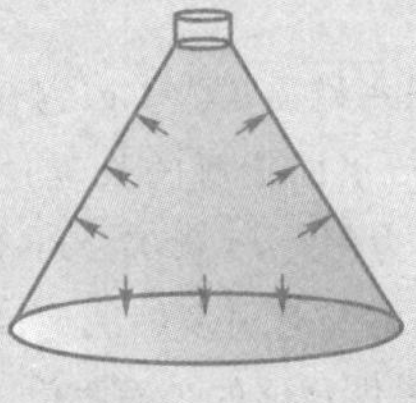

习题 3-6 图

3-7 静脉注射需要打吊瓶．手臂注射处的静脉血压为 13 mmHg，则吊瓶至少需要挂在高于针头多高的位置，才能进行静脉注射？（水银密度为 13 600 kg/m^3，药品密度为 1 050 kg/m^3．）

3-8 如图所示，轻质大活塞截面积为 1 m^2．盛有水的大容器下端连出一根细管，截面积为 1 cm^2，竖直向上，开口处高于液面 0.1 m．问：活塞上放置多重的东西，管口处会有水溢出来？

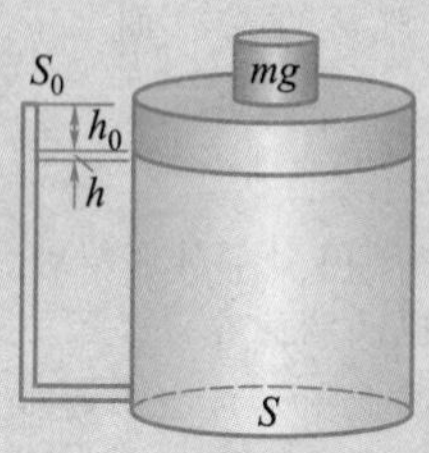

习题 3-8 图

3-9 鱼用鱼鳔改变自身的平均密度,从而实现上浮或下潜,还可以保持悬浮．假设某种鱼在鱼鳔完全收缩时的平均密度是 1 080 kg/m^3,质量为 1 kg. 则鱼鳔需要膨胀多大体积,才能使鱼悬浮在密度为 1 060 kg/m^3 的海水中?

3-10 一艘货船从海洋(密度为 1 025 kg/m^3)驶入盐度较低的港口(此处密度近似为 1 000 kg/m^3),因而会有一些轻微的下沉．从船上卸掉 600 t 的货物后,船身又上浮到原来的位置了．则船本身的质量是多少?

3-11 一个杯子里面盛了水,水面在杯子边缘以下 3 cm 处．问:插入一根多细的圆管,才能够由于毛细现象而把水吸引到超过杯子边缘的高度?(取水的表面张力系数为 0.07 N/m,计算时取接触角为零.)

3-12 一只水黾质量为 1 g,它有六条细长的腿．问:平均每条腿与水面接触的长度达到多少,它才能因为水的表面张力(设 $\sigma=0.07$ N/m)而在水面行走?(实际上,水黾的腿上有很多细绒毛,增加了与水面的接触,从而能够提供足够的表面张力,以支撑体重.)

3-13 出口截面积为 S_0 的水龙头有水缓慢流出,单位时间流出的体积为 Q_V. 求水流落到距离管口 h 处的横截面积.

3-14 一个喷雾器(如图所示),细管插入液体中,露出液面的部分长为 5 cm. 液体密度为 900 kg/m^3,空气密度为 1.30 kg/m^3. 挤压橡皮球就可以把液体吸上来并喷出去．问:被挤压的空气速度需要达到多少才能把液体吸上来?

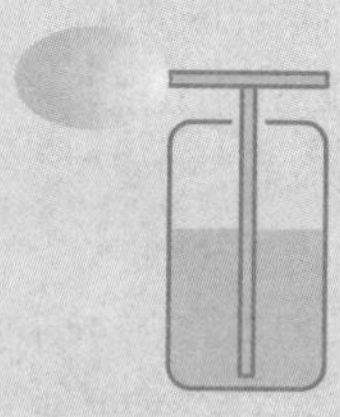
习题 3-14 图

3-15 一个虹吸装置(如图所示),可以把液体从大水缸中转移出来．把虹吸管的一端插入液体,另一端放置在液面以下的位置,液体就会从水缸中通过虹吸管流出,直到液面的高度降低到虹吸管出口的位置．假设虹吸管高于液面的部分为 h_1(最高点处设为 A 点),出口处低于液面 h_2(出口处标记为 B).

(1) 求虹吸管出口处液体的流速;

(2) 求最高点 A 处的压强;

(3) 问 A 点最高可以达到多少还能有液体流出?

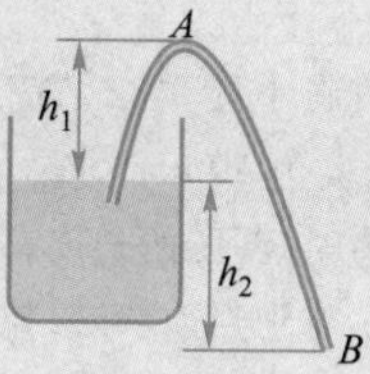

习题 3-15 图

3-16 一架飞机的质量是 1 500 kg,机翼的总面积是 30 m^2. 如果平稳飞行过程中空气相对于机翼下侧的流速是 100 m/s,那么相对于机翼上侧的流速是多少?(空气的密度为 1.30 kg/m^3.)

3-17 一块 $S=20\times20\ cm^2$ 的金属片放在一层厚度为 0.20 mm 的静止的水平油膜上．对金属片施加水平方向的 1 N 的力时,金属片可以匀速滑动,速率为 10.0 cm/s. 求油膜的黏度.

3-18 在重力作用下,某种液体在半径为 R 的竖直圆管中向下做定常流动．假设液体密度为 ρ,单位时间流出的体积为 Q_V,求液体的黏度 η.

3-19 天空的积云是由许许多多微小的水滴组成的,它们不容易从天上掉下来．假设小水滴的平均半

径 r 为 5.0 μm,0 ℃时空气的黏度 η 为 1.7×10^{-5} Pa · s.通过计算这时小水滴下落的终极速度,分析积云不下落的原因.(还要考虑向上的热气流.)

3-20 打呼噜的原因:正常情况下气体在气道中流动是很顺畅的,当气体流动过程中受到阻碍时(扁桃体肥大、舌体肥大等),会在阻碍的部位形成湍流,紊乱的气流会让气道的侧壁出现振动,振动就产生了声音. 试分析一下气管变窄时气流可能发生湍流的原因.

第 4 章　气体动理论

人类对物质世界的认识是从用自己的感官感知周围环境开始的．利用视觉、听觉和触觉我们可以感知物体的大小、位置、质量、运动以及相互作用，还可以感知物体的振动、发光、色泽、透明度，光的反射、折射、衍射等，通过测量和分析最后总结出它们的力学性质和光学性质．冷热也是人的一种感觉．我们每天关心天气，以决定穿什么衣服出门，这种行为与冷热感觉密切相关.物质世界中与冷热有关的自然现象称为**热现象**，热现象普遍存在于季节交替、气候变幻和生活环境中．虽然我们可以观察和认识许多热现象，但是人的感觉并不可靠，例如在冬天的室外，我们感觉铁块比木块更冷，但实际上两者一样冷．可见，热现象的本质不能通过感觉来把握，而要建立在科学研究的基础之上．

热现象

历史上关于热的本质，有两种对立的观点．

一种观点是热质说，它从热平衡、热传导等热现象出发，唯象地认为热是一种没有质量的物质，看不见，摸不着，没有固定形状，存在于各种物体中，不能凭空产生，也不能被消灭，热从一个物体传递到另一个物体就是热质的流动．在热质说的指引下，瓦特分析和改进了蒸汽机，卡诺提出了关于热机效率的理论．正是由于在某些理论和实践方面的成功，热质说在 18 世纪到 19 世纪中叶广泛流行．

授课录像：前言

另一种观点是热动说，它认为热是物质内部大量微观粒子运动的宏观表现．微观粒子的这种运动是无规则、永不停息的，称为**热运动**．人们对物体冷热的感觉就来源于热运动的微观粒子对皮肤的刺激，热运动越剧烈，刺激就越强烈，感觉物体就越热．热运动由布朗运动证实．焦耳通过热功当量实验精确证明了热量与一定量的机械功相当；克劳修斯和开尔文发现热量是能量传递的一种量度，由此认识到，热是一种能量，因而否定了热质说．现在，热质说能够解释的现象都能够用热动说来解释，而热质说无法解释的摩擦生热等现象正是热动说的基础．热动说揭示了热现象的实质，为热学的正确发展奠定了坚实的基础．

热运动

NOTE

热学是研究物质与冷热有关的物理性质及变化规律的科学.热学的研究对象包括气体、液体和固体,它主要研究这些物质内大量微观粒子的热运动规律.与固体和液体相比,气体的热运动规律相对简单,并能反映热运动的一般规律,所以作为基础课,本课程主要研究气体的热现象和热运动规律.

热学的研究理论主要有两种,一种是热力学,另一种是统计物理.热力学通过对大量实验结果的观测和分析,归纳得到热现象中的宏观性质和宏观规律;统计物理则从物质的微观结构出发,利用力学和统计学,研究微观粒子无规则热运动与物质宏观性质的联系.热力学对热现象给出普遍而可靠的结果,可以验证统计物理的正确性;统计物理则可深入到热现象的本质,使热力学理论获得更深刻的物理意义.因此两者是热学的两个组成部分和两种研究方法,相辅相成,互为补充,不可或缺.

热学部分包括两章.第 4 章主要介绍热学基本概念和气体动理论,后者属于统计物理,是统计物理的基础.通过本章的学习可以了解统计物理的基本研究方法及气体宏观性质和微观分子运动之间的联系.第 5 章介绍热力学的基本理论,其中热力学第一定律主要从能量守恒的角度揭示热现象及其宏观规律性,热力学第二定律则对热力学过程进行的方向性进行探讨.

4.1 热力学系统和状态 温度 理想气体物态方程

4.1.1 热力学系统

力学的研究对象是质点和质点系的运动,热学的研究对象是大量微观粒子的热运动.如果把每个粒子看作质点,这些粒子就构成质点系,可以用力学定律研究这个质点系.在热学的具体研究中,需要明确质点系的宏观范围,以这个范围内的粒子作为研究对象.

授课录像:热力学系统

为研究热学而需要集中注意的大量微观粒子的宏观组合或体系称为**热力学系统**,简称**系统**.划定热力学系统的目的是研究与之相关的热现象和规律.

热力学系统　系统

热力学系统可以是气体,也可以是固体或液体.一块铁或一堆矿石是固体形式的热力学系统,内部微粒以原子形式存在,原子间有较强的化学键,因此系统有一定的形状,体积不易改变.一瓶水或一个湖泊是液体形式的热力学系统,内部微粒是原子和分子,系统没有固定形状,体积也不易改变.一缸气体或一定范围的大气(气象学中称之为天气系统)是气体形式的热力学系统,内部微粒是分子,系统没有固定形状,体积较易发生改变.本教材主要研究气体形式的热力学系统.

布朗运动

分子做永不停息的无规则热运动,这由布朗运动证实.1827年,英国植物学家布朗(Robert Brown)观察到水表面的花粉颗粒总是不停地做无规则运动,后人把这种运动称为**布朗运动**.花粉颗粒较小,环绕其周围的水分子较少,这导致分子对花粉颗粒的碰撞在各个方向不均匀,使花粉颗粒受到大小和方向随机的碰撞合力,可见花粉运动的不规则性反映了分子运动的不规则性.1905年,爱因斯坦(A. Einstein)等从理论上分析了布朗运动,证明了花粉的布朗运动是液体分子永不停息无规则热运动的宏观表现.

环境 外界

系统以外的部分称为**环境**或**外界**,例如盛放气体的气缸和气缸外的空气都是系统所处的环境.系统通过边界与环境发生关联:边界可以是刚性的,也可以是弹性的;可以是完美的热阻材料,也可以是理想的热导体;可以无法穿透,也可以有渗透性.这意味着系统与环境一般有相互作用,表现为有物质和能量的交换.

孤立系统

按照系统与环境物质、能量交换的情况,把系统分为孤立系统、封闭系统和开放系统.**孤立系统**是与环境没有物质和能量交换的系统,严格的孤立系统实际上并不存在,所以孤立系统只是为理论研究而设定的理想化模型.孤立系统和环境没有联系,所以系统内物质的质量保持不变,其内部的能量也恒定,但是系统内部可能存在物质的流动和能量的流动.

封闭系统

与环境只有能量交换而没有物质交换的系统称为**封闭系统**.如果盛放气体的气缸密闭性很好,气体就不能泄漏或渗透,但是气体可以通过与环境相互作用而获得能量,或释放能量,这样的气体就是封闭系统.显然封闭系统的质量不变,但能量会变化.封闭气体系统是本课程的主要研究对象.

开放系统

与环境既有物质又有能量交换的系统称为**开放系统**.开放系统很常见,例如无盖的杯子中的水就是开放系统.我们的身体也是一个典型的开放系统,它不停地吸收和释放水、气体等物质,也不停地吸收和释放能量.

4.1.2 热力学状态

授课录像:热力学状态

在力学中,质点在某时刻所处的状况称为质点的状态,用质点的坐标和速度描述. 与此类似,热力学系统在某时刻所处的状况称为热力学状态,简称状态. 热力学系统划定后,要研究其性质和变化规律,就必须对它的状态加以描述.

热力学状态有两种描述方式,分别为微观描述和宏观描述. 一方面,可对系统内微观粒子的状态进行描述,例如每个粒子的质量、坐标、速度、速率、能量等,这样描述的状态称为**微观状态**,相应的物理量称为**微观量**. 由于系统内微观粒子数目巨大,且做无规则热运动,因此其微观状态千变万化. 微观量不能被我们的感官感受到,一般也不能用仪器直接测量,即使想从理论上预测微观量,也必须采用统计的方法. 另一方面,可从整体上对系统进行描述,这样描述的状态称为**宏观状态**. 确定宏观状态的宏观量称为**宏观状态参量**(简称宏观量),例如系统的温度、压强、体积、内能等. 系统的宏观状态参量发生改变,就意味着系统的宏观状态发生了变化. 系统的宏观状态参量可以用仪器直接测量,一般也能被人感觉到. 热学的一项任务就是把微观量和宏观量联系在一起,通过宏观量间接获得分子的微观性质和规律,通过微观量推演气体的宏观性质和规律.

微观状态
微观量
宏观状态
宏观状态参量

系统的宏观状态又分为平衡态和非平衡态. 宏观状态参量不随时间变化的状态称为**平衡态**,而宏观状态参量随时间变化的状态称为**非平衡态**. 例如容器中刚充入一定量气体,开始时容器内各处气体密度不均匀、压强也不均匀,局部存在宏观的气体流动,处于非平衡态,这时气体没有确定的宏观量. 随着时间的推移,容器内各处密度、压强趋于均匀,不再有明显的宏观物质和能量流动,这时气体趋于平衡态,能够用统一的宏观量描述. 如果加热容器或摇晃容器,气体由平衡态又变回非平衡态. 无论是平衡态还是非平衡态,气体分子都永不停息地做无规则热运动. 所以,当系统处于平衡态时,虽然系统内部、系统与环境之间没有宏观上的物质和能量的流动,但是系统内部分子无时无刻不处于运动之中. 可见,平衡态是微观上的动态平衡.

平衡态
非平衡态

NOTE

平衡态下气体系统的宏观状态参量主要有温度、压强、体积、内能等,在不同情况下,它们具有不同的关系. 气体置于容器中,气体的体积就是容器的容积. 体积用 V 表示,常用单位有 m^3、L(升)等,$1\ m^3=10^3$ L. 压强定义为气体对单位面积器壁的压力,用 p 表示,常用单位有 Pa(帕)、atm(大气压)、mmHg(毫米汞柱)

NOTE

等，它们的定义和关系为

$$1\ \text{Pa}=1\ \text{N/m}^2$$

$$1\ \text{atm}=760\ \text{mmHg}$$

根据 1 atm 相当于高为 0.760 m 的柱形水银（Hg，密度为 $13.6\times10^3\ \text{kg/m}^3$）对地面的压强，可以换算 atm 与 Pa 的关系：

$$1\ \text{atm}=13.6\times10^3\ \text{kg/m}^3\times9.8\ \text{m/s}^2\times0.760\ \text{m}^3=1.013\times10^5\ \text{Pa}$$

温度和内能的概念在热学中很重要，随后将要讨论．

4.1.3 温度 热力学第零定律

授课录像：温度

授课录像：热力学第零定律

在上面提到的宏观状态参量中，压强、体积在力学中也出现，而温度却是热学特有的．压强是质量、长度、时间三个基本量的导出量，体积是长度的导出量，温度不可由三者导出，其本身就是一个基本量．

在日常生活中，温度是我们非常熟悉的，每天都会用到．收听天气预报时主要关心气温，感觉发烧时测量体温，虽然我们对冷热的感觉与温度有关，但是温度的确定不能以主观感觉为依据．把热手放到一盆温水中，会感觉凉；而把冷手放到同一盆温水中，却会感觉热．也就是说，感觉热的物体，温度不一定高，感觉冷的物体，温度不一定低．可见温度的概念难于捉摸，尽管它看起来很平常．那么热学怎样给温度一个确切定义呢？或者说，温度描述系统的什么属性呢？

设有两个系统，用一个刚性板隔开，这避免了一个系统的体积变化影响另一个系统．（还必须同时假定，没有电场和磁场影响两个系统．）在这种情况下，如果一个系统的任何宏观状态的变化都不会引起另一个系统宏观状态的变化，那么两个系统是绝热的，否则是互相导热的．例如，埋在地下的暖气管道外面缠裹着一层厚厚的隔热材料，以减少能量散失，管道内的水或水蒸气与管道外基本上是绝热的．又比如，加热一个铁水壶，使铁原子的热运动增强，水壶里面的水就会变热甚至沸腾，这里水和水壶两个系统之间是导热的，这时我们说两个系统处于热接触．

热平衡

经过足够长的时间，热接触并导热的两个系统都将达到平衡态，而且两个系统的平衡态具有某种关联，此时两个系统的关系称为**热平衡**，或者说两个系统都处于热平衡状态．

温度

为了描述热平衡状态下系统的热性质，在热学中定义了**温度**的概念．当两个系统处于热平衡时，它们有一个共同的宏观性质，就是温度相同．反过来，若温度相同，两个系统就处于热平衡．

现在出现一个问题，两个系统达到热平衡，一定需要直接热接触吗？对于这个问题，**热力学第零定律**给出了回答：

热力学第零定律

如果系统 A 和系统 B 分别同时与系统 C 处于热平衡，那么系统 A 和系统 B 也必然处于热平衡．

这个定律实际上与温度的定义等价．如图 4-1 所示，系统 A 和系统 C 达到热平衡，两个系统的温度相等；系统 B 和系统 C 达到热平衡，这两个系统的温度也相等．这样可推知系统 A、B 的温度也相等，系统 A、B 虽然没有直接热接触，但它们处于热平衡，即热力学第零定律成立．

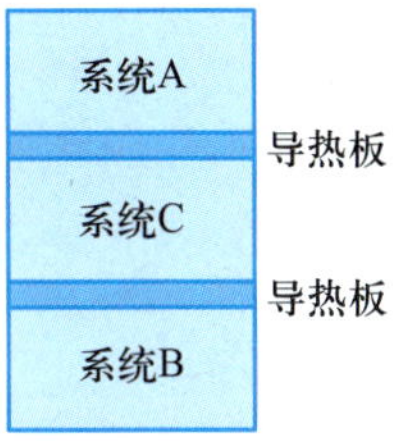

图 4-1 热力学第零定律

物理性质的这种"可传递性"没有普适性．例如，物体 A 和 B 同时对 C 有力的作用，但 A 和 B 之间不一定有力的作用；若物体 A 和 B 分别与 C 有相同的质量，则可推知 A 和 B 有相同的质量．

第零定律的称呼似乎很奇怪，这是由于历史上，热力学第一、第二定律较早被发现，但是后来人们意识到，确切定义温度的概念很重要，也很基础，所以把对温度进行定义的定律放在热力学第一、第二定律之前，就称为热力学第零定律了．

NOTE

热力学第零定律是用温度计测量温度的理论基础．设系统 A 是具有标准温度标度的热力学系统，系统 B 是待测温度的系统，系统 C 是温度计．当 C 与 A 接触时，A 的温度变化可以使两者达到不同温度下的热平衡，这样就给温度计 C 标定了温度刻度．再让温度计 C 与 B 接触，达到哪一个温度刻度下的热平衡，系统 B 的温度就为哪一个温度．这样就以温度计为媒介，把具有标准温度的系统 A 与待测温度系统 B 联系在一起，于是就测量了温度．

4.1.4 温标

要定量研究系统的温度，就需要定义它的数值和单位．温度的定量标定系统包括它的大小和单位，称为**温标**．

温标

热学常用的温标包括摄氏温标、理想气体温标和热力学温标等．**摄氏温标**是我们生活中常用的，我国天气预报预测气温用的就是摄氏温标．它规定，在 1 个大气压下纯水的结冰点温度为 0 度，沸点温度为 100 度，它们之间平均分成 100 份，每份为 1 度，单位为摄氏度，写为℃，以摄氏温标表示的温度以小写字母 t 表示．

摄氏温标

理想气体温标

NOTE

理想气体温标以理想气体的性质为基础．理想气体是指非常稀薄的气体，后面我们还会仔细研究．实验发现，温度确定时，一定量的理想气体无论压强和体积怎样变化，二者的乘积 pV 总为常量；当温度变化时，这个乘积也变化，这个规律称为玻意耳定律. 既然 pV 只取决于温度，那么可以定义一个与乘积 pV 成正比的温标；再附加规定水的三相点（即冰、水和水蒸气共存的平衡态，压强约为 609 Pa）的温度为 273.16 度，且 1 度等于 1 ℃. 这样，这个温标就完全确定了，它就是理想气体温标．其单位为开尔文，简称开，用字母 K 表示，1 K=1 ℃. 以理想气体温标表示的温度以大写字母 T 表示．所以从数值上理想气体温度是把摄氏温度平移了一段，即

$$T/\mathrm{K}=t/℃+273.15 \tag{4-1}$$

这里 273.15 与上述 273.16 数值上的微小差别是由于 1 个大气压下纯水的冰点温度比三相点温度低 0.01 ℃. 在本课程的计算中这个微小差别可以忽略不计，偏移量取 273 即可．

热力学温标

因为在很低的温度下，物质不以气态存在，这样理想气体温标就失去意义了，所以需要定义不依赖于任何物质状态的温标．这样的温标称为**热力学温标**，它是以热力学第二定律为基础的．可以证明，在理想气体温标适用范围内它与理想气体温标相同，在理想气体温标不适用的范围内按同样的标度外推．以热力学温标表示的温度也用大写字母 T 表示，单位也是开（K），所以式（4-1）也适用于热力学温度与摄氏温度之间的变换．

4.1.5 理想气体物态方程

授课录像：理想气体物态方程

摩尔气体常量

处于平衡态的热力学系统用压强 p、体积 V、温度 T 等宏观状态参量来描述，它们存在着一定的联系．综合玻意耳定律和热力学温度的定义可知，理想气体压强和体积的乘积与热力学温度成正比，即 $pV/T=C$（常量）．阿伏伽德罗定律指出，在一定的温度和压强下，1 mol 任何理想气体都具有相同的体积 V_m，所以气体体积 $V=\nu V_m$，其中 ν 为物质的量．令 $R=pV_m/T$，它是任何理想气体在任何条件下都适用的常量，称为**摩尔气体常量**．理想气体在标准状况（1 atm，0 ℃）下的摩尔体积为 $V_m=22.4$ L/mol，利用这些数值求出摩尔气体常量为

$$R=\frac{1.013\times10^5\ \mathrm{Pa}\times22.4\times10^{-3}\ \mathrm{m^3/mol}}{273.15\ \mathrm{K}}=8.31\ \mathrm{J/(mol\cdot K)} \tag{4-2}$$

这样可得 $C=\nu R$,于是

$$pV=\nu RT=\frac{m}{M}RT \tag{4-3}$$

其中,m 为气体的质量,M 为气体的摩尔质量,即 1 mol 气体分子的总质量,单位是 kg/mol,它在数值上等于相对分子质量. 上式是理想气体在任一平衡态下宏观状态参量之间的关系式,称为**理想气体物态方程**. 在通常讨论的温度和压强范围内,即在温度不太低和压强不太高的情况下,一般气体都近似满足理想气体物态方程.

理想气体物态方程

把理想气体物态方程变形为 $p=\frac{\nu RT}{V}=\frac{NR}{VN_A}T$,其中 $\nu=\frac{N}{N_A}$ 为物质的量,N 为系统分子数,$N_A=6.022\times10^{23}\ \text{mol}^{-1}$ 为**阿伏伽德罗常量**,它表示 1 mol 任何物质所含有的微粒数目. 引入**玻耳兹曼常量**

阿伏伽德罗常量

玻耳兹曼常量

$$k=\frac{R}{N_A}=1.38\times10^{-23}\ \text{J/K} \tag{4-4}$$

这样,可以得到

$$p=nkT \tag{4-5}$$

其中,$n=N/V$ 为分子数密度,即单位体积内的分子数. 式(4-5)是理想气体物态方程的另一种表达形式. 它表明,理想气体的压强与分子数密度 n 和温度 T 的乘积成正比,即气体分子数密度越大,温度越高,气体压强就越大. 这个公式把宏观量 p、n、T 与微观常量 k 联系在一起了.

授课录像:例 4-1

例 4-1

(1) 在标准状况下,1 m^3 的大气中含有多少个分子?

(2) 在星际空间,平均每 cm^3 含有一个氢原子,温度为 3 K,压强为多少?

解:(1) 标准状况下的气体很接近理想气体,所以1 m^3 大气含有的分子数为

$$n=\frac{p}{kT}=\frac{1.013\times10^5\ \text{N/m}^2}{1.38\times10^{-23}\ \text{J/K}\times273\ \text{K}}=2.69\times10^{25}\ \text{m}^{-3}$$

可见,通常情况下的宏观系统含有大量的微观粒子.

(2) 高真空时气体非常接近理想气体,所以压强为

$$p=nkT=10^6\ \text{m}^{-3}\times1.38\times10^{-23}\ \text{J/K}\times3\ \text{K}=4.1\times10^{-17}\ \text{Pa}=4.1\times10^{-22}\ \text{atm}$$

这个压强比人类能在地球上获得最高标准的真空的压强还要低得多.

4.2 理想气体宏观状态参量的微观本质

热力学系统的宏观性质和规律是其内部大量微观粒子的无规则热运动的宏观表现，因此宏观量和微观量之间一定存在联系．气体宏观状态参量，如体积、压强、温度等，怎样与微观量发生联系，或者说具有怎样的微观意义呢？下面就利用统计的方法分析气体分子热运动中存在的规律性，探讨宏观量和微观量之间的联系．

4.2.1 气体体积的微观解释

授课录像：气体体积、分子力

需要说明的是，气体的体积不是组成气体的分子的体积之和，而是分子充斥空间范围的体积．由于分子之间有空隙，所以气体的体积比分子体积之和要大．如果没有力场和容器的限制，气体就会不断扩散，因此没有一定的体积．这时由于分子做无规则热运动，分子之间发生频繁的随机碰撞，碰撞后向四面八方弹开．把气体置于容器中，分子与容器器壁碰撞时，就会被弹回，再回到容器内部，这样气体就被限制在容器内部，使气体具有一定的体积，体积的大小就等于容器的容积．那么，在分子没有碰撞的时候，分子之间有相互作用力吗？这个力对气体体积有影响吗？

实验和理论研究表明，分子之间存在分子力作用，其本质上是电磁力．我们知道，分子和原子由带正电的原子核和带负电的电子组成，每个分子都有它的正电荷中心和负电荷中心，有的分子正、负电荷中心不重合，例如 HCl 分子、H_2O 分子等；有的分子正、负电荷中心重合，例如 H_2 分子、CH_4 分子等．即使正、负电荷中心重合，由于多种原因它们也能发生随机的瞬时分离，所以在分子之间同时存在静电排斥力和静电吸引力，分子力就是这两个力的合力．

分子力的一种常用的理论形式是范德瓦耳斯力，以荷兰物理学家范德瓦耳斯(van der Waals)命名，它可以表示为

$$F=\frac{a}{r^{13}}-\frac{b}{r^{7}} \tag{4-6}$$

其中，r 为两分子间的距离，a 和 b 为正的常量．式中第一项为正，表示斥力；第二项为负，表示引力．斥力和引力同时存在于分子之间，它们的合力即分子力．

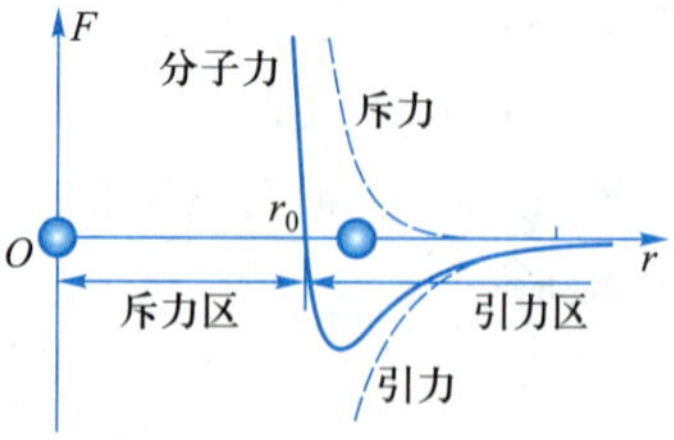

图 4-2 分子力随分子间距离的变化曲线

图 4-2 为分子力 F 关于距离 r 的函数曲线．把一个分子固定

NOTE

在原点上,另一个分子可以在横轴上移动,使两个分子具有不同的距离,也就是在左边分子的参考系下研究右边分子受到的左边分子施加的分子力.图中用虚线表示引力项和斥力项,实线表示分子力.

可以看出,当分子间距离很小时,分子力表现为很强的斥力;当距离较大时,分子力表现为引力,且在适当位置引力有一个极值.斥力区和引力区的交界处在距离 r_0(约 0.1 nm)处,表明在此距离时,分子力为零.当 $r<r_0$ 时,斥力占据优势;当 $r>r_0$ 时,引力占据优势;当 $r=r_0$ 时,引力与斥力平衡,分子处于平衡位置;当 $r\gg r_0$ 时,分子力趋于零,具有这样间距的分子构成的气体成为理想气体.

设想一个处于热运动的分子以一定速度从远处接近另一个分子,它一开始被引力加速,达到 r_0 后被斥力减速,直到距离为 d(稍小于 r_0)时停止运动,随后被弹开.一般把 d 作为分子的直径,从这个意义上说,分子没有特别固定的直径,它取决于分子热运动的动能.如果分子运动到 r_0 附近时由于某种原因失去大部分动能,那么它既不能达到 d 位置,也不能再弹回远处,结果就在 r_0 附近振动.

分子无时无刻不受到分子力的作用,同时永不停息地做无规则热运动.分子力的作用使分子倾向于处于平衡位置 r_0 处,使分子分布更加有序;热运动的作用使分子倾向于互相远离,而散乱运动,使分子分布更加无序.因此,分子间相互作用存在分子力和热运动的竞争,即有序和无序的竞争.

当热运动的作用效果大于分子力的作用效果时,物质以气态形式存在;反之,物质以固态形式存在;当二者作用效果相当时,物质以液态形式存在.

当物质处于气态时,密度很小,分子间距较大.我们以标准状况下的气体为例估算分子的平均间距.先计算分子数密度,其倒数为一个分子占据的平均体积,再求其三次方根,得

$$r_1=\sqrt[3]{V}=\sqrt[3]{\frac{1}{n}}=\sqrt[3]{\frac{22.4\times10^{-3}\ \mathrm{m^3/mol}}{6.023\times10^{23}\ \mathrm{mol^{-1}}}}=3.34\ \mathrm{nm}$$

这个平均间距比 r_0(约 0.1 nm)大一个数量级,从图 4-2 可知气体分子间只存在微弱的吸引力,这不足以抵抗热运动的作用,在竞争中热运动占据绝对优势.热运动使分子频繁碰撞,互相弹开,向四面八方扩散.当然,气体分子数密度越小,分子平均间距越大,分子力影响越微弱,气体越接近理想气体.

如果有容器器壁限制气体,气体分子扩散碰撞器壁后就返回容器内部.这样就使气体具有一定体积,这个体积等于容器的容积.可见,气体的体积是气体的热运动、分子力和容器器壁共同

平衡作用的结果.

可以用 $\pi d^3/6$ 估计一个分子的体积,这个空间是其他分子此时不可进入的. 对于理想气体,所有分子的总体积只占气体体积的很小部分,可忽略不计,因此理想气体分子可看作质点. 但是,分子数密度较大时,所有分子的总体积占气体体积的比例较大,不可忽略,因此分子大小对气体的体积有影响,这种影响在 4.6 节将要讨论.

4.2.2 理想气体的微观模型

授课录像:理想气体微观假设

理想气体是一个理想化模型,气体越稀薄越接近理想气体. 结合分子力的性质,对理想气体的微观模型做出如下描述.

理想气体分子个体有以下特征:

(1) 理想气体分子是有质量、无体积的质点.

(2) 除分子间或分子与器壁间发生碰撞的瞬间外,分子间不存在相互作用力.

(3) 每个分子的运动都满足经典力学规律,相邻两次碰撞间,分子做匀速直线运动.

(4) 分子间及分子与器壁间发生的是完全弹性碰撞,即在碰撞前后分子的动能相等.

对一般气体(不只限于理想气体)总体来说,每个分子处于什么样的运动状态完全是一件随机事件,大量的随机事件遵循统计规律. 所以,理想气体分子应该有以下集体统计特征:

(1) 分子运动速度的大小和方向完全随机,碰撞后发生变化,分子运动速度的随机分布正是通过分子的频繁随机碰撞实现的.

(2) 分子数如此巨大,以至于能够取得"宏观小、微观大"的微分体积. 也就是说,在微分体积 $\mathrm{d}V$ 内仍然含有大量的分子数 $\mathrm{d}N$. $\mathrm{d}V$ 在物理上足够小,不要把它理解为数学上的无限小. 例如,在标准状况下,$10^{-6}\ \mathrm{mm}^3$ 的小体积内仍然含有多达 10^{10} 数量级的分子数.

(3) 平衡态时,若忽略外力场(通常为重力场)的影响,每个分子处在容器中任一位置的概率是相等的,即分子按位置的分布是均匀的. 因此,容器中气体在任一位置的分子数密度等于容器内的平均分子数密度,即

$$n=\frac{\mathrm{d}N}{\mathrm{d}V}=\frac{N}{V} \tag{4-7}$$

其中 N 为分子总数,V 为容器容积,$\mathrm{d}N$ 为某位置附近微分体积

NOTE

NOTE

dV 内的分子数.

(4) 平衡态时,分子朝各个方向运动的概率相同,没有什么方向占优势,即气体没有宏观的定向流动.这意味着,分子速度按方向的分布是均匀的.

定义分子速度在 x 方向分量的平均值和分量平方的平均值,

$$\bar{v}_x=\frac{v_{1x}+v_{2x}+\cdots+v_{Nx}}{N},\quad \overline{v_x^2}=\frac{v_{1x}^2+v_{2x}^2+\cdots+v_{Nx}^2}{N}$$

类似还可定义在 y 和 z 方向的相应平均值,由于速度分量可正可负并随机取值,所以容易知道

$$\bar{v}_x=\bar{v}_y=\bar{v}_z=0 \tag{4-8}$$

$$\overline{v_x^2}=\overline{v_y^2}=\overline{v_z^2} \tag{4-9}$$

对任意一个分子(比如第 i 个分子),其速率和速度分量间有关系式 $v_i^2=v_{ix}^2+v_{iy}^2+v_{iz}^2$,两侧对所有分子取平均,得

$$\overline{v^2}=\overline{v_x^2}+\overline{v_y^2}+\overline{v_z^2}$$

再利用式(4-9),可得

$$\overline{v_x^2}=\overline{v_y^2}=\overline{v_z^2}=\frac{1}{3}\overline{v^2} \tag{4-10}$$

注意:式(4-7)、式(4-8)和式(4-10)给出的平衡态下分子按位置和速度方向的统计平均结果只适用于大量分子组成的系统.当容器内分子数很少时,谈不上分子数密度处处相等,也谈不上分子沿各方向运动的概率均等,统计也就失去了意义.另外,上述对热运动中大量分子速度遵循的统计规律的讨论是在热力学系统的质心参考系中进行的,系统内大量分子随系统整体的运动(气体随容器整体运动)对其无规则热运动没有贡献.

4.2.3 气体压强的微观解释

从宏观上看,理想气体系统对外界表现出一定的压强,该压强可用气压计测量出来.从微观上看,此压强是系统内的大量分子做无规则热运动并与气压计或容器器壁发生弹性碰撞而给予器壁冲力的平均效果,这种机制就像下大雨时密集的雨点对伞面冲击而产生对伞面的压力一样.把气体压强定义为大量分子通过碰撞而给予单位面积器壁的压力,或单位时间内大量分子给予单位面积器壁的冲量.下面就根据这种思想和理想气体微观模型推导理想气体的压强公式.

授课录像:理想气体压强的微观解释

考虑器壁上一宏观小、微观大的面元 dS,建立垂直于此面元

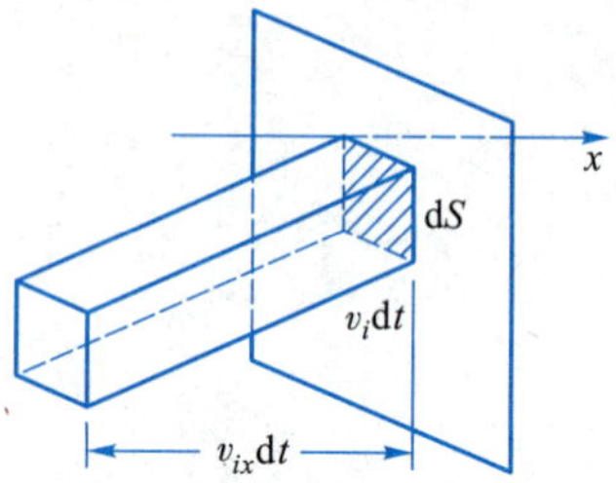

图 4-3 速度为 v_i 的气体分子与器壁的碰撞示意图

并指向器壁外的 x 轴，如图 4-3 所示．系统内分子的速度具有一定分布，考虑处于速度区间 v_i 到 $v_i+\mathrm{d}v_i$ 内的分子，此区间内的分子数密度为 n_i．所取的速度区间 $\mathrm{d}v_i$ 是宏观小、微观大的量，因此可认为此速度区间包含大量分子，这些分子都近似具有速度 v_i．

当处于此速度区间内的分子与面元 $\mathrm{d}S$ 发生弹性碰撞时，其在 x 方向动量的改变量为

$$m_0(-v_{ix})-m_0v_{ix}=-2m_0v_{ix}$$

其中，m_0 为单个分子的质量．根据动量定理和牛顿第三定律，在此速度区间内的一个分子与面元 $\mathrm{d}S$ 发生弹性碰撞时给予器壁的冲量在 x 轴方向的分量为 $2m_0v_{ix}$．这里只考虑动量在垂直于器壁方向上的分量，因为只有垂直于器壁的动量分量才对压强有贡献，而平行于器壁的动量分量只使分子掠过器壁，对压强无贡献．

考虑一时间间隔 $\mathrm{d}t$，要知道 $\mathrm{d}t$ 时间内这些分子对器壁的平均冲力，就需要知道其给予器壁的总冲量，它由 $\mathrm{d}t$ 时间内发生的碰撞次数决定．那么在 $\mathrm{d}t$ 时间内，有多少个处于此速度区间的分子能碰到面元 $\mathrm{d}S$ 呢？考虑图 4-3 中以面元 $\mathrm{d}S$ 为底、$v_{ix}\mathrm{d}t$ 为高的斜棱柱，只有在开始时位于此斜棱柱内的分子，才能在 $\mathrm{d}t$ 时间内与面元 $\mathrm{d}S$ 相撞，才对面元 $\mathrm{d}S$ 获得的冲量有贡献．由于此速度区间内的分子数密度为 n_i，所以开始时位于此斜棱柱内的这部分分子的数目为 $n_iv_{ix}\mathrm{d}t\mathrm{d}S$．由此可得，这些分子在 $\mathrm{d}t$ 时间内对面元 $\mathrm{d}S$ 的冲量为

$$(2m_0v_{ix})n_iv_{ix}\mathrm{d}S\mathrm{d}t$$

将这个结果对所有可能的速度求和，就得到分子给予 $\mathrm{d}S$ 的总冲量 $\mathrm{d}I$．求和必须限制在 $v_{ix}>0$ 的范围内，因为 $v_{ix}<0$ 的分子不会与 $\mathrm{d}S$ 碰撞．因此

$$\mathrm{d}I=\sum_{i}^{v_{ix}>0}2m_0n_iv_{ix}^2\mathrm{d}S\mathrm{d}t$$

求和中涉及的是 v_{ix}^2，与 v_{ix} 是正还是负没有关系．根据分子热运动的统计特征，满足 $v_{ix}>0$ 和 $v_{ix}<0$ 的分子数应该各占总分子数 N 的一半，因此上式中的求和可变为对全部分子，相应的总冲量表示对全部分子求和所得数值的一半，即

$$\mathrm{d}I=\sum_{i=1}^{N}m_0n_iv_{ix}^2\mathrm{d}S\mathrm{d}t$$

虽然单个分子与器壁的碰撞是不连续的，但由于 $\mathrm{d}t$ 是宏观小、微观大的微分时间，所以 $\mathrm{d}t$ 时间内有大量分子与器壁发生碰撞，器壁获得的冲量可以看成连续的，其统计平均就是宏观上表现出来的气体对器壁的稳定压力．因此，气体对器壁的压强为

NOTE

NOTE

$$p=\frac{\mathrm{d}F}{\mathrm{d}S}=\frac{\mathrm{d}I}{\mathrm{d}S\mathrm{d}t}=\sum_{i=1}^{N}m_0n_iv_{ix}^2=m_0\sum_{i=1}^{N}n_iv_{ix}^2$$

按定义，$\overline{v_x^2}=\frac{1}{N}\sum_{i=1}^{N}N_iv_{ix}^2=\frac{1}{n}\sum_{i=1}^{N}n_iv_{ix}^2$，再考虑式(4-10)，得 $p=nm_0\overline{v_x^2}=\frac{1}{3}nm_0\overline{v^2}$，即

$$p=\frac{2}{3}n\bar{\varepsilon}_{\mathrm{t}} \tag{4-11}$$

其中

$$\bar{\varepsilon}_{\mathrm{t}}=\frac{1}{2}m_0\overline{v^2} \tag{4-12}$$

为分子的平均平动动能，是一个微观量．“平均”表明它具有统计意义，反映了分子的集体特征．“平动”表明它与分子质心的运动速度有关，而与分子绕质心的转动无关．事实上，分子的转动只能使其擦过容器器壁，不会对器壁产生正压力，也就不会对气体压强产生贡献．同样，分子的振动对压强也没有贡献，气体压强只能来源于分子平动．

式(4-11)就是**理想气体压强公式**，它把宏观量 p 与微观量 $\bar{\varepsilon}_{\mathrm{t}}$ 联系起来了．它说明平衡态下理想气体的压强 p 与气体分子数密度 n 和分子的平均平动动能 $\bar{\varepsilon}_{\mathrm{t}}$ 成正比，表明了宏观量压强的微观本质：分子数密度 n 越大，分子与器壁的碰撞频率越高，单位时间内给予器壁的冲量越大，气体压强 p 就越大；而平均平动动能 $\bar{\varepsilon}_{\mathrm{t}}$ 的增大，不仅使碰撞频率增大，还使每次碰撞给予器壁的平均冲量增加，因而也导致气体压强的提高．

理想气体压强公式

需要说明的是，式(4-11)只适用于平衡态下的理想气体．对非平衡态，容器内各处气体可能分布不均匀，分子对器壁的碰撞频率也不相同，所以各处的压强也不相同，即整个系统没有统一的压强．如果把处于非平衡态的系统看作由大量的平衡态局部组成，那么可以用一些不同的压强来描述整个系统．

4.2.4 温度的微观解释

授课录像：温度的微观意义

把理想气体压强公式 $p=\frac{2}{3}n\bar{\varepsilon}_{\mathrm{t}}$ 和理想气体物态方程 $p=nkT$ 联立，得到**理想气体的平均平动动能**

理想气体的平均平动动能

$$\bar{\varepsilon}_{\mathrm{t}}=\frac{3}{2}kT \tag{4-13}$$

NOTE

式中,T是热力学温度. 这个公式又一次把宏观量和微观量联系起来了,说明了理想气体温度的微观意义:理想气体分子的平均平动动能只与温度有关,并与热力学温度成正比. 这种正比关系使热力学温度可以用来衡量分子的平均平动动能,或者说,热力学温度是大量分子平均平动动能的量度. 比例系数中含有玻耳兹曼常量k,这个常量在前面已见过,它在热学中很重要,表示1 K的温度大致相当于平均每个分子多大的热运动动能.

分子的无规则平动是分子热运动的一种形式,除此之外还有转动和振动. 可以把对温度的这种认识推广到更加普遍的运动形式中,即热力学温度是大量微观粒子热运动强度的量度. 温度越高,热运动越剧烈. 这就是温度的微观意义. 正因为如此,温度越高,在热运动与分子力的竞争中,分子力的束缚作用越处于弱势,气体越接近理想气体.

分子转动和振动对气体压强没有贡献,但是对系统热运动能量有贡献,即对系统内能有贡献,下节将会讨论这个问题.

因为温度是特别重要的热学概念,所以有必要对它进行更为深入的说明.

第一,温度是描述热力学系统平衡态的物理量,原则上非平衡态不能用温度描述. 但是,对于较大的非平衡热力学系统,其内部某些局部区域有时可能近似处于平衡态,那么可以用温度描述这些局部的状态,也就是说系统内各处具有不同的温度,系统没有统一的温度. 例如,地球大气圈是个开放系统,是典型的非平衡热力学系统,它没有统一的温度. 天气预报预告城市或地区的气温,就是把大气圈的局部近似看作平衡态,因此可以用局部温度描述这些局部平衡态.

第二,温度具有统计意义,用来描述大量分子的集体热运动状态;对于单个分子或少量分子,说其温度没有意义. 我们不能根据某个或某几个分子的动能说其温度是多少,因为它们在热运动过程中总是与其他分子碰撞,不停地改变自身的速度和动能,所以没有办法用一个确定的温度来描述几个分子的热运动动能. 温度对大量分子才有意义,但不要求分子数密度很高. 在宇宙的星际空间,每cm^3平均只有几个分子,但是空间范围很大,所以分子数仍很大,因此具有确定温度,其热力学温度只有几K(见例4-1).

还有,温度只与分子的平均动能有关,与系统的总动能无关. 在桑拿房里,温度有70~80 ℃,但是人并没有烫伤,这是由于空气和水蒸气分子数密度小,人从空气和水蒸气中获得的能量较少. 如果同样温度的水蒸气从锅炉里大量涌出,溅到皮肤上,肯定会引发烫伤.

第三,温度所反映的运动是分子相对于系统质心系的无规则热运动．温度与系统质心的有序运动(即容器的整体运动,相应的动能称为轨道动能)无关．例如,高铁车厢的速度可达 100 m/s,在车厢内分子热运动速度(几百米每秒)附加了这个定向速度,使分子的平均平动动能比车厢外大,但这并不表示车厢内的温度比车厢外高．这个动能包含分子随车厢运动的定向动能,这个定向动能对温度没有贡献．如果车厢内开空调制冷,那么车厢内的温度甚至比车厢外还低．

4.2.5 方均根速率

授课录像:方均根速率

由式(4-12)可知,分子平均平动动能与速率平方的平均值成正比．由式(4-13)可知,分子平均平动动能与热力学温度成正比．联立两个公式,可得理想气体分子热运动的方均根速率

方均根速率

$$v_{\mathrm{rms}}=\sqrt{\overline{v^2}}=\sqrt{\frac{3kT}{m_0}}=\sqrt{\frac{3RT}{M}} \tag{4-14}$$

式中,$M=N_{\mathrm{A}}m_0$ 为气体的摩尔质量．注意式(4-14)的定义,先把每个分子的速率取平方,再把所有分子的速率平方值相加,把和除以分子数,求平均值,最后取其平方根．"方均根"体现了这个运算顺序．(在英文中,平方、平均、平方根分别为 square、mean 和 root,rms 是其词头．)

授课录像:例 4-2

方均根速率与热力学温度 T 的平方根成正比,与分子质量和气体摩尔质量的平方根成反比．可见,对同种分子,温度越高,方均根速率越大;在同样温度下,分子质量越大,方均根速率越小．

授课录像:例 4-3

方均根速率是描述理想气体分子热运动强度的一个特征速率．4.4 节还要引入另外两个特征速率,它们是平均速率和最概然速率,同样可以描述理想气体分子的热运动强度．

例 4-2

有一容积为 100 cm^3 的阴极射线管,温度为 300 K,管内真空度达到 5×10^{-6} mmHg,问管内有多少个气体分子?这些分子的总平动动能是多少?

解:由理想气体物态方程 $p=nkT=\dfrac{N}{V}kT$ 可得分子数

$$N=\frac{pV}{kT}=\frac{5\times10^{-6}\ \mathrm{mmHg}\times\dfrac{1.013\times10^{5}\ \mathrm{Pa}}{760\ \mathrm{mmHg}}\times100\times10^{-6}\ \mathrm{m}^3}{1.38\times10^{-23}\ \mathrm{J/K}\times300\ \mathrm{K}}\approx1.6\times10^{13}$$

可见，即使气体压强如此小，密度如此低，也含有相当多的分子．总平动动能为平均平动动能与总分子数的乘积，

$$E_t = N\overline{\varepsilon}_t = N\frac{3}{2}kT = \frac{3}{2}VnkT = \frac{3}{2}pV$$

$$= \frac{3}{2}\times 5\times 10^{-6}\ \text{mmHg}\times\frac{1.013\times 10^5\ \text{Pa}}{760\ \text{mmHg}}\times 10^{-4}\ \text{m}^3$$

$$\approx 1.0\times 10^{-7}\ \text{J}$$

例 4-3

标准状况下空气和氢气的密度分别是多少？分子的方均根速率分别是多少？空气的平均摩尔质量约为 29×10^{-3} kg/mol.

解：由理想气体物态方程 $pV = \frac{m}{M}RT$ 可得气体密度 $\rho = \frac{m}{V} = \frac{Mp}{RT}$. 空气主要由氮气和氧气组成，其平均摩尔质量介于两种气体之间，所以空气的密度为

$$\rho_1 = \frac{29\times 10^{-3}\ \text{kg/mol}\times 1.013\times 10^5\ \text{Pa}}{8.31\ \text{J/(mol}\cdot\text{K)}\times 273\ \text{K}}$$

$$\approx 1.29\ \text{kg/m}^3$$

氢气的密度为

$$\rho_2 = \frac{2\times 10^{-3}\ \text{kg/mol}\times 1.013\times 10^5\ \text{Pa}}{8.31\ \text{J/(mol}\cdot\text{K)}\times 273\ \text{K}}$$

$$\approx 0.089\ \text{kg/m}^3$$

由公式 $v_{\text{rms}} = \sqrt{\frac{3RT}{M}}$ 得空气的方均根速率

$$v_{\text{rms}\,1} = \sqrt{\frac{3\times 8.31\ \text{J/(mol}\cdot\text{K)}\times 273\ \text{K}}{29\times 10^{-3}\ \text{kg/mol}}}$$

$$\approx 484\ \text{m/s}$$

氢气的方均根速率

$$v_{\text{rms}\,2} = \sqrt{\frac{3\times 8.31\ \text{J/(mol}\cdot\text{K)}\times 273\ \text{K}}{2\times 10^{-3}\ \text{kg/mol}}}$$

$$\approx 1\ 845\ \text{m/s}$$

虽然在同样温度下，两种气体分子具有相同的平均平动动能，但是由于氢分子质量比空气分子平均质量小，所以前者比后者方均根速率大，两者都超过空气中的声速．

4.3 能量均分定理和理想气体内能

前面我们讨论分子热运动的动能时，特别强调研究的是平动动能．这暗示了分子还有其他形式的动能，这些运动形式可以通过自由度的概念来描述．气体分子有单原子的、双原子的、多原子的，它们的自由度各有不同．本节从介绍物体的自由度出发，分析各种分子的自由度，据此讨论能量按自由度均分定理和理想

气体内能的计算方法.

4.3.1 自由度

授课录像:自由度

确定物体在空间中的位置所需独立坐标的数目称为物体的**自由度**.这里的物体可以是质点、刚体,也可以是质点系、刚体系等."独立"表示坐标之间没有关联,即一个坐标的变化不影响另一坐标的取值.

自由度

首先看质点的自由度.质点在空间的位置可以用三维坐标 x、y、z 确定,或者说,当 3 个坐标变化时,表示质点在三维空间中移动.

对于自由质点,如图 4-4(a)所示,x、y、z 可以任意变化,它们各自没有关联,互相独立,有 3 个独立坐标,所以自由质点有 3 个自由度.对于在平面或曲面内运动的质点,如图 4-4(b)所示,3 个坐标并不独立,它们要满足 1 个平面或曲面方程 $f(x,y,z)=0$,这称为约束方程.由这个约束方程可知,给定 x、y 后,能够唯一确定 z,所以这样的质点有 2 个独立坐标.根据自由度的定义,有 2 个自由度.

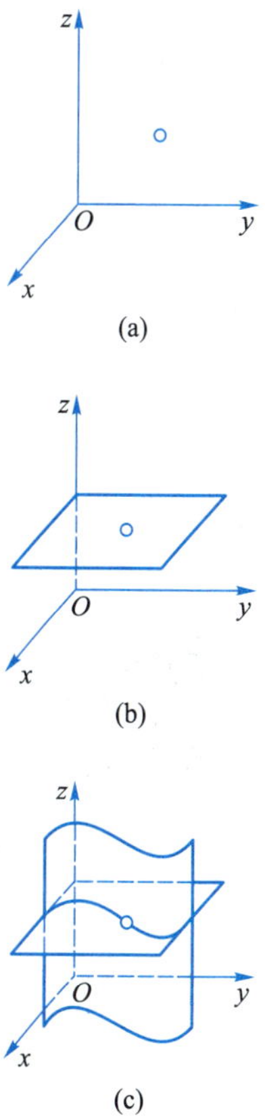

图 4-4 质点的自由度

对于沿直线或曲线运动的质点,如图 4-4(c)所示,3 个坐标要满足 1 条直线或曲线方程,而这条直线或曲线由 2 个平面或曲面相交得到,即由 2 个约束方程 $f_1(x,y,z)=0$ 和 $f_2(x,y,z)=0$ 来约束.给定 x 后,y 和 z 就确定了,所以这样的质点有 1 个独立坐标,有 1 个自由度.

总之,1 个自由质点有 3 个自由度,在平面或曲面上运动的质点有 2 个自由度,沿直线或曲线运动的质点有 1 个自由度.例如,不考虑航行限制的话,飞机可以在三维空间自由运动,所以有 3 个自由度;轮船原则上可以在海面上随意航行,有 2 个自由度;火车只能在铁轨上运动,有 1 个自由度.

从上面的分析中可以总结出一个规律,就是"自由度等于坐标数目减去约束方程数目",这个规律也适用于下面将要讨论的刚体自由度的情形.

刚体分两种情况,第一种是细棒刚体,如图 4-5(a)所示,细棒的两个端点可以决定它的空间方位,坐标共有 6 个,即(x_1,y_1,z_1)和(x_2,y_2,z_2),但是由于刚体不可形变,所以两点距离等于固定棒长 l,有 1 个约束方程$\sqrt{(x_2-x_1)^2+(y_2-y_1)^2+(z_2-z_1)^2}=l$,所以细棒有 $6-1=5$ 个自由度.

还有一种方法,可以判断细棒的自由度.给定质心的坐标(x,y,z)后,棒的指向可以用方向余弦$(\cos\alpha,\cos\beta,\cos\gamma)$表示.

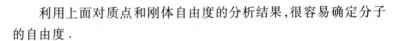

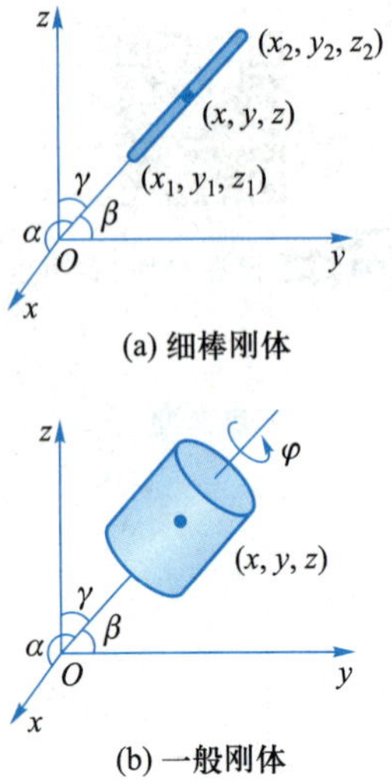

图 4-5 刚体的自由度

但是需要满足 $\cos^2\alpha+\cos^2\beta+\cos^2\gamma=1$，这构成了一个约束方程．所以 6 个坐标减去 1 个约束方程，得 5 个自由度，其中 x、y、z 代表 3 个平动自由度，α、β 代表 2 个转动自由度．

对于一般刚体，如图 4-5(b)所示，取刚体上不在同一条直线上的 3 个点就可确定刚体的方位，所以有 9 个坐标．但是这 3 个点中，两两之间的距离都是确定的，因此有 3 个约束方程，共有 $9-3=6$ 个自由度．

用第二种方法分析，一般刚体质心有 3 个坐标 x、y、z，通过质心的 1 个转轴由 2 个坐标 α、β 确定，但刚体还能够绕这个转轴转动．再给定一个转角 φ，就能完全确定刚体的方位．这样也得到一般刚体有 6 个自由度，其中 x、y、z 代表 3 个平动自由度，α、β、φ 代表 3 个转动自由度．

对于非刚体，自由度的情况就很复杂了，例如人体，头、手臂、手、手指、髋、腿、脚、脚趾都能动，要确定它们的方位，就需要几十甚至几百的独立坐标，这表示人体具有同样多的自由度．

4.3.2 分子的自由度

授课录像：分子的自由度

NOTE

利用上面对质点和刚体自由度的分析结果，很容易确定分子的自由度．

表 4-1 列出了不同种类刚性分子的自由度，其中平动自由度用 t 表示，转动自由度用 r 表示，总自由度用 i 表示，$i=t+r$．像 He、Ne 这样的单原子分子，它们适用自由质点模型，有 3 个平动自由度，无转动自由度，所以总自由度为 3．像 H_2、O_2、CO 这样的双原子分子，它们适用细棒模型，有 3 个平动自由度，2 个转动自由度，所以总自由度为 5．对于多原子分子有两种情况，一种是像 CO_2、C_2H_2 这样的线性分子，它们有 3 个平动自由度，2 个转动自由度，所以总自由度也是 5．另一种是像 H_2O、CH_4 这样的非线性分子，它们适用一般刚体模型，有 3 个平动自由度，3 个转动自由度，所以总自由度为 6．

表 4-1 不同种类刚性分子的自由度

分子种类		平动自由度 t	转动自由度 r	总自由度 $i=t+r$
单原子分子 He、Ne		3	0	3
双原子分子 H_2、O_2、CO		3	2	5
多原子分子	线性 CO_2、C_2H_2	3	2	5
	非线性 H_2O、CH_4	3	3	6

本书不考虑分子的振动自由度．实验证明，对于温度低于

1 000 ℃的大多数气体分子,分子内原子间的振动对分子热运动的能量变化基本没有贡献,所以此时分子的振动可不考虑,即分子为刚性分子. 具体原因参见 5.2.4 节.

4.3.3 能量均分定理

分子热运动的平均能量与其自由度密切相关.

授课录像:能量均分定理

由温度的微观意义可知,理想气体分子的平均平动动能为 $\bar{\varepsilon}_t=\frac{1}{2}m_0\overline{v^2}=\frac{3}{2}kT$. 由理想气体微观模型可知,分子热运动是无规则的,分子在任何方向速度分量平方的平均值都相等,$\overline{v_x^2}=\overline{v_y^2}=\overline{v_z^2}=\frac{1}{3}\overline{v^2}$[见式(4-10)].由这两个公式容易得到

$$\frac{1}{2}m_0\overline{v_x^2}=\frac{1}{2}m_0\overline{v_y^2}=\frac{1}{2}m_0\overline{v_z^2}=\frac{1}{3}\left(\frac{1}{2}m_0\overline{v^2}\right)=\frac{1}{2}kT \qquad (4-15)$$

这意味着,分配到分子每一个平动自由度的平均平动动能都相等,都等于 $kT/2$.

分子的转动动能与平动动能是独立的,这可由柯尼希定理[见式(1-137)]看出. 单个分子质心运动动能是分子的平动动能,而分子在质心系的动能是分子的转动动能,二者可分离开来考虑. 既然总平动动能可在平动自由度上平均分配,那么总转动动能也应在转动自由度上平均分配,甚至总动能在每个平动和转动自由度上平均分配. 这样就得到**能量按自由度均分定理**(简称能量均分定理):

能量按自由度均分定理

在温度为 T 的平衡态下,理想气体分子的每个自由度上的平均动能都相等,都等于 $kT/2$,每个理想气体分子的平均动能等于 $kT/2$ 乘以自由度.

那么从微观角度来看,能量均分定理为什么能成立呢?

简单地说,是由于大量分子热运动时的无规则碰撞,这使系统总能量保持不变,但是能量在不同分子间、不同自由度间随机传递和分配.

对于某个分子,没有碰撞时它的总动能和在各个自由度上的动能完全可能与能量均分定理所规定的平均值有很大差别. 如果此分子与其他分子发生正碰,碰后就沿原来方向弹回,分子动能只在不同分子间重新分配,而没有在不同自由度间重新分配. 但是分子碰撞绝大多数不是正碰,碰撞后分子运动方向和转动状态都会发生改变,这改变了能量在平动、转动自由度上的分配,如图 4-6 所示. 当系统达到平衡态时,从统计平均的结果来看,分

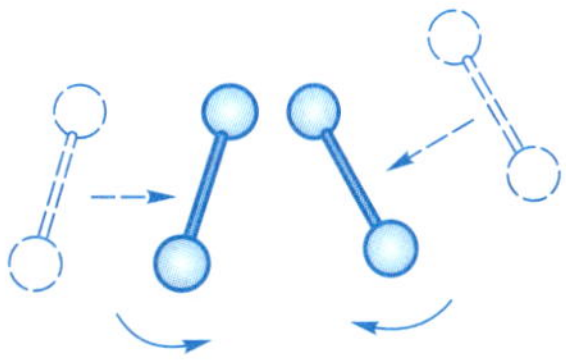

图 4-6 分子碰撞使能量在不同自由度上分配

子热运动在各方向、各转动状态下都没有优势，所以所有分子在各个自由度上的平均能量相等，即能量按分子自由度平均分配.

4.3.4 理想气体内能

内能

授课录像：理想气体内能

内能是热学里非常重要的概念. 顾名思义，内能是热力学系统内部所有能量的总和，但是，这种说法并不准确，这里有必要给出确切的定义. 热力学系统内部微观粒子具有多种运动形式和相互作用形式，相应的能量形式也多种多样，这些形式的能量组成了热力学系统的内能，具体如下：

(1) 系统内所有分子热运动的平动和转动动能. 当温度不太高时，分子的热运动体现为平动和转动，相应的平动和转动能量随温度的变化而变化，并满足能量均分定理.

(2) 系统内分子间相互作用势能. 这部分能量来源于分子间相互作用力，即范德瓦耳斯力，它与分子间距离或气体浓度(分子数密度)有关.

(3) 分子内原子在平衡点附近振动的动能和势能. 当温度不太高时，这部分能量不随温度的变化而变化.

(4) 化学能，即原子核间、电子间、原子核与电子间的相互作用能量. 当分子的化学键打开或形成时，有能量被吸收或释放.

(5) 核能，即原子核内质子与中子的结合能量，以及与粒子质量对应的能量.

需要强调的是，内能不包括以下两种形式的能量：

(1) 整个系统或其宏观局部的运动所带来的分子动能. 这是一种有序能量，不是属于热运动的无序能量.

(2) 系统分子与外界物体、外场相互作用所引起的势能. 它不是系统内部固有的能量，而是与外界相互作用的产物，因此不属于内能.

NOTE

上述 5 种形式的能量组成了系统的内能，且一般来说从前到后，能量的数值越来越高，似乎越来越重要. 但实际上我们没有必要把所有形式的能量都考虑进来. 把哪一个层次的能量计入内能，取决于我们所研究物理规律的层次，例如，研究核物理，需要考虑第 5 种能量；研究化学反应，需要考虑第 4 种能量；研究高温(一般上千摄氏度以上)热效应，需要考虑第 3 种能量，诸如此类. 我们一般不关心内能的具体数值，而关心内能的变化量. 本书热学中涉及的温度仅为几百摄氏度以下，在这个范围内的温度变化不会引起第 3、第 4、第 5 种能量的变化，因此内能不需考虑这三种形式的能量，而只需考虑第 1、第 2 种形式的能量.

所以，对于实际气体，其内能等于系统所有分子热运动的平动和转动动能加上所有分子间的势能.

对于理想气体，分子间平均距离较大，不考虑分子间势能，其内能只等于系统所有分子热运动的平动和转动动能.

这样，根据能量均分定理，理想气体分子的平均动能 $\overline{\varepsilon}_k$ 就等于平均平动动能 $\overline{\varepsilon}_t$ 和平均转动动能 $\overline{\varepsilon}_r$ 之和，即

$$\overline{\varepsilon}_k=\overline{\varepsilon}_t+\overline{\varepsilon}_r=\frac{t+r}{2}kT=\frac{i}{2}kT \tag{4-16}$$

理想气体内能

理想气体内能就等于分子数 N 乘以单个分子的平均动能，

$$E=N\overline{\varepsilon}_k=N\frac{i}{2}kT=\frac{i}{2}\cdot\frac{N}{N_A}\cdot N_AkT=\frac{i}{2}\nu RT \tag{4-17}$$

式中，N_A 为阿伏伽德罗常量，ν 为气体的物质的量. 对于由单原子分子组成的理想气体，内能为 $E=\frac{3}{2}\nu RT$；对于由刚性双原子分子组成的理想气体，内能为 $E=\frac{5}{2}\nu RT$.

可见，理想气体内能 E 是热力学温度 T 的单值函数，并且与 T 成正比. 只要理想气体的温度确定，其内能就唯一确定；只有温度发生变化，内能才发生相应的变化. 内能的改变与理想气体状态变化的途径没有关系，只与变化过程对应的始、末状态有关.

授课录像：例 4-4

对于实际气体，内能除了包含分子热运动的动能以外，还包含分子间的势能. 分子间势能和分子力的大小由分子间距决定，而分子间距与气体体积 V 相关，平均分子间距越大，V 就越大，所以分子间的势能由 V 决定. 综合考虑分子热运动的动能由 T 决定，可以得出结论，实际气体的内能 E 是 T、V 的函数.

状态函数

授课录像：例 4-5

因为压强、体积、温度都是描述宏观状态的参量，所以可以把 T、V 等宏观状态参量的函数看作宏观状态的函数，简称**状态函数**. 内能就是一个状态函数，只要系统状态确定，内能就唯一确定.

例 4-4

分别计算温度为 300 K 的 1 mol 氧气和 1 mol 氦气分子的平均平动动能、平均转动动能和平均动能，以及两种气体的内能.（设两种气体均为理想气体.）

解：分子的平均平动动能为 $\overline{\varepsilon}_t=\frac{t}{2}kT$，平均转动动能为 $\overline{\varepsilon}_r=\frac{r}{2}kT$，平均动能为 $\overline{\varepsilon}_k=\frac{i}{2}kT$，气体的内能为 $E=N_A\overline{\varepsilon}_k=\frac{i}{2}RT$. 代入数据后计算结果如下表所示.

理想气体	平动自由度 t	平均平动动能 $\overline{\varepsilon}_t/(10^{-21}\ \mathrm{J})$	转动自由度 r	平均转动动能 $\overline{\varepsilon}_r/(10^{-21}\ \mathrm{J})$	总自由度 i	平均动能 $\overline{\varepsilon}_k/(10^{-21}\ \mathrm{J})$	内能 $E/(10^3\ \mathrm{J})$
O_2	3	6.21	2	4.14	5	10.35	6.23
He	3	6.21	0	0	3	6.21	3.74

例 4-5

以 $v=100\ \mathrm{m/s}$ 的速率匀速直线运动的容积为 100 L 的绝热容器中储存 100 g 氢气，当容器停止运动后，其内部氢气经过一段时间后达到平衡态．问氢气的温度和压强增加了多少？设氢气分子为刚性分子．

解：每个氢气分子除了无规则热运动外，还有随着容器的定向运动．后者的平动动能称为轨道动能，它不属于前者的热运动能量．气体匀速直线运动时处于平衡态，容器停止后气体进入非平衡态，最终达到新的平衡态，分子的轨道动能转化为各自由度的热运动动能．

绝热容器内氢气分子的平均动能在整个过程中恒定，即

$$\frac{5}{2}kT_1+\frac{1}{2}m_0v^2=\frac{5}{2}kT_2$$

所以温度变化量为

$$\Delta T=T_2-T_1=\frac{m_0v^2}{5k}=\frac{Mv^2}{5R}$$

$$=\frac{0.002\ \mathrm{kg/mol}\times(100\ \mathrm{m/s})^2}{5\times8.31\ \mathrm{J/(mol\cdot K)}}$$

$$\approx0.48\ \mathrm{K}$$

由理想气体物态方程 $pV=\frac{m}{M}RT$，容器容积 V 不变，得 $\Delta pV=\frac{m}{M}R\Delta T$，所以压强变化量为

$$\Delta p=\frac{mR\Delta T}{MV}$$

$$=\frac{0.1\ \mathrm{kg}\times8.31\ \mathrm{J/(mol\cdot K)}\times0.48\ \mathrm{K}}{0.002\ \mathrm{kg/mol}\times0.1\ \mathrm{m^3}}$$

$$\approx2.0\times10^3\ \mathrm{Pa}$$

4.4 麦克斯韦速率分布律

4.4.1 分子速率分布

授课录像：速率分布函数的引入和定义

气体分子以各种速度运动，并且发生着频繁的碰撞，碰撞使每个分子的速度不断变化．某时刻任意取一个分子，其速度的大小和方向是完全随机的，但是大量分子的速度是否有规律

可循呢？伽耳顿板是揭示这个问题的一种演示装置，如图 4-7 所示．

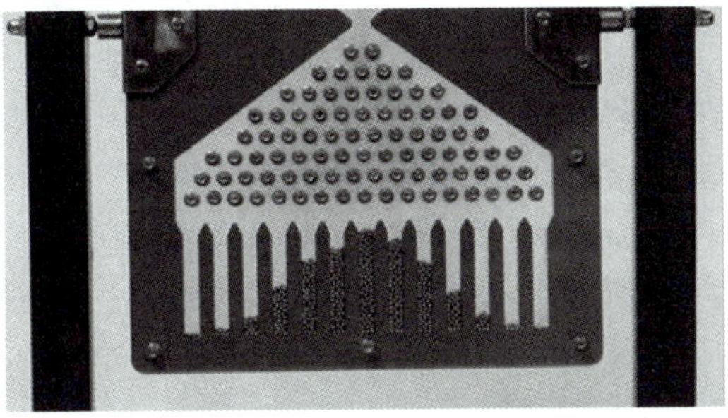

图 4-7 伽耳顿板演示的正态分布

授课录像：速率分布函数的讨论

伽耳顿板中间装有整齐密排的铁钉，下面是一些等宽的竖直狭槽．大量的小球可以从上面漏斗形入口投入并落下，在落下的过程中受到铁钉的碰撞和散射．对于一个或几个小球，落在下面的哪个竖槽中，结果是随机的；但是大量小球落下时，进入中间竖槽的小球较多，越向两端，小球数量越少，小球分布基本上符合正态分布．这说明，大量随机事件的整体特征有一定统计规律性．

分子的热运动是无规则的，因此系统内一个分子的速率、动能、速度等是完全随机的．分子随机碰撞后这些取值发生改变，但仍然是随机的．宏观系统含有大量的分子，所以从系统整体看，平衡态下分子速率、动能、速度等微观量的取值应该具有规律性．由于分子频繁的随机碰撞，在一定速率区间内的分子数是稳定的，因此可以按照速率对分子数进行统计．

当然也可以按照分子动能、速度等对分子数进行统计．因为系统分子数巨大，样本数巨大，所以这个问题特别适合用统计方法研究，而且是一个连续概率问题．因为速度是个矢量，有大小和方向，而分子能量与速率平方成正比，所以为简单和方便起见，我们主要研究按照速率统计的结果，即分子速率分布．

NOTE

按照经典力学的观点，分子速率是一个连续可变的量，原则上可取 0 到∞的任意值．按照数学的表达方式，不能说速率取某一定值（例如 500 m/s）的分子数是多少，而只能说处于某一速率区间的分子数是多少．考虑分子速率 v 附近小区间 Δv 内（例如 500 m/s 至 501 m/s）的分子数 ΔN_v，它显然与区间宽度 Δv 有关，Δv 越大，ΔN_v 就越大．如果 ΔN_v 与 v 无关，那么在不同速率 v 附近的同样速率区间 Δv 内的分子数都相等，分子就按速率均匀分布了，但是实际情况显然不是这样．可见，$\Delta N_v/N$ 应与 v 和 Δv 有关，这里 N 为总分子数．因为这是对大量分子的统计问题，所以还有一个概率表述，即 $\Delta N_v/N$ 表示一个分子的速率处于 v 附近 Δv 区间内的概率．

把这个问题改为连续概率问题．令微分速率区间 $v\sim v+\mathrm{d}v$ 内的分子数为 $\mathrm{d}N_v$（注意它仍然是“宏观小、微观大”的量，即 $\mathrm{d}v$ 很小，而 $\mathrm{d}N_v$ 却表示很大的分子数），$\mathrm{d}N_v/N$ 就表示 $v\sim v+\mathrm{d}v$ 区间内的分子数占总分子数的比例，或者用概率语言表述，任取一个分子，其速率处于 $v\sim v+\mathrm{d}v$ 内的概率．显然 $\mathrm{d}N_v/N$ 与区间宽度 $\mathrm{d}v$ 成正比，相应的正比例系数与 v 有关，写为函数 $f(v)$，即

$$\frac{\mathrm{d}N_v}{N}=f(v)\,\mathrm{d}v \tag{4-18}$$

速率分布函数

这里的 $f(v)$ 称为**速率分布函数**，在概率论中称为概率密度函数．它表示 v 附近单位速率区间内的分子数占总分子数的比例，或者任取一个分子，其速率处于 v 附近单位速率区间内的概率．

注意式(4-18)是分子速率分布的定义式，不是分子速度分布的定义式，因为速率是标量，而速度是矢量，有大小和方向，所以速度分布的定义式要比这个复杂一些．另外，式(4-18)不仅适用于气体分子统计，而且适用于固体和液体中的微观粒子统计，包括原子、电子等粒子的热运动统计．对不同微粒的统计，表现为速率分布函数或概率密度函数 $f(v)$ 形式的不同．这里，我们研究的是平衡态下气体分子的速率分布．

因为 $f(v)$ 具有概率密度的意义，所以从 0 到 ∞ 积分，应等于 1，即

$$\int_0^\infty f(v)\,\mathrm{d}v=\int_0^N\frac{\mathrm{d}N_v}{N}=1 \tag{4-19}$$

归一化条件

这称为**归一化条件**．它表示任意取一个分子，其速率一定处于 0 到 ∞ 之间．或者，所有速率区间的分子数相加，其和一定等于总分子数 N.

4.4.2 麦克斯韦速率分布律

1859 年，麦克斯韦在他的论文《气体动力理论的说明》中运用概率论，根据平衡态下分子热运动具有各向同性的特点，推导出气体分子速率分布函数由下式决定：

$$\frac{\mathrm{d}N_v}{N}=f(v)\,\mathrm{d}v=4\pi\left(\frac{m_0}{2\pi kT}\right)^{3/2}v^2\mathrm{e}^{-\frac{m_0v^2}{2kT}}\mathrm{d}v \tag{4-20}$$

这就是**麦克斯韦速率分布律**，$f(v)$称为**麦克斯韦速率分布函数**．容易看出，$f(v)$表示为随机自变量 v 的幂函数乘以 v^2 的指数函数．指数函数中有分子的平动动能 $m_0v^2/2$ 除以 kT 的形式，kT 表示与温度 T 关联的分子平均动能的大致数值．其中 m_0 和 T 为函数的参量，分别为单个分子的质量和气体的热力学温度．

麦克斯韦速率分布律

麦克斯韦速率分布函数

授课录像：麦克斯韦速率分布律

文档：麦克斯韦

图 4-8 为 $f(v)$的函数曲线．随着 v 的增大，函数值先是由零开始增大，接着出现一个极大值，然后迅速减小并趋于零．这说明，气体分子的速率原则上可以取 $0\sim\infty$ 之间的一切数值，但速率很小和很大的分子的数量占总分子数的比例都较小，中等速率对应的分子数占总分子数的比例却较大．

图 4-8 中曲线下 $v\sim v+\mathrm{d}v$ 的窄条面积为 $f(v)\mathrm{d}v$，它表示 $v\sim v+\mathrm{d}v$ 区间内的分子数占总分子数的比例．整个曲线下的面积是 $f(v)$ 从 0 到∞ 的积分，根据归一化条件[式(4-19)]，它应该等于 1.

麦克斯韦速率分布函数中的两个参量 m_0 和 T 影响函数曲线的形状．当 m_0 较大而 T 较小时，指数函数下降得更快，导致函数曲线更窄；但曲线下面积要求为 1，这导致曲线更高，所以这时曲线形状高而窄，如图 4-8 曲线 a 所示．反过来，当 m_0 较小而 T 较大时，曲线低而宽，如图 4-8 曲线 b 所示．这个结论可以由温度的微观意义获得解释．对于同种气体，分子质量 m_0 相同，温度 T 越高，分子平均平动动能越大，分子平动动能和速率普遍较大，所以曲线较宽；当温度 T 相同时，分子平均平动动能相同，分子质量 m_0 越大的气体，分子速率普遍越小，所以曲线较窄．

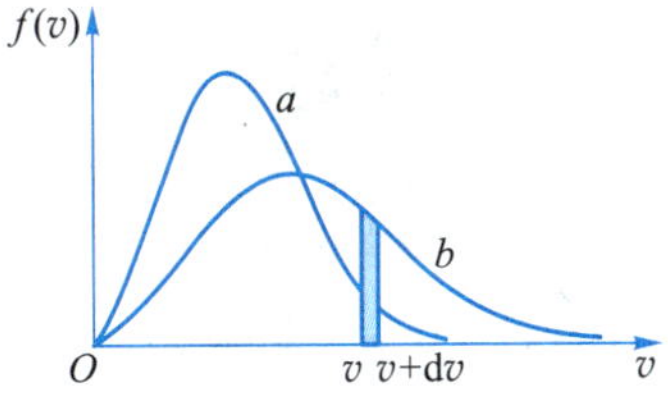

图 4-8　麦克斯韦速率分布函数曲线

4.4.3 三个特征速率

授课录像：三个特征速率

下面我们通过三个特征速率进一步理解麦克斯韦速率分布律．之所以称之为特征速率，是由于它们与气体种类和状态，即分子质量 m_0 和温度 T 有关．

第一个特征速率是**最概然速率**，它是 $f(v)$取极大值时所对应的分子速率，用 v_p 表示．求 $f(v)$的导数，并令其等于零，

最概然速率

$$\left.\frac{\mathrm{d}f(v)}{\mathrm{d}v}\right|_{v=v_\mathrm{p}}=0 \tag{4-21}$$

可得

$$v_\mathrm{p}=\sqrt{\frac{2kT}{m_0}}=\sqrt{\frac{2RT}{M}}\approx 1.41\sqrt{\frac{RT}{M}} \tag{4-22}$$

授课录像：例 4-6

其中，M 为气体的摩尔质量．

平均速率

授课录像：例 4-7

第二个特征速率是**平均速率**，它定义为分子速率的平均值，即

$$\bar{v}=\frac{1}{N}\int_0^N v\mathrm{d}N_v=\int_0^\infty vf(v)\mathrm{d}v \qquad (4-23)$$

代入麦克斯韦速率分布函数，经计算可得

$$\bar{v}=\sqrt{\frac{8kT}{\pi m_0}}=\sqrt{\frac{8RT}{\pi M}}\approx 1.60\sqrt{\frac{RT}{M}} \qquad (4-24)$$

方均根速率

授课录像：例 4-8

授课录像：补充例题

第三个特征速率是**方均根速率**，它定义为分子速率平方的平均值的平方根，即

$$v_{\mathrm{rms}}=\sqrt{\overline{v^2}}=\sqrt{\frac{1}{N}\int_0^N v^2\mathrm{d}N_v}=\sqrt{\int_0^\infty v^2 f(v)\mathrm{d}v} \qquad (4-25)$$

经计算可得

$$v_{\mathrm{rms}}=\sqrt{\frac{3kT}{m_0}}=\sqrt{\frac{3RT}{M}}\approx 1.73\sqrt{\frac{RT}{M}} \qquad (4-26)$$

这与 4.2.5 节中的结果相同．容易看出，三者都与 $\sqrt{T/m_0}$ 或 $\sqrt{T/M}$ 成正比；对于同一理想气体系统，T、m_0、M 相同，所以三者的大小关系为 $v_{\mathrm{p}}<\bar{v}<v_{\mathrm{rms}}$，如图 4-9 所示．

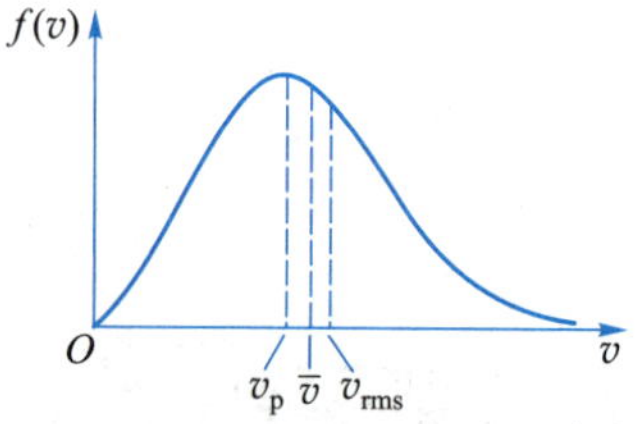

图 4-9 麦克斯韦速率分布律的三个特征速率

三个特征速率反映了平衡态下理想气体大量分子无规则热运动强度的统计结果，它们分别应用在不同方面．在讨论分子按速率分布的情况时，要用到最概然速率．参考图 4-8 可以看出，m_0 越小，T 越大，v_{p} 就越大，分子就分布在越大的速率范围内．在计算分子的平均平动动能时，要用到方均根速率，$\bar{\varepsilon}_{\mathrm{t}}=\frac{1}{2}m_0v_{\mathrm{rms}}^2$，即式(4-12)．在计算分子的平均自由运动距离时，则要用到平均速率，这将在 4.7 节中讨论．

例 4-6

已知 $f(v)$ 是分子速率分布函数，说明下列各式的物理意义：

(1) $f(v_{\mathrm{p}})\mathrm{d}v$； (2) $Nf(v)$； (3) $N\int_0^{v_{\mathrm{p}}}f(v)\mathrm{d}v$； (4) $\int_0^\infty \frac{1}{2}m_0v^2f(v)\mathrm{d}v$；

(5) $\frac{1}{2}Nm_0\int_{v_1}^{v_2}v^2f(v)\mathrm{d}v$．

解：根据速率分布函数的定义式 $dN_v/N=f(v)dv$ 的物理意义，可说明如下：

（1）$f(v_p)dv$ 表示处于最概然速率 v_p 附近微分区间 $v_p\sim v_p+dv$ 内的分子数占总分子数的比例，或者任取一个分子，其速率处于该微分区间内的概率；

（2）$Nf(v)=dN_v/dv$ 表示处于速率 v 附近单位速率区间内的分子数；

（3）根据 $Nf(v)dv=dN_v$ 可知，$N\int_0^{v_p}f(v)dv$ 表示速率小于 v_p 的分子数；

（4）$\int_0^{\infty}\frac{1}{2}m_0v^2f(v)dv$ 表示所有分子的平均平动动能；

（5）根据 $\frac{1}{2}Nm_0v^2f(v)dv=\frac{1}{2}m_0v^2dN_v$ 可知，$\frac{1}{2}Nm_0\int_{v_1}^{v_2}v^2f(v)dv$ 表示速率处于 $v_1\sim v_2$ 区间内的分子的总平动动能.

例 4-7

求处于速率区间 $v_1\sim v_2$ 内的分子的速率平均值.

解：此处的速率平均值并不是把式(4-23)中积分区间简单地变为 $v_1\sim v_2$ 就可得到的.

令速率小于 v_1 的分子数为 N_1，速率小于 v_2 的分子数为 N_2，则处于区间 $v_1\sim v_2$ 内的分子数为

$$N_2-N_1=\int_{N_1}^{N_2}dN_v=\int_{v_1}^{v_2}Nf(v)dv$$

该区间内分子速率的总和为

$$\int_{N_1}^{N_2}v dN_v=\int_{v_1}^{v_2}vNf(v)dv$$

所以该区间内分子的平均速率等于两者的商，即

$$\bar{v}=\frac{\int_{v_1}^{v_2}vNf(v)dv}{\int_{v_1}^{v_2}Nf(v)dv}=\frac{\int_{v_1}^{v_2}vf(v)dv}{\int_{v_1}^{v_2}f(v)dv}$$

显然它不等于 $\int_{v_1}^{v_2}vf(v)dv$. 只有当 $v_1=0$，$v_2\to\infty$ 时，分母才归一化为 1，平均速率才为式(4-23).

例 4-8

温度为 300 K 时空气中速率在 v_p 和 $10v_p$ 附近单位速率区间内的分子数占总分子数的比例各是多少？平均说来 10^5 mol 空气中处于这两个区间内的分子数又各是多少？空气的平均摩尔质量约为 29 g/mol.

解：空气分子的最概然速率

$$v_p=\sqrt{\frac{2kT}{m_0}}=\sqrt{\frac{2RT}{M}}=\sqrt{\frac{2\times8.31\ \mathrm{J/(mol\cdot K)}\times300\ \mathrm{K}}{29\times10^{-3}\ \mathrm{kg/mol}}}\approx415\ \mathrm{m/s}$$

为计算简便，可利用 v_p 将麦克斯韦速率分布函数 $f(v)$ 无量纲化. 令 $u=v/v_p$，可得处于 u 附近单位速率区间内的分子数占总分子数的比例为

$$g(u)=\frac{dN_u}{Ndu}=\frac{dN_v}{Ndv/v_p}=v_pf(v)=\frac{4}{\sqrt{\pi}}u^2e^{-u^2}$$

所以处于 $v_p(u=1)$ 附近单位速率区间内的分子数占总分子数的比例是

$$\left.\frac{dN_v}{Ndv}\right|_{v=v_p}=f(v_p)=\frac{1}{v_p}g(1)=0.20\%$$

处于 $10v_p(u=10)$ 附近单位速率区间内的分子数占总分子数的比例是

$$\left.\frac{dN_v}{Ndv}\right|_{v=10v_p}=f(10v_p)=\frac{1}{10v_p}g(10)=2.0\times10^{-44}$$

10^5 mol 空气中处于这两个区间内的分子数分别为

$$\Delta N|_{v=v_p}=10^5\ \text{mol}\times6.02\times10^{23}\ \text{mol}^{-1}\times0.20\%\approx1.2\times10^{26}$$

$$\Delta N|_{v=10v_p}=10^5\ \text{mol}\times6.02\times10^{23}\ \text{mol}^{-1}\times2.0\times10^{-44}\approx0$$

可见，分布在最概然速率附近的分子较多，在 10 倍最概然速率附近的分子极少．即使算上地球大气的全部分子（大约 10^{44} 个），也只有几个处在后者的速率区间内．

4.4.4 麦克斯韦速率分布律的实验验证

授课录像：麦克斯韦速率分布律的实验验证

麦克斯韦速率分布律最先提出时是一个理论结果，后来才被实验证实．这里介绍一种实验方法，由米勒和库什在 1955 年做出，它比较精确地验证了麦克斯韦速率分布律．

如图 4-10 所示，少量金属在箱子 B 中经过高温加热，汽化成为稀薄的金属原子蒸气．箱子表面有一个小孔，金属原子如果恰好打到小孔处，就能从箱内流出．原子是按照一定分布随机流出的，而且流出原子的速率大小也是随机的，所以流出的原子是箱内原子按一定分布的随机取样．可见，这些样品原子的分布与箱内金属蒸气原子的分布存在确定关系，对样品原子的分布进行测量可以验证麦克斯韦速率分布律．

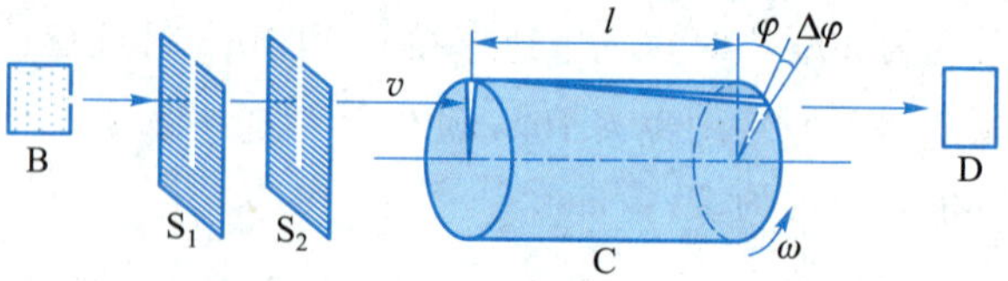

图 4-10 验证麦克斯韦速率分布律的实验装置

流出的原子经过一些并列的小孔 S_1、S_2 准直后，就成为一列窄原子束．沿着原子束方向有一个轴线与之平行的金属圆柱体 C，圆柱体的长度为 l，可以绕其轴线旋转．在圆柱体的侧面有多条并行的螺旋形窄凹槽（图中只画出一条），凹槽从一个底面延续到另一个底面的过程中，转过了 φ 角．窄凹槽有一定的宽度，该宽度对轴线所张的角度为 $\Delta\varphi$. 使圆柱体以角速度 ω 绕轴线旋

NOTE

转,同时让原子束平行于轴线射向圆柱体.如果在原子从圆柱体的左底面运动到右底面的过程中,圆柱体也恰好转过 φ 角,原子就可以穿过螺旋形凹槽,到达探测器 D,否则原子就会粘在凹槽的侧壁,不能通过圆柱体.原子束中的原子有各种速率,能够穿过圆柱体并被探测到的原子的速率 v 满足以下条件:

$$t=\frac{l}{v}=\frac{\varphi}{\omega},\quad v=\frac{\omega l}{\varphi}$$

凹槽有一定的宽度,使原子通过的条件有一个余量:在 t 时间内,圆柱体旋转的角度在 $\varphi+\Delta\varphi$ 到 $\varphi-\Delta\varphi$ 之间,都可使原子穿过圆柱体.$\varphi+\Delta\varphi$ 对应原子穿过的最小速率,用 $v=\dfrac{\omega l}{\varphi+\Delta\varphi}$ 表示,$\varphi-\Delta\varphi$ 对应最大速率,用 $v+\Delta v=\dfrac{\omega l}{\varphi-\Delta\varphi}$ 表示.

整个实验装置被抽成高真空,以避免空气分子与金属原子碰撞对结果造成影响.圆柱体的 l、φ、$\Delta\varphi$ 都已确定,所以改变角速度 ω,就可对应不同的 v 和 Δv. 探测到的速率为 v 的原子束强度对应 ΔN_v,这样就可以求出 $\Delta N_v/(N\Delta v)=F(v)$. 把这个结果与麦克斯韦速率分布律进行比较,如果符合,就验证了麦克斯韦速率分布律.深入的理论研究表明,$F(v)$ 应该等于 $v^2 f(v)$,其中 $f(v)$ 为麦克斯韦速率分布函数.

图 4-10 的装置还可以用来测量分子、原子及原子核等高速运动粒子的速度,类似的装置甚至可以用来测量光速.

4.4.5 麦克斯韦速率分布律应用实例

麦克斯韦速率分布律有助于理解行星大气的构成.为什么地球大气(图 4-11)包含氮气、氧气、水蒸气等气体,但氢气、氦气这两种宇宙中最常见的气体却非常少见?

图 4-11 包围地球的大气

位于上层大气的分子,如果其运动速率高于逃逸速率,就有机会逃离行星大气而进入外太空.麦克斯韦速率分布函数的高速尾端并不由于逃逸的分子而消失,其他分子会通过碰撞而获得那么高的速率,这些分子紧接着也逃逸出去.这样,大气就慢慢流失了.大气流失得有多快依赖于特征速率与逃逸速率的差异有多大.地球的逃逸速率约为 11.2 km/s,约为 300 K 下氧气分子最概然速率 400 m/s 的 28 倍,氢气分子最概然速率 1 600 m/s 的 7 倍.如果特征速率与逃逸速率相比小太多(参考例 4-8),速率高于逃逸速率的气体分子数占大气分子数的比例就太小,所有

授课录像：解释地球大气的构成

气体分子都逃离行星所需要的时间就会非常长，以至于这种气体在大气中无限期地留存下来．这就是地球大气中存在氮气、氧气和水蒸气的原因．反之，氢气和氦气质量小得多，特征速率较高，虽然只有很小部分的分子分布在逃逸速率之上，然而却足以使这些气体较快地逃离地球大气．

我们知道月球缺少大气，这是由于月球的逃逸速率较低，只有 2 400 m/s，绝大多数气体分子都能逃离．尽管如此，月球表面确实有一层厚度大约为 1 cm 的大气，由惰性的氪气组成，这种气体的相对分子质量为 83.8，约为氧气相对分子质量的 2.6 倍．

麦克斯韦速率分布律对地球大气成分的影响机制只是一种很大的可能性，实际上大气成分的成因是很复杂的．例如，地球形成时的物质构成、地球大气系统和固态系统之间物质的循环、小行星和彗星碰撞地球时带入的物质等都可能成为影响因素.

4.5 玻耳兹曼分布律

4.5.1 麦克斯韦速度分布律

授课录像：麦克斯韦速度分布律

上节讨论了麦克斯韦速率分布律，它描述了理想气体分子按速度大小的分布，并未考虑速度的方向．实际上，麦克斯韦最先推导出的是速度分布律．他的结果是，分子处于速度区间 $\boldsymbol{v}\sim\boldsymbol{v}+\mathrm{d}\boldsymbol{v}$，即分子速度的 3 个分量同时分别处于 $v_x\sim v_x+\mathrm{d}v_x$，$v_y\sim v_y+\mathrm{d}v_y$，$v_z\sim v_z+\mathrm{d}v_z$ 区间内的分子数占总分子数的比例为

$$\frac{\mathrm{d}N_{\boldsymbol{v}}}{N}=g(v_x,v_y,v_z)\,\mathrm{d}v_x\mathrm{d}v_y\mathrm{d}v_z=\left(\frac{m_0}{2\pi kT}\right)^{3/2}\mathrm{e}^{-\frac{m_0(v_x^2+v_y^2+v_z^2)}{2kT}}\mathrm{d}v_x\mathrm{d}v_y\mathrm{d}v_z \tag{4-27}$$

可以看出，速度分布函数 $g(v_x,v_y,v_z)$ 是速度分量的平方和的函数，即分子按速度的分布与分子速度的方向无关．这也是分子无规则热运动及热运动各向同性的必然结果．

根据定义，$g(v_x,v_y,v_z)$ 应满足归一化条件：

$$\int_{-\infty}^{\infty}\int_{-\infty}^{\infty}\int_{-\infty}^{\infty}g(v_x,v_y,v_z)\,\mathrm{d}v_x\mathrm{d}v_y\mathrm{d}v_z=1 \tag{4-28}$$

速度分布函数 $g(v_x,v_y,v_z)$ 可以表示为 3 个速度分量的分布函数的乘积，

$$g(v_x,v_y,v_z)=g(v_x)g(v_y)g(v_z) \tag{4-29}$$

其中

$$g(v_x)=\left(\frac{m_0}{2\pi kT}\right)^{1/2}e^{-\frac{m_0v_x^2}{2kT}} \tag{4-30}$$

表示速度 x 分量处于 v_x 附近单位区间内的分子数占总分子数的比例(对 y、z 分量无限制),或速度 x 分量取 v_x 时的概率密度(对 y、z 分量无限制),它是上节伽耳顿板所展示的正态分布,满足归一化条件.

$$\int_{-\infty}^{\infty}g(v_x)\,\mathrm{d}v_x=1 \tag{4-31}$$

$g(v_y)$ 和 $g(v_z)$ 也有类似的表达式.

我们知道,分子的位置和速度是描述系统微观状态的微观量.分子在实际空间中的位置,可用直角坐标系中的位矢 $\boldsymbol{r}(x,y,z)$ 表示,系统中 N 个分子的位置可用实际空间中的 N 个点($3N$ 个坐标)来表示. 同样,也可以建立以分子速度分量 v_x、v_y、v_z 为坐标轴的三维直角坐标系,构成速度空间,而分子的速度可用速度空间中的一个位矢 $\boldsymbol{v}(v_x,v_y,v_z)$ 表示,如图 4-12 所示. 与实际空间不同,速度空间是一个虚拟的空间,速度空间中的一点对应于一个分子的速度. 系统中 N 个分子在某一时刻的速度可由速度空间中的 N 个点($3N$ 个坐标)来表示.

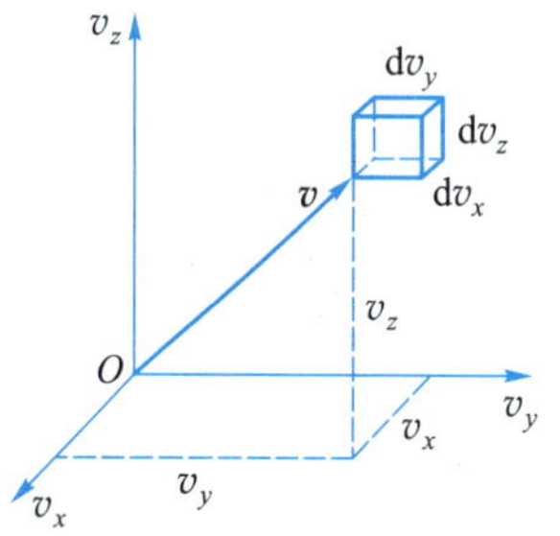

图 4-12 速度空间中的速度矢量及速度状态微分区间

图 4-12 中位于速度矢量 $\boldsymbol{v}(v_x,v_y,v_z)$ 附近的体积元 $\mathrm{d}v_x\mathrm{d}v_y\mathrm{d}v_z$ 对应于一个速度状态微分区间 $v_x\sim v_x+\mathrm{d}v_x, v_y\sim v_y+\mathrm{d}v_y, v_z\sim v_z+\mathrm{d}v_z$,处于该区间内的分子的速度可用该体积元中的点来表示,点的数量占总点数(即总分子数)N 的比例等于分子速度处于该区间内的概率. 这个概率可表示为此处的概率密度 $g(v_x,v_y,v_z)$ 乘以体积元体积 $\mathrm{d}v_x\mathrm{d}v_y\mathrm{d}v_z$,即式(4-27). 概率密度的指数项 $e^{-\frac{m_0(v_x^2+v_y^2+v_z^2)}{2kT}}$ 或 $e^{-\frac{m_0v^2}{2kT}}$ 反映了分子速度分布概率密度随分子动能 $\frac{1}{2}m_0v^2$ 的增加而呈指数衰减的规律,常量项 $\left(\frac{m_0}{2\pi kT}\right)^{3/2}$ 是归一化因子.

在速度空间可以更清晰地理解麦克斯韦速度分布律与速率分布律的关系. 两个分布律,式(4-27)和式(4-20),分别表示分子处于不同速度状态区间内的概率. 速度分布律(4-27)中,$\mathrm{d}v_x\mathrm{d}v_y\mathrm{d}v_z$ 表示图 4-12 中微分立方体的体积,$\mathrm{d}N_v/N$ 表示分子速度处于这个立方体内的概率;速率分布律(4-20)中,$4\pi v^2\mathrm{d}v$ 表示图 4-13 中内、外半径分别为 v 和 $v+\mathrm{d}v$ 的薄球壳的体积,$\mathrm{d}N_v/N$ 表示分子速度处于这个薄球壳内的概率.

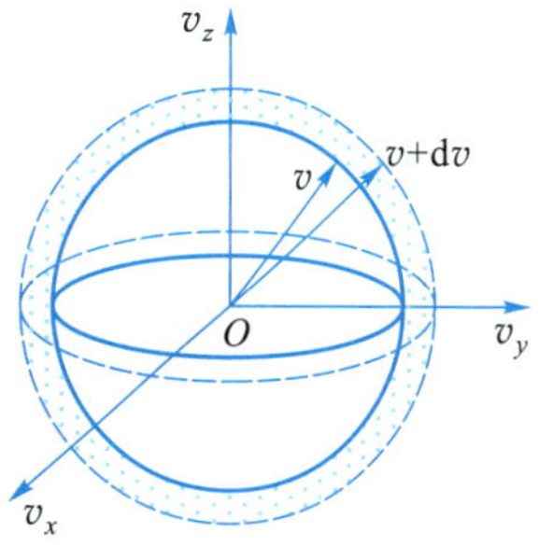

图 4-13 速度空间中的速率区间 $v\sim v+\mathrm{d}v$

在麦克斯韦速度分布律的基础上,将速度空间中的直角坐标系变换成球坐标系,并在速度空间中对式(4-27)在图 4-13 所示

的球壳范围内进行积分，就可推导出分子按速率 v 的分布规律，即麦克斯韦速率分布律，

$$\frac{\mathrm{d}N_v}{N}=\int\frac{\mathrm{d}N_v}{N}=g(v_x,v_y,v_z)v^2\mathrm{d}v\int_0^{\pi}\sin\theta\mathrm{d}\theta\int_0^{2\pi}\mathrm{d}\varphi$$

$$=\left(\frac{m_0}{2\pi kT}\right)^{3/2}v^2\mathrm{e}^{-\frac{m_0v^2}{2kT}}\mathrm{d}v\cdot 4\pi=f(v)\mathrm{d}v \qquad (4-32)$$

4.5.2 气体分子在力场中的空间分布

授课录像：重力场中粒子的分布

麦克斯韦速度分布律讨论了平衡态下理想气体分子按速度这一微观量分布的统计规律．那么，理想气体分子按空间位置这一微观量的分布又满足什么样的统计规律呢？如果分子不受外力场的作用，分子在实际空间应该是均匀分布的．但是分子处于力场中，它们就应该是不均匀分布的．这个认识不难理解，因为我们都有这样的常识，地球的大气层是不均匀的，贴近地面的大气密度最高，越向高空，密度越低．在理想气体系统尺度不大的情况下，由力场引起的分子在实际空间中分布的不均匀性是可以忽略的．如果考虑较大尺度的系统，如大气层中几千米高空的大气，就必须考虑地球引力场对分子空间分布的影响．

地球表面的大气层能稳定地存在，地球引力起了决定性的作用．如果没有引力，大气分子的无规则热运动将使它们从地球表面逃逸掉．引力的作用不仅使大气分子能聚集在地球表面，而且使它们按高度有一个基本稳定的分布．

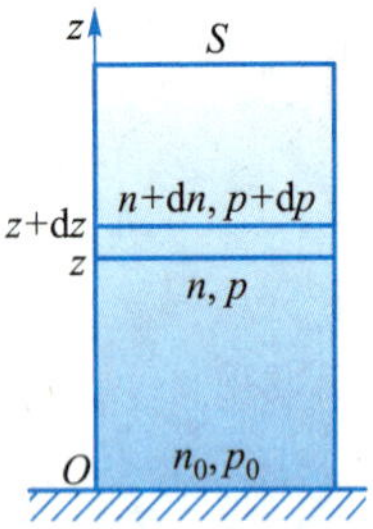

图 4-14 重力场中气体分子的分布

考虑如图 4-14 所示垂直于地球表面的温度为 T 的恒温空气柱，其横截面积为 S，分子的质量为 m_0. 取垂直于地面向上方向为 z 轴，设地球表面 $z=0$ 处的分子数密度为 n_0，压强为 p_0. 取高度 z 处厚度为 $\mathrm{d}z$ 的水平薄空气层，在高度 z 处的分子数密度为 n，压强为 p，高度 $z+\mathrm{d}z$ 处的分子数密度为 $n+\mathrm{d}n$，压强为 $p+\mathrm{d}p$. 根据此薄空气层的力学平衡条件：

$$(p+\mathrm{d}p)S+nm_0gS\mathrm{d}z=pS$$

得

$$\mathrm{d}p=-nm_0g\mathrm{d}z$$

考虑理想气体物态方程 $p=nkT$，

$$\frac{\mathrm{d}p}{p}=-\frac{m_0g}{kT}\mathrm{d}z$$

对上式两边进行积分，得大气压强随高度的变化关系：

$$p(z)=p_0\mathrm{e}^{-\frac{m_0gz}{kT}} \tag{4-33}$$

NOTE

代入 $p=nkT$ 和 $p_0=n_0kT$，得地球大气层分子数密度随高度的变化关系：

$$n(z)=n_0\mathrm{e}^{-\frac{m_0gz}{kT}} \tag{4-34}$$

上面两式表明，地球表面大气层中的分子数密度或气压都随高度增加而呈指数衰减．式(4-33)是在大气层中温度处处相等的条件下推导出来的，因此称为等温气压公式，利用这个公式可通过测量气压来估算高度，当然在高度差不太大的条件下这个公式才成立（否则温度会发生明显变化）．

上面两式中的 m_0gz 是分子在高度 z 处的重力势能．我们可以把重力势能合理地推广为分子在力场中的势能 $\varepsilon_p(x,y,z)$，因此式(4-34)的分子数密度变为空间位置 (x,y,z) 的函数，

$$n(x,y,z)=n_0\mathrm{e}^{-\frac{\varepsilon_p}{kT}} \tag{4-35}$$

式中，n_0 为势能零点位置处的分子数密度．可见，在温度相同的情况下，力场中分子势能越大的位置，分子数密度越小，而且随势能呈指数规律衰减．

4.5.3 玻耳兹曼分布律

授课录像：麦克斯韦-玻耳兹曼分布律

授课录像：玻耳兹曼分布律

文档：玻耳兹曼

不难发现，麦克斯韦速度分布律[式(4-27)]和力场中气体密度随势能的变化关系式(4-35)都含有指数因子．前者的指数因子与分子动能 $\varepsilon_k=\frac{1}{2}m_0v^2$ 有关，随分子动能的增加而呈指数衰减；后者的指数因子与分子势能 ε_p 有关，也随分子势能的增加而呈指数衰减．可见，平衡态下理想气体分子按微观状态（由微观量位置和速度描述）的分布与气体分子在该微观状态下所具有的动能和势能有关．

理想气体分子按微观状态的分布可表示为分子位置处于 $x\sim x+\mathrm{d}x$、$y\sim y+\mathrm{d}y$、$z\sim z+\mathrm{d}z$ 区间内，同时分子速度处于 $v_x\sim v_x+\mathrm{d}v_x$、$v_y\sim v_y+\mathrm{d}v_y$、$v_z\sim v_z+\mathrm{d}v_z$ 区间内的概率．气体分子出现在什么位置与它以什么速度运动是两个独立的事件，所以按照概率论，此概率可以表示为两个概率之积，

$$\frac{\mathrm{d}N(x,y,z,v_x,v_y,v_z)}{N}=\frac{\mathrm{d}N(x,y,z,v_x,v_y,v_z)}{\mathrm{d}N(x,y,z)}\cdot\frac{\mathrm{d}N(x,y,z)}{N}$$

上式等号右边第二个因子表示一个分子在位置 (x,y,z) 处 $\mathrm{d}x\mathrm{d}y\mathrm{d}z$ 体积元内出现的概率（对速度无限制），其中 $\mathrm{d}N(x,y,z)=n(x,y,z)\mathrm{d}x\mathrm{d}y\mathrm{d}z$ 为体积元内的分子数．第一个因子表示在位

置(x,y,z)处 $dxdydz$ 体积元内的一个分子，其速度处于 $v_x \sim v_x+dv_x$、$v_y \sim v_y+dv_y$、$v_z \sim v_z+dv_z$ 区间内的概率．注意：$dxdydz$ 体积元是“宏观小、微观大”的，含有大量的分子，所以统计上仍然满足麦克斯韦速度分布律，此因子即式(4-27)．结合式(4-27)和式(4-35)，得

$$\frac{dN(x,y,z,v_x,v_y,v_z)}{N}=\frac{n_0}{N}\left(\frac{m_0}{2\pi kT}\right)^{3/2}e^{-\frac{\varepsilon_k+\varepsilon_p}{kT}}dxdydzdv_x dv_y dv_z \tag{4-36}$$

玻耳兹曼分布律

这就是**玻耳兹曼分布律**，它表示处于力场中温度为 T 的平衡态下气体分子位置处于 $x\sim x+dx$、$y\sim y+dy$、$z\sim z+dz$ 区间内，同时分子速度处于 $v_x \sim v_x+dv_x$、$v_y \sim v_y+dv_y$、$v_z \sim v_z+dv_z$ 区间内的概率．

玻耳兹曼分布律可以简要表示如下：在温度为 T 的平衡态下，经典力学系统中的微观粒子处于状态$(\boldsymbol{r},\boldsymbol{v})=(x,y,z,v_x,v_y,v_z)$的概率（或粒子数）与该状态下粒子的能量 $\varepsilon=\varepsilon_k+\varepsilon_p$ 有关，与 $e^{-\varepsilon/kT}$ 成正比．

玻耳兹曼分布律是经典粒子普遍满足的能量分布律，它说明平衡态下粒子按能量的分布特征，即粒子总是优先占据能量较低的状态．能量越高的状态，粒子出现的概率越低，粒子数越少，且随能量的增大呈指数规律降低．温度越高，粒子数呈指数规律降低得越缓慢，出现在高能状态下的粒子数就越多．

4.5.4 玻耳兹曼分布律应用实例

玻耳兹曼分布律在很多自然现象中都有表现，尤其在化学反应和生命活动中起重要作用．下面举几个例子．

NOTE

1. 化学反应率

化学反应一般很依赖于温度．在 N_2O 气体分解（$N_2O \longrightarrow N_2+O$）过程中，$N_2O$ 分子需通过互相碰撞，使原有化学键打破，从而建立新的化学键.通过加热，N_2O 分子获得较高的热运动动能，这样才能使其在碰撞中有更高的可能性发生反应.打破化学键，需要 N_2O 分子由能量为 ε_1 的基态激发至能量为 ε_2 的激发态.所以欲使反应发生，反应物分子至少需要获得 $\varepsilon_a=\varepsilon_2-\varepsilon_1$ 的外来能量，这个能量称为激活能．这个反应的激活能约为 $\varepsilon_a=4\times10^{-19}$ J.

按照玻耳兹曼分布律，处于能量状态 ε 的分子数与 $e^{-\varepsilon/kT}$ 成正比．设处于基态和激发态的分子数分别为 N_1 和 N_2，那么反应率为 $\dfrac{N_2}{N_1+N_2}=\dfrac{e^{-\varepsilon_2/kT}}{e^{-\varepsilon_1/kT}+e^{-\varepsilon_2/kT}}=\dfrac{1}{1+e^{\varepsilon_a/kT}}$，在一般情况下，$\varepsilon_a \gg kT$，所以反应率近似为 $e^{-\varepsilon_a/kT}$．可见，温度越高，反应率越高．例如，

从 700 K 到 707 K，热力学温度只升高了 1%，反应率的比值达 $\exp\left[-\frac{\varepsilon_a}{k}\left(\frac{1}{707}-\frac{1}{700}\right)\right]=1.5$，反应率竟然升高了 50%．可见，化学反应率对温度的变化是非常敏感的．

NOTE

2. 蛋白质变性

蛋白质在温度升高到一定程度时，其物理化学性质发生改变，生物活性丧失，这称为蛋白质变性．我们煮鸡蛋时使蛋液凝固，蛋白质就发生了变性．在高原，气压较低，水沸腾时的温度低于 100 ℃，煮鸡蛋时只能维持较低的温度，例如 70 ℃．蛋白质变性也有激活能的问题，沸水温度下降，反应率也会大幅降低．有一个经验规律，沸水温度每下降 10 ℃，把鸡蛋煮熟所需要的时间就翻倍．因此，在平原煮熟鸡蛋需要 4 分，在高原煮熟鸡蛋可能需要半个多小时[$4\times2^{(100-70)/10}$ min = 32 min].

3. 生物新陈代谢

生物体的新陈代谢水平取决于生物化学反应水平，而生物化学反应水平与生物体的温度密切相关．

冬天温度低，树木的生物化学反应水平低，新陈代谢水平就低，而夏天正相反，所以夏天树木生长快得多，树干年轮间的木质主要在夏天长成．

变温动物的体温随周围环境温度变化而变化．环境温度高，新陈代谢就快；环境温度低，新陈代谢就慢．恒温动物的体温基本不变，代谢水平基本不变．环境温度变化，恒温动物生命活动基本不受影响，所以比变温动物更能适应环境．另外，环境温度不高时，恒温动物的体温维持较高水平，而变温动物的体温则较低．如果身体大小差不多，恒温动物一定比变温动物新陈代谢快，因此消耗的食物多得多．例如在 20 ℃的环境中，一个人为保持体温恒定，每天必须消耗一定量的食物以换取大约6 MJ 的能量；而一只类似体重的鳄鱼在同样环境中每天只需要大约 0.3 MJ 的能量．当然，有些恒温动物，例如熊，在环境温度太低，而又没有足够多的食物维持这么高水平的新陈代谢时，就只能降低体温，以降低新陈代谢水平，也就是要冬眠．

4.6 实际气体物态方程

描述理想气体的 3 个宏观状态参量满足式(4-3)所示的理想气体物态方程，在 $p-V$ 图上理想气体的等温线是双曲线．

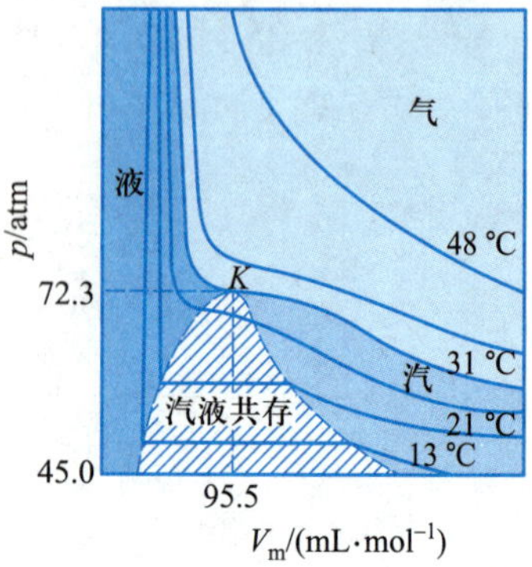

图 4-15 CO_2 气体在 p-V 图上的等温线

授课录像:理想气体和实际气体的比较

授课录像:范德瓦耳斯方程的导出

授课录像:范德瓦耳斯方程的验证和讨论

图 4-15 是实验测得的 CO_2 气体在 p-V 图上的等温线．从图中可以看出,在温度较高(48 ℃)时,气体的等温线近似为双曲线,气体可看作具有理想气体性质,满足理想气体物态方程．在温度较低的条件下,其等温线不再是双曲线,气体不能再看作理想气体．在温度低于 31 ℃时,等温压缩会使气体液化．从图中可以看出 CO_2 气体在液化过程中会经历一段压强不变的汽液共存的区域,此汽液共存的区域会随温度的升高不断减小．当温度升高到 31 ℃时,汽液共存区域消失．温度继续升高,等温压缩将不能使 CO_2 气体液化．因此,31 ℃就是 CO_2 气体的临界温度,相应的等温线称为临界等温线. 临界等温线上汽液共存区的温度最高点 K 称为临界点,此处会出现气液不分的状态．为了有所区分,把低于临界温度的状态称为汽态,而高于临界温度的状态称为气态．其他实际气体也有和 CO_2 类似的等温线,只是临界温度各不相同,例如氧气的为-118.4 ℃,氮气的为-146.9 ℃,氦气的为-267.9 ℃,水蒸气的为 374.2 ℃.

从上述实验事实可以发现,实际气体与理想气体的性质有较大差别,那么这些差别的原因何在？理想气体压强低,温度高,密度低,分子大小比分子间的平均距离小得多,因此可以当作质点;实际气体压强高,温度低,密度高,分子尺度与分子距离相比并不算小,因此分子体积不可忽略．理想气体分子距离大,所以在没有碰撞时,没有分子力的作用;实际气体分子距离小,分子力不可忽略.(参见 4.2.1 节对分子力的讨论.)

1873 年,范德瓦耳斯把实际气体的分子近似为有引力的刚性球,对理想气体物态方程进行了修正,得到了接近实际气体的物态方程.

设实际气体的压强为 p,可由气压计测得;体积为 V,等于容器的容积;1 mol 气体的体积,即摩尔体积为 V_m,因此 $V=\nu V_m$,ν 为气体的物质的量．考虑分子的大小,会导致气体实际占据体积的变化．图 4-16(a)是两个球形分子,一个分子占据的空间,另一个分子就不能同时进入．显而易见,右边分子的质心不能进入以分子直径为半径的球形范围内,因而任一分子可进入的空间减小,分子可以自由活动的体积比容器容积小．设气体摩尔体积减小为 V_m-b,其中 b 为体积减小量,设为常量.

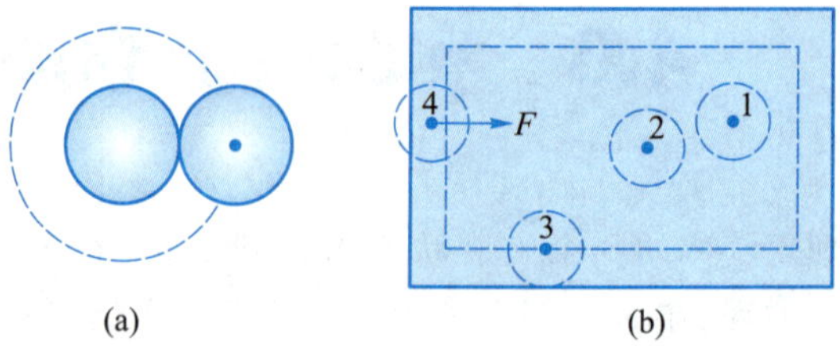

图 4-16 考虑(a)分子大小和(b)分子力时对理想气体物态方程进行修正

NOTE

再考虑分子力，会导致压强需要修改．图 4-16(b)是一个长方体密闭容器，内部气体处于平衡态，气体均匀分布．小圆点表示分子，以分子为中心划定了一个球形范围(如虚线圆形所示)，球内的其他分子与这个分子之间有相互吸引的分子力，球外的分子与这个分子之间的分子力很小，忽略不计，所以球半径就是分子力的作用半径．分子力作用半径并不小，因此球内包含大量的分子．由于分子在空间中均匀分布，各向同性，所以球内所有分子对球心处的分子的吸引力互相抵消，相当于球心处的分子不受力(分子 1 和 2)．如果分子靠近器壁，使球面与器壁相切，那么分子恰好不受力(分子 3)．但是分子继续靠近器壁时，分子受到分子力的合力就不为零了．分子 4 右侧的分子对该分子的吸引力大于左侧分子对它的吸引力，因此合力指向右，即指向容器内部．

由此可见，分子一旦进入器壁附近薄层，就会受到方向背离器壁的合力，薄层厚度为分子力作用半径．这个合力对运动到薄层内、将要与器壁碰撞的分子有一个向后的拖拽作用，使分子对器壁的冲量减小，气体压强降低．因为理想气体不考虑分子力，没有这种降低压强的机制，所以实际气体压强 p 比理想气体压强减小了，减小量用 Δp 表示．下面讨论 Δp 与哪些因素有关．

考虑到压强为大量分子单位时间对单位面积器壁的冲量，压强减小量 Δp 应与单个分子受到的拖拽力 F 成正比，还与单位时间碰撞单位面积器壁的分子数，即分子数密度 n 成正比．所以 Δp 与它们的乘积成正比．还有，拖拽力 F 是一个碰撞器壁的分子所受分子力的合力，分子数密度 n 越大，F 就越大，所以 F 与 n 也成正比．也就是说，Δp 与 n 的平方成正比，即 Δp 与气体摩尔体积 V_m 的平方成反比．这样，实际气体的压强 p 比理想气体的压强减小了 $\Delta p=\dfrac{a}{V_m^2}$，理想气体的压强可以表示为 $p+\dfrac{a}{V_m^2}$，其中 a 为常量．

综上所述，实际气体的压强为 p，摩尔体积为 V_m，消除分子大小和分子力因素后，折合成理想气体的压强为 $p+\dfrac{a}{V_m^2}$，摩尔体积为 V_m-b. 用它们分别代替理想气体物态方程[式(4-3)]的压强和体积，即得

$$\left(p+\frac{a}{V_m^2}\right)(V_m-b)=RT$$

把 $V_m=V/\nu$ 代入上式，得

$$\left(p+\nu^2\frac{a}{V^2}\right)(V-\nu b)=\nu RT \tag{4-37}$$

范德瓦耳斯方程

这就是接近实际气体的物态方程，称为**范德瓦耳斯方程**．在压强不特别大时，a、b 是与气体种类有关的常量，可由实验数据拟合得到．

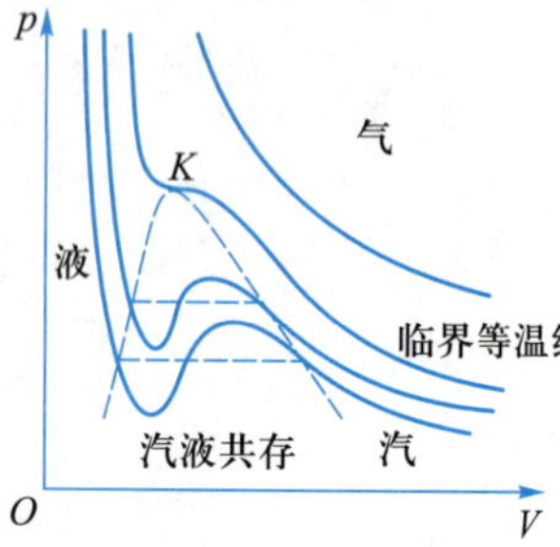

图 4-17　范德瓦耳斯等温线

范德瓦耳斯方程能够较好地反映实际气体在较大压强或较低温度条件下的各宏观状态参量之间的变化关系．图 4-17 画出了实际气体的范德瓦耳斯等温线．可以看出，它们和实际气体的等温线（图 4-15）很相似，只是在汽液共存区两者有所不同，范德瓦耳斯等温线有极大值和极小值（实线），而实际气体等温线是一条水平直线（虚直线）．在临界温度以下，实际气体被等温压缩时，会经过汽液共存区发生液化，液化过程中压强保持恒定．

4.7　理想气体分子的平均自由程

我们知道，分子永不停息地做无规则热运动，分子通过互相碰撞，不断改变着速度的大小和方向．系统从非平衡态向平衡态转化、气体扩散、热传导等宏观现象都与这种碰撞有关．因为碰撞是完全随机的，所以分子相邻两次碰撞之间需要的时间和走过的路程也是随机的．如果气体是理想气体，那么分子在相邻两次碰撞之间不受力，因此做匀速直线运动．

图 4-18 是一个理想气体分子在一段时间内的运动轨迹，它的形状是折线．每次弯折都表示这个分子与其他分子发生了碰撞，碰撞以后弯折到什么方向是完全随机的．相邻两次碰撞之间分子自由走过一段直线段，其长度称为自由程，也是随机的，它的平均值称为**平均自由程**．下面首先研究平均碰撞频率，然后计算平均自由程．

平均自由程

平均碰撞频率

一个分子单位时间内与其他分子发生碰撞的次数称为**平均碰撞频率**，用 $\overline{Z}$ 表示，可用它来衡量气体分子碰撞的频繁程度．图 4-19 有一些随机分布的理想气体分子，直径为 d. 对于分子 A，它能与哪些分子发生碰撞，这是一个复杂的问题，因为分子 A 运动时，其他分子也在运动．但是我们研究的是一个平均问题，可以采取一个技术把这个问题简化．设这个分子相对于其他分子的平均相对速率为 $\overline{u}$. 既然考虑相对速率，就表示在其他分子的"平均"参考系中研究问题．所谓"平均"参考系，是一个假想的虚拟参考系，在这个参考系中，只有分子 A 以 $\overline{u}$ 运动，而其他分子都静止．分子 A 在运动过程中不断与其他静止的分子发生碰撞并改变方向，它走过的轨迹如图 4-19 所示，是一条方向不断变

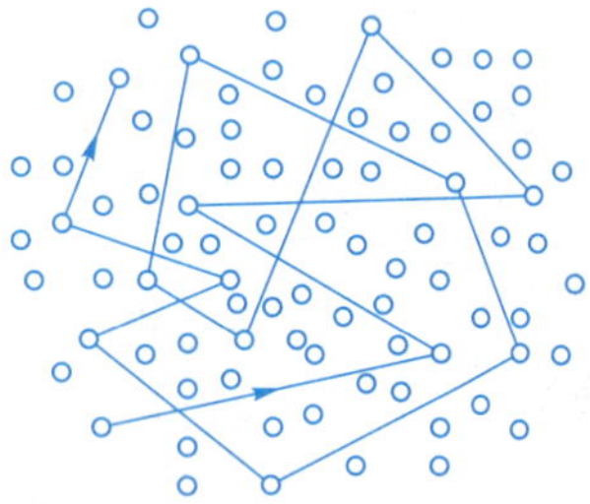

图 4-18　理想气体分子的运动轨迹

化的折线.

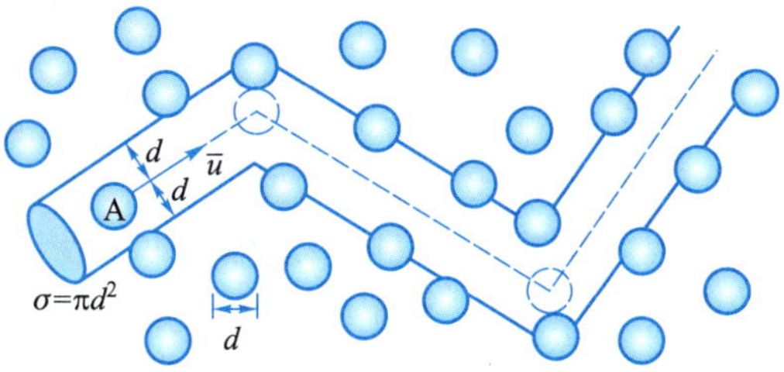

图 4-19 研究平均碰撞频率和平均自由程的微观模型

以分子 A 走过的路径作为轴线,作一个曲折圆柱体,其半径为分子直径 d. 显然,凡是质心位于这个曲折圆柱体内部的分子,都能与分子 A 发生碰撞. 曲折圆柱体的底面称为碰撞截面,其面积为 $\sigma=\pi d^2$. 分子 A 单位时间内走过的曲折圆柱体的长度为 $\bar{u}$,体积为 $\sigma\bar{u}$,圆柱体内部的分子数为体积乘以分子数密度 n. 按照分析,这正是单位时间内一个分子的碰撞次数,即平均碰撞频率,

$$\overline{Z}=n\bar{u}\pi d^2$$

利用深入的统计理论可以证明,$\bar{u}=\sqrt{2}\,\bar{v}$,其中 $\bar{v}$ 为理想气体分子的平均速率,见式(4-24). 所以平均碰撞频率为

$$\overline{Z}=\sqrt{2}\,n\bar{v}\pi d^2 \tag{4-38}$$

注意到 $\bar{v}\propto\sqrt{T}$,所以在体积不变的情况下(n 不变),温度 T 升高,平均碰撞频率 $\overline{Z}$ 增大. 这是因为温度升高,分子热运动增强,碰撞变得更加频繁.

一个分子相邻两次碰撞之间自由运动的距离称为自由程,这些不同自由程的平均值即平均自由程. 在实验室参考系或地面参考系中,单位时间内分子走过的平均路程为 $\bar{v}$,平均碰撞次数为 $\overline{Z}$,所以平均自由程为

$$\overline{\lambda}=\frac{\bar{v}}{\overline{Z}}=\frac{1}{\sqrt{2}\,\pi d^2 n}=\frac{kT}{\sqrt{2}\,\pi d^2 p} \tag{4-39}$$

式(4-38)和式(4-39)的理论结果可以通过气体输运过程的实验获得检验. 输运过程是气体从非平衡态向平衡态过渡的过程,包括黏性现象、热传导和扩散现象. 这三种现象的强度分别用黏度、热导率和扩散系数来表征,这三个系数都与分子的平均自由程有关,因此可以通过实验测量这三个系数,以验证上述理论. 实验结果与理论相符.

对于空气分子,其平均直径为 $d\approx3.5\times10^{-10}$ m,可求得平均碰撞频率为 $\overline{Z}=6.5\times10^{9}\ \mathrm{s}^{-1}$,平均自由程为 $\overline{\lambda}=68$ nm. 每个分子

授课录像:平均碰撞频率和平均自由程

授课录像:讨论

授课录像:补充例题

NOTE

NOTE

平均每秒碰撞达 65 亿次,非常频繁．一个分子相邻两次碰撞之间自由飞行的平均路程为 68 nm,这比分子的平均距离 3.3 nm(见 4.2.1 节)大一个数量级,比分子直径 0.35 nm 大两个数量级．

式(4-38)和式(4-39)再一次把宏观量与微观量联系在一起,已知温度 T 和压强 p 等宏观量,就可计算出微观量平均碰撞频率和平均自由程．如果理想气体系统体积 V 不变,分子数密度 n 就不变,平均自由程就不变,而不管 T 和 p 是否变化．但是,平均碰撞频率会不同．这是因为即使 V 和 n 不变,而 T 变化,平均速率也会随 T 变化,导致平均碰撞频率发生变化．

有些场合需要尽量避免分子之间发生碰撞,这就要求平均自由程越大越好．显像管、阴极射线管、粒子加速器等仪器设备中的气体非常稀薄,n 很小,所以平均自由程很大．在制造这些仪器时需要抽真空,在技术上都有相应的压强指标．在实验室中,用来保温的容器称为杜瓦瓶．在生活中,我们用保温瓶盛放开水、冷饮．两者的共同点是外围都有一个真空夹层,对于夹层内的真空技术指标,杜瓦瓶的压强当然是低于保温瓶的．在生产时,对夹层抽真空,随着压强的降低,n 下降,平均自由程增大．当平均自由程大于夹层厚度时,分子间几乎不发生碰撞,分子主要与器壁发生碰撞．此时即使继续抽真空,平均自由程也不会增大,其大小将一直由夹层厚度决定,并保持不变．

授课录像:例 4-9

例 4-9

在质子加速器中,为使质子平均在 10^5 km 的路程上不与空气分子发生碰撞,真空室的压强需要降低到多少?已知温度为 300 K,空气分子平均直径为 $d=3.5\times10^{-10}$ m,平均摩尔质量为 29 g/mol.

解:这是质子与分子之间的碰撞,不是分子之间的碰撞,所以不能简单地用式(4-39)来计算,需要修改模型．

一方面,质子的尺度与原子核相当,比原子和分子尺度小 4 个数量级,所以可以把质子看作质点,而把空气分子看作直径为 d 的球形分子．这样,曲折圆柱体的半径需由 d 修改为 $d/2$. 另一方面,被加速质子的速率相当大,比 300 K 下空气分子的平均速率(468 m/s)大得多,所以质子相对于空气分子的平均速率就是质子相对于实验室的速率 v,需要由 $\bar{u}=\sqrt{2}\bar{v}$ 修改为 v. 经过修改后,平均碰撞频率和平均自由程分别为

$$\bar{Z}=nv\pi\left(\frac{d}{2}\right)^2,\quad \bar{\lambda}=\frac{v}{\bar{Z}}=\frac{4}{\pi d^2 n}=\frac{4kT}{\pi d^2 p}$$

取 $\bar{\lambda}=10^5$ km,求得真空室压强为

$$p=\frac{4kT}{\pi d^2\bar{\lambda}}=\frac{4\times1.38\times10^{-23}\ \mathrm{J/(mol\cdot K)}\times300\ \mathrm{K}}{\pi\ (3.5\times10^{-10}\ \mathrm{m})^2\times10^8\ \mathrm{m}}$$

$$=4.3\times10^{-10}\ \mathrm{Pa}$$

在这么高的真空度下,分子数密度约为 $10^{11}\ \mathrm{m^{-3}}$.

本章提要

1. 基本概念.

热力学系统:热学的研究对象,是由大量微观粒子组成的宏观体系,简称系统. 系统以外的部分称为环境或外界. 热力学系统的性质称为热力学状态,简称状态.

微观状态:用微观粒子的质量、位置、速度、能量等微观量描述的状态.

宏观状态:用温度、压强、体积、内能等宏观量从整体上对系统进行描述的状态.

平衡态:宏观量不随时间改变的状态.

热力学第零定律:如果系统 A 和系统 B 分别同时与系统 C 处于热平衡,那么系统 A 和系统 B 也必然处于热平衡.

温度:系统热运动激烈程度的量度,是处于热平衡的两个系统共同的宏观性质. 温度相等是两系统处于热平衡的充分必要条件.

热力学温标:利用理想气体 $pV \propto T$ 的性质,并规定一个大气压下水在三相点时的温度为 273.16 K 来定义理想气体温标. 在理想气体温标成立的范围内理想气体温标与热力学温标一致,否则做线性外推获得热力学温标. 热力学温度与摄氏温度的关系为 $T/\mathrm{K}=t/^\circ\mathrm{C}+273.15$.

2. 理想气体物态方程:

$$pV=\nu RT=\frac{m}{M}RT \quad 或 \quad p=nkT$$

式中,摩尔气体常量 $R=8.31\ \mathrm{J/(mol\cdot K)}$,玻耳兹曼常量 $k=R/N_A=1.38\times10^{-23}\ \mathrm{J/K}$.

3. 理想气体的压强和温度的微观意义.

$$p=\frac{2}{3}n\bar{\varepsilon}_t,\quad \bar{\varepsilon}_t=\frac{1}{2}m_0\overline{v^2}=\frac{3}{2}kT$$

4. 能量均分定理:在温度为 T 的平衡态下,分子在每个自由度上的平均动能都等于 $kT/2$.

分子的平均动能: $\bar{\varepsilon}_k=\frac{i}{2}kT$

理想气体的内能: $E=\frac{i}{2}\nu RT$

授课录像:本章提要

NOTE

NOTE

5. 麦克斯韦速率分布律：

$$\frac{\mathrm{d}N_v}{N}=f(v)\,\mathrm{d}v=4\pi\left(\frac{m_0}{2\pi kT}\right)^{3/2}v^2\mathrm{e}^{-\frac{m_0v^2}{2kT}}\mathrm{d}v$$

麦克斯韦速率分布函数 $f(v)$ 满足的归一化条件：

$$\int_0^{\infty}f(v)\,\mathrm{d}v=1$$

三个特征速率.

最概然速率：　$v_{\mathrm{p}}=\sqrt{\frac{2kT}{m_0}}=\sqrt{\frac{2RT}{M}}\approx1.41\sqrt{\frac{RT}{M}}$

平均速率：　$\bar{v}=\sqrt{\frac{8kT}{\pi m_0}}=\sqrt{\frac{8RT}{\pi M}}\approx1.60\sqrt{\frac{RT}{M}}$

方均根速率：　$v_{\mathrm{rms}}=\sqrt{\frac{3kT}{m_0}}=\sqrt{\frac{3RT}{M}}\approx1.73\sqrt{\frac{RT}{M}}$

6. 麦克斯韦速度分布律：

$$\frac{\mathrm{d}N_{\boldsymbol{v}}}{N}=g(v_x,v_y,v_z)\,\mathrm{d}v_x\mathrm{d}v_y\mathrm{d}v_z=\left(\frac{m_0}{2\pi kT}\right)^{3/2}\mathrm{e}^{-\frac{m_0(v_x^2+v_y^2+v_z^2)}{2kT}}\mathrm{d}v_x\mathrm{d}v_y\mathrm{d}v_z$$

力场中分子数密度和压强随分子势能的变化关系：

$$n(x,y,z)=n_0\mathrm{e}^{-\frac{\varepsilon_{\mathrm{p}}}{kT}},\quad p(x,y,z)=p_0\mathrm{e}^{-\frac{\varepsilon_{\mathrm{p}}}{kT}}$$

玻耳兹曼能量分布律：

$$\frac{\mathrm{d}N(x,y,z,v_x,v_y,v_z)}{N}=\frac{n_0}{N}\left(\frac{m_0}{2\pi kT}\right)^{3/2}\mathrm{e}^{-\frac{\varepsilon_{\mathrm{k}}+\varepsilon_{\mathrm{p}}}{kT}}\mathrm{d}x\mathrm{d}y\mathrm{d}z\mathrm{d}v_x\mathrm{d}v_y\mathrm{d}v_z$$

经典粒子处于能量为 $\varepsilon=\varepsilon_{\mathrm{k}}+\varepsilon_{\mathrm{p}}$ 的状态的概率与 $\mathrm{e}^{-\varepsilon/kT}$ 成正比.

7. 接近实际气体的物态方程(范德瓦耳斯方程)：

$$\left(p+\nu^2\frac{a}{V^2}\right)(V-\nu b)=\nu RT$$

8. 气体分子的平均碰撞频率和平均自由程：

$$\overline{Z}=\sqrt{2}\,n\bar{v}\pi d^2,\quad \overline{\lambda}=\frac{\bar{v}}{\overline{Z}}=\frac{1}{\sqrt{2}\,\pi d^2 n}=\frac{kT}{\sqrt{2}\,\pi d^2 p}$$

思考题

4-1　热力学系统的宏观描述和微观描述在方法上有什么区别和联系？

4-2　什么是热力学系统的平衡态？气体的平衡态有什么特征？气体处于平衡态时还存在分子热运动吗？

4-3　根据热平衡怎样引进温度的概念？对非平衡态是否具有温度的概念？

4-4　理想气体温标是利用气体的什么性质建立的？热力学温标与理想气体温标有什么联系？

4-5 理想气体物态方程是根据什么定律导出的？

4-6 试用关于平衡态下理想气体的统计模型说明 $\bar{v}_x=\bar{v}_y=\bar{v}_z=0$.

4-7 试用气体动理论说明，混合在一定容积容器内的氢气和氮气的总压强等于氢气和氮气单独存在于该容器内时产生的压强之和．

4-8 对一定量的气体来说，(1) 当温度不变时，压强随体积减小而增大；(2) 当体积不变时，压强随温度升高而增大．从宏观上看，这两种变化同样使压强增大，从微观上看它们有何区别？

4-9 分子的平均平动动能为 $\bar{\varepsilon}_t=\frac{3}{2}kT$，能否根据此式计算某一个分子的动能？说一个分子具有多高的温度有意义吗？为什么？

4-10 足球在空中飞行时可以具有不同的速度，这是否意味着足球内的气体具有不同的温度？为什么？

4-11 地球大气层上层的电离层中电离气体的温度可达 2 000 K，但其分子数密度不超过 $10^5\ \mathrm{cm}^{-3}$，将一块锡放到该电离层中，锡会熔化吗？为什么？

4-12 从微观上看，声波在空气中的传播是靠空气中气体分子间的碰撞实现的．试说明为什么空气中的声速和气体分子的方均根速率的数量级相同．

4-13 试确定下列物体的自由度：

(1) 在铁路上行驶的火车；

(2) 在海面上航行的船只；

(3) 在空中飞行的飞机；

(4) 穿在刚性细丝上可沿细丝滑动的小珠，细丝可在平面内绕固定点转动；

(5) 在一个平面内运动的刚性细棒；

(6) 尖端固定在一点做进动的陀螺．

4-14 CO_2 分子（三个原子处于一直线上）和 H_2O 分子（三个原子不处于一直线上）各有几个自由度？不考虑分子内原子的振动．

4-15 能量均分定理对非理想气体适用吗？

4-16 试说明以下各式的物理意义：

(1) $\frac{1}{2}kT$；(2) $\frac{3}{2}kT$；(3) $\frac{i}{2}kT$；(4) $\frac{i}{2}RT$；(5) $\frac{i}{2}\nu RT$.

4-17 在相同温度下，氢气和氮气分子的速率分布是否一样？试在同一个图中定性地画出两种气体的麦克斯韦速率分布曲线．

4-18 最概然速率和平均速率的物理意义各是什么？

4-19 气体分子的平均自由程能否大于容器的最大线度？

4-20 测定气体分子速率分布的实验为什么要求在高真空的环境下进行？假如真空度较差，容器内允许的气体压强应受到什么限制？

4-21 热水瓶胆的内、外壁之间应被抽成高真空，这是为什么？

4-22 一定质量的气体的体积保持不变．当温度升高时分子运动得更加剧烈，平均碰撞次数增多，平均自由程是否因此而减小？为什么？

4-23 恒压下加热理想气体，气体分子的平均碰撞次数和平均自由程将如何变化？

习题

4-1　计算在标准状况下，一个 10 m×10 m×3 m 的房间里的空气的质量．空气的平均摩尔质量为 29 g/mol.

4-2　将定容气体温度计的测温气泡放入冰水混合物中，气泡内气体的压强为 4.45×10^3 Pa.

（1）将此温度计放入 1 atm 下的沸水中，气泡内气体的压强为多大？

（2）当气体的压强为 1.26×10^3 Pa 时，测得的温度是多少？

4-3　星际空间的星云由氢原子组成，其数密度可低至 $10^{10}\ \mathrm{m^{-3}}$，温度可高达 10^4 K. 求这样的星云内的压强．

4-4　上层大气层离地面不同高度处的空气的压强和密度如下表所示．求相应高度处的温度．空气的摩尔质量取 29 g/mol.

高度/km	压强/Pa	密度/(kg · m^{-3})
20	5.5×10^3	8.8×10^{-2}
32	8.7×10^2	1.2×10^{-2}
53	5.7×10^1	7.1×10^{-4}
90	1.8×10^{-1}	3.2×10^{-6}

4-5　一个热气球的容积为 $2.1\times10^4\ \mathrm{m^3}$，热气球和负荷的总质量为 4.5×10^3 kg，若热气球外部空气的温度为20 ℃，要想使热气球上升，其内部空气最低要加热到多少度？

4-6　容积为 30 L 的高压钢瓶内装有压强为 130 atm 的氧气，做实验每天需用 1 atm 下 400 L 的氧气，规定钢瓶内氧气压强不能降到 10 atm 以下，以免开启阀门时混进空气．试计算这瓶氧气使用几天后就需重新充气．

4-7　一容器充满 16 g 的氧气，温度为300 K，求：

（1）氧气分子热运动的平均平动动能、平均转动动能和平均动能；

（2）此容器中氧气的内能．

4-8　在容积为 $3.0\times10^{-5}\ \mathrm{m^3}$ 的容器中储存有压强为 1.01×10^5 Pa、温度为 300 K 的双原子分子气体，求这些分子的热运动总动能．

4-9　一定质量的理想气体，使其温度从 17 ℃加热到 277 ℃，并把其体积压缩到原来的一半．问：

（1）气体的压强发生了多大的变化？

（2）气体分子的平均平动动能变化了多少？

（3）气体分子的方均根速率变化了多少？

4-10　求氢气和氮气在 1 atm、27 ℃下分子的

（1）平均速率；

（2）方均根速率；

（3）最概然速率；

（4）平均平动动能；

（5）平均转动动能；

（6）平均动能．

4-11　日冕的温度高达 2×10^6 K，喷出的电子可视为理想气体，求这些电子的方均根速率．星际空间的温度为 2.7 K，其中气体主要是氢原子，求此温度下氢原子的方均根速率．1994 年，科学家曾用激光冷却的方法使一群钠原子几乎停止运动，相应的温度为 2.4×10^{-11} K，求这些钠原子的方均根速率．

4-12　证明：无论气体分子速率分布函数的具体形式如何，对由大量分子组成的气体系统，都有

$$\sqrt{\overline{v^2}}\geqslant\overline{v}$$

4-13　已知 $f(v)$ 是速率分布函数，N 为总分子数，m_0 为分子质量，写出具有下列物理意义的表达式：

（1）速率在 v 附近 dv 速率间隔内的分子数占总分子数的比例；

（2）一个分子，其速率处于区间 $v_1\sim v_2$ 内的概率；

（3）速率小于 v_1 的分子数；

（4）在 v_1 附近单位速率区间内的分子数；

(5) 速率处于区间 $v_1 \sim v_2$ 内的分子的速率总和；

(6) 速率处于区间 $v_1 \sim v_2$ 内的分子的平均平动动能.

4-14 设 N 个分子的速率分布曲线如图所示，其中 $v>2v_0$ 的分子数为零，分子质量 m_0、总分子数 N 和速率 v_0 已知．求：

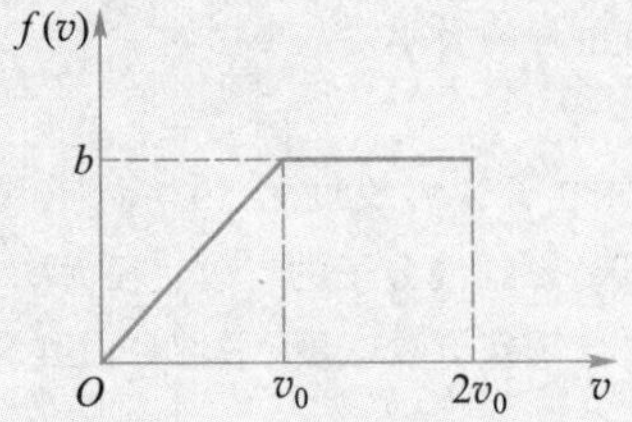

习题 4-14 图

(1) b；

(2) 速率在 $v_0/2$ 到 $3v_0/2$ 之间的分子数；

(3) 分子的平均速率及平均平动动能.

4-15 0 K 下金属自由电子速率分布为

$$\frac{dN_v}{N}=\begin{cases}Av^2\,dv, & 0<v<v_F\\ 0, & v>v_F\end{cases}$$

(1) 画出速率分布函数 $f(v)$ 的图形；

(2) 确定 A 值；

(3) 求速率低于 $v_F/2$ 的电子数占总电子数的比例；

(4) 求最概然速率、平均速率和方均根速率.

4-16 计算理想气体速率处于 $v_p-0.01v_p$ 到 $v_p+0.01v_p$ 区间内的分子数占总分子数的比例.

4-17 10 名学生参加一次测验，获得分数如下：83，62，81，77，68，92，88，83，72，75. 这些分数的平均值、方均根值和最概然值分别为多少？

4-18 (1) 火星质量为地球的 0.108 倍，半径为地球的 0.531 倍，火星表面的逃逸速度为多大？按火星表面温度为 240 K 计算，火星表面的 CO_2 和 H_2 分子的方均根速率各为多大？以此说明火星表面有 CO_2 而无 H_2.（实际上，火星表面大气质量的 96% 是 CO_2.）

(2) 木星质量约为地球的 318 倍，半径约为地球的 11.2 倍，木星表面的逃逸速度为多大？以木星表面温度为 130 K 计算，木星表面 H_2 分子的方均根速率为多大？以此说明木星表面有 H_2.（实际上木星表面大气质量的 78% 为 H_2，其余是 He，其上盖有冰云，木星内部为液态氢甚至固态氢.）

4-19 悬浮在空气中的烟粒在空气分子的无规则碰撞下做布朗运动，这一情形可以用普通显微镜观察到．烟粒和空气同处于温度为 300 K 的平衡态，一颗烟粒的质量为 2.0×10^{-16} kg，求它悬浮在空气中的方均根速率．此烟粒如果悬浮在 300 K 的氢气中，它的方均根速率是否与在空气中不同？

4-20 令 $\varepsilon=\dfrac{1}{2}mv^2$ 表示分子的平动动能．根据麦克斯韦速率分布律证明，平动动能处于 $\varepsilon\sim\varepsilon+d\varepsilon$ 区间内的分子数占总分子数的比例为

$$f(\varepsilon)\,d\varepsilon=\frac{2}{\sqrt{\pi}(kT)^{3/2}}\varepsilon^{1/2}e^{-\varepsilon/kT}d\varepsilon$$

4-21 根据麦克斯韦速度分布律，求气体分子速度分量 v_x 的平方的平均值，并由此推出气体分子每个平动自由度的平均平动动能.

4-22 假设地球大气是等温的，温度为 27 ℃，地球表面的大气压强为 $p=1.0$ atm，已知空气的摩尔质量为 $M=29$ g/mol，求地面上 10 km 高度处的大气压强.

4-23 一飞机起飞前机舱中压力计的读数为 1.01×10^5 Pa，飞到一定高度后压力计读数降为 5.1×10^4 Pa. 设大气温度为 27 ℃，已知空气的摩尔质量为 $M=29$ g/mol. 求此时飞机的飞行高度.

4-24 雄性果蝇成蛹发育的反应率依赖于温度．设发育的反应率符合玻耳兹曼分布律，发育的激活能为 2.81×10^{-19} J. 果蝇原来温度为 10.00 ℃，接着温度升高．如果发育率上升 3.5%，那么它的温度上升多少？

4-25 范德瓦耳斯方程中的压强修正项 $\nu^2\frac{a}{V^2}=\frac{a}{V_m^2}$称为内压强（$V_m$ 为气体的摩尔体积）. 对 CO_2 和 H_2 气体，常量 a 分别为 3.64×10^5 Pa · L^2/mol^2 和 2.48×10^4 Pa · L^2/mol^2. 计算这两种气体分别在 $V_m/V_{m0}=1$，0.01 和0.001 时的内压强，其中 $V_{m0}=22.4$ L/mol 为标准状况下气体的摩尔体积.

4-26 容器容积为 20 L，其中装有 1.1 kg 的 CO_2 气体，温度为 13 ℃，试用范德瓦耳斯方程求气体的压强（取 $a=3.64\times10^5$ Pa · L^2/mol^2，$b=0.042\ 7$ L/mol），并与用理想气体物态方程求出的结果进行比较.

4-27 氮气分子的有效直径为 3.8×10^{-10} m，求它在标准状况下的平均自由程和连续两次碰撞间的平均时间间隔.

4-28 热水瓶胆的两壁间距为 4 mm，其间充满压强为 0.1 Pa 的氮气，氮气分子的有效直径为 3.8×10^{-10} m. 求温度为 27 ℃时氮气分子在热水瓶胆两壁间的平均自由程的大小.

4-29 电子管的线度为 10^{-2} m，其中真空度为 1.33×10^{-3} Pa，设空气分子的有效直径为 3.0×10^{-10} m，求 300 K 时空气分子数密度、平均自由程和平均碰撞频率.

第 5 章　热力学基础

上一章我们主要讨论了热力学系统处于平衡态时的一些微观性质．本章以实验现象为基础，主要从宏观角度讨论系统从一个平衡态到另一个平衡态的变化过程的基本规律，并说明这些规律的微观本质．纯粹的热力学理论不涉及物质的微观结构，不仅适用于气体，而且适用于液体和固体，主要包括热力学第一定律和热力学第二定律．其中热力学第一定律说明热力学系统能量守恒的规律性，热力学第二定律说明热力学过程进行方向的规律性．本章主要讨论气体的热力学基础理论．

5.1　热力学第一定律

5.1.1 准静态过程

热力学系统总处于一定的状态．上一章详细讨论的系统宏观状态，都指平衡态．只有在平衡态下，系统才有统一的压强、温度、体积、分子数密度等宏观状态参量．对于理想气体，这些宏观量满足物态方程 $pV=\nu RT$ 或 $p=nkT$．当系统状态确定后，其内能也唯一确定，即内能为状态函数．只要系统的状态发生改变，内能就发生改变，内能改变的多少由系统的初、末状态唯一确定，与状态变化的过程无关．理想气体内能 $E=\frac{i}{2}\nu RT$ 是温度的单值函数，其变化量

$$\Delta E=\frac{i}{2}\nu R\Delta T \tag{5-1}$$

只与初、末状态的温度变化量ΔT 有关．

当热力学系统的状态随时间变化时，我们就说系统经历了一个热力学过程，将之简称为过程．在热力学过程中，系统要经历

授课录像:热力学状态、内能

授课录像:热力学过程

授课录像:状态和过程的图示

一系列连续变化的中间状态,所以热力学过程可以看作由一系列中间状态组成.热力学过程按照中间状态的不同分为非静态过程和准静态过程.

非静态过程

如果热力学系统在一个热力学过程中经历的中间状态为非平衡态,这样的过程就称为**非静态过程**.实际热力学过程都是非静态过程.由于非平衡态没有统一的宏观状态参量来描述,所以不便从理论上对非静态过程的规律进行讨论.

准静态过程

为了研究热力学过程中存在的一般规律,可引入**准静态过程**.热力学系统发生变化时,如果过程进行得非常缓慢,那么系统每一中间状态都可以近似当作平衡态处理,这个过程就称为准静态过程.实际过程不可能无限缓慢进行,所以准静态过程是一个理想化模型.实际过程进行得越慢,越接近准静态过程.

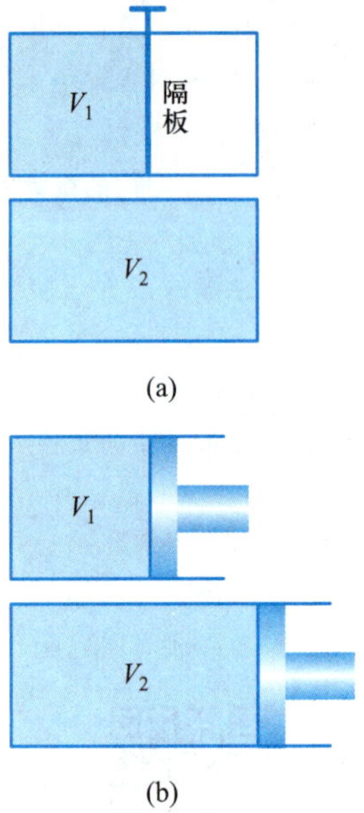

图 5-1 准静态过程和非静态过程实例

准静态过程与非静态过程的区别可通过气体的膨胀过程来说明.如图 5-1(a)所示,气缸中间有一个隔板,左边充满气体,右边是真空,初态是气体体积为 V_1 的平衡态.突然抽去隔板,气体马上变为非平衡态,会很快扩散到整个气缸内.经过一段时间后气体达到了一个新的平衡态(末态),体积为 V_2.这是一个典型的非静态过程.这个过程还可以换一种方式实现.如图 5-1(b)所示,气缸右边安装一个活塞,开始时使气体处于体积为 V_1 的平衡态.左边的气体有膨胀的趋势,要保持活塞静止不动,就需要有一个外力向左压住这个活塞.如果外力小一点,让活塞很缓慢地向右移动,也就是气体体积很缓慢地从 V_1 变化到 V_2,那么在这个过程中气体时刻处于平衡态,这个过程就是一个准静态过程.当然,如果向左压活塞的外力很小,气体就会很快膨胀,过程就是非静态过程了.

准静态过程进行得非常缓慢,应从相对意义上来理解.系统从非平衡态过渡到平衡态的过程称为弛豫过程,过程所需的时间称为弛豫时间.有些热力学过程的弛豫时间非常短,例如图 5-1(a)所示气体扩散过程,弛豫时间只有 1 ms 左右.在实际过程中,如果系统状态发生一个微小变化所需的时间比弛豫时间长得多,那么在整个过程中系统有充分时间逐个达到平衡态,这样的过程就可当作准静态过程处理.所以,从这个意义上说,准静态过程仍然是一个实用的理想化模型.

准静态过程在热力学理论研究和实际应用中有重要意义.本章如不特别指明,所讨论的热力学过程都指准静态过程.

状态图
$p-V$ 图

为了直观表达准静态过程中宏观量之间的相互关系,经常要画**状态图**,即以两个宏观量作为坐标轴的二维坐标图.常见的有 **$p-V$ 图**,以体积 V 作为横轴,以压强 p 作为纵轴,如图 5-2 所示.

有时也画 $p-T$ 图和 $V-T$ 图．因为平衡态具有确定的 p、V、T 等宏观量，所以在状态图中平衡态用点来表示．准静态过程由一系列的平衡态组成，所以用状态点的集合——线来表示．图 5-2 中的 $p-V$ 图画出了几条典型过程的线，理想气体的等容过程和等压过程分别用垂直于 V 轴和 p 轴的直线表示，等温过程用双曲线表示．非平衡态没有确定的宏观量，因此不能在状态图中表示出来；非静态过程由非平衡态组成，同样不能在图中表示出来．

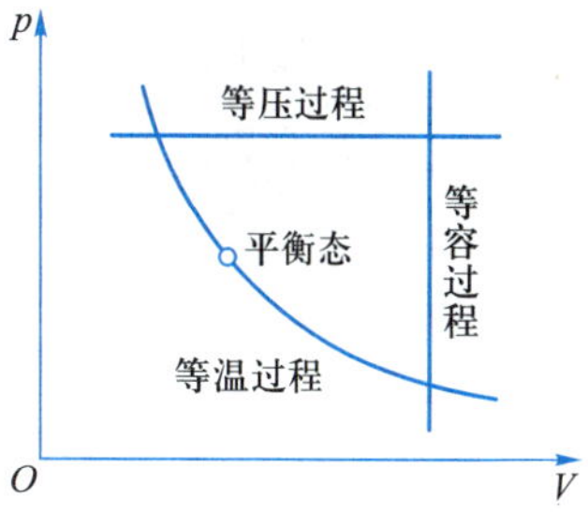

图 5-2 $p-V$ 图

5.1.2 改变系统状态的两种方式：做功和传热

NOTE

系统都处于一定的环境中，它们平衡时，系统处于与环境相适应的平衡态．当环境条件发生改变时，系统的状态一般会发生改变，系统经历了一定热力学过程后达到新条件下的平衡态．所以，环境与系统的相互作用是引起系统状态变化的原因．环境与系统相互作用的方式有两种：做功和传热．

在力学中，外力对物体做功会改变物体的运动状态．同样，在热学中环境对系统做功也会改变系统的状态，常见的“摩擦生热”就是一个例子．在这个过程中，外力克服摩擦力对物体做功，使物体温度升高，也就是改变了物体的状态，这里物体是一个热力学系统．同样，外力搅拌气体或液体也会使其温度升高，这也是一个环境对系统做功的例子．反过来，系统也能对环境做功，例如图 5-1(b) 中，气缸中的气体膨胀使活塞右移，对环境做了功，显然在这个过程中系统体积增大了，状态发生了改变．

用 W 表示系统对环境所做的功，也可以说 W 是系统通过**做功**的方式与环境之间交换的能量．无论是从热学发展历史来看还是从学科特点来看，这个功都是热学的重要关注对象，若是系统输出的有用功则希望其数值越大越好．所以通常规定，系统对环境做正功时，$W>0$；环境对系统做正功时，系统对环境做负功，$W<0$．

做功

系统和环境（或另一个系统）之间的传热过程很常见．当两个热接触的系统温度不同时，温度高的系统温度会降低，温度低的系统温度会升高，最后两系统温度达到相同（不考虑发生相变的情形）．这时很容易想到，有某种东西从原来温度高的系统传到另一个系统中，把这种东西称为热，热的数量称为**热量**，这个过程称为**热传导**．历史上，人们把热传导想象为一种抽象的

热量 热传导

文档:焦耳

热质的流动,热质说自成体系,一度成为热学的主流学说. 但是焦耳通过热功当量实验推翻了这种认识. 焦耳认识到热学实验中精确计量的重要性,他加热气体、水、水银等物质,或通过搅拌、压缩、通电等不同方式对同样的物质做功,并仔细测量温度的升高(图 5-3). 他发现升高同样温度,热量和功的数值总是成正比例的,这个比例系数称为热功当量. 这种实验的普遍正确性使人们确信,传热同做功一样,都是能量传递的方式,或者说热的本质就是能量(热能),不是什么热质. 焦耳的这个**热功当量实验**在热学的发展过程中具有划时代的意义.

热功当量实验

(a) 加热

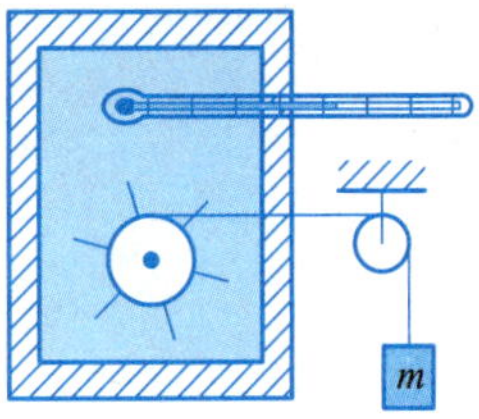

(b) 搅拌

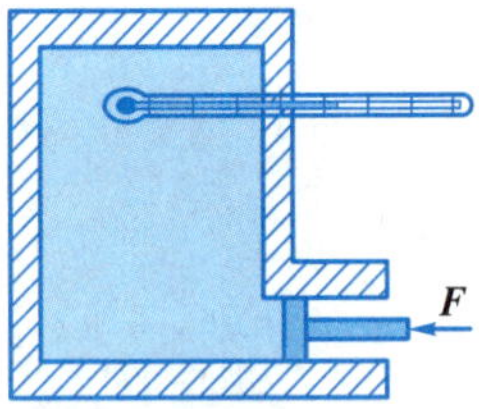

(c) 压缩

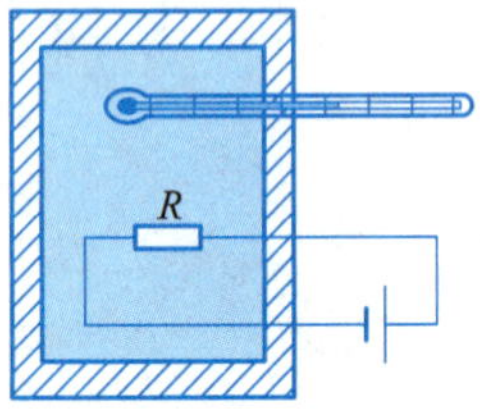

(d) 通电

图 5-3 热功当量实验

现在精确的热功当量数值为 4.186 J/cal,即 1 cal(卡)的热量相当于 4.186 J 的功,这里 cal 是热量单位,是 1 g 水温度升高 1 ℃所吸收的热量. cal 是带有热质说色彩的热量单位,现在已不建议使用,统一用国际单位制单位 J(焦).

用 Q 表示系统与环境之间传递的热量,它是系统通过传热的方式与环境之间交换的能量. 在实际应用中,热力学系统从外界吸收热量的目的是对外做有用功,所以规定系统吸热时,$Q>0$;系统放热时,$Q<0$.

总之,传热和做功是改变系统状态的两种方式,也是两种不同的能量传递方式. 从微观角度看,做功使系统的温度变化,即系统分子热运动强度发生改变,所以做功的本质是有规则运动(机械运动)能量向无规则热运动能量的转化;传热是热量在温度不同的系统间传递,所以其本质是不同强度的无规则热运动之间能量的转移和传递.

在这两种能量传递方式中,传热的形式单一,只要系统与环境间有热接触和温度差,就能发生热传递. 但是做功的方式有很多种,可以说只要发生了能量转移,若没有热传递,就一定做了某种形式的功. 除了上面例子中的机械功外,还有电功、电场功、磁场功等. 在绝热容器中充满气体,并向其中的电阻丝通电流,电阻丝和气体的温度就会升高,这是对系统(包括电阻丝和气体)做电功的例子. 如果加在某物质处的电场和磁场发生变化,物质的状态也可能发生改变,这是电场功和磁场功的例子. 本书一般不考虑其他形式的功,只研究机械功.

5.1.3 热力学第一定律

精确的热功当量实验不仅确立了热的能量本质,而且揭示了自然界的一个基本规律,即能量守恒与转化定律. 物体在水平粗糙地面上运动，其速度会变得越来越小，最后停下来．在力学中我们说，在这个过程中机械能不守恒．现在我们知道，通过做功的方式，物体的动能转化为物体和地面的内能，使它们的温度升高．如果同时还有另外的物体向它们传热，那么它们的内能将增加得更多，温度升得更高．总之，在做功和传热过程中，内能的增加量由机械能和热能转化而来．大量的热力学实验证明，能量在这种转化和传递过程中，总量保持恒定．这使人们认识到，自然界中一切物体都具有能量，能量可以有多种形式，也能够从一种形式转化为另一种形式，从一个物体传递到另一个物体，但在转化和传递过程中，能量的总量保持不变．这就是能量守恒与转化定律．这个定律是人们归纳和总结大量实验结果后得到的普遍真理，至今没有发现反例．即使发现了所谓的反例，经过仔细研究也能够发现物质新的相互作用形式，引入新的相互作用形式后，系统仍能满足能量守恒与转化定律.

授课录像：热力学第一定律

NOTE

在做功过程中，功的数量等于机械能转化为内能的数量；在传热过程中，热量等于系统间转移内能的数量．所以，当做功和传热同时存在时，功和热量之和就等于内能的增量．在一个热力学过程中，设系统从外界吸收的热量为 Q，对外界做的功为 W，那么根据能量守恒与转化定律，系统内能的增量为

$$\Delta E=Q-W$$

按照 5.1.2 节的设定，系统吸热，$Q>0$；系统放热，$Q<0$. 系统对外做正功，$W>0$；对外做负功，$W<0$. 正热量，即系统吸热有助于内能增加，所以热量 Q 的前面是正号；正功，即系统对外做功对内能增加起反作用，所以功 W 的前面是负号．为了适应工程学的表达方式，上式通常表示为

$$Q=\Delta E+W \qquad (5-2)$$

这可以表述为，系统从外界吸收的热量等于系统内能的增量和系统对外做的功的总和．这就是**热力学第一定律**．这表明，系统要对外做功，往往先从环境吸收热量，这个热量一部分用于增加系统内能，另一部分用于对外做功.

热力学第一定律

对于一个微小的过程，即初、末态很接近的过程，式(5-2)可写为

$$\text{đ}Q=\mathrm{d}E+\text{đ}W \qquad (5-3)$$

由于内能是状态函数，初、末态确定后，其增量就完全确定，所以其微小量可以写为全微分 $\mathrm{d}E$. 但是热量和功与之不同，即使初、末态确定，其增量也不能确定，而是与中间经历的过程有关，所以热量和功的微小量不能写为全微分，而是写为 $\text{đ}Q$ 和 $\text{đ}W$. 以后在不引起歧义的情况下，$\text{đ}Q$ 和 $\text{đ}W$ 仍可写为 $\mathrm{d}Q$ 和 $\mathrm{d}W$.

NOTE

对于一个循环过程(系统经历此过程又回到初态),对式(5-3)作循环路径积分,$\oint \mathrm{d}Q=\oint \mathrm{d}E+\oint \mathrm{d}W$. 因为内能是状态函数,经过循环过程后恢复原状,内能不变,$\oint \mathrm{d}E=0$,所以

$$\oint \mathrm{d}Q=\oint \mathrm{d}W \tag{5-4}$$

可见,系统经过循环过程后,从外界吸收的热量全部用来对外做功. 历史上,有人曾经幻想制造一种机器,使它不消耗能量而循环对外做功,或消耗较少的能量而循环对外做较多的功,这种机器称为第一类永动机. 式(5-4)表明第一类永动机不可能制造出来,因为它直接违背了热力学第一定律.

我们已经看到,与内能相比,热量和功的性质是不同的. 内能就像力学中的势能一样. 物体从一个位置到另一个位置,势能变化只与初、末态有关,与物体经历何种路径或过程无关. 与此类似,内能从一个状态到另一个状态的变化只与初、末状态有关,与变化所经过的路径或过程无关,因此内能只由状态决定,是状态函数. 但是功和热量不仅与初、末状态有关,还与经过的具体过程有关. 以后我们将会看到,理想气体经过等温、等容、等压等不同过程,功和热量的数值都不同.

热力学第一定律是普遍适用的自然规律,不仅适用于准静态过程,而且适用于非静态过程.

授课录像:例 5-1

例 5-1

如图 5-4 所示,系统由 a 状态经 acb 过程到达 b 状态,吸收 54 cal 热量,同时对外做功 126 J.

(1) 若沿 adb 过程时系统对外做功 42 J,问有多少热量传入系统?

(2) 当系统由 b 状态沿曲线过程返回 a 状态时,外界对它做功 84 J,传递的热量是多少?

(3) 若 a 和 d 状态内能差为 $E_d-E_a=60$ J,求沿 ad 和 db 过程系统吸收的热量.

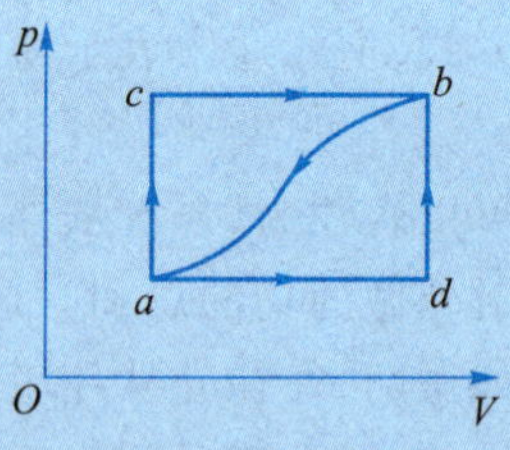

图 5-4 例 5-1 图

解:注意内能是状态量,而热量和体积功是过程量. 在任何过程中,热力学第一定律都成立. 热量单位 cal 需转换成国际单位制单位 J,

$$Q_{acb}=4.186\ \mathrm{J/cal}\times 54\ \mathrm{cal}\approx 226\ \mathrm{J}$$

因为 $W_{acb}=126$ J,所以从 a 到 b 的内能增量为

$$\Delta E_{a\to b}=Q_{acb}-W_{acb}=100\ \mathrm{J}$$

这个内能增量只与 a、b 两态有关,与具体过程无关.

（1）由 $W_{adb}=42\ \mathrm{J}$，得 adb 过程传入的热量

$$Q_{adb}=W_{adb}+\Delta E_{a\to b}=42\ \mathrm{J}+100\ \mathrm{J}=142\ \mathrm{J}$$

（2）由曲线 ba 过程系统的功 $W_{曲线ba}=-84\ \mathrm{J}$，以及 b 到 a 的内能增量

$$\Delta E_{b\to a}=-\Delta E_{a\to b}=-100\ \mathrm{J}$$

得热量

$$Q_{曲线ba}=W_{曲线ba}+\Delta E_{b\to a}=-184\ \mathrm{J}$$

负的热量表示曲线 ba 过程系统放热.

（3）a 到 d 的内能增量为 $\Delta E_{a\to d}=60\ \mathrm{J}$. 由 db 过程系统不做功，得 $W_{ad}=W_{adb}=42\ \mathrm{J}$. 所以

$$Q_{ad}=W_{ad}+\Delta E_{a\to d}=42\ \mathrm{J}+60\ \mathrm{J}=102\ \mathrm{J}$$

$$Q_{db}=Q_{adb}-Q_{ad}=142\ \mathrm{J}-102\ \mathrm{J}=40\ \mathrm{J}$$

虽然 acb 过程、adb 过程和曲线 ba 过程都是 a、b 两个状态之间的过程，但是比较相应的热量和体积功，可以发现它们的数值都不相同，这正是过程量的特征.

5.2 体积功和热量的确定

本节讨论如何计算功和热量，即如何用一定过程中系统宏观状态参量的变化来表示功和热量.

5.2.1 体积功

功的种类多样，这里我们只讨论机械功.

授课录像：体积功

图 5-5 为一个密闭的柱形气缸，在气缸的右边安装了一个活塞，这个活塞可以左右无摩擦地滑动．活塞滑动时，保证气缸内的气体不泄露，使气体为封闭系统．在一个热力学过程中气体膨胀，使活塞向右移动．设气缸和活塞的底面积为 S，气缸容纳气体部分的长度由 l_1 变为 l_2，体积由 $V_1=Sl_1$ 变为 $V_2=Sl_2$. 如果这个过程进行得非常缓慢，那么它是准静态过程．在这个过程中，每一个时刻气体都处于平衡态，活塞都处于力学平衡状态．为保持力学平衡，除了气体对活塞向右的压力 $\boldsymbol{F}$ 外，外界还需要对活塞施加一个向左的推力 $\boldsymbol{F}'$，这两个力大小相等，方向相反，$\boldsymbol{F}=-\boldsymbol{F}'$. 下面我们就求气体对活塞所做的功，或气体对外界所做的功.

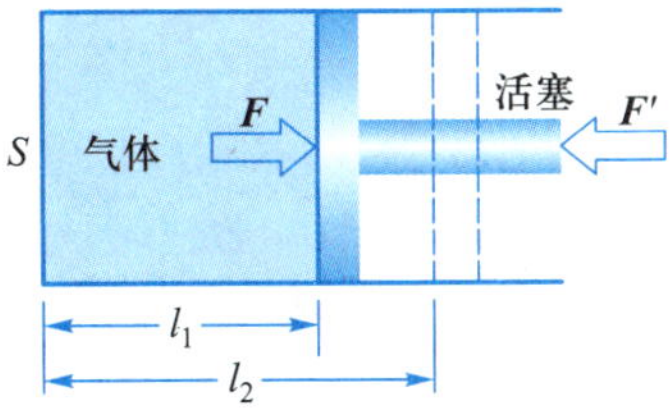

图 5-5 体积功的计算

按照力学中功的定义，功等于力对位移的积分．在这个准静态过程中，任意取一个元过程，活塞移动距离为 $\mathrm{d}l$，气体压力的元功为 $\mathrm{d}W=F\mathrm{d}l$. 设气体压强为 p，压力就为 $F=pS$，体积变化量为 $\mathrm{d}V=S\mathrm{d}l$，所以气体的元功为

$$\mathrm{d}W=p\mathrm{d}V \tag{5-5}$$

对上式积分，就得到在有限的准静态过程中，气体对外界所做的功，

$$W=\int_{V_1}^{V_2}p\mathrm{d}V \tag{5-6}$$

因为在准静态过程中任何时刻都有 $F=-F'$，所以上式在数值上等于同一过程中外界对气体的功.

体积功

由式(5-5)和式(5-6)可以看出，系统对外界做功的多少与系统体积的变化直接相关，这样表示的功称为**体积功**，其国际单位制单位为焦(J). 虽然公式是以图5-5所示特殊形状的气缸推导出来的，但可以证明它普遍适用于系统经准静态过程的任何形式体积功的计算.

体积功与力的功没有本质的不同，只是形式上不同，都属于机械功. 考虑到气体没有固定形状，装在什么形状的容器中，就具有什么形状，气体施加到气体和环境交界面上的压力方向一般各不相同，所以求力的功不方便；而气体体积、压强的变化容易测量，所以求体积功更方便. 若知道了压强作为体积的函数，就可以方便地利用式(5-6)计算体积功.

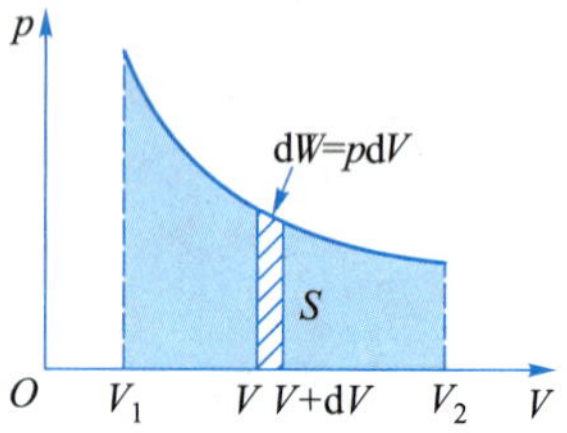

图5-6 过程曲线与体积功

过程量

在 $p-V$ 图中，可以用一条过程曲线表示一个准静态过程，曲线反映了压强 p 随体积 V 变化的函数关系，如图5-6所示. 式(5-5)的元功表示为曲线下的竖直窄条面积，式(5-6)的体积功表示为曲线下从初态 V_1 到末态 V_2 的曲边梯形的面积 S. 初态和末态确定后，有无数多个过程曲线可以连接它们，不同的过程曲线下曲边梯形的面积是不一样的，所以即使初态和末态确定了，体积功的大小也是不同的. 可见，体积功依赖于过程曲线的形状或者准静态过程的具体形式，是过程的函数，即**过程量**.

当系统膨胀时，$V_2>V_1$，气体做正功，$W=S>0$，外界做负功；当系统收缩时，$V_2<V_1$，气体做负功，$W=-S<0$，外界做正功.（应当注意的是，当体积 V 单调变化时，这个结论能够成立，否则不一定成立. 读者可思考一下，什么情况下不成立.）

5.2.2 热量和热容

授课录像：热量和热容

热量是两物体或两系统有温度差并发生热接触时所传递的能量. 在热学实验中，对热量的计量方法称为量热法. 在热质说盛行的年代，量热法就已经很成熟了. 现在以热能代替热质，所谓量热就表示对热运动能量的计量. 量热法实验证实，在系统内部没有发生相变且温度变化不太大时，系统吸收或释放的热量一

般与系统的温度变化量成正比,且比例系数与具体的热力学过程有关. 可见,热量像体积功一样也是过程量.

设系统经历一个微小的准静态过程,温度增量为 dT,所传递的热量为 dQ. dQ 与 dT 成正比,即

$$dQ = C_x dT \tag{5-7}$$

其中,C_x 是比例系数,称为热容,它表示系统升高单位温度时与外界交换的热量. 考虑到热容与具体的过程有关,过程不同,热容的数值也不同,所以用角标 x 表示相关过程. 一般 $C_x>0$,也有 $C_x<0$ 的特殊情况. 在 $C_x>0$ 的情况下,温度升高时,$dT>0$,$dQ>0$,系统吸热;温度降低时,$dT<0$,$dQ<0$,系统放热.

热容

如果两个系统包含物质的种类相同,热力学过程也相同,但是系统内物质的量不同,那么两系统的热容不同. 这样热容就与物质的量有关,用起来不方便. 为了克服这个缺点,定义摩尔热容和比热容,它们分别为单位物质的量的热容和单位质量的热容. 表达式分别为

摩尔热容 比热容

$$C_{x,\mathrm{m}} = \frac{1}{\nu}\left(\frac{dQ}{dT}\right)_x \tag{5-8}$$

$$c_x = \frac{1}{m}\left(\frac{dQ}{dT}\right)_x \tag{5-9}$$

其中 x 仍然表示具体过程,ν 表示系统内物质的量,m 表示质量. 这样,微小过程的热量就可以表示为 $dQ=\nu C_{x,\mathrm{m}}dT$. 如果系统经历的是有限的热传递过程,摩尔热容可能随温度变化,那么热量可以写成

$$Q = \int_{T_1}^{T_2} \nu C_{x,\mathrm{m}} dT \tag{5-10}$$

用比热容 c_x 也可以将其表示为类似的形式.

热力学系统在相变时吸收或放出的热量称为潜热,其中,熔化热是固体熔化时吸收的热量,或液体凝固时放出的热量;汽化热是液体汽化时吸收的热量,或气体液化时放出的热量. 例如,冰在 0 ℃时的熔化热为 6.03 kJ/mol,水在 100 ℃时的汽化热为 40.6 kJ/mol.

潜热

熔化热 汽化热

5.2.3 摩尔定容热容和摩尔定压热容

下面以两个具体的热力学过程为例,推导理想气体摩尔热容的表达式.

先看等容过程. 所谓等容过程,就是体积不变的准静态过程,

即 $\mathrm{d}V=0$. 根据热力学第一定律和理想气体内能公式(4-17),有

$$(\mathrm{d}Q)_V=\mathrm{d}E+\mathrm{d}W=\mathrm{d}E+p\mathrm{d}V=\mathrm{d}E=\frac{i}{2}\nu R\mathrm{d}T$$

摩尔定容热容

所以理想气体的**摩尔定容热容**为

$$C_{V,\mathrm{m}}=\frac{1}{\nu}\left(\frac{\mathrm{d}Q}{\mathrm{d}T}\right)_V=\frac{i}{2}R \tag{5-11}$$

再看等压过程. 所谓等压过程,就是压强不变的准静态过程,即 p=常量. 根据热力学第一定律和理想气体内能公式、物态方程,有

$$(\mathrm{d}Q)_p=\mathrm{d}E+p\mathrm{d}V=\mathrm{d}(E+pV)=\mathrm{d}\left(\frac{i}{2}\nu RT+\nu RT\right)$$

摩尔定压热容

所以理想气体的**摩尔定压热容**为

$$C_{p,\mathrm{m}}=\frac{1}{\nu}\left(\frac{\mathrm{d}Q}{\mathrm{d}T}\right)_p=\left(\frac{i}{2}+1\right)R \tag{5-12}$$

从式(5-11)和式(5-12)很容易看出,摩尔热容确实与相应的热力学过程有关,过程不同,摩尔热容就不同. 比较两式,可知

$$C_{p,\mathrm{m}}=C_{V,\mathrm{m}}+R \tag{5-13}$$

迈耶公式

摩尔热容比 泊松比

这称为**迈耶公式**. 摩尔定压热容和摩尔定容热容之比,称为**摩尔热容比**或**泊松比**,用 γ 表示. 由式(5-11)和式(5-12),有

$$\gamma=\frac{C_{p,\mathrm{m}}}{C_{V,\mathrm{m}}}=\frac{i+2}{i} \tag{5-14}$$

对于单原子分子气体,分子自由度 $i=3,\gamma=5/3$;对于刚性双原子分子气体,$i=5,\gamma=7/5$;对于刚性非线性多原子分子气体,$i=6,\gamma=4/3$.

表 5-1 列出了室温下一些气体的摩尔定容热容 $C_{V,\mathrm{m}}$、摩尔定压热容 $C_{p,\mathrm{m}}$及摩尔热容比 γ 的理论值和实验值. 对单原子分子气体和双原子分子气体,理论值和实验值符合得很好,而对多原子分子气体,两者差别较大. 这说明由单原子分子和双原子分子组成的实际气体更接近理想气体.

表 5-1 室温下几种气体的 $C_{V,\mathrm{m}}/R$、$C_{p,\mathrm{m}}/R$ 与 γ 值

气体	$C_{V,\mathrm{m}}/R$		$C_{p,\mathrm{m}}/R$		γ	
	理论值	实验值	理论值	实验值	理论值	实验值
He	1.500	1.502	2.500	2.521	1.667	1.678
Ar	1.500	1.502	2.500	2.556	1.667	1.702
H_2	2.500	2.455	3.500	3.465	1.400	1.411
N_2	2.500	2.501	3.500	3.499	1.400	1.399
O_2	2.500	2.516	3.500	3.479	1.400	1.383
CO	2.500	2.526	3.500	3.534	1.400	1.399
H_2O	3.000	3.353	4.000	4.361	1.333	1.301
CH_4	3.000	3.283	4.000	4.291	1.333	1.307

5.2.4 热容的深入讨论

对物质热容的测量和研究,在热学的发展历史上占有非常重要的地位．它可以使人们从中发现理论模型的局限,从而推动理论的进步与完善．上述理论得到的理想气体热容是与温度无关的,但实验测得的热容在较大的温度范围内是与温度有关的．图 5-7 是实验测得的氢气的 $C_{V,\mathrm{m}}$ 随温度的变化曲线．曲线有三个平台,只有在第二个平台区域,实验值与理论值 $5R/2$ 相符(对氢气来说,在 250~1 000 K 范围内误差不超过 5%)．在温度很低时,$C_{V,\mathrm{m}}\approx 3R/2$,按照式(5-11),分子总自由度 $i=3$;在室温附近,$C_{V,\mathrm{m}}\approx 5R/2$,$i=5$;在温度很高时,$C_{V,\mathrm{m}}\approx 7R/2$,$i=7$. 这种现象是经典理论不能解释的.

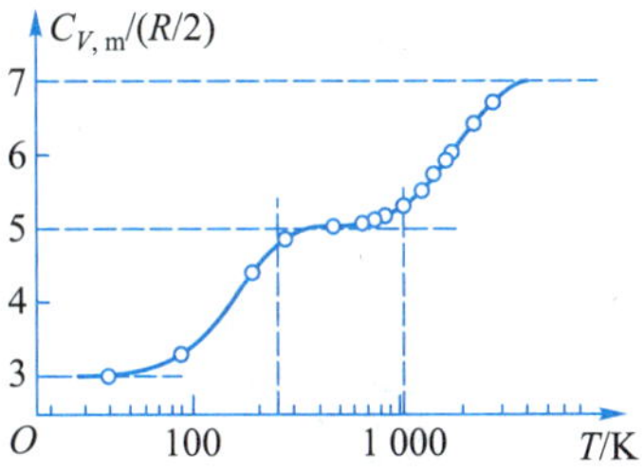

图 5-7 氢气的摩尔定容热容 $C_{V,\mathrm{m}}$ 随温度的变化曲线

实际上,上述结果正是量子力学规律的体现．在经典理论中粒子能量可以连续变化,但是按照量子理论,微观粒子的某些能量是分立取值的．粒子只能在获取一定能量后,才能由较低能级跃迁到较高能级;当外来能量达不到一定数值时,粒子不能吸收这一能量,仍然保持较低能级．分子的平动动能可以连续取值,但是转动动能和分子内原子间的振动能量是分立取值的,而且转动能级间隔比振动能级间隔小.

对于双原子分子,当温度较低时,依靠分子间的碰撞而获得的能量,不足以把分子从转动和振动的基态激发至激发态．所以分子的转动和振动能量仍然保持最低值,无法发生改变,对热容没有贡献．这样,分子只有 3 个平动自由度起作用,转动自由度和振动自由度都没有起作用. 当温度在室温附近时,依靠碰撞,分子可以激发至转动激发态,但还不足以激发至振动激发态．这时转动对热容就产生贡献了,而且处于基态和激发态的分子数随温度的变化而变化,表现为系统内分子总的转动动能随温度成正比例增长,使热容增加了 R. 所以,分子增加了 2 个起作用的转动自由度,振动自由度仍不起作用．当温度很高时,分子可以激发至振动激发态,振动对热容也有贡献了,热容又增加了 R(其中振动的动能和势能各贡献一半). 这样分子振动自由度也起作用了,这就可以解释为何温度不太高时双原子分子和多原子分子当作无振动的刚性分子处理了(见 4.3.2 节). 虽然在任何温度下分子振动能量都存在,但是温度不太高时这种能量不能变化,所以计算气体内能就没必要包含分子振动能量了.

NOTE

5.3 等值过程

授课录像:等值过程

授课录像:补充例题

因为准静态过程由平衡态组成,所以理想气体物态方程 $pV=\nu RT$ 也可以理解为宏观状态参量 p、V、T 在准静态过程中的相互依赖关系,一般写为$\frac{pV}{T}=C$,其中 C 为常量,这时该方程称为过程方程. 在物理学中,对于这种三个物理量同时变化的过程,经常假设一个量保持恒定,研究另外两个量的依赖关系. 等值过程就是在这种思想下的设定,包括等容过程、等压过程和等温过程,它们分别是系统体积、压强和温度保持恒定的过程. 等值过程是准静态过程.

对理想气体系统的等容过程、等压过程和等温过程,过程方程分别为

$$\frac{p}{T}=C_1 \tag{5-15}$$

$$\frac{V}{T}=C_2 \tag{5-16}$$

$$pV=C_3 \tag{5-17}$$

其中 C_1、C_2、C_3 为常量.

下面讨论理想气体系统在等值过程中的内能变化量、体积功和热量.

等容过程

1. 等容过程

体积恒定,$\mathrm{d}V=0$,设初态为(p_1,T_1),末态为(p_2,T_2),体积功为

$$W=\int p\mathrm{d}V=0 \tag{5-18}$$

由摩尔定容热容的意义,$Q=\int_{T_1}^{T_2}\nu C_{V,\mathrm{m}}\mathrm{d}T$,求得热量

$$Q=\nu C_{V,\mathrm{m}}(T_2-T_1) \tag{5-19}$$

根据热力学第一定律,$Q=\Delta E+W=\Delta E$,可得内能增量

$$\Delta E=\nu C_{V,\mathrm{m}}(T_2-T_1) \tag{5-20}$$

等压过程

2. 等压过程

压强 p 恒定,设初态为(V_1,T_1),末态为(V_2,T_2),由体积功的定义和理想气体物态方程,求得体积功

$$W=\int_{V_1}^{V_2}p\mathrm{d}V=p(V_2-V_1)=\nu R(T_2-T_1) \tag{5-21}$$

由摩尔定压热容的意义,$Q=\int_{T_1}^{T_2}\nu C_{p,\mathrm{m}}\mathrm{d}T$,求得热量

$$Q=\nu C_{p,\mathrm{m}}(T_2-T_1) \tag{5-22}$$

所以根据热力学第一定律 $\Delta E=Q-W$ 和迈耶公式(5-13),可得内

能增量

$$\Delta E=\nu C_{V,\mathrm{m}}(T_2-T_1) \tag{5-23}$$

式(5-20)和式(5-23)从形式上看是相同的,这不难理解．因为理想气体的内能是状态函数,只与温度有关,与具体过程无关,所以只要温度增量相同,理想气体的内能增量就相同．利用 $C_{V,\mathrm{m}}=\frac{i}{2}R$,此式立刻就可由式(4-17)得到,它适用于理想气体在任何准静态过程中的内能增量计算.

3. 等温过程

等温过程

温度 T 恒定,设初态为 (p_1,V_1),末态为 (p_2,V_2),由 $\Delta T=0$ 和理想气体内能公式(4-17)得内能增量

$$\Delta E=0 \tag{5-24}$$

由体积功定义和过程方程,得体积功

$$W=\int_{V_1}^{V_2}p\mathrm{d}V=\int_{V_1}^{V_2}\frac{\nu RT}{V}\mathrm{d}V=\nu RT\ln\frac{V_2}{V_1} \tag{5-25}$$

授课录像:例 5-2

再由热力学第一定律 $Q=\Delta E+W=W$,得热量

$$W=\nu RT\ln\frac{V_2}{V_1} \tag{5-26}$$

授课录像:例 5-3

可见,在等温膨胀过程中,系统吸收的热量全部用来对外做功;在等容升温过程中,系统吸收的热量全部用来增加内能;在等压膨胀过程中,系统吸收的热量一部分用来对外做功,一部分用来增加内能.

例 5-2

标准状况下的 2 mol 氢气(视为理想气体),经历一过程吸热 500 J.

(1) 若该过程是等容过程,气体对外做多少功? 末态压强 p 是多少?

(2) 若该过程是等温过程,气体对外做多少功? 末态体积 V 是多少?

(3) 若该过程是等压过程,气体对外做多少功? 末态温度 T 是多少?

解:过程初态 $p_0=1$ atm, $V_0=2\times22.4$ L $=44.8$ L, $T_0=273$ K,热量 $Q=500$ J. 氢气分子是双原子分子,所以摩尔定容热容为 $C_{V,\mathrm{m}}=\frac{5}{2}R=20.8$ J/(mol · K),摩尔定压热容为 $C_{p,\mathrm{m}}=C_{V,\mathrm{m}}+R=29.1$ J/(mol · K).

(1) 等容过程体积功 $W=0$. 由热力学第一定律和理想气体内能公式,得系统吸收热量 $Q=\Delta E=\nu C_{V,\mathrm{m}}(T-T_0)$,所以末态温度为 $T=\frac{Q}{\nu C_{V,\mathrm{m}}}+T_0$. 再由理想气体过程方程 $\frac{p_0}{T_0}=\frac{p}{T}$,得末态压强

$$p=\frac{p_0}{T_0}T=p_0\left(\frac{Q}{\nu C_{V,\mathrm{m}}T_0}+1\right)$$

$$=1\ \text{atm}\times\left[\frac{500\ \text{J}}{2\ \text{mol}\times 20.8\ \text{J/(mol}\cdot\text{K)}\times 273\ \text{K}}+1\right]$$

$$\approx 1.044\ \text{atm}$$

（2）等温过程内能增量$\Delta E=0$. 由热力学第一定律得体积功 $W=Q=500$ J,再由体积功公式和理想气体物态方程得 $W=\int_{V_0}^{V}\frac{\nu RT_0}{V}\mathrm{d}V=\nu RT_0\ln\frac{V}{V_0}$,所以末态体积为

$$V=V_0\exp\left(\frac{W}{\nu RT_0}\right)$$

$$=44.8\ \text{L}\times\exp\left[\frac{500\ \text{J}}{2\ \text{mol}\times 8.31\ \text{J/(mol}\cdot\text{K)}\times 273\ \text{K}}\right]$$

$$\approx 50.0\ \text{L}$$

（3）由等压过程热量 $Q=\nu C_{p,\mathrm{m}}(T-T_0)$,得末态温度

$$T=\frac{Q}{\nu C_{p,\mathrm{m}}}+T_0$$

$$=\frac{500\ \text{J}}{2\ \text{mol}\times 29.1\ \text{J/(mol}\cdot\text{K)}}+273\ \text{K}$$

$$\approx 282\ \text{K}$$

所以体积功为

$$W=p\Delta V=\nu R\Delta T=R\frac{Q}{C_{p,\mathrm{m}}}=\frac{2}{7}Q=\frac{2}{7}\times 500\ \text{J}$$

$$\approx 143\ \text{J}$$

例 5-3

图 5-8 是一定量理想气体的 p-T 图. 当系统经历 ab 和 cdb 过程时,传递的热量分别为 Q_1 和 Q_2. 试讨论 Q_1 和 Q_2 的大小关系.

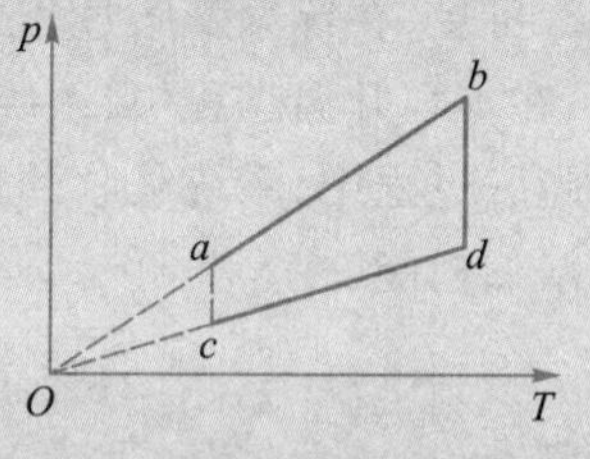

图 5-8 例 5-3 图

解:利用等值过程的特征以及热力学第一定律分析.

ab 过程和 cd 过程的直线的延长线通过 p-T 图的原点,表示压强 p 与温度 T 成正比,根据过程方程$\frac{p}{T}=C_1$ 可以判断这两个过程都是等容过程. 所以体积功都为零,$W_{ab}=0$, $W_{cd}=0$. 另外,a、c 态温度相同,内能相同;b、d 态温度相同,内能相同,所以两个过程的内能增量相同,$\Delta E_{ab}=\Delta E_{cd}$. 根据热力学第一定律,可知两过程的热量相同,$Q_{ab}=Q_{cd}$.

db 过程是等温过程,内能不变,$\Delta E_{db}=0$;压强增大,根据过程方程 $pV=C_3$ 可知体积减小,系统对外做负功,$W_{db}<0$. 所以热量 $Q_{db}=\Delta E_{db}+W_{db}<0$.

用 Q_1 表示 Q_{ab},用 Q_2 表示 $Q_{cdb}=Q_{cd}+Q_{db}$,可得 $Q_1>Q_2$.

5.4 绝热过程

绝热过程

绝热过程是系统与环境没有热量交换的过程．在良好绝热材料包围的系统中发生的过程，以及进行得非常快而来不及与外界交换热量的过程（例如爆炸过程、声音传播过程等），都可以近似看作绝热过程．按照研究目的，绝热过程可分为准静态绝热过程和非静态绝热过程．准静态绝热过程要求过程进行得很缓慢，又要保证没有热量传递，这显然很难达到．从这个意义上说，实际的绝热过程都是非静态绝热过程．但是准静态绝热过程作为一个理想化模型，仍有它存在的重要价值，因为某些过程以这个模型为近似，可以使人们抓住问题的物理本质，如下节将要讨论的热机问题．非静态绝热过程是进行得非常快的绝热过程，例如气体的自由膨胀过程．下面就分别讨论这两种绝热过程.

5.4.1 准静态绝热过程

授课录像：准静态绝热过程

在准静态绝热过程中，宏观状态参量 p、V、T 都变化．对理想气体，虽然一般的过程方程 $pV=\nu RT$ 也成立，但是其中未包含 $Q=0$ 的条件，所以不能以此作为该过程的过程方程，那么准静态绝热过程有怎样的过程方程呢？

考虑理想气体准静态绝热过程中的微分过程，根据热力学第一定律 $\mathrm{d}Q=\mathrm{d}E+\mathrm{d}W=0$，并利用 $\mathrm{d}E=\nu C_{V,\mathrm{m}}\mathrm{d}T$ 和 $\mathrm{d}W=p\mathrm{d}V$，可得

$$\nu C_{V,\mathrm{m}}\mathrm{d}T+p\mathrm{d}V=0$$

对 $pV=\nu RT$ 两端取全微分，得

$$p\mathrm{d}V+V\mathrm{d}p=\nu R\mathrm{d}T$$

联立以上两式，消去 $\mathrm{d}T$，得

$$(C_{V,\mathrm{m}}+R)\,p\mathrm{d}V+C_{V,\mathrm{m}}V\mathrm{d}p=0$$

由迈耶公式（5-13）及摩尔热容比 γ 的定义式（5-14），得

$$\frac{\mathrm{d}p}{p}+\gamma\frac{\mathrm{d}V}{V}=0$$

对理想气体，摩尔热容比 γ 为常数．对上式积分可得

$$\ln p+\gamma\ln V=\text{常量}$$

$$pV^{\gamma}=C_4 \tag{5-27}$$

式中 C_4 为常量，式（5-27）就是理想气体准静态绝热过程的过程方程，也叫泊松公式．将 $pV=\nu RT$ 代入上式，可得准静态绝热过

NOTE

程的其他两个等价的过程方程：

$$TV^{\gamma-1}=C_4' \tag{5-28}$$

$$p^{\gamma-1}T^{-\gamma}=C_4'' \tag{5-29}$$

式中 C_4'、C_4'' 也是常量.

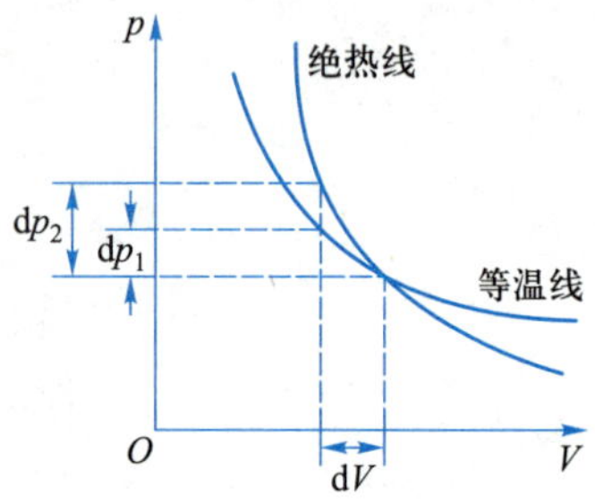

图 5-9 p-V 图中的绝热线和等温线

图 5-9 画出了 p-V 图上的理想气体准静态绝热过程曲线，作为对比，图中同时画出了同一系统的一条等温线，它们有一个交点．可以看出，绝热线比等温线更陡，这可以通过比较交点处的斜率来证明．由绝热过程方程式(5-27)求导数，得绝热线斜率

$$k_2=\frac{\mathrm{d}p_2}{\mathrm{d}V}=-\gamma\frac{p}{V}$$

由等温过程方程[式(5-17)]求导数，得等温线斜率

$$k_1=\frac{\mathrm{d}p_1}{\mathrm{d}V}=-\frac{p}{V}$$

由 $\gamma>1$，得 $|k_2|>|k_1|$，因此绝热线更陡.

NOTE

这个结论也可通过气体动理论加以解释．对同一理想气体系统，从绝热线与等温线的交点出发，分别经绝热过程和等温过程压缩同样体积 dV. 在等温条件下，内能不变，分子的平均平动动能 $\overline{\varepsilon}_t$ 不变．因此根据压强公式 $p=\frac{2}{3}n\overline{\varepsilon}_t$，压强的增大 $\mathrm{d}p_1$ 只归因于体积减小 dV 所引起的分子数密度 n 的增大．但在绝热条件下，由式(5-28)可知，体积减小使温度升高，分子的平均平动动能 $\overline{\varepsilon}_t$ 增大．因此压强的增大 $\mathrm{d}p_2$ 不仅是由于体积减小 dV 所引起的分子数密度 n 的增大，也是由于 $\overline{\varepsilon}_t$ 的增大．所以系统压缩同样体积时，经绝热过程比经等温过程压强增大得更多，$\mathrm{d}p_2>\mathrm{d}p_1$，即绝热线比等温线更陡.

当理想气体经准静态绝热过程从初态(p_1,V_1,T_1)变化到末态(p_2,V_2,T_2)时，由绝热过程方程式(5-27)有

$$pV^{\gamma}=p_1V_1^{\gamma}=p_2V_2^{\gamma}$$

由上式及体积功的定义式(5-6)，可计算系统经绝热过程对外界所做的功

$$W=\int_{V_1}^{V_2}p\mathrm{d}V=\int_{V_1}^{V_2}\frac{p_1V_1^{\gamma}}{V^{\gamma}}\mathrm{d}V=\frac{1}{\gamma-1}(p_1V_1-p_2V_2) \tag{5-30}$$

由式(5-1)可求出内能增量

$$\Delta E=\frac{i}{2}\nu R(T_2-T_1) \tag{5-31}$$

授课录像：例 5-4

可以证明，$\Delta E=-W$，这是热力学第一定律和绝热过程 $Q=0$ 的必

然结果.

可见,准静态绝热膨胀时,系统对外界做正功,$W>0$,内能减少,温度降低;绝热压缩时,系统对外界做负功,$W<0$,内能增加,温度升高.

授课录像:例 5-5

例 5-4

如图 5-10 所示,一定量单原子分子理想气体,从 a 态开始经等压过程膨胀到 b 态,又经绝热过程膨胀到 c 态. 求 abc 过程中,内能的增量ΔE、吸收的热量 Q 和气体对外所做的功 W.

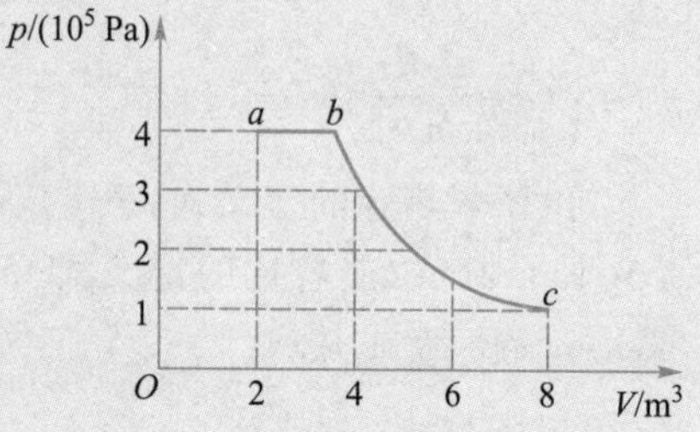

图 5-10 例 5-4 图

解:从图中可以看出,$p_aV_a=p_cV_c$,由此可知 $T_a=T_c$,所以 a 态和 c 态的内能相等,即 $\Delta E=0$.

bc 过程绝热,只有 ab 过程吸热. 要求出热量,需要求出 b 态的状态参量. 这可用 bc 过程的过程方程求出. 由 $p_bV_b^\gamma=p_cV_c^\gamma$(对单原子分子,$\gamma=5/3$)可得

$$V_b=V_c\left(\frac{p_c}{p_b}\right)^{1/\gamma}=8\ \text{m}^3\times\left(\frac{1}{4}\right)^{3/5}$$

$$\approx 3.48\ \text{m}^3$$

所以 abc 过程中系统吸收的热量

$$Q=\nu C_{p,\text{m}}(T_b-T_a)=\nu\frac{5}{2}R(T_b-T_a)$$

$$=\frac{5}{2}p_a(V_b-V_a)$$

$$=\frac{5}{2}\times 4\times 10^5\ \text{Pa}\times(3.48\ \text{m}^3-2\ \text{m}^3)$$

$$=1.48\times 10^6\ \text{J}$$

最后由热力学第一定律,系统对外所做的功为$W=Q-\Delta E=1.48\times 10^6$ J.

例 5-5

理想气体的一些准静态过程可以用过程方程“$pV^n=$常量”来表示,这样的过程称为多方过程,其中 n 为多方指数.

(1) 求理想气体系统经多方过程,状态从(p_1,V_1,T_1)变化到(p_2,V_2,T_2)时,系统对外界所做的功;

(2) 证明多方过程中理想气体的摩尔热容为 $C_\text{m}=C_{V,\text{m}}\dfrac{\gamma-n}{1-n}$.

解:(1) 多方过程的过程方程与绝热过程类似,所以将式(5-30)的 γ 换成 n,即可得多方过程的体积功 $W=\dfrac{1}{n-1}(p_1V_1-p_2V_2)$. 需注意的是,内能增量仍由$\Delta E=\dfrac{i}{2}\nu R(T_2-T_1)$决定,但是$\Delta E\neq -W$,因为多方过程热量传递一般不为零,$Q\neq 0$.

(2) 由热力学第一定律，1 mol 理想气体经多方过程温度由 T_1 升高到 T_2 时所吸收的热量为

$$Q=\Delta E+W=C_{V,\mathrm{m}}(T_2-T_1)+\frac{1}{n-1}(p_1V_1-p_2V_2)$$

$$=C_{V,\mathrm{m}}(T_2-T_1)-\frac{R}{n-1}(T_2-T_1)$$

$$=\left(C_{V,\mathrm{m}}-\frac{R}{n-1}\right)(T_2-T_1)$$

由摩尔热容的定义式(5-8)、迈耶公式(5-13)和摩尔热容比的定义式(5-14)，得多方过程的摩尔热容

$$C_{\mathrm{m}}=\frac{Q}{T_2-T_1}=C_{V,\mathrm{m}}-\frac{\gamma C_{V,\mathrm{m}}-C_{V,\mathrm{m}}}{n-1}=C_{V,\mathrm{m}}\frac{\gamma-n}{1-n}$$

比较多方过程的过程方程“$pV^n=$常量”与等值过程、绝热过程的过程方程，可知等容、等压、等温和绝热过程分别对应多方指数 $n=\infty,0,1,\gamma$. 摩尔热容分别为

$$C_{V,\mathrm{m}}=iR/2,\quad C_{p,\mathrm{m}}=\gamma C_{V,\mathrm{m}}=(i+2)R/2,$$

$$C_{T,\mathrm{m}}=\infty,\quad C_{Q,\mathrm{m}}=0$$

等温过程可以看作温度变化无穷小但热量传递为有限值的过程，所以摩尔热容为无穷大；绝热过程温度有任何变化都没有热量传递，所以摩尔热容为零. 这两个热容都没有进一步讨论的意义.

5.4.2 气体绝热自由膨胀过程

授课录像：绝热自由膨胀过程

绝热自由膨胀

授课录像：节流过程

授课录像：补充例题 1

气体绝热自由膨胀过程进行得很快，是典型的非静态绝热过程. 如图 5-11 所示，绝热容器中间有一个隔板，将容器分成两半，一半充满气体，处于平衡态(p_1,V_1,T_1)，另一半是真空. 将隔板迅速抽去，左侧气体由平衡态变为非平衡态，将迅速冲入右侧，最后气体将充满整个容器，最后达到一个新的平衡态(p_2,V_2,T_2). 这个过程称为**绝热自由膨胀**，此过程中除初、末的任一时刻，气体都处于非平衡态. 所以，虽然两个平衡态可以在状态图上用两个点表示出来，但是整个过程不能表示成一条连接两个点的过程曲线. 在绝热自由膨胀过程中，热力学第一定律仍然成立. 因没有热量传递，故 $Q=0$；气体只是在容器内对真空进行膨胀，与外界没有关联，所以对外界不做功，$W=0$. 显然内能不变，$\Delta E=0$.

如果绝热自由膨胀的气体是理想气体，那么内能不变意味着温度不变，$T_1=T_2$. 当体积膨胀一倍时，$V_2=2V_1$. 由于初、末态都是平衡态，$pV=\nu RT$ 都成立，所以 $p_2=p_1/2$. 需要特别注意的是，这里只是初、末态温度相同，它们之间的过程是非静态过程，不是等温过程.

如果绝热自由膨胀的气体是实际气体，那么分子间存在相互作用力，内能除了分子热运动动能外，还包含分子间势能. 若气

体分子不是特别密集，则分子平均间距较大，分子力是引力（参考图4-2），分子间势能是负值．当实际气体绝热自由膨胀时，分子间距增大，分子间势能增加，内能不变意味着分子平均动能将减少，因而实际气体的温度将降低．

在实际应用中，绝热自由膨胀过程难以实现，常见的是气体从压强较高的区域向压强较低的区域膨胀．

图 5-12 是一个气缸，中间有一个多孔塞，多孔塞具有蓬松的结构，内部有很多细小的通道，气体可以通过这些细小通道从多孔塞的一侧扩散到另一侧．气缸的两侧还装有两个活塞，通过适当推动这两个活塞，使左端气体保持稳定的压强 p_1，右端气体保持稳定的压强 p_2，且要求 $p_1>p_2$，使气体能够从左端稳定地膨胀到右端．多孔塞有时用一个带有细小阀门的隔板代替，气体通过阀门从左端膨胀到右端．

让实际气体通过多孔塞或阀门，从高压端流到低压端．这个过程不像自由膨胀过程那样流畅，所以称为节流过程．节流过程使实际气体温度发生变化，这称为焦耳-汤姆孙效应．可以证明，理想气体经节流过程温度不会改变．产生这一差别的根本原因是，实际气体的内能除包含分子动能外，还包含分子间相互作用势能．焦耳-汤姆孙效应在理论上的重要意义就在于揭示了实际气体内能中分子间势能的存在．

当气体温度和压强处于不同条件时，节流的气体温度可能降低，也可能升高．适当选取压强和温度，使降温过程发生，可用于制冷和液化气体．冰箱和空调制冷用的就是节流过程．1895 年，林德（C. Linde）制造出了节流制冷的空气液化机，即所谓的“林德机”．1898 年，杜瓦（J. Dewar）得到了液态氢．1908 年，昂内斯（H. Kamerlingh-Onnes）制得了液态氦．

授课录像：补充例题 2

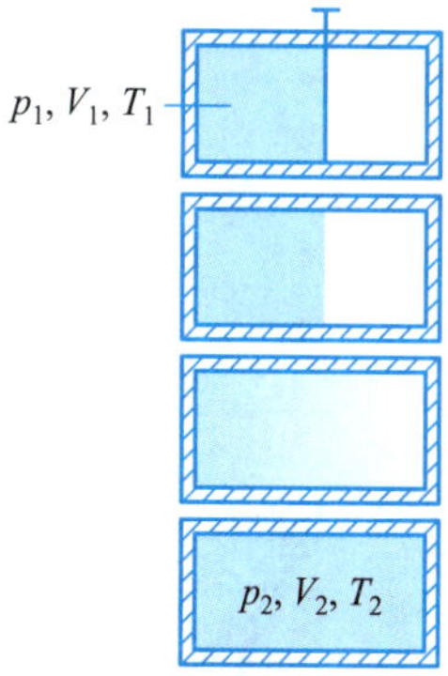

图 5-11 气体绝热自由膨胀

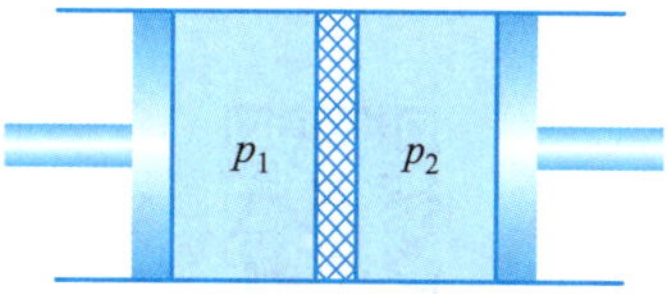

图 5-12 节流过程

5.5 热机 循环过程

18 世纪中叶，以蒸汽机的发明为标志，欧洲开始了第一次工业革命．蒸汽机的广泛应用极大地推动了生产力的发展，引起了人类生产关系的重大变革．20 世纪，汽车、飞机工业又得到了迅速发展，使内燃机的应用范围进一步扩大．

像蒸汽机和内燃机这样，利用热量连续对外做功的机器统称为**热机**．历史上，热机应用和热力学理论是并行发展的．在蒸汽机进入工业时，人们并不清楚热的本质，生产中提高热机效率的

热机

要求促使人们深入研究热力学，使其成为一门真正的科学．反过来，在正确的热力学理论指导下，热机的设计和应用水平得到不断提高．

蒸汽机最初效率仅有 3%~5%，不超过 8%，现在最高也只有 40%左右；汽车上的汽油内燃机，也仅有 30%~40%的效率．科学家和工程师们都面临着这样的理论问题：影响热机效率的关键因素是什么？怎样提高热机效率？现在的热力学对这个问题已能够给出明确的回答．

5.5.1 热机的循环工作

授课录像：热机简介

文档：蒸汽机的发明与应用

汽车、轮船和飞机等交通运输工具都需要动力，热电厂中的发电机也需要动力．那么，动力从何而来呢？我们知道，动力就是使机械做功的能力，而做功是能量转化的一种方式，动力产生的过程就是将其他形式的能量转化成机械功的过程．那么，如何才能使其他形式的能量（现阶段主要是热能）不断地转化为机械功呢？下面通过几个实例分析热机的普遍工作原理．

热电厂蒸汽机是一种外燃机，依靠煤、天然气等燃料在系统外部燃烧供给热量来工作，图 5-13 是它的工作流程图．首先水吸收煤燃烧产生的热量而升温、汽化，产生高温高压的水蒸气，水蒸气经蒸汽轮机绝热膨胀，对外做功，带动发电机发电，而后低温低压的水蒸气在冷凝器中放出剩余热量冷凝成水，最后用泵将水压入燃烧炉的管道系统中吸热，继续下一个循环．这样，通过水-水蒸气的循环过程将煤燃烧产生的热量不断地转化为机械功．从能量角度看，水首先吸收热量来增加内能，变成高温高压的水蒸气，然后水蒸气将一部分内能转化为机械功，不能转化的部分以废热的形式传递给外界．在循环工作过程中，水-水蒸气的总量基本保持不变．

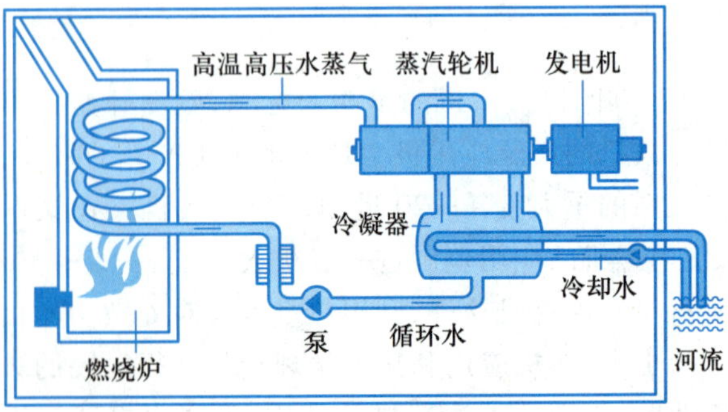

图 5-13 热电厂中水-水蒸气循环的流程图

斯特林发动机也是一种外燃机，它是利用气体的热胀冷缩来工作的．发动机内的气体处于封闭状态，工作时气体交替进入两个气缸，使其与热、冷环境接触，吸热与放热，循环对外做功．它包括四个过程，图 5-14(a)是它的工作原理图．(1)右侧气缸受热，右侧活塞上升，接近等温膨胀过程．(2)气体进入左侧气缸，左侧活塞上升，右侧活塞下降，接近等容放热过程．(3)左侧气缸冷却，左侧活塞下降，接近等温压缩过程．(4)气体进入右侧气缸，左侧活塞下降，右侧活塞上升，接近等容吸热过程．这样，不断在右侧吸热，在左侧放热，对外做功，就完成了一个循环．斯特林发动机是一种效率非常高的热机，但由于技术原因没有得到普及．随着技术的进步，它在混合动力汽车、太阳能发电等领域的应用正在逐步增加．图 5-14(b)是一种斯特林热机的演示装置．此装置用酒精灯加热，在室内降温．两层玻璃管的结构使内部气体交替加热和冷却，膨胀和收缩，来回驱动曲轴，带动转轮旋转做功．

NOTE

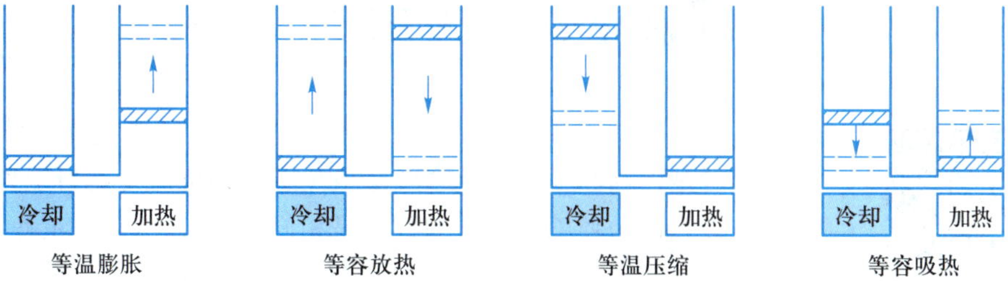

(a) 工作原理

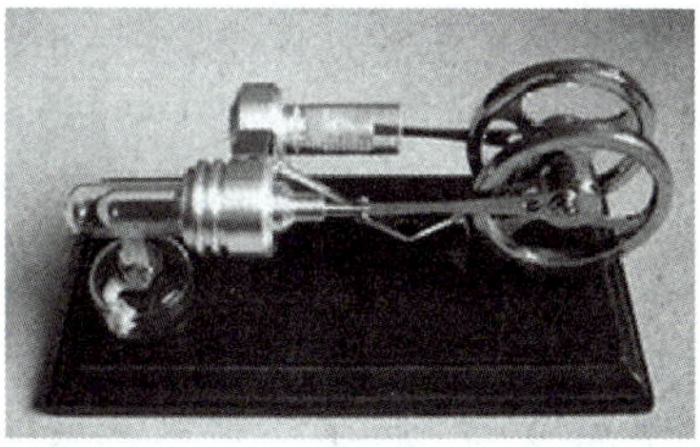

(b) 演示装置

图 5-14 斯特林热机

汽车发动机是一种内燃机，内燃指的是汽油等燃料在气缸内燃烧，产生的热气推动活塞对外做功．图 5-15 是一种四冲程发动机的工作简图．(1)进气冲程：进气阀打开，活塞伸出，把汽油和空气的混合物吸入气缸．(2)压缩冲程：活塞缩回，压缩汽油和空气的混合物．火花塞点燃气体，温度和压强剧烈升高．(3)做功冲程：燃烧产生的高压推出活塞，气体对活塞做功，气缸放出热量.(4)排气冲程:出气阀打开,气体被推出,释放到气缸外.发动机经过这四个冲程,活塞就完成了两次往复运动.不断重复这个过程,发动机就能循环对外做功.燃料在每次循环中都要更新,不断把燃烧释放的化学能转化为机械能.

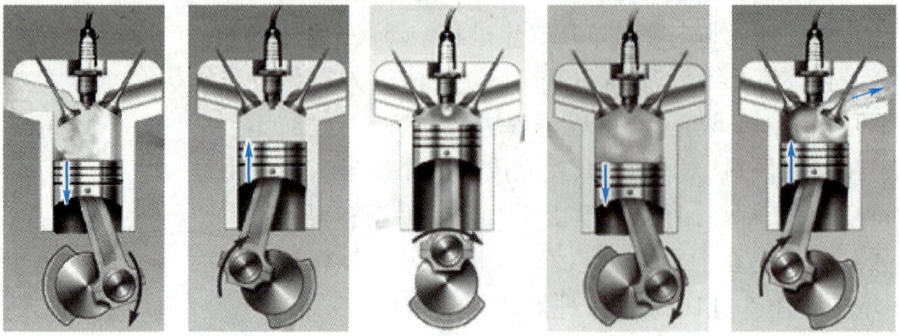

图 5-15 四冲程发动机的工作简图

5.5.2 热机效率

授课录像:热机的物理模型

蒸汽机和汽车发动机都有工作物质,前者是水和水蒸气,后者是汽油和空气的混合气.虽然有的热机需要更新工作物质,但是每次循环工作物质的数量是相同的,所以可以把工作物质当成一个封闭的热力学系统.所有热机都是把热能持续转化为机械能的装置,或者把无序能量持续转化为有序能量的机器.它们能量传递和转化的共性是,在一个循环中系统吸收热量 Q_1,然后必须放出热量 Q_2,系统对外界做功 W_1,然后外界对系统做功 W_2,这样系统对外做净功 $W=W_1-W_2$.

热循环

在 $p-V$ 图中一个完整的热机循环过程可以理想化地用一个顺时针运行的闭合曲线来表示,这称为热循环或正循环,如图 5-16 所示的 $abcda$ 曲线.整个循环是准静态过程,其中有的部分吸热,有的部分放热.整个循环中系统对外所做的净功等于闭合曲线所包围的面积.我们知道,热力学过程中系统对外界所做的功的数值等于 $p-V$ 图中相应过程曲线下面曲边梯形的面积.abc 过程系统对外做正功 W_1,等于 abc 过程曲线下面曲边梯形的面积,cda 过程系统对外做负功,此负功的绝对值 W_2 等于 cda 过程曲线下面曲边梯形的面积.这样,整个循环中系统对外所做的净功就为 $W=W_1-W_2$,它等于两个面积相减,即闭合曲线所包围的面积 S.

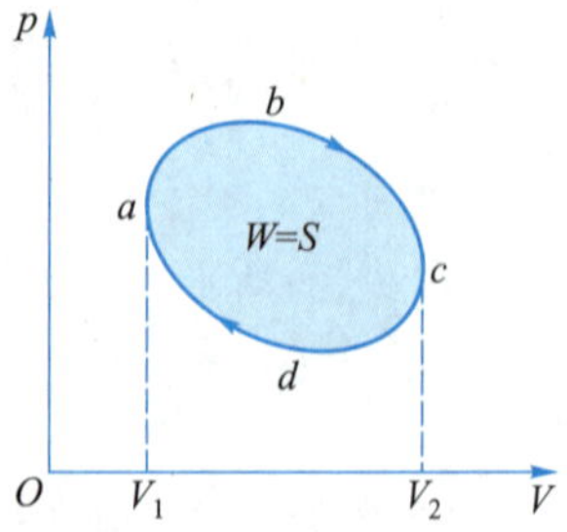

图 5-16 $p-V$ 图中的准静态热循环过程

热循环中系统至少与两个热源交换热量,所以可以简化为图

5-17 所示的示意图，工作物质或系统内的弧线箭头表示循环在 $p-V$ 图中沿顺时针方向运行．在一个热循环中，系统从高温热源吸热 Q_1，对外做净功 W，并向低温热源放热 Q_2．这里的热源是这样一种理想化系统，它能在温度保持不变的情况下，吸收或释放任意多热量，使工作物质和热源之间的热量传递能够在等温的条件下进行．

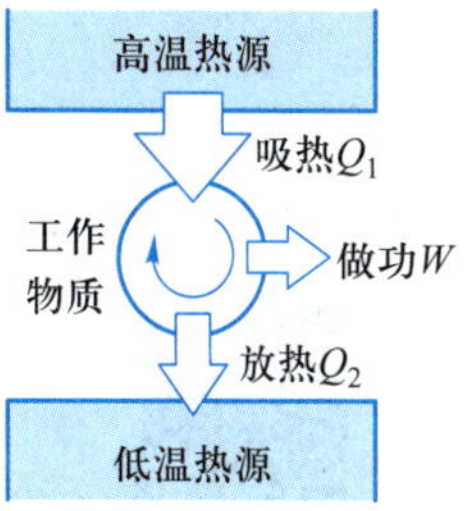

图 5-17 热机的能流图

热循环过程内能增量 $\Delta E=0$，根据热力学第一定律，净功

$$W=Q_1-Q_2 \qquad (5-32)$$

需要特别注意的是，与前面对热量正负号的规定不同，以后在讨论循环问题的时候，为了清楚方便，热量都取正值，吸热和放热体现在加减号上．这里吸热 Q_1 和放热 Q_2 都是正值，净吸热为 Q_1-Q_2．

热机效率是工程师们面临的核心问题，它也称为**循环效率**，定义为一次循环中系统对外所做的净功 W 与它从高温热源吸收的热量 Q_1 的比率，

热机效率　循环效率

$$\eta=\frac{W}{Q_1}\times 100\% \qquad (5-33)$$

利用式(5-32)，它还可以表示为只含热量的形式：

NOTE

$$\eta=1-\frac{Q_2}{Q_1} \qquad (5-34)$$

循环效率可以理解为“所得”与“所费”的比率，获得的好处是净功，而消耗的是燃料燃烧后被系统吸收的热量．

热机发展过程中有一个令人啼笑皆非的事情．早期的热机效率很低，导致吸热和放热的数量基本相等，这为热质说所谓“热是一种守恒流体”的论调大开了后门．他们认为热机对外做功只不过是热从高温处流到低温处的副产品，就像水流下降冲刷水轮机做功过程中水量不变一样．可见，焦耳精确的热功当量实验对人们从这种偏见走向正确认识起到了多么重要的作用．

热机有很多种类，工作物质和热力学过程各不相同．吸热和放热的数值受很多因素影响，准确测定和计算比较困难．如何从这些纷繁复杂的因素中，找到主要矛盾，抽象出简练、适于研究而能够说明问题的物理模型，是一个非常重要的问题．

5.5.3 卡诺循环

授课录像：卡诺热机

1824 年，法国青年工程师卡诺在他的名著《热的动力》中，提出了一个理想化循环模型．它以理想气体为工作物质，把吸热和

卡诺循环 卡诺热机

授课录像:卡诺热机的讨论

文档:卡诺

放热简化为与两个恒温热源交换热量,其循环过程由两个等温过程和两个绝热过程组成,是一个准静态循环. 这样的循环模型称为**卡诺循环**,相应的热机称为**卡诺热机**. 卡诺循环避免了蒸汽机中水的物态变化和不断更新的复杂性,巧妙地解决了热机工作遇到的主要矛盾,在很大程度上揭示了热力学第一定律和热力学第二定律的物理本质,具有重大的理论意义.

卡诺循环在 $p-V$ 图上的过程曲线如图 5-18 所示,由如下四个过程组成:

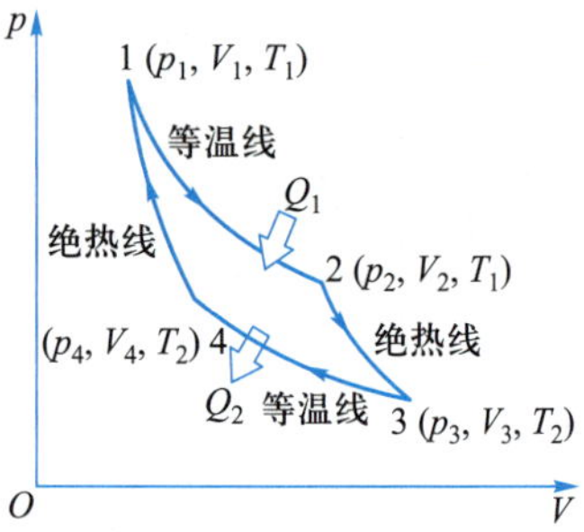

图 5-18 卡诺循环的 $p-V$ 图

(1) 理想气体与温度为 T_1 的高温热源接触,由状态 $1(p_1,V_1,T_1)$ 等温膨胀到状态 $2(p_2,V_2,T_1)$,理想气体从高温热源吸收的热量为

$$Q_1=\nu RT_1\ln\frac{V_2}{V_1} \tag{5-35}$$

(2) 理想气体由状态 2 (p_2,V_2,T_1) 经绝热膨胀过程变化到状态 3 (p_3,V_3,T_2).

(3) 理想气体与温度为 T_2 的低温热源接触,从状态 $3(p_3,V_3,T_2)$ 等温压缩到状态 4 (p_4,V_4,T_2). 理想气体向低温热源放出的热量为

$$Q_2=\nu RT_2\ln\frac{V_3}{V_4} \tag{5-36}$$

(4) 理想气体由状态 4 (p_4,V_4,T_2) 经绝热收缩过程回到初态 1 (p_1,V_1,T_1),完成一个循环过程.

根据循环效率的定义式(5-34),可得卡诺循环的效率

$$\eta_C=1-\frac{Q_2}{Q_1}=1-\frac{T_2\ln\dfrac{V_3}{V_4}}{T_1\ln\dfrac{V_2}{V_1}}$$

根据理想气体绝热过程方程式(5-28),两个绝热过程(2)和(4)存在如下关系:

$$T_1V_2^{\gamma-1}=T_2V_3^{\gamma-1},\quad T_1V_1^{\gamma-1}=T_2V_4^{\gamma-1}$$

两式等号两边分别相除,得

$$\frac{V_2}{V_1}=\frac{V_3}{V_4}$$

将上式代入上面的效率表达式中,可得卡诺循环的效率

$$\eta_C=1-\frac{T_2}{T_1} \tag{5-37}$$

上式表明,卡诺循环的效率只与高温热源和低温热源的温度有关,与工作物质种类无关,不管是氢气、氦气还是空气,只要是理

NOTE

想气体就成立．可以证明，对于所有工作在同样高温热源和低温热源间的实际热机，上式给出了效率的极限值．

以目前普遍运行的燃煤电厂的蒸汽机为例，高温蒸汽的温度约为 540 ℃，蒸汽冷凝的温度一般为环境温度，约为 30 ℃．若按卡诺循环效率公式（5-37）计算，可能达到的理想效率为

$$\eta_C = 1 - \frac{T_2}{T_1} = 1 - \frac{(30+273)\ \mathrm{K}}{(540+273)\ \mathrm{K}} \approx 62.7\%$$

而实际电厂的效率约为 40%，比卡诺循环的效率低得多，这是因为在实际电厂中，使用的工作物质是水和水蒸气，不是理想气体，它们不可能工作在两条等温线之间（在水吸热、汽化、产生水蒸气的过程中温度不断变化），而且循环过程不可能是准静态的，其间不可避免地存在能量损耗．尽管如此，卡诺循环的效率公式（5-37）还是为提高燃煤电厂的效率指明了发展方向．可以看出，高温热源温度越高，或低温热源温度越低，卡诺循环的效率就越高．降低冷凝温度虽然在理论上可以提高效率，但要将冷凝温度降低到环境温度以下，需要额外的能量，这是非常不经济的，所以靠降低冷凝温度来提高效率并无实际意义．要提高效率，就需要不断提高工作物质的最高温度，即水蒸气的温度．目前正在研制的燃煤电厂的最高蒸汽温度可达 700 ℃，效率因此可提高到 50%以上．

授课录像：例 5-6

授课录像：例 5-7

授课录像：补充例题 1

授课录像：补充例题 2

例 5-6

四冲程汽油内燃机的循环过程叫**奥托循环**，它由两条绝热线和两条等容线组成，如图 5-19 所示．其中，

12 过程，将混合油气进行绝热压缩；

23 过程，混合油气压缩至体积为 V_2 时点火，急速升温，相当于等容吸热；

34 过程，气体绝热膨胀，推动活塞做功，体积膨胀为 V_1；

41 过程，活塞收回，将废气从气缸中排出，带走热量，然后吸入新的混合气体，相当于等容放热．

求该热机的效率，结果用 V_1 和 V_2 表示．

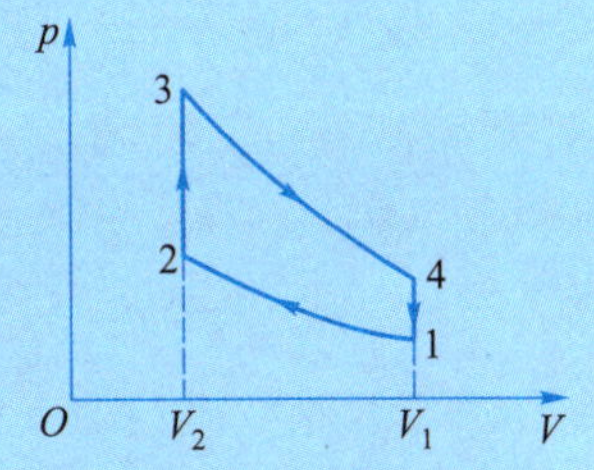

图 5-19 奥托循环

解：等容过程 23 中气体吸收的热量为

$$Q_1 = \nu C_{V,\mathrm{m}}(T_3 - T_2)$$

等容过程 41 中气体放出的热量为

$$Q_2 = \nu C_{V,\mathrm{m}}(T_4 - T_1)$$

其他过程绝热，所以奥托循环的效率为

$$\eta = 1 - \frac{Q_2}{Q_1} = 1 - \frac{T_4 - T_1}{T_3 - T_2}$$

对绝热过程 12 和 34，分别有

$$T_1V_1^{\gamma-1}=T_2V_2^{\gamma-1},\quad T_3V_2^{\gamma-1}=T_4V_1^{\gamma-1}$$

由以上两式可得

$$\frac{T_1}{T_4}=\frac{T_2}{T_3}$$

将上式代入前面的效率表达式中，得

$$\eta=1-\frac{T_4(1-T_1/T_4)}{T_3(1-T_2/T_3)}=1-\frac{T_4}{T_3}$$

可以发现，奥托循环与卡诺循环的效率公式在形式上是相似的．但是，前者公式中 T_3 是整个循环的最高温度，而 T_4 不是最低温度，公式(5-37)中 T_1 是整个循环的最高温度，T_2 也是最低温度，所以最高温度和最低温度均相同时，奥托循环的效率要比卡诺循环的效率低．

再利用 34 过程的过程方程 $T_3V_2^{\gamma-1}=T_4V_1^{\gamma-1}$，奥托循环的效率可以表示为

$$\eta=1-\left(\frac{V_2}{V_1}\right)^{\gamma-1}$$

奥托循环

由例 5-6 可知，奥托循环的效率取决于压缩比 V_1/V_2（气体最大体积和最小体积之比），压缩比越大，效率越高．但是压缩比不能无限提高，否则混合油气在绝热压缩 12 过程中体积还未压缩到状态 2 时，温度就升高到足以引燃气体的程度，提前进入吸热过程并产生有破坏作用的“爆震”．使用高辛烷值（高标号）的汽油有助于在高压缩比的情况下避免爆震，从而提高效率，使汽油充分燃烧，减少污染．汽油机的压缩比一般不超过 12，按压缩比 12 计算，取油气的 $\gamma=1.4$，可得汽油内燃机的理论效率 $\eta=1-\frac{1}{12^{1.4-1}}\approx 63\%$，实际效率远低于此值，只有 30%～40%．

NOTE

柴油机是以柴油为燃料的内燃机，由德国发明家狄塞尔于 1892 年发明，所以柴油机也称为狄塞尔发动机．它也是一种四冲程的发动机，由两个绝热过程、一个等容过程和一个等压过程组成（参见习题 5-20）．与汽油机不同，柴油机采用压缩空气的办法来提高空气温度，使空气温度超过柴油的自燃点，这时再喷入柴油，柴油和空气混合时被自行点燃，这样就避免了汽油机中爆震现象的发生．柴油机的效率也随压缩比的增大而升高，由于不受爆震的限制，柴油机压缩比可以很高，一般都在 15 以上，因此柴油发动机的效率比汽油发动机效率高，实际能达到 40%～50%．不过，柴油机较重，造价高，多用于载重汽车、巴士、火车和轮船等大型运输工具．

例 5-7

一定量单原子分子理想气体经如图 5-20 所示的热循环,求循环的效率.

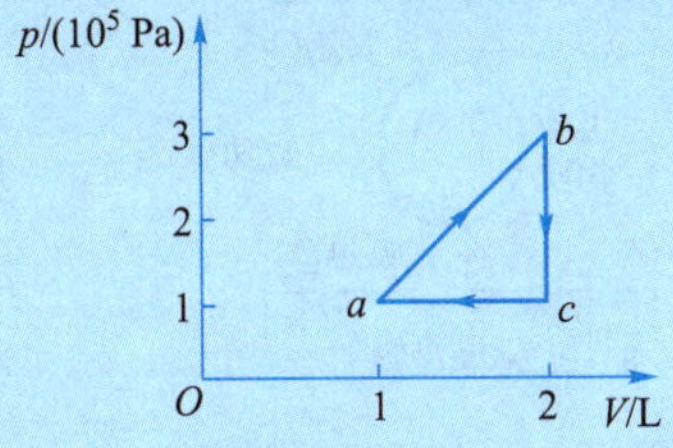

图 5-20 例 5-7 图

解:热循环中系统对外所做的净功等于循环曲线所包围的面积(即三角形面积),即

$$W=\frac{1}{2}\times 1\times 10^{-3}\ \mathrm{m^3}\times 2\times 10^5\ \mathrm{Pa}=100\ \mathrm{J}$$

若求效率,还需知道整个循环中系统吸收的总热量. bc 和 ca 过程是等值过程,易知均放热. 只有 ab 过程气体吸热,它不是等值过程. 根据 $pV/T=C$ 可知该过程温度一直升高. 再根据热力学第一定律 $\mathrm{d}Q=\mathrm{d}E+\mathrm{d}W=\nu C_{V,\mathrm{m}}\mathrm{d}T+p\mathrm{d}V$ 可知该过程一直吸热,所以需要求出这个过程的热量.

在 ab 过程中,气体内能增量

$$\Delta E_{ab}=\nu C_{V,\mathrm{m}}(T_b-T_a)=\nu\frac{3}{2}R(T_b-T_a)$$

$$=\frac{3}{2}(p_bV_b-p_aV_a)=750\ \mathrm{J}$$

气体对外所做的功等于直线 ab 下面梯形的面积,即

$$W_{ab}=\frac{1}{2}(1+3)\times 10^5\ \mathrm{Pa}\times(2-1)\times 10^{-3}\ \mathrm{m^3}$$

$$=200\ \mathrm{J}$$

根据热力学第一定律,可得气体吸收的总热量

$$Q_1=Q_{ab}=\Delta E_{ab}+W_{ab}=950\ \mathrm{J}$$

所以循环效率为

$$\eta=\frac{W}{Q_1}\times 100\%=\frac{100}{950}\times 100\%\approx 10.5\%$$

5.5.4 制冷循环

授课录像:制冷循环

图 5-17 表示了热循环中能量的传递和转化. 现在以此为基础,让系统和热源不变,但工作过程反向,即外界对系统做功 W,把热量 Q_2 由低温热源带走,并向高温热源放出热量 Q_1,如图 5-21 所示. 这个循环是热循环的逆过程,称为**制冷循环**.

制冷循环

两个循环满足同样的热力学第一定律关系式 $Q_1=W+Q_2$.

按照制冷循环工作的机器称为**制冷机**. 制冷机的作用是通过做功将低温热源的热量传递给高温热源,从而使低温热源保持较低的温度. 制冷机的制冷能力用**制冷系数**来表示,它仍然是"所得"与"所费"之比,即一个制冷循环中系统从低温热源带走的热量 Q_2 与外界对系统所做的功 W 之比,

制冷机

制冷系数

$$e=\frac{Q_2}{W} \tag{5-38}$$

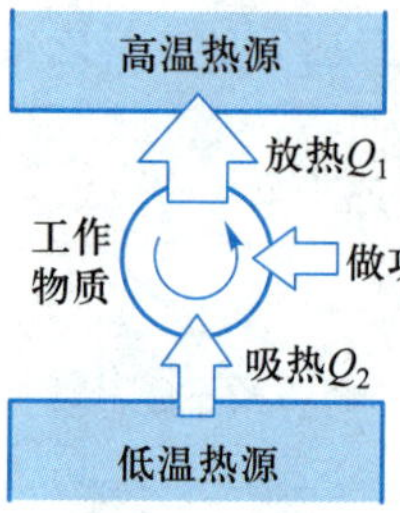

图 5-21 制冷机的能流图

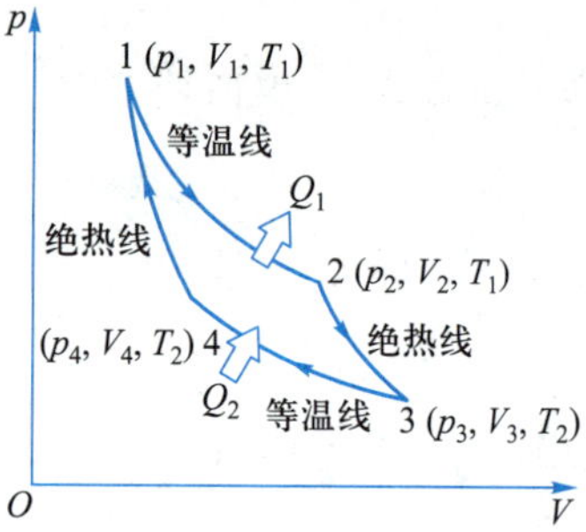

图 5-22 卡诺制冷循环的 p-V 图

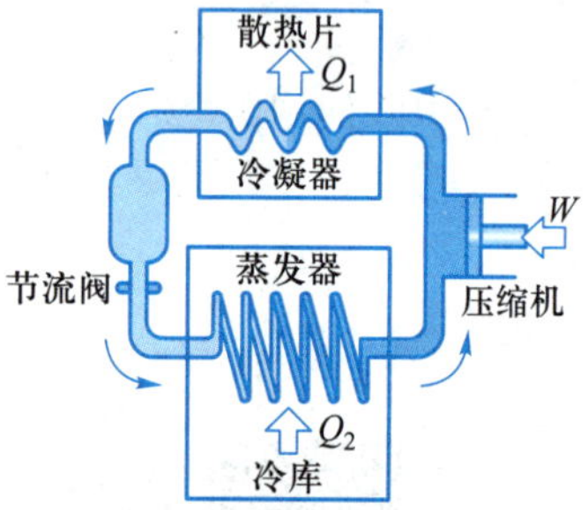

图 5-23 冰箱的制冷循环工作示意图

授课录像:例 5-8

授课录像:补充例题

由热力学第一定律 $Q_1=W+Q_2$,制冷系数还可以表示为

$$e=\frac{Q_2}{Q_1-Q_2} \tag{5-39}$$

让图 5-18 所示卡诺热循环的所有因素都不变,只把所有箭头都反向,就得到卡诺制冷循环的 p-V 图,如图 5-22 所示. 其中顺时针循环变为逆时针循环,放热过程变为吸热过程,吸热过程变为放热过程.

对卡诺热循环的能量分析仍然适用于卡诺制冷循环,所以易得卡诺制冷循环的制冷系数

$$e_C=\frac{T_2}{T_1-T_2} \tag{5-40}$$

可见,卡诺制冷系数取决于低温热源的热力学温度和两热源的温度差. 与卡诺热机的性质类似,卡诺制冷机的制冷系数比任何工作在同样高温热源和低温热源之间的实际制冷机的制冷系数都高.

卡诺制冷机不断从物体带走热量,使物体不断降温,但是不会使物体的温度降到绝对零度,结合式(5-38)和式(5-40)可见,如果 T_2 趋于 0 K,再继续从物体带走热量,那么需要做趋于无穷大的功. 因此,物质温度越接近 0 K 越难以达到 0 K. 热力学温度的绝对零度是不可能达到的,这称为热力学第三定律. 虽然如此,对接近绝对零度的程度并没有限制. 低温物理学家已获得了低至 1 μK 的平衡温度,并且能使 2 mK 的温度长时间存在,瞬间的 nK 和 pK 量级的温度也已观察到.

常见的制冷机包括冰箱、空调等. 冰箱的工作原理如图 5-23 所示,所使用的工作物质为氨、氟利昂或碳氢化合物等较易被液化的物质. 气态工作物质首先被压缩机急速压缩,压强和温度都升高,进入冷凝器,通过散热片向周围空气(高温热源)放热而凝结为液态. 压缩机回抽,液态工作物质经节流阀降压降温,随后进入蒸发器,从冷库(低温热源)中吸热,使冷库温度降低且自身蒸发成气体. 最后,气体被吸入压缩机中进行下一个循环.

若家用电冰箱的冷库温度为 270 K,冰箱外大气的温度为 300 K,按卡诺制冷循环计算,其制冷系数为

$$e_C=\frac{T_2}{T_1-T_2}=\frac{270\ \text{K}}{300\ \text{K}-270\ \text{K}}=9$$

实际冰箱的制冷系数比这要小一些.

空调的工作原理与冰箱类似,只是在空调的循环系统中室内空气是低温热源,室外大气是高温热源,通过做功(电功)将室内的热量转移到室外,这样就可以使室内温度低于室外温度.

例 5-8

在夏季,启动空调使室内温度保持在 17 ℃. 设室外温度为 37 ℃,该空调的制冷系数为同条件下卡诺制冷机制冷系数的 60%. 如果每天有 3.13×10^8 J 的热量通过热传导方式从室外流入室内,则空调一天的耗电量为多少?

解:卡诺制冷机的制冷系数为 $e_C=\dfrac{T_2}{T_1-T_2}=\dfrac{290\ \text{K}}{310\ \text{K}-290\ \text{K}}=14.5$. 按题意,此空调的制冷系数为

$$e=60\%\cdot e_C=8.7$$

通过热传导方式从室外流入室内的热量被空调再从室内抽出,即 $Q_2=3.13\times10^8$ J. 所以空调每天消耗的电功为

$$W=\frac{Q_2}{e}=\frac{3.13\times10^8\ \text{J}}{8.7}\approx3.6\times10^7\ \text{J}=10\ \text{kW}\cdot\text{h}$$

5.6 热力学第二定律

授课录像:热力学第二定律问题的引入

热力学第一定律是一切热力学过程都满足的基本规律,其本质是能量守恒与转化定律. 历史上,很多人致力于制造各种各样的永动机,其中有一些是第一类永动机. 第一类永动机不消耗能量或消耗较少的能量,永不停息地对外做功. 热力学第一定律的确立宣告了制造第一类永动机的幻想破灭!

那么,满足热力学第一定律的热机都能制造出来吗? 设想这样的热机,它从单一热源吸收热量 Q_1,对外做功 W,并不向外界释放热量. 由热力学第一定律,功 W 等于热量 Q_1,热量全部转化为功,热机效率为 100%. 像这样仅从一个热源吸热,循环对外做功,效率为 100%的热机称为第二类永动机. 人们长期的科学实践证明,第二类永动机也不能制造出来! 实际上,第二类永动机违反了热力学第二定律.

热力学第二定律是关于自然过程方向性的规律,那么,自然过程进行的方向与热机效率有什么关系呢? 下面从几个实例出发,一步步揭开这个谜题,获得自然界的又一个普遍规律.

5.6.1 自然过程的方向性

授课录像:自然过程的方向性

我们都有这样的常识,拿起一个陶瓷盘子,一松手盘子就会

NOTE

落地摔碎，没有听说已经摔碎的盘子会自动拼合复原的；一盆水，很容易泼出去，水溅到地面后很快流失掉，没听说地面上的水会自动回到盆中的.

氢气在氧气充足的情况下，只要一个小火星，就能开始燃烧，甚至爆炸，最后生成水. 但是想把水变成氢气和氧气，条件就很苛刻了，需要电解，即需要足够的电能. 把前者称为正反应，后者称为逆反应，可见正反应比逆反应容易进行得多. 或者说，这个化学反应非常倾向于沿正反应方向进行.

自然界中的热力学过程都有类似的规律. 一切实际热力学过程都是按一定方向进行的，反向过程不能自动进行，或者需要一定的条件才能进行. 下面以功热转化过程、热传导过程和气体绝热自由膨胀过程为例，仔细分析实际热力学过程的方向性.

(1) 功热转化过程. 在图 5-3(b) 所示的热功当量实验中，重物下落，带动水中的叶片旋转搅动，使水温升高，重物下降所做的功（重物减少的机械能）全部转化为水的热能（内能）. 反之，水温自动降低，水的内能减少，产生同样的功，将重物拉回到原来的高度，这样的过程从来都不会发生. 这表明，功热转化过程具有方向性，功全部转化为热可以自发进行，而其逆过程（热全部转化为功）不能自发进行.

但是，这并不表示热变功的过程不能发生. 事实上，热机进行的就是这样的过程，如图 5-17 所示. 热机从高温热源吸热，将其转化为对外所做的功，同时必然伴随着另外的热量传递到低温热源.（这是卡诺研究热机循环时最先意识到的结论.）也就是说，除了热变功的过程，还产生了其他变化，这个所谓的其他变化就是向低温热源放热. 放热是热变功过程进行的必要条件，没有这个条件的热变功过程不能进行，即热变功过程不能自发进行.

如果把热机工作物质、高温热源以及由于热机做功而受影响的部分环境划为系统，那么功变热的过程可以在该系统内自动进行（例如通过活塞摩擦生热就可使功全部转化为热），但是热变功的过程不能完全在这个系统内进行，而要向环境（低温热源）放出热量，即必然对环境产生影响. 所以热变功过程不是功变热过程的简单完全的反向，这种现象称为功变热过程不可逆.

当然，热全部转化为功的过程也能够发生，例如理想气体等温膨胀过程. 在这个过程中，理想气体温度不变，故内能不变，根据热力学第一定律，气体吸收的热量全部转化为对外所做的功. 但是同时产生了其他变化，即气体体积增大了，没有恢复原状.

(2) 热传导过程. 热量可以由高温物体自发地传递到低温物体，其逆过程，即热量由低温物体传递到高温物体是不能自发进行的．这不等于说，热量不能由低温物体传向高温物体．事实上，制冷机进行的就是这样的过程，如图 5-21 所示．如果把制冷机高温热源、工作物质、低温热源划为系统，那么热量由高温热源传向低温热源的过程（正过程）可以在系统内自发进行，但是热量由低温热源传向高温热源的过程（逆过程）不能完全在这个系统内进行，而是发生了其他变化．这个其他变化就是环境对系统做了功，即系统对环境产生了影响．也就是说，逆过程不是正过程简单完全的反向，而是发生了其他变化．没有其他变化的逆过程不能进行. 这种现象称为热量由高温物体向低温物体传递不可逆.

（3）气体绝热自由膨胀过程．如图 5-24 所示，隔板把气体限制在绝热容器的左侧，右侧为真空．突然抽出隔板，气体马上变为非平衡态．然后气体会迅速地扩散至整个容器，最后均匀分布，变为平衡态．绝热自由膨胀过程是气体自动地由非平衡态变为平衡态的过程．其逆过程，即充满容器的气体收缩到一侧，由平衡态到非平衡态的过程，不能自动发生.

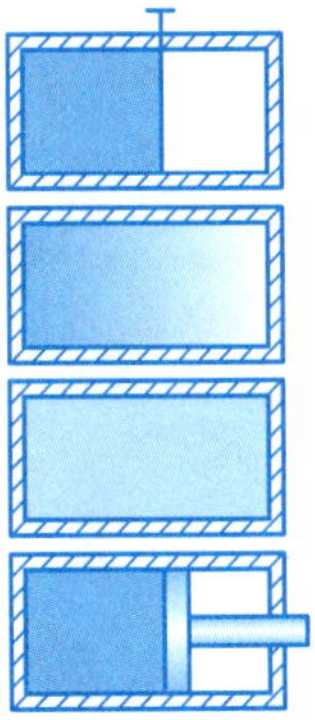

图 5-24　气体绝热自由膨胀后，环境对气体做功使气体恢复原状

但是这不等于说，气体体积收缩的过程不能发生．我们可以安装一个活塞，用它把气体推回到左侧，如图 5-24 所示．把容器内的气体作为系统，正过程（即绝热自由膨胀过程）在系统内自动进行，不与环境发生关联．但是逆过程（气体收缩）不能完全在这个系统内发生，而是发生了其他变化．这个其他变化就是环境对系统做了功，即系统对环境产生了影响．也就是说，逆过程不能自发进行，而只能在发生其他变化的条件下进行．这个现象称为气体绝热自由膨胀过程不可逆.

5.6.2 可逆过程与不可逆过程

综合分析上述实例可见，热力学过程的可逆与不可逆是说，若正过程可以自发进行，其逆过程是否可以自发进行．而过程可逆与否，与系统对环境的影响情况有关．下面给出可逆过程与不可逆过程的确切定义.

授课录像：可逆过程与不可逆过程

系统发生一个热力学过程，在此过程中系统从状态 A 变为状态 B，同时对环境没有产生影响．这样假设不失一般性，因为如果对环境产生了影响，就把环境受影响的部分划到系统中，那么新的系统还是对新的环境没有产生影响.

如果存在这样的过程，使系统反向经历上述过程的每一个中间状态，从状态 B 返回到状态 A，同时对环境也没有产生影响，那么从状态 A 到状态 B 的过程称为**可逆过程**；如果这个从状态 B

可逆过程

不可逆过程

返回到状态 A 的过程对环境产生了影响,那么从状态 A 到状态 B 的过程称为**不可逆过程**.

在前面三个典型的例子中,正过程都在系统内进行,没有对环境产生影响;逆过程都不是正过程简单完全的反向,在逆过程中系统都对环境产生了影响,即发生了所谓的其他变化,所以正过程都是不可逆过程.

NOTE

正过程是不可逆过程,不意味着逆过程不能进行,关键是逆过程会产生其他变化. 只有在对环境产生影响的情况下,逆过程才能发生,也就是逆过程不能自发进行.

我们还可以做一个适当的推广. 因为一切与热现象有关的实际宏观过程都涉及功热转化、热传导、气体自由膨胀、非平衡态向平衡态转化等不可逆过程,所以一切与热现象有关的实际宏观过程都是不可逆的.

这是对热力学过程方向性的一个重要结论,对此有几点需要说明.

(1) 这只是对宏观过程才成立的结论,对微观过程不适用. 微观过程经常是可逆的,例如,容器中只有少数几个分子时,它们很可能自动地聚集于容器的一侧,即自动地处于非平衡态.

(2) 可逆过程是一个理想模型. 实际发生的宏观过程都不可避免地存在摩擦、黏性力、非弹性碰撞、焦耳热等所谓的不可逆或"耗散" 因素,所以都是不可逆过程. 耗散这个词在这里是损耗、消散的意思,损耗是规则的损耗,有序的损耗;消散是变得更加混乱无序. 后面我们会看到,有序、无序正是理解可逆、不可逆概念的关键所在.

5.6.3 热力学第二定律的表述

热力学第二定律

热力学第二定律是关于热力学过程方向性的一般规律. 从上面对功热转化过程和热传导过程不可逆性的分析中,我们能够觉察到,热力学过程的方向性与热机的工作原理存在明确的联系,所以对热机工作过程的描述就从一个侧面揭示了热力学第二定律的实质. 1824 年,卡诺在其著作中揭示了卡诺循环的内涵,而 1845 年,焦耳在热功当量实验后才确立了能量守恒的科学认识. 从这个意义上说,热力学第二定律比热力学第一定律发现得更早.

授课录像:热力学第二定律的表述

克劳修斯和开尔文分析和总结了卡诺和焦耳的工作,几乎同时认识到卡诺循环中蕴含了两个独立的规律. 第一个规律表明,卡诺循环释放到低温热源的热量,一定少于从高温热源吸收的热量，两者之差必须等于循环所做的净功；第二个规律表明，一定会有一些热量释放到低温热源中，而第一个规律中没有这个规定，这个热量是零也可以．容易看出，这两个规律分别是热力学第一定律和热力学第二定律．可见，这两个定律是纠缠在一起被逐步发现和确立的，从中把关于不可逆性的表述提炼出来，就构成了热力学第二定律的**克劳修斯表述**和**开尔文表述**．

克劳修斯表述　开尔文表述

1850 年，克劳修斯根据热传导的不可逆性给出了热力学第二定律的表述：热量不能自动地由低温物体传到高温物体，或者说，热量不能由低温物体传到高温物体而不产生其他变化．

文档：克劳修斯

对于制冷机，热量确实由低温物体传到了高温物体，但是同时发生了其他变化，这个其他变化就是环境对系统做功了．

1851 年，开尔文根据功热转化的不可逆性给出了热力学第二定律的表述：不能从单一热源取热，使之全部转化为有用功而不引起其他变化．

文档：开尔文

如果存在这样的单热源热机，其效率就是 100%．对于真正的热机，热变功的同时发生了其他变化，这个其他变化就是向低温热源放热了，或者说，热机必须与至少两个热源接触，单热源热机是不可能制成的．效率为 100%的热机或单热源热机不可能制成，这也可以作为热力学第二定律的一种表述．

当然，热机效率不能达到 100%也不能说成，热量不能全部变为功．事实上，在理想气体等温膨胀过程中，热量全部用来对外做功，效率为 100%，但是它不是热机，没有循环工作．该过程不只有热变功这个唯一效果，还有体积增大的变化．

5.6.4 热力学第二定律各种表述的等价性

上节只给出了热力学第二定律有代表性的表述．实际上，任何对宏观自然过程不可逆性的说明都可以作为热力学第二定律的描述．例如，根据气体绝热自由膨胀过程的不可逆性也可以给出一种表述：气体不能自动收缩而不引起其他变化．所有这些表述都是等价的、相互依存的，这种等价性可以通过以下几个示例得到证明．

授课录像：各种表述等价

首先证明，开尔文表述与克劳修斯表述是等价的，即由开尔文表述正确证明克劳修斯表述正确，或者由克劳修斯表述正确证明开尔文表述正确．

授课录像：补充例题

NOTE

用反证法，如图 5-25(a)所示，假设开尔文表述错误，即能够从单一热源吸热 Q_1，使之全部转化为有用功 W 而不引起其他变化．让这个功驱动一个工作在同一个高温热源和同一个低温热源之间的制冷机，使之从低温热源取走热量 Q_2，功 $W=Q_1$ 和热量 Q_2 一起进入高温热源．热量 Q_1 从高温热源出来，又有热量 Q_1+Q_2 返回，所以有净热量 Q_2 返回．整个过程等效为，热量 Q_2 由低温热源传到高温热源，而没有引起其他变化(做功 W 在整个系统内部进行，没有对环境产生影响)，明显违反了克劳修斯表述．这样，由开尔文表述错误，证明了克劳修斯表述错误．所以，其逆否命题"克劳修斯表述正确则开尔文表述正确"就成立了．

反过来，如图 5-25(b)所示，假设克劳修斯表述错误，即热量 Q_2 能够自动地由低温热源传到高温热源．让一个工作在同一个高温热源和同一个低温热源之间的热机从高温热源吸热 Q_1，对外做功 W，恰好向低温热源放热 Q_2．结果，热机与低温热源之间没有净热量的流动，而从高温热源流出的净热量为 Q_1-Q_2，它全部转化为对外所做的功 W．整个过程等效为，从单一热源吸热 Q_1-Q_2，使之全部转化为有用功 W 而不引起其他变化(对低温热源的影响已经消除)．这明显违反了开尔文表述．这样，由克劳修斯表述错误，证明了开尔文表述错误．所以，其逆否命题"开尔文表述正确则克劳修斯表述正确"就成立了．

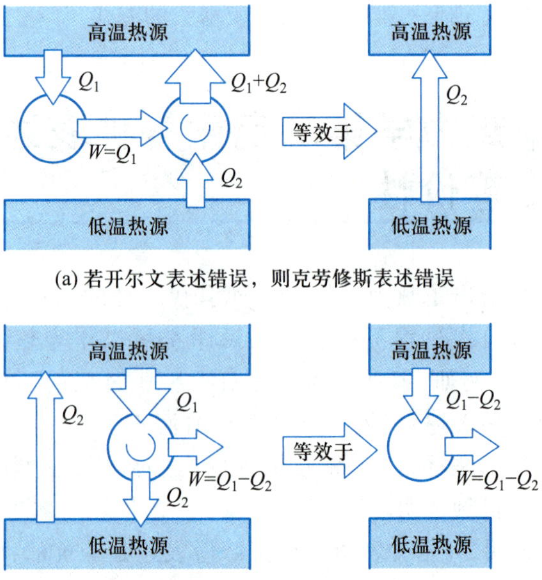

(a) 若开尔文表述错误，则克劳修斯表述错误

(b) 若克劳修斯表述错误，则开尔文表述错误

图 5-25　用反证法证明热力学第二定律的克劳修斯表述和开尔文表述等价

还可以证明“气体不能自动收缩而不引起其他变化”的表述与开尔文表述等价．如图 5-26 所示，假设这个表述错误，即气体能够自动收缩而不引起其他变化．让一个带活塞、内有理想气体的气缸与一个热源接触，从该热源吸热 Q，使理想气体经过等温膨胀，对外做功 W，功 W 与 Q 相等．让已经膨胀了的理想气体自动收缩而不引起其他变化，最后让活塞再回到原位，因为活塞左侧附近没有气体，所以活塞不对理想气体做功．在整个过程中，理想气体最后回到了初态．整个过程等效为，从热源吸收热量 Q，它全部转化为对外所做的功 W，而没有引起其他变化，违反了开尔文表述．所以如果气体能够自动收缩而不引起其他变化，那么开尔文表述是错误的，即由开尔文表述正确能够得到这个表述正确．读者可设置情境，由这个表述正确证明开尔文表述正确．

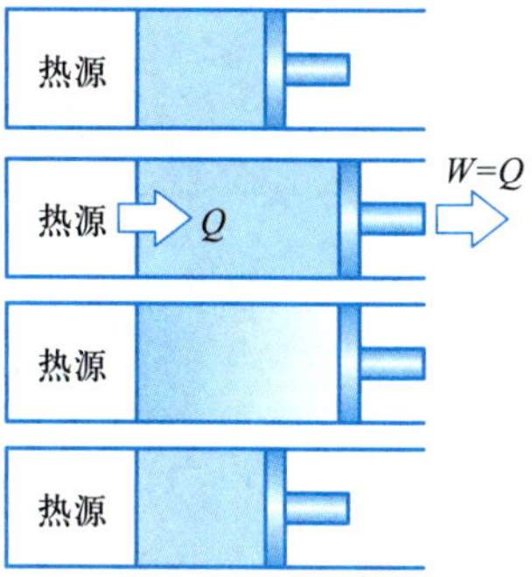

图 5-26 用反证法证明“气体不能自动收缩而不引起其他变化”的表述与开尔文表述等价

5.7 热力学第二定律的统计意义 玻耳兹曼熵

热力学第二定律是关于宏观自然过程进行方向的规律，有多种等价的表述方式．自然界会发生各种各样的宏观过程，它们有什么共性呢？如果找到这些共性，热力学第二定律就可以统一成一种表述．既然热力学系统由大量的微观粒子组成，通过研究宏观过程进行时微观粒子的分布和运动，就有可能找到隐藏在背后的统一规律．

5.7.1 热力学第二定律的微观意义

我们还是从分析功热转化、热传导和气体绝热自由膨胀三个宏观自然过程开始，它们都是典型的不可逆过程．

首先看功热转化过程．无论是体积功，还是力的功、电场功、磁场功，或者其他形式的功，都涉及微观粒子的整体运动，而“热”指的是无规则热运动能量．所以，功热转化过程就是机械能、电能等转化为内能的过程，是分子的规则运动向分子的不规则运动的转化过程，是分子相对有序运动向分子相对无序运动的转化过程．

授课录像：热力学第二定律的微观解释

再看热传导过程．两个温度不同的物体接触，热量自动由高

NOTE

温物体向低温物体传递,最后两物体温度相同,达到热平衡. 开始时,高温物体分子的平均动能大于低温物体分子的平均动能,两物体可以按照内部分子平均动能来排序,是一种有序. 后来,两物体内部分子的平均动能一致,这种排序不再能实现,是一种无序. 所以,热传导过程是分子相对有序分布向相对无序分布的转化过程.

最后看气体的绝热自由膨胀过程,这是由非平衡态向平衡态转化的过程. 开始的非平衡态,容器一侧有气体,另一侧无气体. 虽然在有气体的一侧,分子的分布是无序的,但是两侧完全不同,构成了一种排列,具有有序的成分. 后来两侧处于平衡态,这种排列消失,相应的有序成分也没有了. 所以,绝热自由膨胀过程是分子分布由无序性低向无序性高的转化过程.

可见,宏观自然过程总是沿着分子运动无序性增大的方向进行. 反过来,系统若进行的是由无序向有序的转化,则必然对环境产生了某种影响. 这就是自然过程方向性的微观意义,或热力学第二定律的微观意义.

但是需要说明的是,这个微观意义是对大量分子的统计规律,分子数越多,越符合这个规律. 如果系统只有少量分子,就可能没有这个结果. 例如,如果只有三五个分子存在于容器中,那么它们完全可能自动地集中在容器的一侧,导致无序性降低.

生物作为一个系统,其生长、消亡过程也符合这个规律. 生物从出生到成熟,是一个由相对无序到相对有序的过程,它们必然与周围环境发生关系,例如饮食、排泄、呼吸等. 生物死亡后,它们与环境的这种联系基本中断,被自然降解,发生由相对有序到相对无序的过程,最后重归自然. 生物进化过程也是这样,地球生物由微生物到多细胞生物,由低等植物到高等植物,由无脊椎动物到脊椎动物,由鱼类、两栖类、爬行类到哺乳类、人类,都是由相对无序向相对有序的发展. 进化的发生都有赖于太阳提供能量,也就是生物圈系统与太阳发生了联系. 如果太阳突然消失,生物圈必然崩溃,朝着无序的方向发展.

经济领域的一些过程也符合这个规律. 金融系统包含很多经济个体,如果没有任何外界信息的提供,就可以看作封闭系统. 大家没有信息的指引,就会有买入的,有卖出的,必然越来越无序;如果政策、法律、外围经济形势等因素向好,这可以比喻为外界对系统做功,金融系统就会蓬勃发展,越来越有序.

5.7.2 热力学第二定律的统计意义

为了找到定量描述系统无序与有序的方法，有必要利用统计方法探索宏观态与微观态的关系.

授课录像：宏观态与微观态的关系

我们知道，热力学状态包括宏观态和微观态．宏观态又分为平衡态和非平衡态，平衡态系统用总体的热力学参量来描述，例如压强、体积、温度、内能等；非平衡态系统可以看作由很多处于平衡态的小局部系统组成，因而可用各个局部的热力学参量来描述．微观态用系统内每个分子的坐标、速度来描述．每个分子坐标有 3 个，速度分量有 3 个，所以对 N 个分子的系统，有 $6N$ 个微观量．如果分子不是单原子分子，而是双原子分子或多原子分子，那么还需考虑转动和振动，会有更多的微观量.

对于气体的宏观态，尤其是非平衡态，需要知道每个小局部范围或体积元内的压强和温度．压强与体积元内的分子数有关，温度与体积元内每个速度分量微分区间内的分子数有关，即与麦克斯韦速度分布有关．所以，若想确定宏观态，就需要确定每一个坐标分量微分区间 $x\sim x+\mathrm{d}x$、$y\sim y+\mathrm{d}y$、$z\sim z+\mathrm{d}z$，每一个速度分量微分区间 $v_x\sim v_x+\mathrm{d}v_x$、$v_y\sim v_y+\mathrm{d}v_y$、$v_z\sim v_z+\mathrm{d}v_z$ 内的分子数. 为了使这些微分区间内的分子数具有可比性，要求每个 $\mathrm{d}x\mathrm{d}y\mathrm{d}z$ 相等，每个 $\mathrm{d}v_x\mathrm{d}v_y\mathrm{d}v_z$ 也相等.

对于气体的微观态，要确定每个分子的坐标和速度，就意味着要确定每个分子处于哪个坐标分量微分区间、哪个速度分量微分区间内.

这说明，每一个微分区间内的分子数确定了，宏观态就确定了，不需考虑是哪些分子处在这些微分区间内；但是处在一个微分区间内的一个分子换成其他分子，微观态就不相同了．所以，对一个宏观系统，宏观态数目相对较少，微观态数目相对较多.

NOTE

下面以气体绝热自由膨胀时分子分布的经典物理解释为例，讨论微观态与宏观态的对应关系．为简单起见，忽略速度分量因素，而坐标也不进行微分区间那么精细的划分，只考虑两个区间，即容器分为两个相等容积部分的情形.

先从分析少数分子组成的系统开始．绝热容器用隔板分成左右两个相等的部分．设容器内只有 4 个分子，分别用 a、b、c、d 标记，都处于容器的左侧．将隔板抽去，由于无规则运动，4 个分子在左右两侧的分布将发生变化．按照上述分析，若想确定微观态，就需要知道每个分子处于容器的哪一侧；若想确定宏观态，则只需要知道容器左右两侧各有几个分子．表 5-2 给出了 4 个分

NOTE

子组成的系统的宏观态和微观态及其相互对应关系．可以看出，共有 5 个宏观态和 16 个微观态．这 5 个宏观态中，左右两侧分子数相同（左 2，右 2）的宏观态对应的微观态数目最多（6 个），其他类型宏观态对应的微观态数目较少．

表 5-2　4 个分子组成的系统在容器左右两侧分配的所有宏观态和微观态

微观态		宏观态		宏观态对应的微观态数目
左	右	左	右	
abcd	无	4	0	1
abc abd acd bcd	d c b a	3	1	4
ab ac ad bc bd cd	cd bd bc ad ac ab	2	2	6
d c b a	abc abd acd bcd	1	3	4
无	abcd	0	4	1

考虑一般情况，若总分子数为 N，则容器左侧分子数 n 可以取为 $0,1,2,3,\cdots,N$，每种情况对应一种宏观态．所以宏观态可以用左侧分子数 n 为序号来标示，这样共有 $N+1$ 个宏观态．第 n 个宏观态对应的微观态数目就是 N 中选 n 的组合数，即 C_N^n．这样整个系统共有 $C_N^0+C_N^1+C_N^2+\cdots+C_N^N=2^N$ 个微观态．

统计物理有一个基本假设，孤立系统每个微观态出现的概率相同（绝热自由膨胀的系统是孤立系统），称之为等概率假设．这就是说，虽然在每一瞬间，系统的微观态总是变化的，但是在足够长的时间内，任一微观态出现的概率相等．因此，第 n 个宏观态出现的概率为 $P_{n,N}=C_N^n/2^N$．容易算出，随着总分子数 N 的增加，左右两侧分子数相等和基本相等的宏观态出现的概率将迅速增大，而左右两侧分子数差别较大的宏观态出现的概率则迅速减小，如图 5-27 所示．例如，对于 $N=100$，任一侧分子数与 50 相差不超过 3 的概率是 $\sum_{i=-3}^{3}P_{50+i,100}\approx 0.515$，含分子较少的一侧的分子数不超过 3 的概率是 $2\sum_{i=0}^{3}P_{i,100}\approx 2.63\times 10^{-25}$．

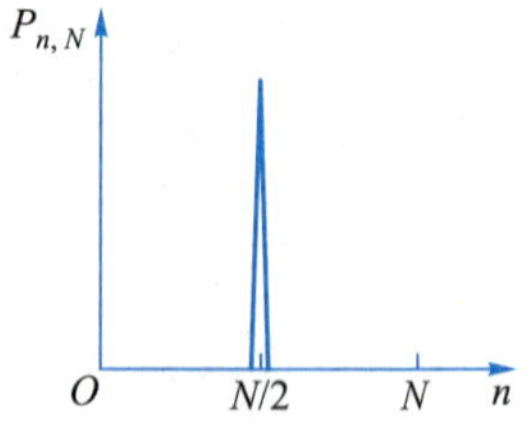

图 5-27　当总分子数 N 较大时，以容器左侧分子数 n 表示的宏观态出现的概率 $P_{n,N}$ 随 n 的变化

对于宏观气体系统，分子数约为 $N=10^{23}$，左右两侧分子数相

等的概率取最大值 $P_{N/2,N}$. 可以证明,容器一侧的分子数与$N/2$的差值仅占 $N/2$ 的10^{-10}比例的概率与 $P_{N/2,N}$之比约为10^{-217}. 所有分子都集中在一侧的概率 $P_{0,N}$和 $P_{N,N}$都小得不可思议,即使随机按动计算机键盘上百万次,打出一部长篇小说的概率也比这个概率大得多. 这说明,分子在容器两侧平均分配和极其接近平均分配的宏观态出现的概率极其接近 1,这种“实际上必然出现”的宏观态正是系统的平衡态. 与此相反,分子在容器两侧分配差别较大的宏观态出现的概率极其接近 0,这种“原则上可能出现但实际上不会出现”的宏观态是典型的非平衡态. 所以从统计物理的角度看,气体绝热自由膨胀由非平衡态向平衡态转化,就是由出现概率非常小的宏观态向出现概率最大的宏观态转化,或由包含微观态数目非常少的宏观态向包含微观态数目最多的宏观态转化. 气体绝热自由膨胀过程不可逆(即气体不可能自动收缩到膨胀前的状态),是因为气体不会自动回到包含微观态数目非常少的非平衡态.

NOTE

总之,实际观察到的宏观态总是出现概率较大的宏观态(平衡态),而出现概率较小的宏观态(非平衡态)不容易被观察到. 如果系统由于外界条件的改变而处于非平衡态,那么它会自发地向新的平衡态过渡. 宏观自然过程是系统由非平衡态向平衡态转化的过程,也就是由包含微观态数目少的宏观态向包含微观态数目多的宏观态转化的过程.

5.7.3 热力学概率 玻耳兹曼熵

对于孤立系统,根据微观态出现的等概率假设可知,一个宏观态出现或被观察到的概率与该宏观态包含的微观态数目成正比. 如果把宏观自然过程看作由一系列宏观态组成,那么从统计意义上看,这些宏观态出现的概率一直增大,各宏观态包含的微观态数目也一直增大. 所以,可以用一个宏观态包含的微观态数目来定量描述宏观自然过程方向性,玻耳兹曼把这个量定义为该宏观态的**热力学概率**,用 Ω 表示. 注意它不像数学中的概率那样,是一个小于等于 1 的数,相反,它是一个巨大的数. 宏观态确定了,其对应的微观态数目就确定了,热力学概率就确定了;宏观态变化了,热力学概率也会改变,所以它是系统状态的函数. 像内能一样,它也是状态函数.

授课录像:热力学概率和玻耳兹曼熵

热力学概率

热力学概率是统计物理中的一个重要概念,对它需要进行一些说明.

NOTE

(1) 热力学概率 Ω 越大的宏观态,相应的微观态数目越多,微观态越变化多端,分子分布越混乱;Ω 越小的宏观态,相应的微观态数目越少,系统越有一定之规. 因此,Ω 是分子热运动无序性的量度,Ω 越大,热力学系统越无序.

(2) 对于孤立系统,平衡态是 Ω 为最大值的宏观态. 若孤立系统最初宏观态的 Ω 不是最大值,则它将向 Ω 增大的宏观态过渡,最后达到 Ω 为最大值的宏观态,即系统由有序向无序、由非平衡态向平衡态转化. 这从微观角度解释了自然过程进行方向的一般规律,是热力学第二定律的微观本质.

热力学概率 Ω 的值太大了,用起来不方便,玻耳兹曼对它取自然对数. 如果分子数 N 巨大,平衡态对应的微观态数目就趋于微观态的总数,在前面气体绝热自由膨胀的例子中为 2^N,这样取对数得到的结果就与分子数相当. 1877 年,玻耳兹曼引入热力学量 S,用它代替 Ω 表示系统处于一定宏观态时的无序性,它与 $\ln\Omega$ 成正比. 1900 年,普朗克(M. Planck)把它与玻耳兹曼常量 k 相乘,写成

$$S=k\ln\Omega \tag{5-41}$$

玻耳兹曼熵

使它成为一个实用的热力学宏观量. 后人把这个宏观量称为**玻耳兹曼熵**,它与玻耳兹曼常量的量纲相同,因此单位也为 J/K.

对理想气体绝热自由膨胀过程,设体积膨胀了一倍,则初、末两态的热力学概率和玻耳兹曼熵分别为

初态: $\Omega_1=C_N^0=1,\quad S_1=k\ln\Omega_1=0$

末态: $\Omega_2=C_N^{N/2},\quad S_2=k\ln\Omega_2=k\ln\dfrac{N!}{[(N/2)!]^2}$

对于很大的数 M,有斯特林公式 $\ln M!=M\ln M-M$. 所以

$$S_2=kN\ln 2=k\nu N_A\ln 2=\nu R\ln 2$$

该过程熵的变化量为

$$\Delta S=S_2-S_1=\nu R\ln 2 \tag{5-42}$$

玻耳兹曼熵是热力学中描述自然过程进行方向的实用宏观量,其性质可从热力学概率的性质推论得到.

(1) 玻耳兹曼熵是状态函数,具有可加性. 两个分系统的热力学概率相乘等于合系统的热力学概率,$\Omega=\Omega_1\Omega_2$,所以两个分系统的熵相加等于合系统的熵,即 $S=k\ln\Omega=k\ln\Omega_1+k\ln\Omega_2=S_1+S_2$. 这就像两个分系统的内能相加等于合系统的内能一样.

(2) 与热力学概率一样,玻耳兹曼熵也用来描述系统的无序性,其值越大,系统越无序.

(3) 玻耳兹曼熵的变化量 ΔS 描述了过程进行的方向. 孤立系统中进行的自然过程总沿熵增大的方向,所以 $\Delta S>0$. 达到平衡态时,熵取最大值.

授课录像:例 5-9

例 5-9

理想气体在绝热自由膨胀过程中，体积由 V_1 变化到 V_2．计算这个过程中玻耳兹曼熵的变化量．

解：理想气体在绝热自由膨胀过程中，内能不变．而理想气体内能只与温度有关，且与温度成正比，所以初、末两个平衡态的温度相同．由于麦克斯韦速度分布律只与分子质量和温度有关，因此系统初、末两态分子速度分布情况相同．这样，用分子速度描述的微观态分布就没有变化，确定微观态时不需考虑速度参量，只需考虑坐标参量．

设系统有 N 个分子，体积为 V，将该体积分成 m 个等大的体积元，每个分子都可出现在任一体积元中．N 个分子分布于 m 个体积元中的可能性有 m^N 种，故所有微观态总数为 m^N．因为任一分子在每个体积元中出现的概率相等，所以当 N 很大时，一定条件下平衡态包含的微观态数目占微观态总数的比例极其接近 1，或者说平衡态的热力学概率 Ω 就等于 m^N．

把 Ω、m、V 加上下角标 1 和 2，分别代表初态和末态的量．根据玻耳兹曼熵的定义，可得理想气体在绝热自由膨胀过程中，从初态到末态熵的变化量为

$$\Delta S=S_2-S_1=k\ln\Omega_2-k\ln\Omega_1=k\ln\frac{\Omega_2}{\Omega_1}$$

$$=k\ln\frac{m_2^N}{m_1^N}=kN\ln\frac{m_2}{m_1}$$

由于体积元等大，所以体积元个数与体积成正比，即

$$\frac{m_1}{m_2}=\frac{V_1}{V_2}$$

这样，玻耳兹曼熵的变化量就为

$$\Delta S=\nu R\ln\frac{V_2}{V_1} \qquad (5-43)$$

由 $V_2>V_1$ 得 $\Delta S>0$，说明绝热自由膨胀过程中熵增加，系统变得更加无序．

在 5.7.2 节中讨论热力学第二定律的统计意义时，我们没有把绝热容器内的空间划分为体积元，只非常粗略地将其划分为左右两个相等的体积．例 5-9 中虽然做了精细的体积元划分，但是体积元个数 m 与体积 V 成正比，所以气体绝热自由膨胀过程的熵变与 m 没有直接关系，只与 V 有关，如式(5-43)所示．可见，如果气体体积膨胀了一倍，就没有必要把空间划分为那么多的体积元，只划分为左右两个相等的体积并不“粗略”．这一点由式(5-43)中令 $V_2=2V_1$ 得式(5-42)就可以看出，体积元的“精细”划分和“粗略”划分得到了同样的结果．

5.8 可逆过程的条件 克劳修斯熵

玻耳兹曼熵是通过系统宏观态包含的微观态数目即热力学

概率给出定义的，用来表示系统的混乱或无序程度．上节我们计算了气体绝热自由膨胀过程的玻耳兹曼熵变，发现它虽然从分析系统的微观态出发得到，但是结果却由宏观量表达出来．这提示我们，熵能否用宏观量给出定义？下面我们再回到宏观角度来研究这个问题．

5.8.1 可逆过程的条件

授课录像：可逆过程的条件

一切宏观自然过程都是不可逆过程，5.6 节中通过对功热转化、热传导、气体绝热自由膨胀三个典型的宏观自然过程的分析，总结得到这个结论．那么，这些不可逆过程中有哪些因素使其不可逆？怎样“除去”这些不可逆因素，从而“实现”可逆过程？或者说，可逆过程的条件是什么？

需要注意的是，可逆过程只是一个理想化模型，只具有理论意义．实际过程只能向它趋近，而不能达到．这里从理论上研究这一问题，对实际应用具有指导作用，理论结果将明确实际应用的努力方向．

下面我们来分析对做功过程和热传导过程作怎样的限制才能趋近可逆过程．

首先看做功过程．密闭的绝热容器右侧有绝热活塞，容器内部盛有气体．推动活塞，压缩气体，使活塞位置由 l_1 变为 l_2，气体体积 V 由 V_1 减小为 V_2，压强 p 由 p_1 增大为 p_2．设这个绝热压缩过程为正过程，如图 5-28(a) 所示，则气体由 p_2、V_2 绝热膨胀，经原来路径返回 p_1、V_1 的过程就为逆过程，如图 5-28(b) 所示．

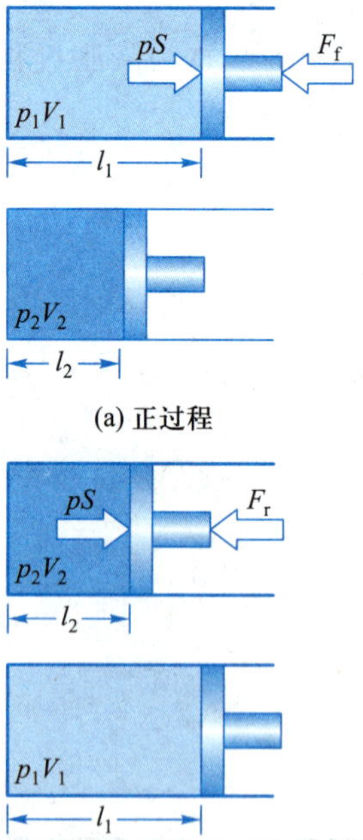

(b) 逆过程

图 5-28 可逆与不可逆的做功过程

在正过程中，外界推动活塞的力的大小为 F_f，它对气体所做的功为

$$W_f=\int_{l_2}^{l_1}F_f\mathrm{d}l>0$$

气体对外界的压力的大小为 pS，它对外界所做的功为

$$W=\int_{l_1}^{l_2}pS\mathrm{d}l=\int_{V_1}^{V_2}p\mathrm{d}V<0$$

在逆过程中，外界对气体的力的大小为 F_r，它对气体所做的功为

$$W_r=\int_{l_1}^{l_2}F_r\mathrm{d}l<0$$

气体对外界的压力的大小仍表示为 pS，它对外界所做的功为

$$W'=\int_{l_2}^{l_1}pS\mathrm{d}l=\int_{V_2}^{V_1}p\mathrm{d}V>0$$

因为气体经原来正过程路径返回至初态，所以 $W'=-W$.注意这几

NOTE

个功都是变力的功.

如果活塞和器壁间存在摩擦力,那么正过程中力 F_f 需克服力 pS 做功,所以每时每刻均有 $F_f>pS$;逆过程中力 pS 克服力 F_r 做功,所以 $pS>F_r$. 由 $F_f>pS>F_r$ 可知 $|W_f|>|W|>|W_r|$. 如果做功过程为非静态过程,做功较快,那么各功也有同样的关系. 这个关系表明,逆过程中外界对气体的负功 W_r 不足以抵消正过程中外界对气体的正功 W_f. 如果把正过程中气体和受影响的部分环境看作新的系统,那么正过程中新系统的环境没有变化,而逆过程中新系统没有恢复原状. 想使新系统恢复原状,需要新系统对其环境做功,这样就会对新系统的环境产生影响,按照 5.6.2 节的定义,正过程是不可逆过程.

如果是无摩擦的准静态过程,不需克服摩擦力,做功无限慢,F_f 只需比 pS 大一个无穷小量就能实现正过程,即 $F_f=pS+\mathrm{d}F$;pS 只需比 F_r 大一个无穷小量就能实现逆过程,即 $F_r=pS-\mathrm{d}F$. 无穷小力 $\mathrm{d}F$ 所做的功是无穷小量,可忽略,故 $|W_f|=|W|=|W_r|$. 这样,在逆过程中气体完全返回初态,外界对气体的负功 W_r 完全抵消正过程中外界对气体的正功 W_f,也就是说上述新系统完全返回原状,并且对其环境无影响,按照定义,正过程是可逆过程.

由此可以得到一个有用的结论,无摩擦的准静态做功过程是可逆过程.

再看热传导过程. 如图 5-29(a)所示,通过与温度为 T_2 的热源接触,温度为 T_1 的物体吸热,最终达到热平衡,物体温度升高到 T_2. 如果设这个过程为正过程,那么物体温度沿原来路径由 T_2 降为 T_1 的过程是逆过程. 要使逆过程发生,物体与原来的热源接触是不行的,而要与温度为 T_1 的热源接触,经过热传导最终达到热平衡,物体温度返回 T_1. 把物体和热源 T_2 当作一个系统,正过程在这个新系统内进行,且对环境没有影响,但逆过程中热量需由物体传至热源 T_1(环境),再由热源 T_1 传至热源 T_2,但后者的热量传递是由低温热源向高温热源. 虽然新系统恢复了原状,但必然对环境产生影响.按照定义,像这样的不等温热传导都是不可逆过程.

那么怎样使热传导成为可逆过程呢? 有一种方法,如图 5-29(b)所示,先让温度为 T_1 的物体与温度为 T_1 的热源接触,处于热平衡. 再让物体与温度高一个微分量 $\mathrm{d}T$ 的热源接触,物体吸收微分热量,达到热平衡,温度升高到 $T_1+\mathrm{d}T$. 再让物体与温度又高一个微分量 $\mathrm{d}T$ 的热源接触,吸热,温度又升高到 $T_1+2\mathrm{d}T$. 就这样,让物体依次与温度高一个微分量的热源接触,吸热,直到物体接触到温度为 $T_2-2\mathrm{d}T$、$T_2-\mathrm{d}T$、T_2 的热源,最终达

到温度 T_2. 通过这种方式,物体从一系列热源吸热,温度也由 T_1 升高到 T_2. 显然,这个正过程是非常缓慢的过程,是准静态过程.

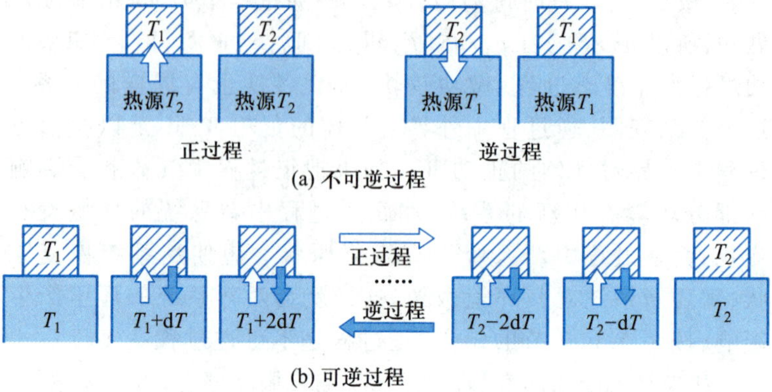

图 5-29 可逆与不可逆的热传导过程(白、蓝箭头分别为正、逆过程的传热方向)

如果想进行逆过程,使物体温度由 T_2 降为 T_1,就让物体由后向前依次与温度低一个微分量的热源接触,缓慢放热,当然这也是准静态过程. 可见,温差无限小的热传导过程是准静态过程,把这种温差无限小的热传导称为等温热传导. 在由物体和这些热源组成的大系统中,正过程在大系统内进行,对外界无影响;逆过程也能在大系统内进行,也对外界无影响. 按照定义,这是可逆过程.

由此又得到一个有用的结论,等温热传导过程是可逆过程.

最后讨论气体绝热自由膨胀过程. 这个过程是典型的不可逆过程,采取任何措施都不可能使其变为可逆过程. 但是考虑到理想气体绝热自由膨胀过程中,末态与初态相比,体积增大,压强降低,温度相等,状态参量由 p_1、V_1、T 变为 p_2、V_2、T,可以用准静态等温膨胀过程来连接初态和末态. 在这个过程中,让热源温度比气体温度高一个微分量 dT,使气体吸热能够缓慢进行;消除一切摩擦力,并让外力一直保持比气体压力小一个微分量 dF,使气体缓慢膨胀. 按照热力学第一定律,气体从热源吸收的热量全部转化为对外所做的功,且吸热是等温热传导,做功是无摩擦的准静态过程,所以这个正过程是可逆过程. 显然,相应的逆过程就是准静态等温压缩过程,气体状态参量由 p_2、V_2、T 返回 p_1、V_1、T. 在这个逆过程中,气体向温度低一个微分量 dT 的热源放热,外力一直保持比气体压力大一个微分量 dF.

可见,相对于正过程,热源温度和外力只需改变一个无穷小量,就能实现相应的逆过程. 所以,如果热源温度、外力等外界条件改变无穷小量就可以使一个过程反向进行,那么该过程是可逆过程. 这是可逆过程的又一个判定方法.

NOTE

5.8.2 卡诺定理

授课录像：卡诺定理

系统经过一系列过程，又回到了原来状态，这一系列过程就构成一个循环．循环既可以是准静态循环也可以是非静态循环．准静态循环在 $p-V$ 图中用一个闭合曲线表示．若组成一个循环的所有过程都是可逆过程，则这个循环称为可逆循环．若组成一个循环的各个过程都是不可逆过程，或其中部分过程是不可逆过程，则该循环称为不可逆循环．

卡诺循环是一个理想化循环过程，由两个准静态等温过程和两个准静态绝热过程组成．两个等温过程的热量传递是系统与两个恒温热源接触的等温热传导，两个绝热过程没有热传导．四个过程都有做功，设其没有摩擦．由 5.8.1 节分析可见四个过程都是可逆过程，因此卡诺循环是可逆循环．在一般的可逆循环中，工作物质至少与两个热源发生热传递，这是热力学第二定律要求的．而卡诺循环仅涉及两个热源，是热源数目的最少情况，由此可得到**卡诺定理**：

卡诺定理

（1）在相同的高温热源和相同的低温热源之间工作的一切不可逆热机，其效率不可能大于卡诺热机的效率．

（2）在相同的高温热源和相同的低温热源之间工作的一切卡诺热机，其效率都相等，与工作物质无关．

卡诺定理提出时，其证明是用热质说给出的，而且不包含热力学第一定律．这里利用热力学第一定律和热力学第二定律给出严格证明．

（1）如图 5-30 所示，温度分别为 T_1 和 T_2 的高温热源和低温热源之间有两个热机在工作，一个是可逆卡诺热机，一个是不可逆热机．我们用反证法证明，可逆卡诺热机的效率大于不可逆热机的效率．

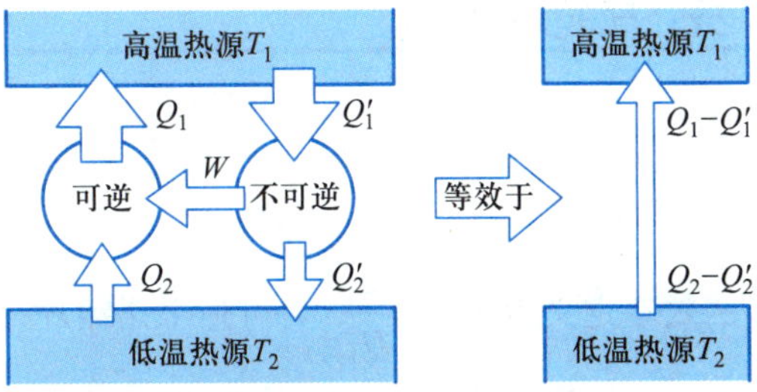

图 5-30 卡诺定理的证明图示

设不可逆热机从高温热源吸热 Q_1'，对外做功 W，并对低温热源放热 Q_2'．利用功 W 驱动可逆卡诺热机反向工作（即制冷机），

NOTE

使其从低温热源吸热 Q_2，向高温热源放热 Q_1. 可逆热机的效率为 $\eta=W/Q_1$，不可逆热机的效率为 $\eta'=W/Q_1'$. 设 $\eta'>\eta$，则 $Q_1>Q_1'$. 热力学第一定律对两个热机都成立，即

$$Q_1=Q_2+W,\quad Q_1'=Q_2'+W$$

两式相减，得到

$$Q_1-Q_1'=Q_2-Q_2'$$

根据 $Q_1>Q_1'$ 可知上式两端均为正，Q_2-Q_2' 就表示低温热源的净放热，而 Q_1-Q_1' 表示高温热源的净吸热. 二者相等表示两热机构成的系统经过一个循环后唯一的变化就是，一部分热量自动地由低温热源传导至高温热源. 这与热力学第二定律的克劳修斯表述矛盾，所以 $\eta'\leqslant\eta$. 这表示不可逆热机的效率一定不高于可逆卡诺热机的效率.

（2）在高温热源 T_1 和低温热源 T_2 之间有两个可逆卡诺热机 A、B 在工作，设其效率分别为 η_A 和 η_B，现证明二者相等. 若 B 输出功，驱动 A 反向工作，根据上面的推导，应该有 $\eta_A\geqslant\eta_B$. 反过来，若 A 输出功，驱动 B 反向工作，应该有 $\eta_B\geqslant\eta_A$. 这样，结果只能是 $\eta_A=\eta_B$.

实际上一般的可逆热机的效率也不高于可逆卡诺热机的效率. 这一点的证明比较复杂，这里就不再证明了.

卡诺循环和卡诺定理的提出，对热力学的发展具有特别重要的意义，它实际上直接孕育了热力学第二定律.

可逆热机效率只与热源温度有关，因此可根据可逆热机的效率确定温度差，这是定义热力学温标的依据. 热力学温标在标度上与理想气体温标相同，单位都是 K，1 K 的大小也是一样的，但是两者的定义是不同的. 关于如何用卡诺定理定义热力学温标，请参考有关教材.

5.8.3 克劳修斯熵

授课录像：克劳修斯熵

本节利用可逆热机的性质，推导并定义熵的一种新的形式——克劳修斯熵.

热循环的效率定义为 $\eta=1-\dfrac{Q_2}{Q_1}$. 对可逆卡诺循环，Q_1 和 Q_2 分别为理想气体在高温等温过程中的吸热和在低温等温过程中的放热，其效率也可以表示为 $\eta=1-\dfrac{T_2}{T_1}$，其中 T_1 和 T_2 分别为高温和低

温等温过程的温度．联合两式，可得$\frac{Q_1}{T_1}-\frac{Q_2}{T_2}=0$. 仍然采取热力学第一定律计算时的符号规定，即吸热 Q_1 为正，放热 Q_2 为负，可得

$$\frac{Q_1}{T_1}+\frac{Q_2}{T_2}=0 \qquad (5-44)$$

根据卡诺定理，一切工作于 T_1 和 T_2 之间的可逆卡诺热机的效率都相同，我们可以用这个关系式研究任意的可逆循环.

考虑图 5-31 中闭合曲线表示的任意可逆循环，此可逆循环可用一系列窄条可逆卡诺循环来代替，其中卡诺循环很短的等温线逼近可逆循环曲线．两个相邻窄小卡诺循环共用的绝热线方向相反，且表示可逆过程，所以效果互相抵消．在第 i 个窄条卡诺循环中，工作物质从高温热源 T_{i1} 吸收热量 Q_{i1}，并向低温热源 T_{i2} 放出热量 Q_{i2}. 由式(5-44)，有$\frac{Q_{i1}}{T_{i1}}+\frac{Q_{i2}}{T_{i2}}=0$，对所有逼近任意可逆循环曲线的窄条卡诺循环的类似关系式求和，得 $\sum\limits_i\left(\frac{Q_{i1}}{T_{i1}}+\frac{Q_{i2}}{T_{i2}}\right)=0$. 当卡诺循环数目 $i\to\infty$时，求和转化为沿可逆循环曲线（包括吸热的部分和放热的部分）的积分，即

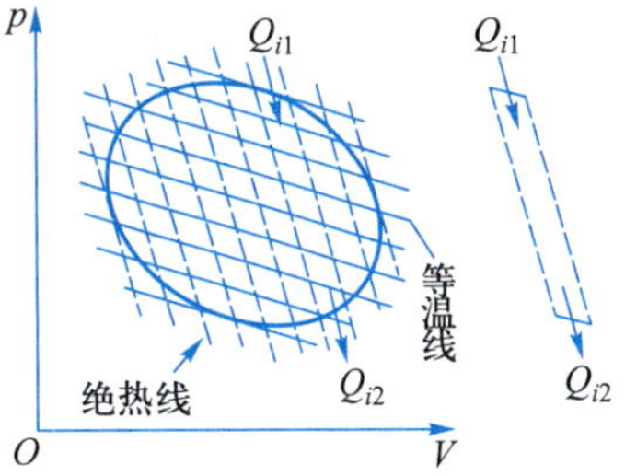

图 5-31 任意可逆循环与等效卡诺循环

$$\oint_{\mathrm{R}}\frac{đQ}{T}=0 \qquad (5-45)$$

其中，R 表示沿任意可逆循环积分，$đQ$ 为循环曲线上微分线元表示的过程中系统与外界之间传递的热量，T 为微分线元处的温度．注意微分热量又像 5.1.3 节那样写成了 $đQ$，以强调它是过程量，不是全微分．式(5-45) 说明 $đQ/T$ 沿任意可逆循环过程的环路积分为零.

如图 5-32 所示，在可逆循环曲线上任意取两点 a 和 b，把曲线分为 l_1 和 l_2 两段．于是循环积分可以写为 $\int_{a\,(l_1)}^{b}\frac{đQ}{T}+\int_{b\,(l_2)}^{a}\frac{đQ}{T}=0$，因为 $\int_{b\,(l_2)}^{a}\frac{đQ}{T}=-\int_{a\,(l_2)}^{b}\frac{đQ}{T}$，所以

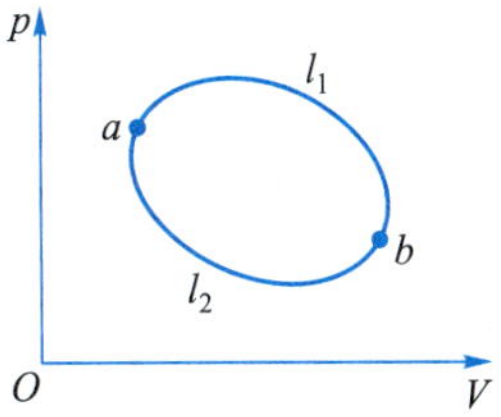

图 5-32 由两个可逆过程构成的可逆循环过程

$$\int_{a\,(l_1)}^{b}\frac{đQ}{T}=\int_{a\,(l_2)}^{b}\frac{đQ}{T} \qquad (5-46)$$

因为循环是任意的，所以路径 l_1 和 l_2 也是任意的．上式说明，$đQ/T$ 的积分只与初、末态有关，而与连接初、末态的可逆过程路径无关.

在力学中，保守力做功与路径无关，因而能够引入相应的势能，势能只是系统状态的函数．与此类似，这里也可以引入一个

克劳修斯熵

状态函数，就是**克劳修斯熵**，也用 S 表示．其变化等于末态的熵 S_2 与初态的熵 S_1 之差，或 $đQ/T$ 从初态到末态的积分，

$$\Delta S = S_2 - S_1 = \int_1^2 \frac{đQ}{T} \quad \text{(可逆过程)} \tag{5-47}$$

上式没有标定积分路径，是由于积分值与可逆过程路径无关．上式说明，系统由一个平衡态变化到另一个平衡态时，克劳修斯熵的增量等于沿这两个平衡态之间任何可逆过程中 $đQ/T$ 的积分．易见，$đQ/T$ 的积分只能确定克劳修斯熵的增量，不能确定平衡态下的具体熵值．若想求出具体熵值，必须先设定一个基准，例如设状态 1 的熵为基准 S_1，那么状态 2 的熵为 $S_2 = S_1 + \int_1^2 \frac{đQ}{T}$，这里状态 1 的选择是任意的，$S_1$ 的设定也是任意的，这与力学中势能零点的任意选择是类似的．式(5-47)的微分形式可以写为

$$dS = \frac{đQ}{T} \tag{5-48}$$

克劳修斯熵公式

式(5-47)和式(5-48)称为**克劳修斯熵公式**．熵的英文名 entropy 是克劳修斯创造的，汉字“熵”是在熵概念引入中国后才造出来的，这个汉字仅有约 100 年的历史．火字旁表示与热有关，商字边表示克劳修斯熵公式中的除式．

既然微分热量 $đQ$ 是一个过程量，而温度 T 是一个状态参量，为什么它们的商竟然是一个状态量的微分增量 dS？答案可以从热力学第一定律中找到．根据热力学第一定律，

$$đQ = dE + đW = \nu C_{V,m} dT + p dV$$

如果是理想气体，$pV = \nu RT$，那么上式可写为

$$đQ = \nu C_{V,m} dT + \frac{\nu RT}{V} dV$$

NOTE

两边除以 T，得

$$\frac{đQ}{T} = \nu C_{V,m} \frac{dT}{T} + \nu R \frac{dV}{V}$$

因为 ν、$C_{V,m}$、R 都是常量，所以对上式由状态 1 积分至状态 2，容易得到

$$\int_1^2 \frac{đQ}{T} = \nu C_{V,m} \ln \frac{T_2}{T_1} + \nu R \ln \frac{V_2}{V_1} \tag{5-49}$$

显然，上式右侧完全取决于状态参量 T 和 V 在初、末态的值，或者说，无论系统沿何种过程由初态变为末态，$\int_1^2 \frac{đQ}{T}$ 的值都相同，即它是一个与过程无关的状态量的增量，这个状态量就是克劳修斯熵 S，而 $đQ/T$ 也只能是状态量 S 的微分增量．

我们已看到,克劳修斯熵公式(5-47)和式(5-48)只适用于可逆过程,所以只有在微分的可逆过程中,热量 đQ 才能表示为 $T\mathrm{d}S$. 热力学第一定律 đ$Q=\mathrm{d}E+$đW 既适用于可逆过程,也适用于不可逆过程,其中内能 E 是状态量,热量 Q 和功 W 是过程量. 现在用 $T\mathrm{d}S$ 替换热量 đQ,用 $p\mathrm{d}V$ 替换体积功 đW,就得到

$$T\mathrm{d}S=\mathrm{d}E+p\mathrm{d}V \tag{5-50}$$

容易发现其中每一个热力学量都是状态量,这就是全部用状态参量描述的热力学第一定律,是热力学的基本微分方程. 但是需要明确的是,它只适用于可逆过程,因为在不可逆过程中 đQ 不等于 $T\mathrm{d}S$.

下面对克劳修斯熵的意义和计算方法做出一些说明.

(1) 克劳修斯熵是状态函数. 系统从初态到末态(两态均为平衡态),不管经历什么过程,也不管过程是否可逆,熵变总是取决于初态和末态的定值.

(2) 克劳修斯熵是一个宏观量,计算熵变时积分只能沿可逆过程进行. 当系统经不可逆过程由初态到末态时,不能沿不可逆过程计算克劳修斯熵变. 尽管如此,可人为设计一个连接初、末态的可逆过程,并沿此过程来计算熵变. 因为熵是状态函数,所以此不可逆过程的熵变就等于此可逆过程的熵变.

(3) 克劳修斯熵公式计算的是指定系统从初态到末态时熵的相对变化,不能确定初态或末态熵的具体值. 事实上,系统处于某状态时克劳修斯熵的绝对大小并无实际意义. 熵是系统无序性的量度,而绝对零度时物质处于能量最低、结构最有序的状态,称之为"完美晶体"的理想状态. 因此可以合乎逻辑地规定,一切物质在绝对零度时的熵都为零. 物质在其他状态时的熵值可以以绝对零度时的零熵值为参考计算出来.

NOTE

授课录像:例 5-10

授课录像:例 5-11

例 5-10

计算理想气体经绝热自由膨胀过程,体积由 V_1 到 V_2 的克劳修斯熵变.

解:因为绝热自由膨胀过程是不可逆过程,所以不能直接求克劳修斯熵变. 又因为熵是状态函数,因此可用连接初、末两个状态的可逆过程求熵变. 考虑到理想气体初、末态温度相同,用理想气体等温膨胀过程(可逆)连接两个状态. 由于 $\mathrm{d}E=0$,所以 $\mathrm{d}Q=\mathrm{d}W$,根据克劳修斯熵公式(5-47),得克劳修斯熵变

$$\Delta S=\int_1^2\frac{\mathrm{d}Q}{T}=\int_1^2\frac{\mathrm{d}W}{T}=\int_{V_1}^{V_2}\frac{p\mathrm{d}V}{T}$$

$$=\int_{V_1}^{V_2}\frac{\nu R\mathrm{d}V}{V}=\nu R\ln\frac{V_2}{V_1}>0$$

它与例 5-9 中同样过程的玻耳兹曼熵变结果相同. 熵变为正(熵增加),表示绝热自由膨胀过程是不可逆的.

例 5-11

理想气体由初态(p_1, V_1, T_1)变化到末态(p_2, V_2, T_2)，求熵变.

解：如果过程是不可逆过程，就设想用一个可逆过程连接初、末两态．此可逆过程若涉及做功就是无摩擦准静态做功过程，若涉及热传递就是与无限多的小温差热源接触的等温热传导过程．

由式(5-49)和理想气体过程方程$\frac{p_1V_1}{T_1}=\frac{p_2V_2}{T_2}$，可知熵变有三个表达形式，它们每个都有两组不同的状态参量组合，

$$\begin{aligned}\Delta S &=\nu C_{V,\mathrm{m}}\ln\frac{T_2}{T_1}+\nu R\ln\frac{V_2}{V_1}\\ &=\nu C_{p,\mathrm{m}}\ln\frac{T_2}{T_1}-\nu R\ln\frac{p_2}{p_1}\\ &=\nu C_{V,\mathrm{m}}\ln\frac{p_2}{p_1}+\nu C_{p,\mathrm{m}}\ln\frac{V_2}{V_1}\end{aligned}\tag{5-51}$$

从上式可以看出，熵变ΔS可正可负可为零，这与理想气体作为一个封闭系统，可以与外界有能量交换有关．这里的可逆过程并没有指定是什么过程，实际上由于熵是状态函数，连接初、末两态的任意可逆过程都有相同的熵变公式(5-51)，而这样的过程有无限多个．

可选择用可逆等值过程连接初、末两态，例如图 5-33 所示的 1342 过程、142 过程和 152 过程．读者可以利用克劳修斯熵公式以及等值过程的特点证明，式(5-51)的第一行表达式的两项分别是等容过程 13 和等温过程 342 的熵变，第二行表达式的两项分别是等压过程 14 和等温过程 42 的熵变，第三行表达式的两项分别是等容过程 15 和等压过程 52 的熵变.

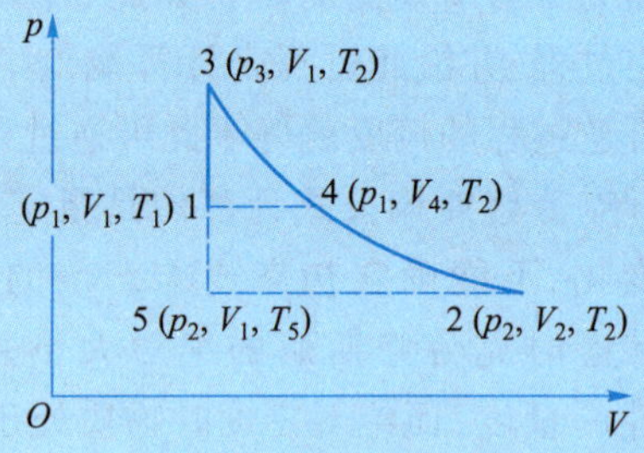

图 5-33 例 5-11 图

5.8.4 玻耳兹曼熵和克劳修斯熵的关系

授课录像：玻耳兹曼熵和克劳修斯熵的关系

根据玻耳兹曼熵和克劳修斯熵的定义和性质，可知它们之间存在一定的关系.

首先，它们是有区别的.

第一，玻耳兹曼熵是从微观上定义的，也叫微观熵，它与热力学概率的自然对数成正比，而热力学概率定义为宏观态对应的微观态数目，所以知道了系统微观态的性质才能求出玻耳兹曼熵．克劳修斯熵是用宏观量定义的，也叫宏观熵，它通过宏观状态参量来表示.

第二,玻耳兹曼熵可以描述平衡态和非平衡态. 当系统经过不可逆过程时,中间的任何一个状态都有相应的热力学概率,也就有玻耳兹曼熵;当系统由非平衡态过渡到平衡态时,热力学概率达到极大值,玻耳兹曼熵也达到极大值. 克劳修斯熵公式只能计算可逆过程的熵变,所以克劳修斯熵只能描述平衡态. 如果系统经历不可逆过程,那么必须设计一个连接初、末态的可逆过程来计算克劳修斯熵变.

尽管如此,它们还是有联系的.

第一,玻耳兹曼熵与系统宏观态的热力学概率有对应关系,因此是系统的状态函数. 克劳修斯熵的变化仅与初、末态有关,与过程无关,因此也是状态函数. 当用来描述平衡态时,两者可统一在一起,就称为熵.

第二,**熵**是与系统的无序程度相联系的,它是系统分子热运动无序程度或混乱程度的量度. 系统越无序,熵越大.

熵

第三,一个系统的内能等于它所包含的所有子系统的内能的总和,熵与内能类似,一个系统的熵也等于它所包含的所有子系统的熵的总和,把熵的这种属性称为熵的可加性.

另外,复杂系统的热力学概率一般比较难以确定,所以很少利用玻耳兹曼熵计算熵变,而由于宏观量比较容易确定,所以多用克劳修斯熵计算熵变.

5.9 熵增原理

上两节的例题分别用玻耳兹曼熵和克劳修斯熵计算了理想气体的熵变,得到了完全相同的结果,可见它们从本质上看是相通的,都是系统无序程度的量度.

5.9.1 熵增原理

根据两种熵的性质,可以得到一个重要结论,就是:

孤立系统的熵永不减少.

用公式来表示就是

$$\Delta S \geqslant 0 \quad (\text{孤立系统}) \qquad (5-52)$$

授课录像:熵增原理

这表示熵既可以不变,也可以增加,但是不能减少,这一结论只适用于孤立系统. 所谓孤立系统,是与外界完全隔离,与外界既没有能量交换也没有物质交换的系统.

熵增原理

在热力学中,这个结论称为**熵增原理**. 熵增原理可以看作热力学第二定律的最终表述,任何过程的可逆性与不可逆性都可以最终归结为状态量熵的变化量. 前面曾经说过,任何不可逆过程的叙述都可以作为热力学第二定律的表述,最后这些表述都可以归结为熵增原理的表述.

NOTE

熵增原理的表述虽然简单,但它内涵丰富,包含了三层含义.

第一,对孤立系统中发生的可逆过程,熵不变,$\Delta S=0$. 这可以通过适用于可逆过程的克劳修斯熵公式得到. 因为孤立系统的热量传递 $\mathrm{d}Q=0$,所以 $\mathrm{d}S=0$,积分得$\Delta S=0$. 冰与温度稍高的热源接触,发生等温热传导,并缓慢熔化(相变)就是这样的过程.

第二,对孤立系统中发生的不可逆过程,也就是宏观自然过程,熵增加,$\Delta S>0$. 在不可逆过程中,孤立系统越来越无序,而熵是系统混乱程度和无序性的量度,所以熵越来越大,当孤立系统达平衡态时熵达到极大值. 理想气体绝热自由膨胀是典型的孤立系统不可逆过程,例 5-9 和例 5-10 都证明了其熵增加.

第三,熵增原理似乎只提到了孤立系统这样的简单系统,实际上它也暗示了非孤立系统的熵变情况. 非孤立系统指封闭系统和开放系统. 封闭系统是与外界只有能量交换而没有物质交换的系统,开放系统是与外界既有能量交换又有物质交换的系统. 既然孤立系统的熵只能不变或增加,非孤立系统的熵就没有限定,既可以增加也可以减少、不变,最终结果视具体情况而定. 按照这个逻辑,如果一个热力学过程导致系统的熵减少,那么这个系统一定是非孤立系统. 这时系统一定对环境产生了影响,这影响使环境的熵增加了更多,结果对总熵的贡献仍然为正. 生物在生长和进化过程中变得更加有序,熵减少了,但是同时它使环境的熵增加了更多,总熵还是增加了.

授课录像:例 5-12

本课程中常见的系统是封闭系统,与外界可能有热传递和体积功的相互作用. 不能简单地由克劳修斯熵公式得出"系统吸热熵就增加,放热熵就减少"的错误结论. 实际上,做功也要影响熵值,最终需要通过熵变的计算来确定熵怎样变化.

授课录像:例 5-13

例 5-12

把质量为 1 kg、温度为 $T_1=20$ ℃的水放到温度为 $T_3=100$ ℃的恒温炉上加热,最后水的温度达到 $T_2=80$ ℃. 分别求水和恒温炉的熵变.

解：此处水的加热过程是不等温热传导，因此是不可逆过程．设计一个可逆等温吸热过程，即让水依次与无穷多个温度升高 dT 的热源接触，每次温度都升高 dT，都吸热 dQ．以这种方式把水从 $T_1=20$ ℃加热至 $T_2=80$ ℃，则水的熵变为

$$\Delta S_1=\int_1^2\frac{dQ}{T}=\int_{T_1}^{T_2}\frac{cm dT}{T}=cm\ln\frac{T_2}{T_1}$$
$$=4\ 186\ \text{J/(kg}\cdot\text{K)}\times 1\ \text{kg}\times\ln\frac{(80+273)\ \text{K}}{(20+273)\ \text{K}}$$
$$\approx 780\ \text{J/K}>0$$

恒温炉的放热过程也是不可逆过程．设计一个可逆等温放热过程，让恒温炉与稍低于 $T_3=100$ ℃的热源接触，以这种方式让恒温炉释放同样多的热量，则恒温炉的熵变为

$$\Delta S_2=\int_1^2\frac{dQ}{T_3}=\frac{Q}{T_3}=-\frac{cm(T_2-T_1)}{T_3}$$
$$=-\frac{4\ 186\ \text{J/(kg}\cdot\text{K)}\times 1\ \text{kg}\times(80-20)\ \text{K}}{(100+273)\ \text{K}}$$
$$\approx -673\ \text{J/K}<0$$

忽略加热水过程的蒸发和体积变化，则水和恒温炉两个系统都是封闭系统，都只发生了热传递，没有做功．水吸热，熵变为正，熵增加；炉子放热，熵变为负，熵减少．

例 5-13

在金属桶内，2.5 kg 的水和 0.7 kg 的冰处于温度为 0 ℃的平衡态．

(1) 将金属桶置于温度稍低于 0 ℃的房间中，使桶内达到冰和水质量相等的平衡态．求此过程中冰水混合物的熵变以及它和房间的总熵变；

(2) 随后将金属桶放于 100 ℃的恒温箱中，使冰水混合物复原．求此过程中冰水混合物的熵变以及它和恒温箱的总熵变；

冰的熔化热为 $\lambda=334$ kJ/kg，忽略金属桶的热容．

解：(1) 此过程有 0.9 kg 的水在 0 ℃下凝结成冰，发生等温热传导，是可逆过程．冰水混合物放热，$Q_1=\lambda m=-334\ \text{kJ/kg}\times 0.9\ \text{kg}\approx -301\ \text{kJ}$，则熵变为

$$\Delta S_1=\int\frac{dQ}{T}=\frac{1}{T}\int dQ=\frac{Q_1}{T}$$
$$=\frac{-301\ \text{kJ}}{273\ \text{K}}\approx -1.10\ \text{kJ/K}$$

房间吸热，$Q_2=-Q_1=301$ kJ，则熵变为

$$\Delta S_2=\int\frac{dQ}{T}=\frac{Q_2}{T}=1.10\ \text{kJ/K}$$

根据熵的可加性，总熵变为 $\Delta S_1+\Delta S_2=0$，总熵不变．这正是孤立系统可逆过程的特征．

(2) 熵是状态函数，其变化只与初、末态有关．因为冰水混合物从末态又返回了初态，所以熵变是上面 ΔS_1 的负值，即

$$\Delta S_1'=-\Delta S_1=1.10\ \text{kJ/K}$$

恒温箱放热过程是非等温热传导，是不可逆过程．设计一等温过程，让恒温箱与稍低于 100 ℃的恒温热源接触并放热，$Q_2'=Q_1=-301$ kJ. 这样恒温箱的熵变就为

$$\Delta S_2'=\frac{Q_2'}{T'}=\frac{-301\ \text{kJ}}{(100+273)\ \text{K}}\approx -0.81\ \text{kJ/K}$$

总熵变为 $\Delta S_1'+\Delta S_2'=0.29$ kJ/K，总熵增加．这正是孤立系统不可逆过程的特征．

5.9.2 能量退降与能源危机

授课录像:能量退降与能源危机

我们经常会听到人类正面临能源危机的说法．但是有人会有疑问,根据能量守恒定律,能量既不可以产生,也不可以消灭,只能从一种形式转化为另一种形式．我们燃烧化石燃料的时候,能量并没有损失,只是从化学能转化为热能,那么为什么还会有能源危机的说法？实际上,支配自然界的规律除了热力学第一定律外,还有热力学第二定律或熵增原理．我们关心的不是能量的总量,而是能量的质量．能量的质量有高低之分,现实世界中能量的质量不断降低,这称为**能量退降**．能量退降与能源危机密切相关．下面通过卡诺热机的工作来讨论这个问题．

能量退降

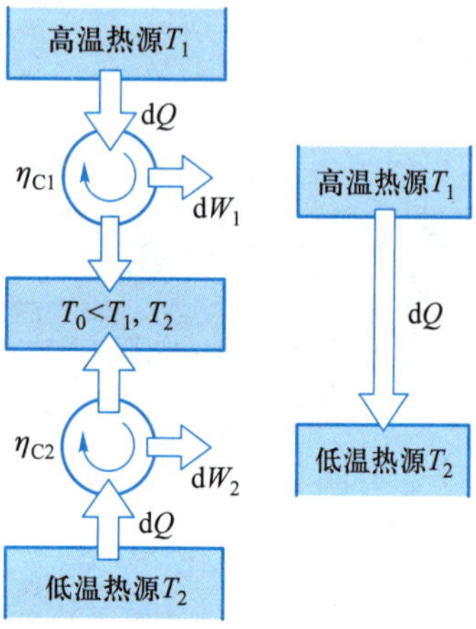

(a) (b)

图 5-34 熵增导致能量退降

如图 5-34(a)所示,有一个高温热源和一个低温热源,温度分别为 T_1 和 T_2,还有一个温度更低的热源,温度为 T_0. 有两个卡诺热机,效率分别为 η_{C1} 和 η_{C2}. 卡诺热机 1 工作在热源 T_1 和 T_0 之间,卡诺热机 2 工作在热源 T_2 和 T_0 之间．设两热机从热源 T_1 和 T_2 吸收的热量均为 dQ,对外分别做有用功

$$dW_1=\eta_{C1}dQ=\left(1-\frac{T_0}{T_1}\right)dQ \quad 和 \quad dW_2=\eta_{C2}dQ=\left(1-\frac{T_0}{T_2}\right)dQ$$

并向同一个热源 T_0 放出热量．因为 $T_1>T_2$,所以 $dW_1>dW_2$. 可见,对同样的能量 dQ,来自低温热源时,能够转化为有用功的部分要比它来自高温热源时减少了,即对外做功能力降低了,这就是能量退降．能量退降的大小为

$$dE_d=dW_1-dW_2=T_0\cdot dQ\left(\frac{1}{T_2}-\frac{1}{T_1}\right)$$

能量退降与三个热源的温度有关．它有什么意义呢？如图 5-34(b)所示,设有热量 dQ 直接由高温热源 T_1 传至低温热源 T_2,这是不等温热传导,所以是不可逆过程．显然,热传导是在这两个热源组成的大系统内进行的,它引起大系统的熵增加,这个熵增等于两个热源的熵变之和．为求出这个总熵变,设计一可逆的放热过程,让高温热源与温度比 T_1 稍低的假想热源接触,发生等温热传导．热源 T_1 的熵变为 $dS_1=\frac{-dQ}{T_1}$,$-dQ$ 表示热量为负值,即放热,所以熵变为负值．利用同样方法可求低温热源 T_2 吸热所引起的自身熵变,$dS_2=\frac{dQ}{T_2}$为正值．这样,这个热传导的总熵变就为

$$dS=dS_1+dS_2=dQ\left(\frac{1}{T_2}-\frac{1}{T_1}\right)$$

因为 $T_1>T_2$，所以总熵变大于零，即总熵增加．可以发现，能量退降 $dE_d=T_0dS$，即能量退降与熵的增加成正比，因此熵的增加是能量退降的量度.

能量退降总是伴随着熵的增加．等量的热能，如果来自高温物体，可以做较多的有用功；如果传至低温物体用于做功，只能做较少的有用功．这两个有用功的差值与等量热能直接从高温物体传递至低温物体所引起的熵的增加成正比．这还只是可逆热机的能量退降，如果是实际热机，燃料燃烧获取的热量转化为有用功的部分就更少了，其余的热量都白白流失到了低温物体，使热量的质量降低了．虽然按照能量守恒定律，自然界能量总量不变，但是燃烧石油、煤炭、天然气驱动热机的过程，必然伴随着大量的能量由高温物体传递至低温物体，而且对外所做的功最终也会间接地转化为热能，这些都是不可逆的．这样，熵就增加了，能量就退降了．从这个意义上说，随着能源的利用，我们的能源的总体质量水平越来越低，做有用功的能力越来越低，所以说人类正面临能源危机．节约能源的本质就是让能量尽量保存在燃料里的有序状态中，不使它轻易地转化为无序的热能去做功．当然，如果太阳能、核能等能够安全、廉价地大规模应用，就意味着人类开发利用了自然界中新形式的有序能量，就能够解决眼前的能源危机.

NOTE

5.9.3 热力学第二定律的探讨

热力学第二定律是对大量分子进行统计而获得的自然规律．对于少量分子系统，即使没有外界参与，分子也可能瞬时地自动处于容器的一侧，这不符合孤立系统趋于平衡态的结论．这说明不能把热力学第二定律机械地应用于少量分子的系统．

授课录像：热力学第二定律的探讨

当然，也有人把整个宇宙看作孤立系统，把热力学第二定律应用于整个宇宙．曾有人预言整个宇宙最终将在约 10^{1500} 年后达到热平衡，熵达到最大值．他们把这种状态称为热寂，即宇宙的终极命运是毫无生气的无序，也可以说是死亡．“热寂说”只是一个猜想，根本无法证实，而且，热力学第二定律能否简单地应用于如此宏大甚至无限的宇宙，也是值得商榷的．现在最流行的宇宙起源理论是宇宙大爆炸学说，它认为宇宙起源于一个奇点，现有物理理论不能描述奇点的性质，那时的宇宙是有序还是无序，根本不清楚. 接着宇宙发生暴胀，一片混沌，后来又出现粒子，演化出星系和星系群，甚至智慧生物，似乎宇宙变得越来越有序．如

NOTE

果这样，按照熵增原理宇宙应该有一个“外界”影响着它，那么这个“外界”又是什么？近年来，又发现宇宙中分布着大量的暗物质、暗能量，它们的性质、机制和作用如何？它们对宇宙的熵会产生怎样的影响？这些远远没有弄清楚．所以预言宇宙最终会达到热寂状态，条件远没有成熟，因此是没有什么意义的．

熵是系统无序程度的量度，孤立系统的熵永不减少．熵增原理是对自然界热力学过程进行方向的高度概括，熵的概念和熵增原理已被很多非物理学科借用，例如社会学、信息论、控制论等．在物理学中，有个著名的“麦克斯韦妖”思想实验，它是麦克斯韦为了说明违反热力学第二定律的可能性而设想的．绝热容器中间有一个隔板，小妖站在隔板上的一道闸门边，它允许速度快的分子通过闸门去往容器的一边，而允许速度慢的分子通过闸门去往另一边．这样，一段时间后，容器两边分子热运动的平均能量自动产生差别，即自动产生温差，熵自动降低．这似乎违反了熵增原理．但是后来人们意识到，虽然分子没有受到外界影响，好像自行分开到两侧，但是控制分子的小妖掌握着分子速度的信息，小妖对这些信息的获取必须借助一定的物质过程，比如光、电、磁等手段，因而伴随着一定的能量消耗，不耗损能量而获得信息是不可能的．近几年已有科学家通过纳米实验证明信息可以转化为能量．所以说在孤立系统中，能使熵自动减少的妖魔是不可能存在的．可见，信息也应具有熵．引入信息熵后，这个过程并不违反熵增原理．信息熵的概念被信息论引用，表明信息量越大，系统越有序，信息熵就越小；信息量越小，系统越无序，信息熵就越大．

5.10 对热学的回望与审视

热学是在社会发展和生产实践的推动下逐步建立起来的，它的研究触角已深入物质运动的深层次规律，形成了独特的研究方法和思维方法．厘清热学基本概念的建立和基本规律的发现过程，充分理解热学知识结构的内在联系，对学习热学具有重要意义．

1. 热本质的确立

冷热是人的基本感觉，对于热本质的探索是一个古老而自然的行为，是一个一直困扰人类的课题．尽管很早人们就有物质由

NOTE

分子组成的朴素猜想，但是分子学说的确立仅有一百多年的历史. 没有分子的概念，对热的本质的正确认识就无从谈起，因此长期以来统治人类思想的是热质说. 热质说之所以曾经盛行，是由于它有貌似合理的逻辑体系. 当两个冷热不同的物体接触时，热的物体会冷下来，冷的物体会热起来，这表明两个物体由于温度不同产生了某种相互作用. 人们联想到流体从高压区向低压区流动、外电路电流从高电势区向低电势区流动等现象，就很自然地认为这种相互作用是某种流体从高温区向低温区流动，人们把这种流体称为热质（热量、热流、热传递、绝热等称谓就是由此而来的）. 热质说解释热机原理时，认为热质从高温处流到了低温处，是守恒的，热机对外做功是热质流动的副产品，就像水流下降冲刷水轮机做功过程中水量不变一样. 这种类比的研究方法在物理学中经常使用，但结果正确与否还需要实验的检验. 检验的过程是曲折艰辛的，著名的卡诺热机模型、拉瓦锡化学反应的燃素理论，甚至伦福德钻孔实验，都是以热质说为基础的，直到焦耳热功当量实验的出现，情况才有了改观.

焦耳热功当量的发现在热学学习中容易被忽视，这是因为课程一开始就采用了热是一种能量的正确观点. 事实上人类获得这一真理的过程是非常艰难的，相对来说热质说更容易占据人们的头脑. 热功当量实验的内容很普通，但是它的光芒在于它的精密，它以大量无可辩驳的实验数据证明了热与机械功具有确定的比例，从而确立了热的能量本质. 热是分子无规则运动的能量，这个理论可以称为热动说. 焦耳的工作把热学从热质说的歧路上拉了回来，引向了热动说的正确发展道路，最终导致热力学第一定律的建立，这个定律凸显了能量的概念和能量守恒与转化的观念. 可见，热功当量实验对热学乃至整个物理学的发展都具有特别重要的意义，回顾热本质的探索历史非常有益于理解热学的基本观念和研究方法.

2. 热学独特的研究方法

既然热的本质是分子无规则运动的能量，就可从研究分子运动情况入手来研究热学. 热从一个物体转移到另一个物体，表明两个物体内微观粒子运动情况发生改变，原则上这种改变可以由所有粒子的坐标和速度的变化表现出来（在经典物理框架下），而且这些坐标和速度可以与实验测出的物体宏观性质（例如温度、体积、压强等）联系起来. 这样，研究热学就归结为研究大量微观粒子的力学行为，因此可以用力学理论来研究热学. 如果把粒子当成质点，由粒子构成的物体就是质点系统，自然就要引入热力学系统和环境的概念. 但是，系统含有巨量的粒子（质点），

NOTE

确定每个质点的坐标和速度是不现实的．若想把热学研究进行下去，只能有两条道路可行．一方面，不研究微观量，而从总体角度研究系统的宏观量，建立热力学；另一方面，研究微观量，但不研究个别粒子的微观量，而用统计方法研究微观量的平均值和概率分布，建立统计物理．实验可以测量宏观量，所以热力学的研究结果可以直接用实验来验证，而统计物理的研究结果可以通过宏观量和微观量之间一定的联系，用实验来间接验证．理论的确立必须经过实验的检验，正是物理学健康发展的基本要求．

如此看来，热力学系统是非常复杂的质点系统，需要把问题简化，突出主要矛盾，建立理想化模型．热学中的理想化模型很多，如孤立系统模型、平衡态模型、理想气体模型、范德瓦耳斯力模型、刚性分子模型、准静态过程模型、绝热自由膨胀模型、卡诺热机模型、无摩擦做功模型、等温热传导模型，等等．即使采用了理想化模型的研究方法，有的问题仍然比较复杂，需进一步简化．例如，理想气体状态改变时，一般压强、体积、温度三者相互依赖变化．对于这种问题，物理学经常假定一个量不变，研究另外两个量的相互关系，由此引入了等值过程．再举一例，若想计算连接两个平衡态的不可逆过程的熵变，需把它简化为连接这两个平衡态的可逆过程来计算熵变．可见，对热学问题的适当简化是研究热学的必由之路．

3. 利用逻辑思维从实验中归纳总结出热力学三个定律

热学实际上是在工业革命的推动下蓬勃发展起来的．提高热机效率的迫切需求，促使人们研究、揭示热现象的意义和规律，从而不断丰富和完善热学理论体系．热机的工作过程千差万别，多数热机还需要不断更新工作物质．从热机这个复杂系统中提取适于研究的、反映主要问题的简化模型是当时热学研究的首要任务．蒸汽机循环工作的过程是：水在锅炉中吸热变为水蒸气，水蒸气在汽缸中膨胀对外做功，在冷凝器中又变回水，那个年代蒸汽机直接排掉冷凝水．卡诺意识到，冷凝水理论上可以回到锅炉重复利用，这样水便经历了完整循环．他经过思考后抓住了关键，要使蒸汽机连续运转，水不只需要吸热，还需要放热．或者说，持续功的输出，需要同时有热量从高温源传递到低温槽．卡诺以热质说为基础，认为热是一种守恒流体（热质），放出的热量与吸收的热量相同，其中的做功过程只不过是这个传热过程的副产品．根据现今简单的热机理论可推断，这种认识与当时蒸汽机效率太低有关．卡诺的这一发现，实际上是热力学第二定律的雏形．可见，没有能量的概念（热力学第一定律），热力学第二定律照样成立．也就是说，热力学第二定律并不以热力学第一定律为基础,它们是两个独立的自然规律(热力学第一定律说明能量守恒,热力学第二定律说明宏观过程方向性). 这个认识容易被忽视,因为在现今的热学理论体系中,能量的概念遍及热力学第二定律的整个叙述、推理过程.

卡诺认识到热循环的"吸热、放热、做功"三步性质后,构思了一个简化的可逆理想循环——卡诺循环,并且用简单的反证法论证了卡诺定理——实际热机的效率不可能高于卡诺热机的效率,这个上限取决于高温源和低温槽的温差. 通过简单的逻辑推理可知,卡诺定理等同于"热量不能自发地由低温物体传至高温物体"的表述. 这种关于宏观过程方向性的表述多种多样、无穷无尽,它们在逻辑上互为因果、互相等价,共同揭示了宏观自然过程的不可逆性,这才是热力学第二定律的真正内涵.

把焦耳的"功热等效"和"能量守恒"的观念用在卡诺循环上,可以获得两个认识:(1)从高温源吸收的热量一定大于向低温槽释放的热量,二者之差等于对外所做的功;(2)释放到低温槽的热量等于零也无所谓. 对此,卡诺有两个对立的观念:(1)从高温源吸收的热量等于向低温槽释放的热量,所做的功只是副产品;(2)必须有热量释放到低温槽. 这个矛盾叫做"焦耳-卡诺困境",克劳修斯和开尔文的工作破解了这个困境. 他们采用了焦耳的第一条观念和卡诺的第二条观念,完美地解决了问题,把热力学第一定律和第二定律在纠缠中拆分开了. 由此可见,从复杂的热机循环现象中抽出简洁的自然界基本规律,真不是一件容易的事.

历史上,热力学第二定律比第一定律提出的时间还要早 25 年. 此后物理学家发现,更为基础的温度概念还没有准确的定义,大量使用的"温度"一词实际上是生活中的含义,或者是人们的感觉,不是物理学中的科学定义,因此又提出了热力学第零定律,将温度作为处于热平衡的两个或多个热力学系统所共同拥有的宏观性质. 这些定律提出的时序颠倒真是有趣的历史错位,就像先盖房子后打地基一样. 定量地说,热力学温度是系统内大量微观粒子热运动平均动能的量度,二者成正比关系. 从物理学大厦的稳固性来看,只有树立了温度的概念,才能研究其他热学规律.

能量是热力学第一定律的主题,这里它指系统的内能. 不过,确认一定量物质包含多少内能并不容易,这是因为系统内部微观粒子具有多种运动形式和相互作用形式,相应的能量层次也纷繁复杂,4.3.4 节介绍了这些能量层次. 随着科学的发展,或许还有更深层次的能量形式. 要把每种能量都测量、计算清楚,不

NOTE

可能,也没有必要. 把哪一个层次的能量计入内能,取决于我们所研究物理规律的层次. 热学研究气体时涉及的温度为 1 000 K 以下,当温度在此范围内变化时,分子的振动能、化学能(不发生化学反应时)、核能一般都不变,皆可忽略,所以内能只需计及分子平动、转动动能和分子间势能. 对于理想气体,更是可以忽略分子间势能. 我们不可能知道每个分子的动能,但可以求出它们的平均值,而且这个平均值只与温度有关,所以理想气体的内能只取决于温度. 对于实际气体,分子间势能与分子间距离有关,进而与气体体积有关,所以实际气体的内能取决于温度和体积. 热学中对内能的研究方法,生动地体现了物理学"各取所需、为我所用"的研究理念.

4. 熵揭示了自然界的发展规律

温度和能量分别是热力学第零、第一定律的主题,而熵则是热力学第二定律的主题,是系统无序程度的量度. 热力学从宏观角度研究热性质,利用热量和功这两个过程量不仅表示了状态量内能的增量 $\mathrm{d}E=\text{đ}Q-\text{đ}W$,还定义了状态量克劳修斯熵,其增量为 $\mathrm{d}S=\text{đ}Q/T$. 把这个公式应用于理想气体的可逆过程,可得熵变 $\Delta S=\int_1^2\frac{\text{đ}Q}{T}=C_V\ln\frac{T_2}{T_1}+\nu R\ln\frac{V_2}{V_1}$,此式只与初、末态状态参量有关的特征表明克劳修斯熵的确是状态函数. 如果热学只局限于宏观热力学的范围内,就会令人有浮于表面之感. 统计物理从原子和分子层次解释宏观热现象,力图抓住热学的根基和底蕴. 玻耳兹曼作为统计物理的奠基人,开拓性地用概率的语言来描述系统的演化,甚至为近代物理的建立和发展输送了营养. 孤立系统自发地由非平衡态向平衡态转化,就是由热力学概率低的宏观态向热力学概率高的宏观态转化. 他定义热力学概率 Ω 为宏观态对应的微观态数目,规定玻耳兹曼熵与它的对数成正比:$S=k\ln\Omega$,因此得到孤立系统趋向于沿熵增大的方向演化的结论. 玻耳兹曼熵的这个统计意义,使热力学第二定律获得了微观角度的阐释,同时也表明它是一个状态函数. 其实以上两种熵可以统一起来,这种迹象可由它们对理想气体绝热自由膨胀过程给出的共同熵变结果 $\Delta S=\nu R\ln\frac{V_2}{V_1}$看出. 虽然整个世界的总能量守恒,但是熵增加意味着这些能量做功的能力逐渐贬值,这正是能源危机的根源.

宏观自然过程沿着熵增加的方向进行,这称为宏观自然过程的方向性或单向性. 时间的流逝也是单向的,我们不能回到过去,只能面向未来. 那么这两种单向性有联系吗? 霍金在他的

《时间简史》中把这统称为时间箭头问题．前者称为热力学时间箭头，后者可以是心理学时间箭头，也可以是宇宙学时间箭头．心理学时间箭头是我们感觉时间流逝的方向，可能由于日月星辰运动的周而复始或者事物逻辑关系的因果律对我们的心理暗示而生发，在这个方向上我们只能记忆过去和等待未来；宇宙学时间箭头由宇宙起源与演变学说来定义，是一个开放性的理论前沿问题．由于最近观察到宇宙正在加速膨胀，所以宇宙学时间箭头是宇宙膨胀而非收缩的方向．人类有序性的意识、记忆和思维以身体释放热量和食物分解为无序残渣为代价，这导致宇宙的熵仍然是增加的，所以心理学时间箭头本质上应和热力学时间箭头同向．而热力学时间箭头与宇宙学时间箭头一致的话，会导致前面提到的宇宙热寂的最终结果．宇宙的宿命是否如此，与物理前沿课题暗能量的本质有关．

NOTE

从物理学发展史来看，热学是最后成熟的经典物理学理论体系，随后建立的量子物理与统计理论紧密联系，爱因斯坦 1905 年分析布朗运动的论文仍在为热学的发展添砖加瓦．从某种意义来说，热学的研究对象比经典物理其他分支更接近物质结构，而这正是近代物理的基本研究内容．所以，从综合角度看待热学、把握热学，对理解物理学、建立科学的世界观具有重要意义．

本章提要

授课录像：本章提要 1

授课录像：本章提要 2

1. 准静态过程：系统的热力学过程进行得非常缓慢，过程中的每一个中间状态都可以看作平衡态．准静态过程可用状态图上的过程曲线来描述．

2. 热力学第一定律：系统从外界吸收的热量等于系统内能的增量和系统对外所做的功的总和．

$$Q=\Delta E+W$$

微小过程：$\text{đ}Q=\mathrm{d}E+\text{đ}W$

3. 做功和传热是系统与环境之间或两个系统之间能量传递的两种方式，功和热量都是过程量．

体积功：当系统体积变化时对外界所做的功，其大小等于 $p-V$ 图中过程曲线下方曲边梯形的面积．当体积增大时，系统一般对外界做正功．

$$W=\int_{V_1}^{V_2}p\,\mathrm{d}V$$

NOTE

元功：$đW=p\mathrm{d}V$

热量：系统和外界存在温度差时所传递的热运动能量.当系统吸热时，$Q>0$.

$$Q=\int_{T_1}^{T_2}\nu C_{x,\mathrm{m}}\mathrm{d}T$$

微小过程：$đQ=C_x\mathrm{d}T$

4. 热容：热力学过程中系统升高单位温度从外界吸收的热量，即 C_x.

理想气体摩尔定容热容：$C_{V,\mathrm{m}}=\dfrac{1}{\nu}\left(\dfrac{\mathrm{d}Q}{\mathrm{d}T}\right)_V=\dfrac{i}{2}R$

理想气体摩尔定压热容：$C_{p,\mathrm{m}}=\dfrac{1}{\nu}\left(\dfrac{\mathrm{d}Q}{\mathrm{d}T}\right)_p=\left(\dfrac{i}{2}+1\right)R$

迈耶公式：$C_{p,\mathrm{m}}=C_{V,\mathrm{m}}+R$

摩尔热容比：$\gamma=\dfrac{C_{p,\mathrm{m}}}{C_{V,\mathrm{m}}}=\dfrac{i+2}{i}$

5. 三个等值过程.

等容过程：$\dfrac{p}{T}=C_1$，　$W=0$，　$Q=\Delta E=\dfrac{i}{2}\nu R\Delta T$

等压过程：$\dfrac{V}{T}=C_2$，　$\Delta E=\dfrac{i}{2}\nu R\Delta T$，　$W=p\Delta V=\nu R\Delta T$，$Q=\dfrac{i+2}{2}\nu R\Delta T$

等温过程：$pV=C_3$，　$\Delta E=0$，　$Q=W=\nu RT\ln\dfrac{V_2}{V_1}$

6. 绝热过程：$Q=0$.

理想气体准静态绝热过程：

$$pV^{\gamma}=C_4,\quad TV^{\gamma-1}=C_4',\quad p^{\gamma-1}T^{-\gamma}=C_4''$$

$$\Delta E=-W=\frac{i}{2}\nu R(T_2-T_1)=\frac{1}{\gamma-1}(p_2V_2-p_1V_1)$$

绝热自由膨胀过程：非准静态过程，初、末态内能相等．对理想气体，初、末态温度相等，但不是等温过程；对真实气体，温度变化.

节流过程，焦耳-汤姆孙效应.

7. 循环过程：$\Delta E=0$，净吸热等于净功，$Q_1-Q_2=W$.

热循环：系统从高温热源吸热 Q_1，对外做功 W，并向低温热源放热 Q_2，效率为

$$\eta=\frac{W}{Q_1}=1-\frac{Q_2}{Q_1}$$

NOTE

制冷循环：外界对系统做功 W，使系统从低温热源吸热 Q_2，向高温热源放热 Q_1，制冷系数为

$$e=\frac{Q_2}{W}=\frac{Q_2}{Q_1-Q_2}$$

卡诺热循环：理想气体系统只与两个热源（$T_1>T_2$）交换热量，由两个等温过程和两个绝热过程组成，效率为 $\eta_C=1-\frac{T_2}{T_1}$.

卡诺制冷循环：卡诺热循环的逆循环，制冷系数为 $e_C=\frac{T_2}{T_1-T_2}$.

8. 自然过程的方向性：一切实际热力学过程（宏观自然过程）都沿一定方向进行，是不可逆过程，其逆过程不能自动进行.

9. 可逆过程和不可逆过程：系统在热力学过程中从状态 A 变为状态 B，同时对环境没有产生影响．如果存在这样的过程，使系统反向经历上述过程的每一个中间状态，从状态 B 返回状态 A，同时对环境没有产生影响，那么从状态 A 到状态 B 的过程称为可逆过程；如果这个从状态 B 返回状态 A 的过程对环境产生了影响，那么从状态 A 到状态 B 的过程称为不可逆过程.

无摩擦的准静态做功过程是可逆过程，等温热传导过程是可逆过程.如果外界条件改变无穷小量就可以使一个过程反向进行，那么该过程是可逆过程.

典型的不可逆过程有功热转化、有限温差热传导和气体绝热自由膨胀等，所有不可逆过程相互依存.

10. 热力学第二定律：关于宏观自然过程方向性的规律.

克劳修斯表述：热量不能由低温物体传到高温物体而不产生其他变化.

开尔文表述：不能从单一热源吸热，使之全部转化为有用功而不引起其他变化.

微观意义：宏观自然过程总是沿着分子运动无序性增大的方向进行.

统计意义：宏观自然过程是由包含微观态数目少的宏观态向包含微观态数目多的宏观态转化的过程.

11. 熵：系统无序性的量度，是状态函数，具有可加性.

玻耳兹曼熵：$S=k\ln\Omega$，其中热力学概率 Ω 是与宏观态对应的微观态数目.

克劳修斯熵：增量 $\Delta S=S_2-S_1=\int_1^2\frac{\mathrm{d}Q}{T}$（可逆过程），微分形式为 $\mathrm{d}S=\frac{\mathrm{d}Q}{T}$.

12. 卡诺定理:(1)在相同的高温热源和相同的低温热源之间工作的一切不可逆热机,其效率不可能大于可逆卡诺热机的效率.(2)在相同的高温热源和相同的低温热源之间工作的一切可逆卡诺热机,其效率都相等,与工作物质无关.

13. 熵增原理:孤立系统的熵永不减少.

$$\Delta S = S_2 - S_1 \geqslant 0 \quad (\text{孤立系统})$$

其中,"="适用于孤立系统的可逆过程,">"适用于孤立系统的不可逆过程.

思考题

5-1 做功和热传递有什么不同?

5-2 热力学第一定律是否只适用于准静态过程?

5-3 系统的温度发生了变化,是否系统一定与外界交换了热量?

5-4 热容可能为零或负值吗?在什么情况下热容的值可以为零或负?

5-5 对于理想气体,判断下列过程,哪些可能发生,哪些不能发生.

(1) 内能减少的等容加热过程;

(2) 吸热的等温压缩过程;

(3) 内能增加的绝热压缩过程;

(4) 吸热的等压压缩过程.

5-6 如图所示,判断 ab 过程、bc 过程、ca 过程以及 $abca$ 循环过程中,内能增量、热量、体积功的正负.

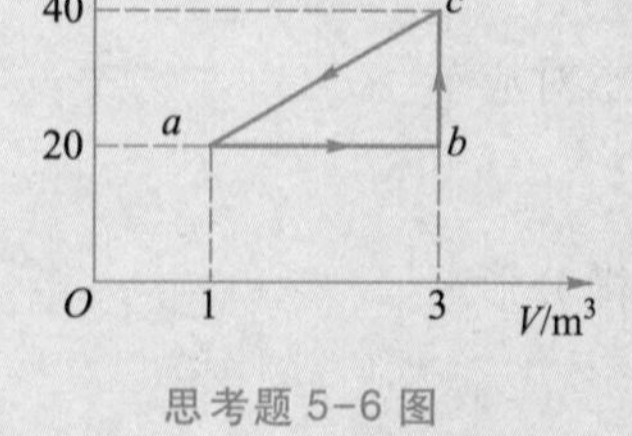

思考题 5-6 图

5-7 理想气体经如图所示的 a、b、c 三个过程,试判断其热容的正负.

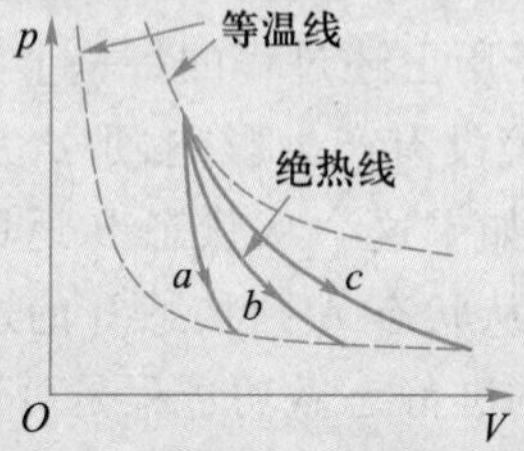

思考题 5-7 图

5-8 理想气体经如图所示的 a、b、c 三个过程从状态1变化到状态2,其中过程 b 为绝热过程,过程 a 和 c 为任意过程,试判断三个过程中 ΔE、ΔT、W 和 Q 的正负.

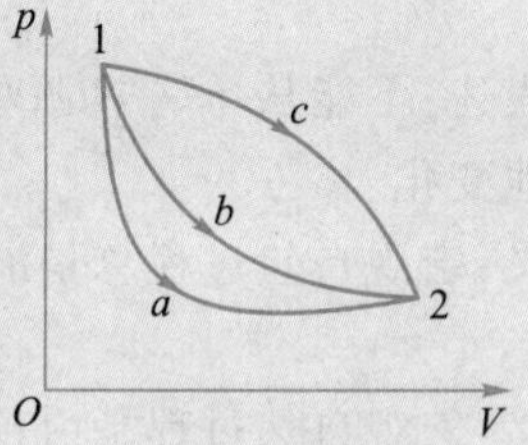

思考题 5-8 图

5-9 给自行车打气时气筒变热,完全是活塞与筒壁摩擦的结果吗?试解释此现象.

5-10 两台卡诺热机工作在相同的低温热源及不同的高温热源间,它们在 $p-V$ 图上的过程曲线围成的面积相等,试说明它们的循环效率是否相同.

5-11 夏天用将冰箱门打开的方法来给室内空气降温，这种方法有效吗？

5-12 空调机排气管排出的空气都很热．此热量是否全部来源于室内空气？

5-13 一杯水，在不受外界影响的条件下，表面一部分水温度突然升高而蒸发，剩下的水温度降低，这样的现象可能发生吗？它是否违反热力学第一定律或热力学第二定律？

5-14 试论证：若理想气体自由膨胀的不可逆性消失，则功变热的不可逆性也消失．

5-15 通过准静态等温膨胀过程可以把从外界吸收的热量全部转化为功．这是否违背了热力学第二定律？

5-16 试论证：一条等温线与一条绝热线只能有一个交点．

5-17 试论证：两条绝热线不可能相交．

5-18 可逆过程是否一定是准静态过程？准静态过程是否一定是可逆过程？“发生热接触的系统间进行热交换的过程一定是不可逆过程．”这种说法对吗？

5-19 下列过程中哪些是可逆过程，哪些是不可逆过程？说明理由．

(1) 恒温加热使水蒸发；

(2) 通过对水做功使水在温度不变的情况下蒸发；

(3) 用温度高于 100 ℃的炉子将水加热至 100 ℃；

(4) 高速行驶的汽车突然刹车而停止．

5-20 两部分温度不同的水混合后会慢慢达到某一相同的温度．这一过程是不可逆过程吗？两部分水的总熵将怎么变化？每部分水的熵也一定会增加吗？

5-21 一杯热水置于空气中慢慢冷却到与周围环境相同的温度．这一自然过程中水的熵将减少，这是否违背了熵增原理？

5-22 一定量的理想气体经历一绝热自由膨胀过程，由于过程中和外界没有交换热量，即 $đQ=0$，因此由克劳修斯熵公式可以断定系统的熵不发生改变．这种说法对吗？为什么？

5-23 熵值的减少被定义为负熵．有人说：“人们在地球上的日常活动中并没有消耗能量，而是不断地消耗负熵．”这话对吗？

5-24 由工作在两个恒温热源之间的卡诺机的效率公式和热力学第二定律，说明任何物体都不可能冷却到绝对温度（热力学温度）为 0 K 的状态．

5-25 理想气体的体积经以下不同过程膨胀了 2 倍，试比较此理想气体系统经各过程熵变的大小：

(1) 绝热自由膨胀；

(2) 可逆等温膨胀；

(3) 可逆绝热膨胀；

(4) 绝热节流膨胀．

习题

5-1 56 g 的氮气温度由 0 ℃升至 100 ℃，求系统沿(1)体积不变和(2)压强不变的这两个过程变化时各吸收多少热量、各增加多少内能、对外各做多少功．

5-2 20 g 的氦气在压强不变的条件下吸收了 4×10^3 J 的热量，吸热前其温度是 300 K，求其末态的温度．

5-3 一定量的空气，在一个大气压下吸收了 1.71×10^{3} J 的热量，体积从 $1.0\times10^{-2}\ m^{3}$ 膨胀到 $1.5\times10^{-2}\ m^{3}$，问空气对外做了多少功？其内能改变量为多少？

5-4 压强为 1.013×10^{5} Pa 时，1 mol 的水在 100 ℃时变成水蒸气，它的内能增加了多少？已知在此压强和温度下，水和水蒸气的摩尔体积分别为 $V_L=18.8\ cm^{3}/mol$，$V_G=3.01\times10^{4}\ cm^{3}/mol$，水的汽化热为 $L=4.06\times10^{4}$ J/mol.

5-5 设气体满足范德瓦耳斯方程 $\left(p+\nu^{2}\frac{a}{V^{2}}\right)\cdot(V-\nu b)=\nu RT$，若该气体经等温过程体积由 V_1 膨胀到 V_2，求在该过程中气体对外所做的体积功.

5-6 如图所示，在一密闭的真空气缸内有一弹性系数为 k 的轻弹簧，弹簧上端固定在气缸顶部，下端吊着一个质量可以忽略的活塞，活塞与气缸之间无缝隙、无摩擦，弹簧处于原长时，活塞恰能与气缸底部接触．当活塞下面的空间引进温度为 T_1、物质的量为 ν、摩尔定容热容为 $C_{V,m}$ 的理想气体时，活塞上升的高度为 h_1. 此后加热，气体吸收热量 Q，求气体的最终温度.

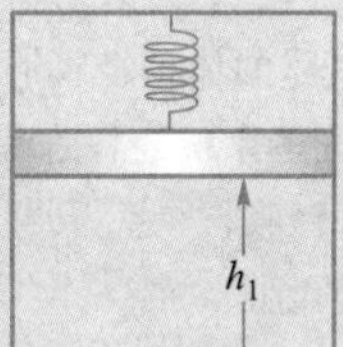

习题 5-6 图

5-7 一容器中装有未知的理想气体，可能是氢气，也可能是氦气．在温度为 298 K 时取出试样，使其从 10 L 绝热膨胀到 12 L，温度降到 277 K，试判断容器中是什么气体.

5-8 将体积为 $1.0\times10^{-4}\ m^{3}$、压强为 1.01×10^{5} Pa 的氢气绝热压缩至体积为 $2.0\times10^{-5}\ m^{3}$ 的状态，求压缩过程中外界对气体所做的功.

5-9 4 mol 的氧气在 300 K 时的体积为 $0.1\ m^{3}$，分别经(1)等压膨胀；(2)等温膨胀；(3)绝热膨胀，最后体积都变为 $0.5\ m^{3}$. 在同一个 $p-V$ 图上画出这三个过程的过程曲线，分别计算这三个过程中氧气对外所做的功，并说明它们为什么不同.

5-10 一定量的理想氢气由体积为 2.3 L、压强为 1.0 atm 的初态经多方过程变化到体积为 4.1 L、压强为 0.5 atm 的末态．求：

(1) 多方指数 n；

(2) 内能的变化量；

(3) 对外界所做的功；

(4) 吸收的热量.

5-11 如图所示，气缸的侧壁绝热，上面有一个绝热活塞，底板可自由导热．中间的隔板把气缸分为 A、B 两室，它们各装有 1 mol 理想氮气．现将 335 J 热量由底部缓缓传给气体，活塞始终保持 1 atm 的压强．试求以下两种情况下 A、B 两室的温度变化量及净吸收的热量：

(1) 隔板固定且导热；

(2) 隔板可自由滑动且绝热.

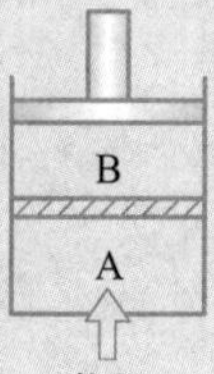

习题 5-11 图

5-12 如图所示，容器被绝热、不漏气的活塞分成 A、B 两部分，容器左端导热，其他部分绝热．开始时左、右两侧分别有标准状况下的理想氢气，容积均为 36 L. 从左端对 A 中气体加热，使活塞缓缓右移，直到 B 中气体体积变为 18 L. 求：

(1) A 中气体末态温度和压强；

(2) 外界传给 A 中气体的热量.

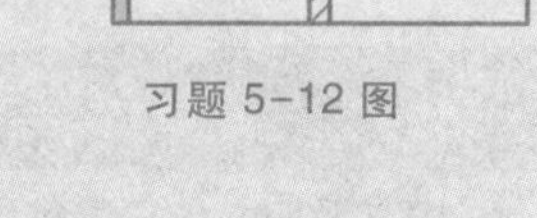

习题 5-12 图

5-13 图中 $abcda$ 方形回线表示 1 mol 理想气体氦的循环过程，整个过程由两条等压线和两条等容线组成．求循环效率.

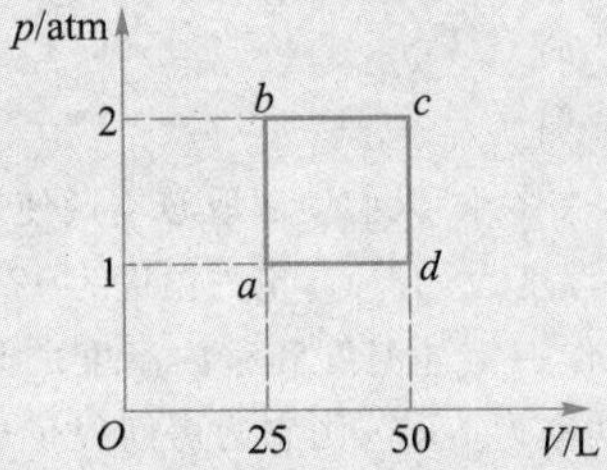

习题 5-13 图

5-14　理想气体经历如图所示循环，其中 bc 和 da 为绝热过程．已知 $T_c=300\ \text{K}$，$T_b=400\ \text{K}$，求按此循环工作的热机的效率．

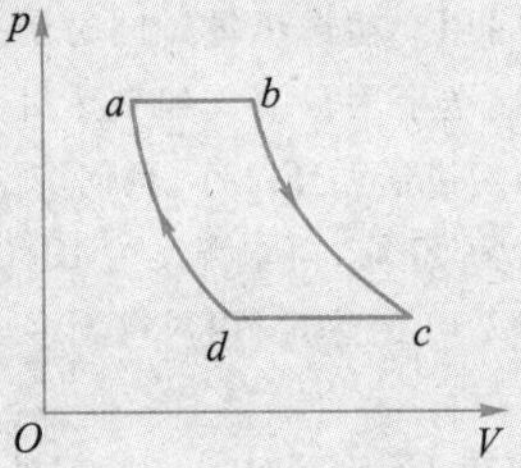

习题 5-14 图

5-15　一热机以理想气体为工作物质，其循环过程如图所示，其中 bc 为绝热过程．试证明此热机的效率为

$$\eta=1-\gamma\frac{V_2/V_1-1}{p_2/p_1-1}$$

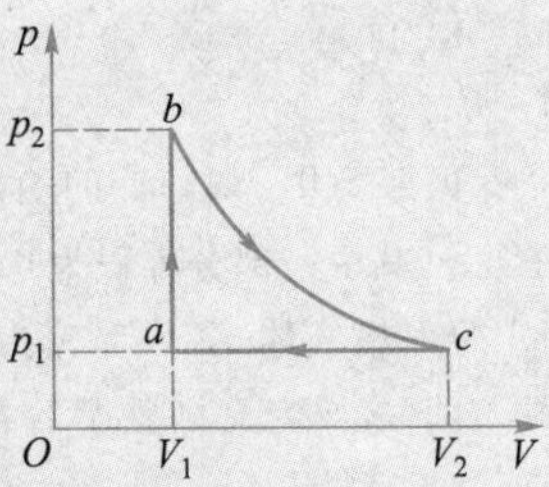

习题 5-15 图

5-16　1 mol 双原子分子理想气体做如图所示循环，其中 ab 为通过 $p-V$ 图原点的直线，bc 为绝热线，ca 为等温线．已知 $T_2=2T_1$，$V_3=8V_1$．求：

（1）各过程的功、内能增量和所传递的热量（用 T_1 和已知常量表示）；

（2）此循环的效率．

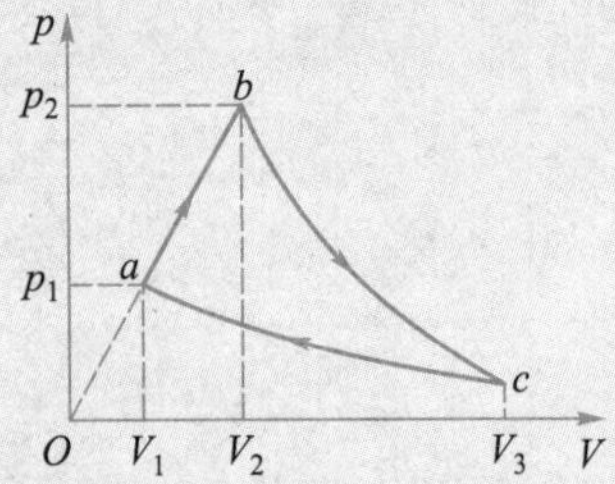

习题 5-16 图

5-17　如图所示，一热机的循环过程由等压过程、等容过程和等温过程组成，工作物质是 25 mol 双原子分子理想气体．已知 $p_1=4.0\times10^6\ \text{Pa}$，$V_1=2.0\times10^{-2}\ \text{m}^3$，$V_2=3.0\times10^{-2}\ \text{m}^3$，循环过程的重复频率为 $f=5\ \text{Hz}$. 求该热机的效率和输出功率．

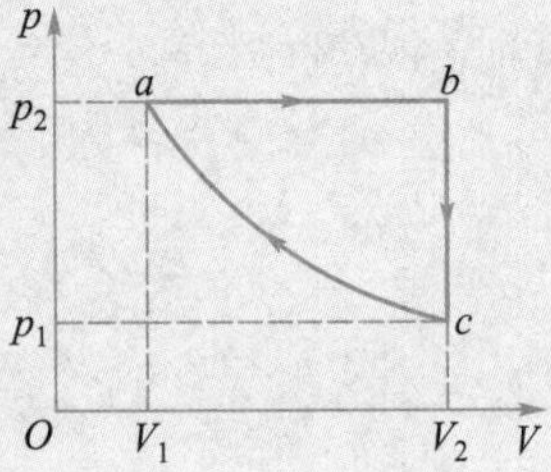

习题 5-17 图

5-18　一卡诺热机的低温热源温度为 280 K，效率为 40%，在保持低温热源温度不变的条件下，欲将其效率提高到 50%，则高温热源的温度应升高多少？

5-19　一理想气体的卡诺循环，当高温热源和低温热源温度分别为 127 ℃ 和 27 ℃ 时，一次循环过程中系统对外所做的净功为 8 000 J. 现维持低温热源温度不变，两绝热线不变，使一次循环对外所做的净功增加为 10 000 J. 问高温热源的温度增为多少？前后两个卡诺循环的效率分别为多少？

5-20　一个狄塞尔热机以理想气体为工作物质，从状态 1（状态参量为 V_1，T_1）开始循环，如图所示，依次经历如下四个过程：（1）绝热压缩到状态 2，体积为 $V_1/25$；（2）等压加热到状态 3，体积为 $V_1/16$；（3）绝热膨胀到状态 4，体积为 V_1；（4）等容冷却回到状态 1. 假定气体的摩尔定容热容为 $2R$（R 为摩尔气体常量），计算每个过程的温度变化量．整个循环的效率是多少？

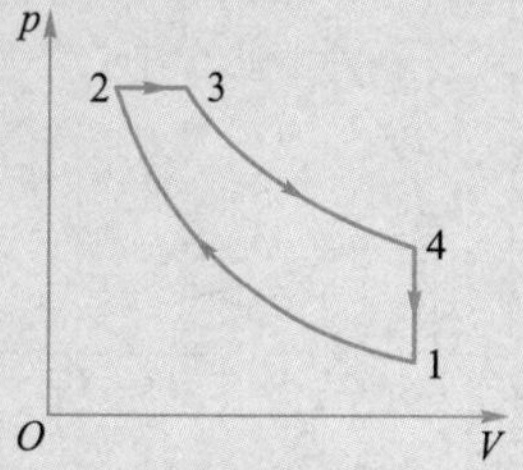

习题 5-20 图

5-21 斯特林循环由等温膨胀 12、等容冷却 23、等温压缩 34、等容加热 41 四个过程组成，如图所示．循环由状态 1（状态参量为 V_1，T_1）开始，等温膨胀时体积达到原来的 4 倍，等容冷却时压强减半．若工作物质是双原子分子理想气体，物质的量为 ν，求每一过程传递的热量和整个循环的效率．

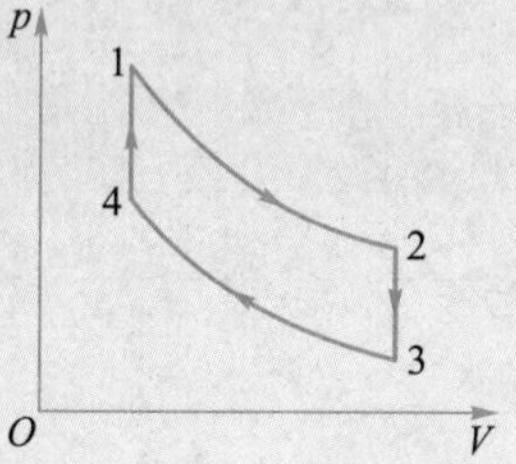

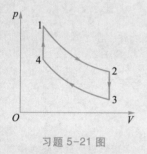

习题 5-21 图

5-22 两台卡诺热机联合运行，其中一台卡诺热机的低温热源作为另外一台卡诺热机的高温热源，且这个热源传递的净热量为零．设这两台卡诺热机的效率分别为 η_1 和 η_2，试证明这两台卡诺热机联合运行时的总效率为

$$\eta=\eta_1+\eta_2-\eta_1\eta_2$$

再用卡诺热机的温度表达式证明这台联合机的总效率和一台工作于最高温度与最低温度的热源之间的卡诺热机的效率相同．所以这台联合机的总效率 η 与一台工作于最高温度与最低温度的热源之间的一台卡诺热机的效率相同．

5-23 一台冰箱工作时，其冷冻室内的温度为 -13 ℃，室温为 17 ℃，若按理想卡诺制冷循环计算，则此制冷机每消耗 1 kJ 的功，可以从冷冻室中吸出多少热量？

5-24 在冬季，人们使用取暖空调使室内维持恒温．设室外温度为 -13 ℃，室内温度为 17 ℃，若此空调相当于工作在室外温度和室内温度之间的卡诺制冷机，耗电功率为 1 kW，则它为房间提供热量的功率是多少？若使用电加热器达到上述目的，其功率应为多少？哪个更省电？

5-25 一暖气系统由联合工作的热机和制冷机组成，热机的低温热源与制冷机的高温热源相同，都是用户的散热片．热机从燃煤锅炉中获得热量，对制冷机做功，并向用户输送热量．同时制冷机从河水中获得热量，也输送至用户端．如果热机和制冷机分别以卡诺循环和卡诺逆循环工作，且锅炉温度为 300 ℃，用户暖气温度为 80 ℃，河水温度为 10 ℃，那么系统从燃煤中每获得 1 kJ 的热量，用户得到多少热量？

5-26 求在 1 atm 下 60 g、-20 ℃的冰变为 100 ℃的水蒸气时的熵变．已知冰的比热容为 $c_1=2.1\ \mathrm{J/(g\cdot K)}$，水的比热容为 $c_2=4.2\ \mathrm{J/(g\cdot K)}$，1 atm 下冰的熔化热为 $\lambda=334\ \mathrm{J/g}$，水的汽化热为 $L=2\ 260\ \mathrm{J/g}$.

5-27 求 2 mol 铜在一个大气压下温度由 300 K 升高到 1 000 K 时的熵变．已知在此温度范围内铜的摩尔定压热容为 $C_{p,\mathrm{m}}=a+bT$，其中，$a=2.3\times10^4\ \mathrm{J/(mol\cdot K)}$，$b=5.92\ \mathrm{J/(mol\cdot K^2)}$．

5-28 一容积为 $2.0\times10^{-2}\ \mathrm{m^3}$ 的绝热容器，用隔板将其分为两部分，其中一部分容积为 $0.50\times10^{-2}\ \mathrm{m^3}$，均匀充有 2 mol 的理想气体，另一部分为真空．打开隔板，气体自由膨胀并均匀充满整个容器，求此过程的熵变．

5-29 将 1 kg 处于 0 ℃的冰与温度为 20 ℃的恒温热源接触，使冰全部熔化成 0 ℃的水，分别求冰和恒温热源的熵变．

5-30 1 mol 双原子分子理想气体经如图所示的 12、132 和 142 三个可逆过程从状态 1 变化到状态 2.

其中过程 12 为等温过程，过程 132 为绝热和等压过程，过程 142 为等压和等容过程．试分别计算气体经这三个过程的熵变.

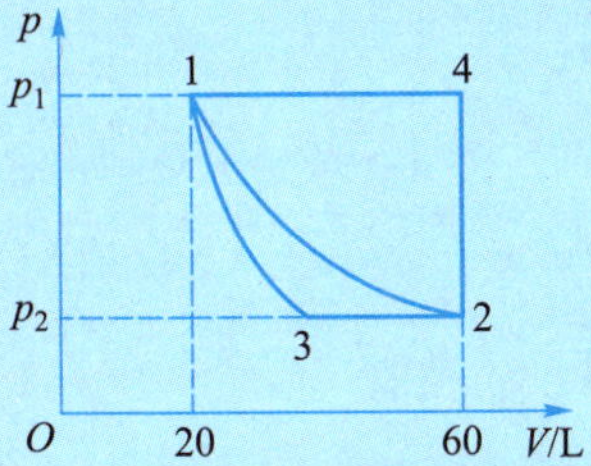

习题 5-30 图

5-31 奥托热机的循环如图 5-19 所示，设循环物质是 1 mol 理想气体．气体在状态 1 的温度为 300 K，绝热压缩到状态 2，体积缩小为原来的 1/8；再等容加热到状态 3，温度为 1 600 K；接着又绝热膨胀到状态 4；最后冷却回到状态 1. 计算每个过程传递的热量和熵变．设高温热源温度为 3 000 K，低温冷槽温度为 300 K，如果气体的摩尔定容热容为 $3R$（R 为摩尔气体常量），那么每循环一次，热机和环境的总熵变是多少？（结果用 R 的倍数表示．）

附　　录

常用物理常量表

物理量	符号	数值	单位	相对标准不确定度
真空中的光速	c	299 792 458	$m \cdot s^{-1}$	精确
普朗克常量	h	$6.626\ 070\ 15\times10^{-34}$	$J \cdot s$	精确
约化普朗克常量	$h/2\pi$	$1.054\ 571\ 817\cdots\times10^{-34}$	$J \cdot s$	精确
元电荷	e	$1.602\ 176\ 634\times10^{-19}$	C	精确
阿伏伽德罗常量	N_A	$6.022\ 140\ 76\times10^{23}$	mol^{-1}	精确
玻耳兹曼常量	k	$1.380\ 649\times10^{-23}$	$J \cdot K^{-1}$	精确
摩尔气体常量	R	$8.314\ 462\ 618\cdots$	$J \cdot mol^{-1} \cdot K^{-1}$	精确
理想气体的摩尔体积(标准状况下)	V_m	$22.413\ 969\ 54\cdots\times10^{-3}$	$m^3 \cdot mol^{-1}$	精确
斯特藩-玻耳兹曼常量	σ	$5.670\ 374\ 419\cdots\times10^{-8}$	$W \cdot m^{-2} \cdot K^{-4}$	精确
维恩位移定律常量	b	$2.897\ 771\ 955\times10^{-3}$	$m \cdot K$	精确
引力常量	G	$6.674\ 30(15)\times10^{-11}$	$m^3 \cdot kg^{-1} \cdot s^{-2}$	2.2×10^{-5}
真空磁导率	μ_0	$1.256\ 637\ 062\ 12(19)\times10^{-6}$	$N \cdot A^{-2}$	1.5×10^{-10}
真空电容率	ε_0	$8.854\ 187\ 812\ 8(13)\times10^{-12}$	$F \cdot m^{-1}$	1.5×10^{-10}
电子质量	m_e	$9.109\ 383\ 701\ 5(28)\times10^{-31}$	kg	3.0×10^{-10}
电子荷质比	$-e/m_e$	$-1.758\ 820\ 010\ 76(53)\times10^{11}$	$C \cdot kg^{-1}$	3.0×10^{-10}
质子质量	m_p	$1.672\ 621\ 923\ 69(51)\times10^{-27}$	kg	3.1×10^{-10}
中子质量	m_n	$1.674\ 927\ 498\ 04(95)\times10^{-27}$	kg	5.7×10^{-10}
氘核质量	m_d	$3.343\ 583\ 772\ 4(10)\times10^{-27}$	kg	3.0×10^{-10}
氚核质量	m_t	$5.007\ 356\ 744\ 6(15)\times10^{-27}$	kg	3.0×10^{-10}
里德伯常量	R_∞	$1.097\ 373\ 156\ 816\ 0(21)\times10^{7}$	m^{-1}	1.9×10^{-12}
精细结构常数	α	$7.297\ 352\ 569\ 3(11)\times10^{-3}$		1.5×10^{-10}
玻尔磁子	μ_B	$9.274\ 010\ 078\ 3(28)\times10^{-24}$	$J \cdot T^{-1}$	3.0×10^{-10}
核磁子	μ_N	$5.050\ 783\ 746\ 1(15)\times10^{-27}$	$J \cdot T^{-1}$	3.1×10^{-10}
玻尔半径	a_0	$5.291\ 772\ 109\ 03(80)\times10^{-11}$	m	1.5×10^{-10}
康普顿波长	λ_C	$2.426\ 310\ 238\ 67(73)\times10^{-12}$	m	3.0×10^{-10}
原子质量常量	m_u	$1.660\ 539\ 066\ 60(50)\times10^{-27}$	kg	3.0×10^{-10}

注:① 表中数据为国际科学理事会(ISC)国际数据委员会(CODATA)2018 年的国际推荐值.

② 标准状况是指 $T=273.15$ K,$p=101\ 325$ Pa.

常用数值表

名称	计算用值
地球	
质量	5.98×10^{24} kg
平均半径	6.37×10^{6} m
平均轨道速度	29.8 km/s
表面重力加速度	9.8 m/s^2
平均密度	5.52×10^{3} kg/m^3
太阳	
质量	1.989×10^{30} kg
平均半径	6.96×10^{8} m
平均密度	1.41×10^{3} kg/m^3
表面的温度	5 500 K
中心的温度	1.50×10^{7} K
总辐射功率	4×10^{26} W
自转周期	25 d（赤道）,37 d（靠近极地）

习 题 答 案

本书习题答案可通过扫描下方二维码获取.

索 引

本书索引可通过扫描下方二维码获取.

参 考 文 献

本书参考文献可通过扫描下方二维码获取.

班级__________ 学号__________ 姓名__________

练 习 一

一、选择题

1-1 一质点在 xy 平面上运动,运动方程为 $\boldsymbol{r}=\boldsymbol{r}(t)$,其速度的大小为(   ).

(A) $\dfrac{\mathrm{d}r}{\mathrm{d}t}$ (B) $\dfrac{\mathrm{d}\boldsymbol{r}}{\mathrm{d}t}$

(C) $\dfrac{\mathrm{d}|\boldsymbol{r}|}{\mathrm{d}t}$ (D) $\sqrt{\left(\dfrac{\mathrm{d}x}{\mathrm{d}t}\right)^2+\left(\dfrac{\mathrm{d}y}{\mathrm{d}t}\right)^2}$

1-2 质点做曲线运动,$\boldsymbol{r}$ 表示位置矢量,$\boldsymbol{v}$ 表示速度,$\boldsymbol{a}$ 表示加速度,s 表示路程,a_t 表示切向加速度. 有同学给出了 4 个表达式:

(1) $\mathrm{d}v/\mathrm{d}t=a$; (2) $\mathrm{d}r/\mathrm{d}t=v$;

(3) $\mathrm{d}s/\mathrm{d}t=v$; (4) $|\mathrm{d}\boldsymbol{v}/\mathrm{d}t|=a_t$.

你认为以下表述正确的是(   ).

(A) 只有(1)、(4)是对的 (B) 只有(2)、(4)是对的

(C) 只有(2)是对的 (D) 只有(3)是对的

1-3 一物体做直线运动,连续通过了两段相等的位移. 已知物体通过这两段位移的平均速度分别为 $v_1=10$ m/s,$v_2=15$ m/s,则在与这两段位移相应的总时间间隔内,物体的平均速度为(   ).

(A) 12 m/s (B) 11.75 m/s

(C) 12.5 m/s (D) 13.75 m/s

1-4 一质点沿直线运动,速度大小与时间成反比,则其加速度大小(   ).

(A) 与速度大小成正比 (B) 与速度大小平方成正比

(C) 与速度大小成反比 (D) 与速度大小平方成反比

1-5 设一个抛射体的初速率为 v_0,抛射角为 θ_0,则其抛物线运动轨道最高点处的曲率半径为(   ).

(A) ∞ (B) 0

(C) v^2/g (D) $v_0^2\cos^2\theta_0/g$

二、填空题

1-6 已知质点的位置矢量为 $\boldsymbol{r}=at^2\boldsymbol{i}+bt^2\boldsymbol{j}$ (a、b 为常量),则该质点做________(选填匀速、变速)________(选填直线、曲线)运动.

1-7 质点沿半径为 R 的圆周运动. 它运动过的弧长 s 与时间 t 的关系是 $s=bt+0.5ct^2$,其中 b、c 是大于零的常量,则 t 时刻该质点的切向加速度 $a_t=$________,法向加速度 $a_n=$________.

1-8 质点在 xy 平面内运动,运动方程为

$$\begin{cases}x=t\\y=t^2\end{cases}\quad \text{(SI 单位)}$$

则该质点运动的速度 $\boldsymbol{v}=$__________(以单位矢量 $\boldsymbol{i}$、$\boldsymbol{j}$ 表示),切向加速度的值为 $a_t=$__________.

三、计算题

1-9　质点沿直线运动，运动方程为 $x=6t-t^2$（SI 单位）．求它在 0 至 4 s 时间间隔内，

（1）位移的大小；

（2）运动过的路程．

1-10　半径为 R 的轮子沿 $y=0$ 的直线做无滑动的滚动，轮子边缘上一点的轨道为轮旋线（如图所示），其方程为

$$\begin{cases} x=R(\theta-\sin\theta) \\ y=R(1-\cos\theta) \end{cases}$$

若 $\mathrm{d}\theta/\mathrm{d}t=\omega$ 为常量．求：

（1）该点的速度；

（2）该点速度为零时的坐标．

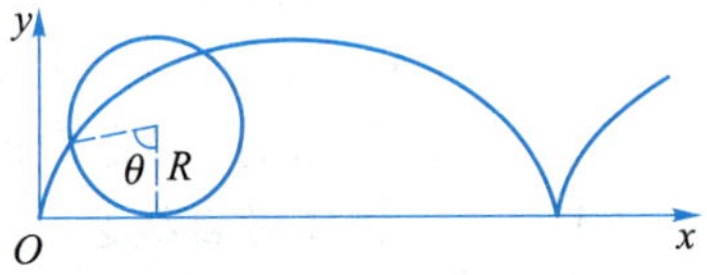

练习 1-10 图

1-11　一质点沿 x 轴运动，其加速度随时间的变化关系为 $a=3+2t$（SI 单位），如果初始时质点的速度为 5 m/s，求质点在 $t=3$ s 时的速度．

班级＿＿＿＿＿＿＿　　　学号＿＿＿＿＿＿＿　　　姓名＿＿＿＿＿＿＿

1-12　如图所示，在堤岸顶上用绳子拉小船. 设岸顶离水面的高度为 20 m，收绳子的速率为3 m/s，且保持不变.若在船与岸顶的距离为 40 m 时开始计时（$t=0$），求小船在 5 s 时的速度与加速度.

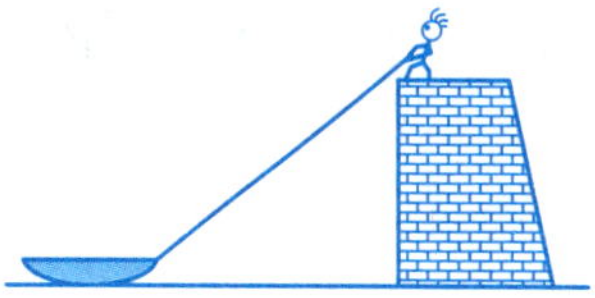

练习 1-12 图

1-13　一船沿直线行驶，在速度大小为 v_0 时关闭了发动机. 之后，在阻力作用下，该船加速度的大小与船速的平方成正比例，加速度的方向与速度方向相反，即 $\mathrm{d}v/\mathrm{d}t=-kv^2$，$k$ 为正常量. 令关闭发动机时刻 $t=0$.

（1）试证在关闭发动机后，船在 t 时刻的速度大小 v 满足方程$\dfrac{1}{v}=\dfrac{1}{v_0}+kt$；

（2）试证在 $0\sim t$ 时间间隔内，船行驶的距离为 $x=\dfrac{1}{k}\ln(v_0kt+1)$.

1-14　一质点沿半径为 0.10 m 的圆周运动，其角位置（以弧度表示）可用公式表示：$\theta=2+4t^3$（SI 单位）.

（1）求它在 $t=2$ s 时的法向加速度和切向加速度；

（2）当切向加速度恰为总加速度大小的一半时，θ 为何值？

（3）在哪一时刻，切向加速度和法向加速度恰有相等的值？

1-15　有一架飞机从 A 处向东飞到 B 处，然后又向西飞回 A 处. 已知气流相对于地面的速度大小为 u，AB 之间的距离为 l，飞机相对于空气的速率 v 保持不变.

（1）如果 $u=0$（空气静止），证明来回飞行的总时间为 $t_0=\dfrac{2l}{v}$；

（2）如果气流的速度向东，证明来回飞行的总时间为 $t_1=\dfrac{t_0}{1-u^2/v^2}$；

（3）如果气流的速度向北，证明来回飞行的总时间为 $t_2=\dfrac{t_0}{\sqrt{1-u^2/v^2}}$.

1-16　由窗口以水平初速度 $\boldsymbol{v}_0$ 射出一发子弹. 取枪口为原点，x 轴沿 $\boldsymbol{v}_0$ 方向，y 轴竖直向下，并在发射时刻开始计时. 试求子弹在落地前，

（1）任一时刻 t 的位置坐标及其轨道方程；

（2）任一时刻 t 的速度；

（3）任一时刻 t 的切向加速度和法向加速度.

班级______________ 学号______________ 姓名______________

练　习　二

一、选择题

2-1　下面关于物体受力与运动的说法正确的是(　　).

(A) 在恒力作用下,物体不可能做曲线运动

(B) 在变力作用下,物体不可能做直线运动

(C) 物体在垂直于速度方向且大小不变的力作用下,做匀速圆周运动

(D) 物体在不垂直于速度方向的力的作用下,不可能做圆周运动

(E) 物体在垂直于速度方向但大小可变的力的作用下,可以做匀速曲线运动

2-2　一重木板可以沿着竖直滑轨无摩擦自由下落,其上挂有一个摆动的轻单摆. 某时刻木板开始自由下落,此时单摆已离开平衡位置但并未到达最高点,则摆球相对于板(　　).

(A) 静止　　(B) 与木板固定时一样摆动

(C) 做匀速圆周运动　　(D) 做非匀速圆周运动

(E) 以上结论均不对

2-3　如图所示,弹簧秤下挂一轻滑轮,滑轮两边各挂着质量为 m 和 $2m$ 的物体,绳子与滑轮的质量忽略不计,轴承处摩擦忽略不计,在两物体运动过程中,弹簧秤的读数为(　　).

(A) $3mg$　　(B) $2mg$

(C) mg　　(D) $8mg/3$

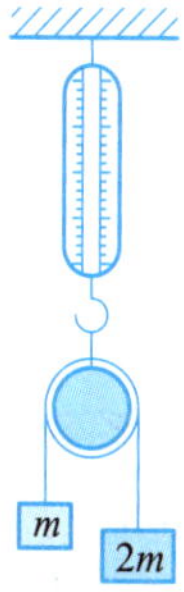

练习 2-3 图

2-4　一质点的质量为 m,在力 $F=5m(5-2t)$ (SI 单位)的作用下,自 $t=0$ 时刻由静止开始做直线运动,式中 t 为时间,则当 $t=5$ s 时,该质点的速度为(　　).

(A) 50 m/s　　(B) 25 m/s

(C) 0　　(D) −50 m/s

2-5　质量为 20 g 的子弹沿 x 轴正向以 500 m/s 的速率射入一木块后,与木块一起沿 x 轴正向以 50 m/s 的速率前进. 在此过程中木块所受的冲量为(　　).

(A) 9 N · s　　(B) −9 N · s

(C) 10 N · s　　(D) −10 N · s

二、填空题

2-6　三个物体完全相同,质量均为 m,如图所示放置. 现在要用一个水平力 $\boldsymbol{F}$ 作用在最下面的物体上,将它从最底下抽出. 设所有面间的静摩擦因数与动摩擦因数均为 μ. 那么这个力的最小值为____________.

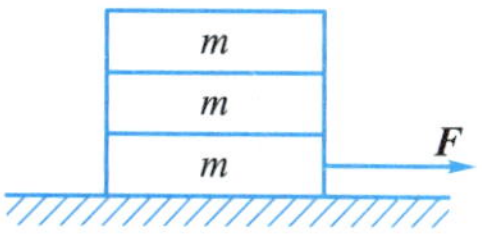

练习 2-6 图

2-7　一个物体沿直线运动,运动方程为 $x=t^2$(SI 单位). 若已知力 $\boldsymbol{F}=x\boldsymbol{i}$ (SI 单位) 作用于其上,则 0~1 s 内该力 $\boldsymbol{F}$ 的冲量 $\boldsymbol{I}=$__________.

2-8　质量为 $m=10\ \mathrm{kg}$ 的木箱放在地面上，在水平拉力 F 的作用下由静止开始沿直线运动，拉力随时间的变化关系如图所示. 若已知木箱与地面间的摩擦因数 $\mu=0.2$，则在 $t=7\ \mathrm{s}$ 时，木箱的速度大小为________. (g 取 $10\ \mathrm{m/s^2}$.)

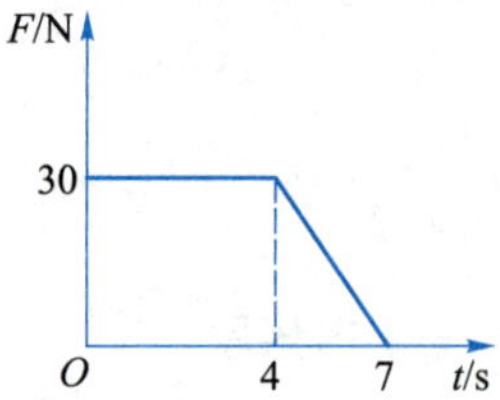

练习 2-8 图

三、计算题

2-9　一均匀细棒 AB 长为 $2L$，质量为 $m_{棒}$. 在细棒 AB 的垂直平分线上距 AB 距离为 h 处有一个质量为 m 的质点 P，如图所示. 求细棒与质点 P 间万有引力的大小.

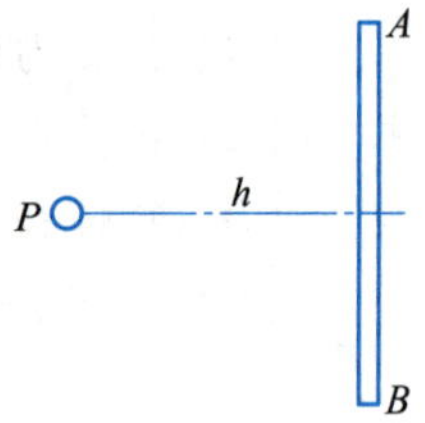

练习 2-9 图

2-10　物体 A 质量为 m，位于光滑的固定水平面上，通过轻绳绕过轻滑轮与下端固定、弹性系数为 k 的轻弹簧相连，如图所示. 当弹簧处于原长时，以水平向右的恒力 $\boldsymbol{F}$ 由静止开始拉动物体，使之在水平面上向右滑动. 问：当物体移动的距离为 l 时，获得的速率为多大？(弹簧的伸长在弹性限度内.)

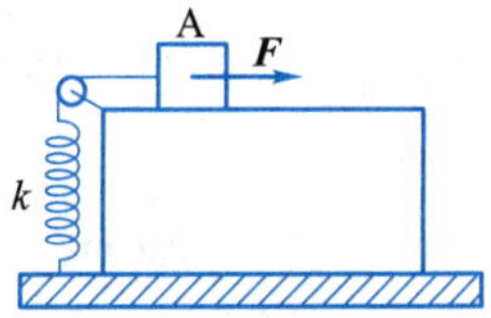

练习 2-10 图

班级______________ 学号______________ 姓名______________

2-11 一质量为 m 的小球以速率 v_0 从地面开始竖直向上运动. 在运动过程中，小球所受空气阻力大小与速率成正比，比例系数为 k. 求：

(1) 小球速率随时间的变化关系 $v(t)$；

(2) 小球上升到最大高度所用的时间 t.

2-12 一个物体在固定不动的圆筒底部紧贴筒内侧面做圆周运动，如图所示. 已知圆筒底部光滑，半径为 R；圆筒侧面与物体间的动摩擦因数为 μ_k. 若 $t=0$ 时刻物体的速率为 v_0. 求：

(1) 物体的运动速率随时间 t 变化的函数关系；

(2) 从 0 到 t 时间间隔内物体运动过的路程.

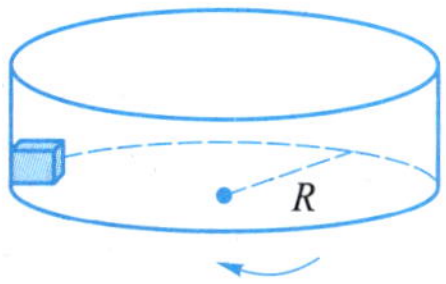

练习 2-12 图

2-13 一个质量为 $m=100$ g 的小珠子穿在半径为 $R=10$ cm 的光滑半圆形的铁丝上，如图所示. 现铁丝以 2 r/s 的转速绕竖直轴转动，且小珠子相对于铁丝静止，求小珠子与圆心的连线与竖直轴的夹角 φ.

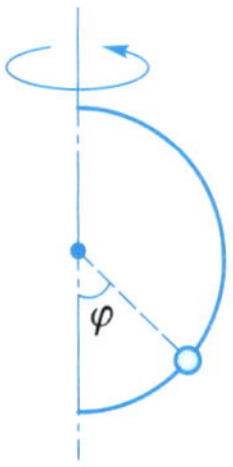

练习 2-13 图

2-14　如图所示，弹簧的弹性系数为 k，与之相连的小球沿水平 x 轴振动.小球相对于其平衡位置的位移为 $x=A\cos\omega t$，其中 k、A 和 ω 都是常量. 求在 $t=0$ 到 $t=\dfrac{\pi}{2\omega}$时间间隔内小球所受弹力的冲量.

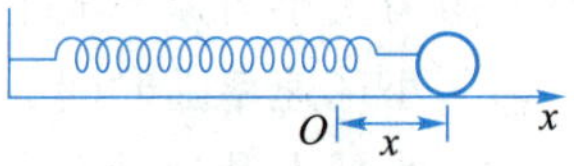

练习 2-14 图

2-15　质量为 300 g 的手球以 8 m/s 的速率垂直击中墙壁，并以相同的速率垂直墙壁反弹回来. 若球与墙壁的接触时间为 0.003 s，

（1）求它对墙壁的平均冲力；

（2）球反弹后马上被一人接住，若在接球过程中，人的手后撤了 0.5 m，则球对人的冲量及平均冲力为多大？

2-16　物块 B、C 置于固定不动的光滑水平桌面上，两者间连有一段长为 $l=0.4$ m 的细绳. B 通过跨过桌边轻定滑轮的细绳与 A 相连，如图所示. 设物体 A、B、C 的质量均为 m，起始时刻 B、C 靠在一起，且绳子是不可伸长的，并忽略所有摩擦.

（1）求 A、B 由静止释放后，经过多长时间 C 也开始运动？

（2）C 开始运动时的速度是多少？（取 $g=10\ \mathrm{m/s^2}$.）

练习 2-16 图

班级______________　　　学号______________　　　姓名______________

练　习　三

一、选择题

3-1　在水平冰面上向东行驶的炮车朝东南(斜向上)方向发射了一颗炮弹.忽略冰面摩擦力及空气阻力,对于炮车和炮弹这一系统,在此过程中(　　).

(A) 总动量守恒

(B) 总动量在炮身前进方向的分量守恒,其他方向动量不守恒

(C) 总动量在水平面上任意方向的分量守恒,竖直方向分量不守恒

(D) 总动量在任何方向的分量均不守恒

3-2　做匀速圆周运动的物体运动一周后回到原处,在这一周期内物体(　　).

(A) 动量守恒,合外力为零

(B) 动量守恒,合外力不为零

(C) 动量变化量为零,合外力不为零, 合外力的冲量为零

(D) 动量变化量为零,合外力为零

3-3　一炮弹由于特殊原因在水平飞行过程中,突然炸裂成两块,其中一块自由下落,则另一块的着地点(不计飞行过程中的阻力)(　　).

(A)比原来更远　　(B) 比原来更近　　(C) 仍与原来一样

3-4　质点系的总质量为 m,其质心的运动速度为 $\boldsymbol{v}_C$、加速度为 $\boldsymbol{a}_C$. 以下说法正确的是(　　).

(A) $\boldsymbol{v}_C$ 等于系统内各质点速度之矢量和

(B) $\boldsymbol{a}_C$ 等于系统内各质点加速度之矢量和

(C) $m\boldsymbol{v}_C$ 等于系统内各质点动量之矢量和

(D) $\frac{1}{2}mv_C^2$ 等于系统内各质点动能之和

3-5　一根不可伸长的绳子跨过无摩擦的轻滑轮. 甲乙两人体重、身高相同,各自用双手抓住这根绳子的一端,从同一高度由静止向上爬绳子,如图所示. 经过一定时间,甲相对于绳子的速率是乙相对于绳子的速率的两倍,则到达顶点的情况是(　　).

(A) 甲先到达　　(B) 乙先到达

(C) 同时到达　　(D) 不能确定谁先到达

练习 3-5 图

二、填空题

3-6　质量为 20 g 的子弹,以 400 m/s 的速率沿图示方向射入一原来静止的质量为 980 g 的摆球,摆线不可伸缩. 子弹射入后开始与摆球一起运动的速率为____________________.

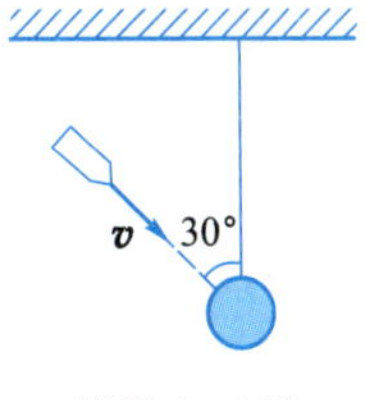

练习 3-6 图

3-7　一个均匀的无厚度平板形状如图所示. 建立坐标系,将原点(0,0)置于板左下角处,已知板左上角的坐标为(0,s),右上角坐标为(s,s). 则板质心的位置坐标为 x_C=_______ s,y_C=_______ s.

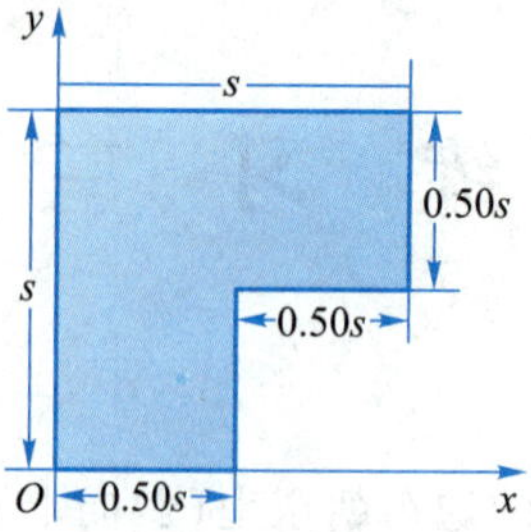

练习 3-7 图

3-8　下面的五幅图中都有一个力施加在老式抽水泵把手的一点上. 按照从小到大的顺序将这些力对轴的力矩排序,结果为______________________________.

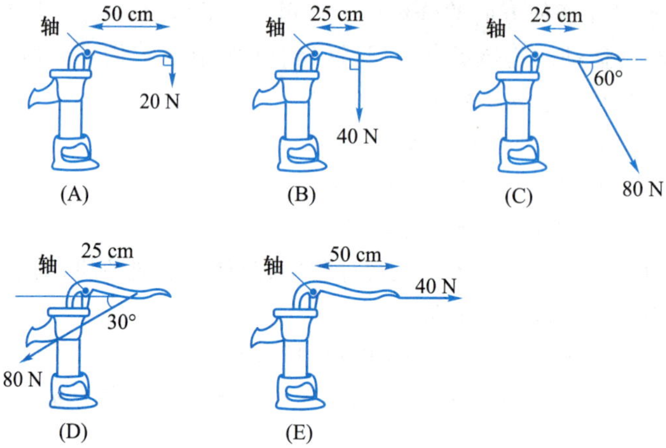

练习 3-8 图

三、计算题

3-9　水平光滑平面上有一质量为 $m_{车}$、长度为 l 的小车. 车的右端站有一质量为 m 的人,如图所示. 人、车相对于地面静止. 若人从车的右端走到左端,求人和车各自相对于地面移动的距离.

练习 3-9 图

班级____________　　学号____________　　姓名____________

3-10　A、B、C 三个质点的质量分别为 3 kg、1 kg、1 kg，由轻质细杆相连，位置如图所示，求该系统质心的坐标.

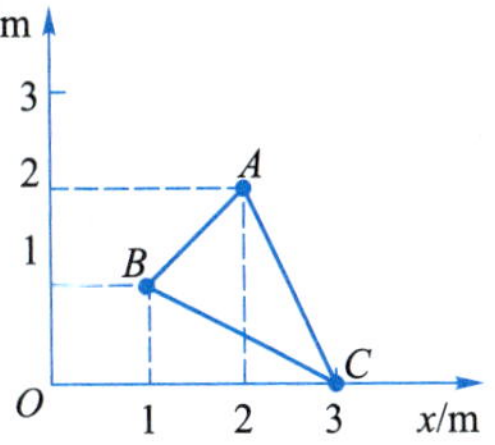

练习 3-10 图

3-11　在圆心位于 O 点、半径为 r 的均匀圆盘下部，挖出一个半径为 $r/2$ 的圆洞.圆洞的中心是 O'，且 $OO'=r/2$，如图所示，求带洞圆盘的质心位置.

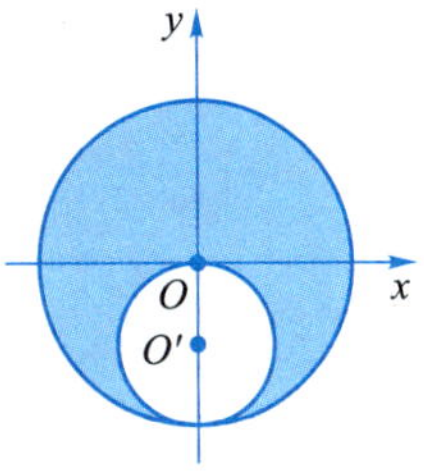

练习 3-11 图

3-12　一个粒子的质量为 2 kg，以 4.5 m/s 的速率沿一条直线运动. 直线外有一点 P，它到这条直线的距离为 $d=6$ m，求该粒子相对于 P 点的角动量.

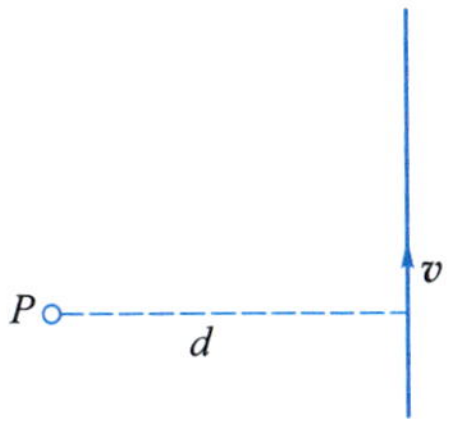

练习 3-12 图

3-13　一个粒子质量为 m,在如图所示的坐标系 xOy 中沿一条平行于 x 轴的直线以恒定的速度运动,速度方向与 x 轴正向一致. 设粒子对坐标原点的角动量的大小为 L,证明粒子的位置矢量在单位时间内扫过的面积为 $\frac{\mathrm{d}A}{\mathrm{d}t}=\frac{L}{2m}$.

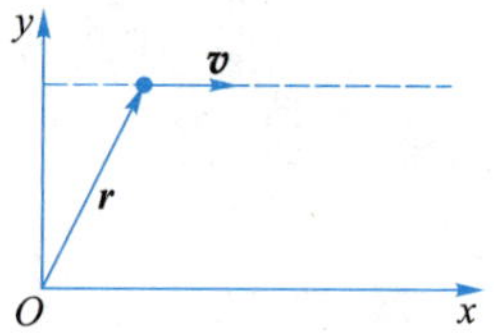

练习 3-13 图

3-14　哈雷彗星绕太阳运动的轨道是一个椭圆,它到太阳的最近距离是 8.75×10^{10} m,在这点的速率为 5.46×10^{4} m/s. 它离太阳最远时速率为 9.08×10^{2} m/s,这时它与太阳间的距离是多少?

3-15　质量为 $m=2$ kg 的质点在力 $F=12t\boldsymbol{i}$ (SI 单位)的作用下,从静止出发沿 x 轴正向做直线运动,求前 3 秒内该力所做的功.

3-16　一质量为 m 的质点拴在细绳的一端,绳的另一端固定,此质点在粗糙水平面上做半径为 r 的圆周运动. 设质点最初的速率是 v_0,当它运动 1 周时,速率变为 $v_0/2$.

(1) 求摩擦力所做的功;

(2) 求动摩擦因数;

(3) 在静止以前质点运动了多少圈?

班级______________ 学号______________ 姓名______________

练 习 四

一、选择题

4-1 以下说法正确的是(   ).

(A) 功是标量,能也是标量,不涉及方向问题

(B) 某方向的合力为零,功在该方向的投影必为零

(C) 某方向合外力做的功为零,该方向的机械能守恒

(D) 物体的速度大,合外力做的功多,物体所具有的功也多

4-2 以下说法错误的是(   ).

(A) 功是能量转化的量度

(B) 势能是属于物体系的,其量值与势能零点的选取有关

(C) 势能的增量大,相关的保守力做的正功多

(D) 物体速率的增量大,合外力做的正功多

4-3 质点的质量为 m,置于光滑球面的顶点 A 处(球面固定不动),如图所示. 当由静止开始下滑到球面上 B 点时,它的加速度大小为(   ).

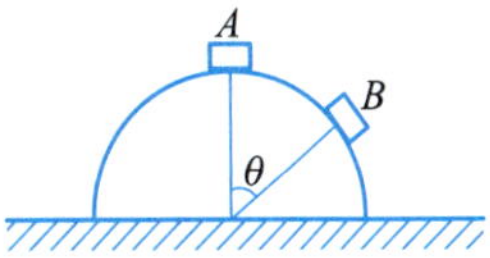

练习 4-3 图

(A) $a=2g(1-\cos\theta)$

(B) $a=g\sin\theta$

(C) $a=g$

(D) $a=\sqrt{4g^2(1-\cos\theta)^2+g^2\sin^2\theta}$

4-4 人造地球卫星绕地球做椭圆轨道运动,卫星轨道近地点和远地点分别为 A 和 B. 用 L 和 E_k 分别表示卫星对地心的角动量及其动能的瞬时值,则应有(   ).

(A) $L_A>L_B, E_{kA}>E_{kB}$ (B) $L_A=L_B, E_{kA}<E_{kB}$

(C) $L_A=L_B, E_{kA}>E_{kB}$ (D) $L_A<L_B, E_{kA}<E_{kB}$

4-5 一水平放置的轻弹簧,弹性系数为 k,其一端固定,另一端系一质量为 m 的滑块 A,A 旁有一个质量相同的滑块 B,如图所示. 两滑块与桌面间皆无摩擦. 若加外力将 A、B 一起推进,使弹簧由原长缩短 d,然后撤掉外力,则 B 离开 A 时,(   ).

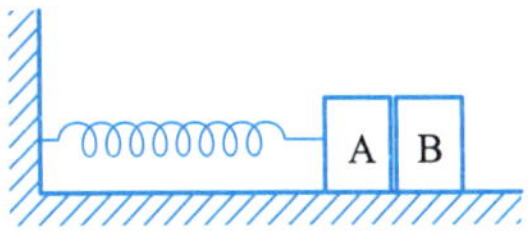

练习 4-5 图

(A) 速度为 $d\sqrt{\dfrac{k}{2m}}$ (B) 速度为 $d\sqrt{\dfrac{k}{m}}$

(C) 速度为 $d/2k$ (D) 条件不足,速度不能判定

二、填空题

4-6 两质点的质量分别为 m_1、m_2,在它们之间的距离由 a 缩短到 b 的过程中,它们之间万有引力所做的功为__________.

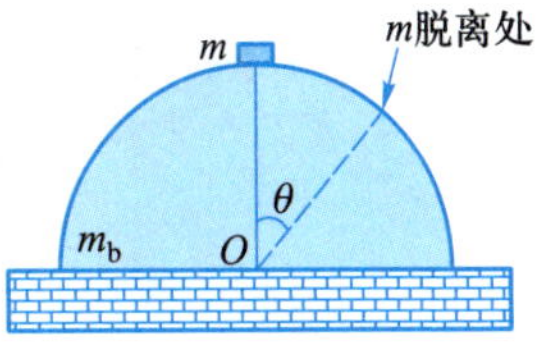

练习 4-7 图

4-7 半径为 R、质量为 m_b 且表面光滑的半球被放在光滑的水平面上.在半球面上球心正上方放置一个质量为 m 的小滑块. 小滑块从球面顶端无初速下滑后,在图示的 θ 位置脱离半

球. 已知 $\cos\theta=0.7$,则半球与滑块的质量之比为 $m_b/m=$ ______________.

4-8　绕定轴转动的飞轮均匀减速,$t=0$ 时角速度为 $\omega_0=5$ rad/s,$t=20$ s 时角速度为 $\omega=0.8\omega_0$,则飞轮的角加速度 $\alpha=$ ______________,$t=0$ 到 $t=100$ s 时间内飞轮转过的角度 $\theta=$ ______________.

三、计算题

4-9　一个质量为 3 kg 的物体在合力 $F_x=6+4x-3x^2$(SI 单位)的作用下由静止开始沿 x 轴从 $x=0$ 运动到 $x=3$ m 处. 求:

(1) 此过程中力 F_x 所做的功;

(2) 该物体位于 $x=3$ m 处时,力 F_x 的功率.

4-10　一质量为 m 的质点在 xOy 平面上运动,其运动函数为

$$\boldsymbol{r}(t)=(a\cos\omega t)\boldsymbol{i}+(b\sin\omega t)\boldsymbol{j}$$

式中 a、b、ω 是正值常量,且 $a>b$. 求:

(1) 质点在 A 点 $(a,0)$ 时和 B 点 $(0,b)$ 时的动能;

(2) 质点所受的合外力 $\boldsymbol{F}$ 以及在质点从 A 点运动到 B 点的过程中 $\boldsymbol{F}$ 的分力 $\boldsymbol{F}_x$ 和 $\boldsymbol{F}_y$ 分别做的功.

班级____________ 学号____________ 姓名____________

4-11 物体的质量为 m,距地面的高度恰好与地球的半径 R 相同. 设地球的质量为 $m_{地}$,若以无穷远处为万有引力势能的零点,求物体与地球系统的万有引力势能. 若将势能零点选在地球表面处,再求该系统的万有引力势能.

4-12 力 $\boldsymbol{F}$ 作用于正在做圆周运动的粒子上. 该粒子圆周运动的轨道位于 xy 平面内,半径为 5 m,圆心在坐标系的原点. 已知 $\boldsymbol{F}=\frac{F_0}{r}(y\boldsymbol{i}-x\boldsymbol{j})$,其中 F_0 为常量,$r=\sqrt{x^2+y^2}$.

(1) 求在粒子转动一周的过程中力 $\boldsymbol{F}$ 的功;

(2) 判断该力是否是保守力.

4-13 一张唱盘转速为 78 r/min,关掉电动机后,在 30 s 内停止了转动. 设在此过程中唱盘的角加速度恒定.

(1) 求唱盘角加速度的大小;

(2) 在这 30 s 内,唱盘转了多少转?

4-14　一个半径为0.10 m、位于竖直面内的圆盘由静止开始以2.0 rad/s^2 的角加速度绕通过其中心的固定水平轴转动. P 为圆盘边缘上的一点,开始时位于圆盘的最高点,求 $t=1.0$ s时 P 点的位置及加速度.

4-15　一个车轮的直径为1.0 m,由薄圆环和6根车条组成. 设圆环的质量为8.0 kg,每根车条的质量为1.2 kg. 求车轮对过其中心且与圆环垂直的轴的转动惯量.

4-16　地球的密度为 $\rho(r)=C\left(1.22-\frac{r}{R}\right)$,式中 r 为到地心的距离,R 为地球的半径,C 为常量. 设地球的质量为 m,求:

(1) C 的值;

(2) 地球对通过地心转轴的转动惯量.

班级______________　　学号______________　　姓名______________

练　习　五

一、选择题

5-1　如图所示，一个轮子正在沿顺时针方向绕 x 轴做定轴转动，图中给出了 5 个力矩的方向，要想使这个轮子的转速减小，应该施加的力矩为（　　）.

（A）1　　（B）2

（C）3　　（D）4

（E）5

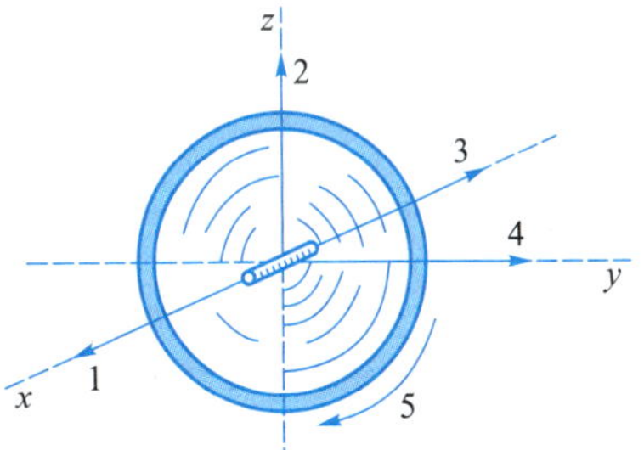

练习 5-1 图

5-2　如图所示，一轻绳绕在具有水平固定转轴的定滑轮上.若绳下端挂一质量为 m 的物体，则滑轮的角加速度为 α_A.若将物体取下，而用大小等于 mg、方向向下的力拉绳子，则滑轮的角加速度为 α_B.下列判断中正确的是（　　）.

（A）$\alpha_A=\alpha_B$　　（B）$\alpha_A>\alpha_B$

（C）$\alpha_A<\alpha_B$　　（D）开始时 $\alpha_A=\alpha_B$，以后 $\alpha_A<\alpha_B$

练习 5-2 图

5-3　如图所示，将一根长为 l 的均匀细杆悬挂于通过其一端的固定光滑水平轴上，在距离悬点下方 x 处施一水平冲力使杆开始摆动，要使此时悬点处不产生水平方向的作用力，则 x 应为（　　）.

（A）l　　（B）$l/2$

（C）$2l/3$　　（D）$3l/8$

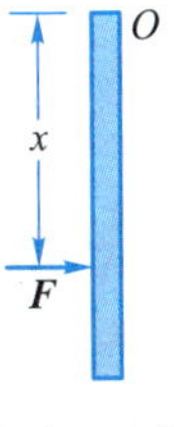

练习 5-3 图

5-4　一匀质圆盘状飞轮质量为 20 kg，半径为 30 cm，当它以 60 r/min 的转速绕其对称轴做定轴转动时，它所具有的动能为（　　）.

（A）$16.2\pi^2$ J　　（B）$8.1\pi^2$ J

（C）8.1 J　　（D）$1.8\pi^2$ J

5-5　一质量为 60 kg 的人站在一质量为 60 kg、半径为 1 m 的匀质圆盘的边缘，圆盘可绕与盘面垂直的中心竖直轴无摩擦地转动，系统原来是静止的.后来人沿圆盘边缘走动，当他相对于圆盘的走动速率为 2 m/s 时，圆盘角速度为（　　）.

（A）1 rad/s　　（B）2 rad/s

（C）2/3 rad/s　　（D）4/3 rad/s

二、填空题

5-6　如图所示，一木球固结在一细棒下端，可绕光滑的水平固定 O 轴转动，一子弹沿某方向击中木球并嵌于其中，则在此过程中，木球、子弹、细棒系统的______________守恒；木球被击中后棒和球升高的过程中，木球、子弹、细棒、地球系统的______________守恒.

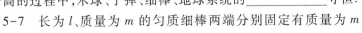

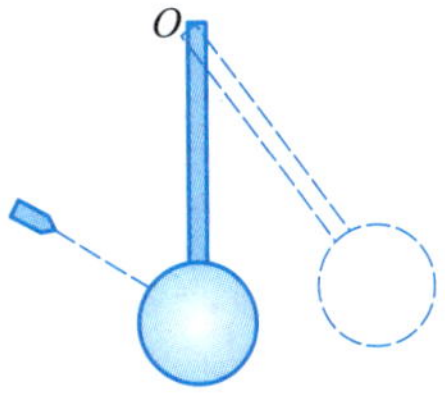

练习 5-6 图

5-7　长为 l、质量为 m 的匀质细棒两端分别固定有质量为 m

和 $2m$ 的小球(小球的尺寸不计). 棒可绕通过棒中点 O 的光滑水平固定轴在竖直平面内自由转动,如图所示. 由两个小球和细棒组成的这一系统相对于转轴的转动惯量 J=____________. 若棒从水平位置由静止开始转动,则该刚体在水平位置时的角加速度 α=______________;该刚体通过竖直位置时的角速度 ω=_____________.

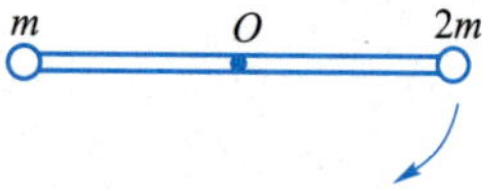

练习 5-7 图

5-8　一人坐在转椅上,双手各持一哑铃,哑铃到转轴的距离均为 0.6 m. 先让人体以 5 rad/s 的角速度随转椅旋转,此后,人将哑铃拉回使之到转轴距离为 0.2 m. 人体和转椅对轴的转动惯量为 5 kg · m^2,并视为不变. 每一哑铃的质量为 5 kg,可视为质点. 忽略转轴处摩擦,且在整个过程中转椅没有在地面上移动,则哑铃被拉回后,人体的角速度=_____________.

三、计算题

5-9　如图所示,定滑轮质量为 m_p = 2.00 kg、半径为 R = 0.100 m,其上绕有不可伸长的轻绳,绳子的下端挂一质量为 m = 5.00 kg 的物体. 初始时刻该定滑轮沿逆时针方向转动,角速度的大小为 10.0 rad/s,将滑轮视为匀质圆盘,忽略轴处的摩擦且绳子不打滑,求:

(1) 滑轮的角加速度;

(2) 物体可上升的最大高度;

(3) 物体落回初始位置时,滑轮的角速度.

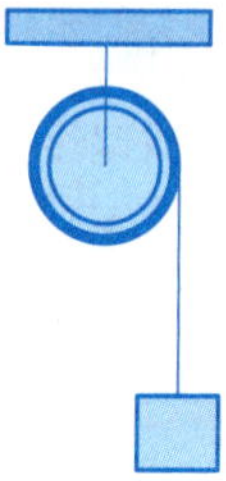
练习 5-9 图

5-10　一个固定斜面的倾角为 37°,其上端固定着质量为 m_p = 20 kg、半径为 R = 0.20 m 的飞轮,飞轮对其光滑转轴的转动惯量为 0.20 kg · m^2. 飞轮上绕着绳子,与斜面上质量为 m = 5.0 kg 的物体相连,如图所示,设物体与斜面间的动摩擦因数为 μ = 0.25,且绳子不在滑轮上打滑. 求:

(1) 物体在斜面上向下滑动的加速度;

(2) 绳中的张力.

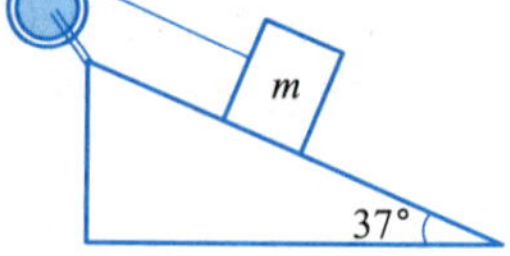

练习 5-10 图

班级______________ 学号______________ 姓名______________

5-11 两个固连在一起的匀质同轴圆柱体可绕它们的光滑固定轴 OO' 转动，如图所示．两个圆柱体上均绕有绳子，分别与质量为 m_1、m_2 的物体相连．设小圆柱体和大圆柱体的半径分别为 R_1、R_2，两者的质量分别为 m_{p1}、m_{p2}．将 m_1、m_2 两物体释放后，m_2 下落，且绳子均不打滑．求同轴圆柱体的角加速度．

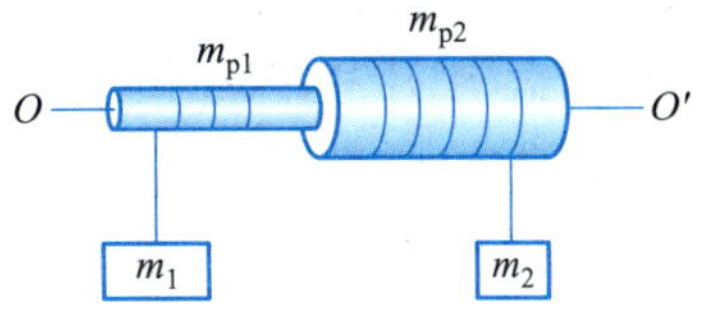

练习 5-11 图

5-12 如图所示，一水平悬挂的均匀细棒 AB 的质量为 m．若剪断悬挂棒 B 端的绳子 BC，则棒 AB 在竖直面内绕过 A 点的光滑固定轴转动．对于剪断 BC 的瞬间，

（1）求细棒质心的加速度；

（2）求竖直杆 AD 对棒作用力的大小；

（3）细棒上哪个点的加速度大小等于 g（g 为重力加速度）？

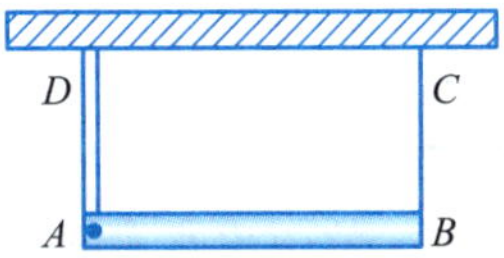

练习 5-12 图

5-13 一飞船尾部如图所示，在其边沿处装有两个可喷气的小孔．当飞船以 6 r/min 的转速绕与尾部垂直的轴转动时，为使飞船停止转动，两个喷气孔开始以 $v=800$ m/s 的速率喷射出气体．已知喷气孔到飞船转轴的距离为 $R=3$ m，且每个喷气孔每秒喷射出 10 g 气体，如果飞船对轴的转动惯量为 $J=4\ 000\ \mathrm{kg\cdot m^2}$，那么喷气孔喷气多长时间后飞船可停止转动？

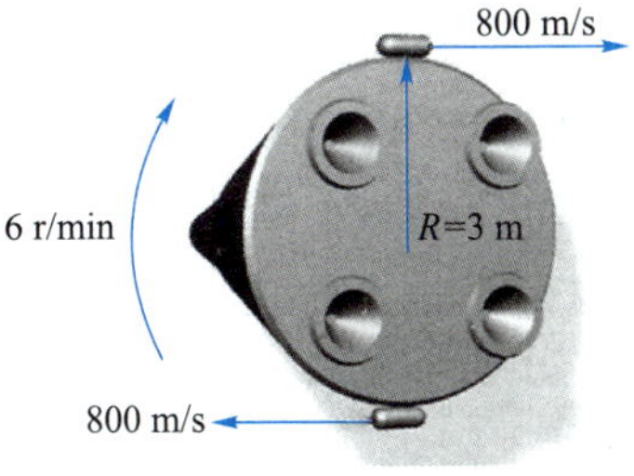

练习 5-13 图

5-14 唱机的转盘绕通过盘心的光滑固定竖直轴转动，唱片放上去后将受转盘摩擦力的作用而随转盘转动，如图所示. 设唱片是半径为 R、质量为 m 的匀质圆盘，唱片和转盘间的摩擦因数为 μ_k，转盘以角速度 ω 匀速转动，且转盘水平问：

(1) 唱片刚被放到转盘上时受到的摩擦力矩为多大？

(2) 唱片达到角速度 ω 需要多长时间？在这段时间内，转盘保持角速度 ω 不变，驱动力矩共做了多少功？唱片获得了多大的动能？

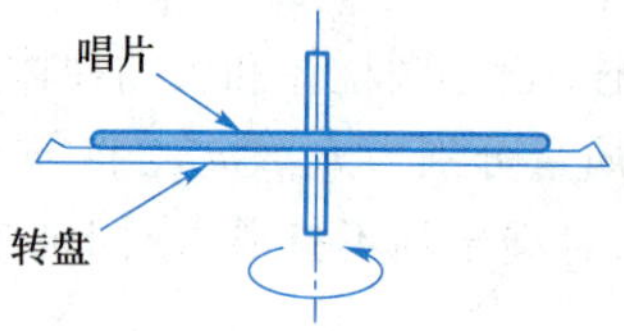

练习 5-14 图

5-15 质量均匀的细杆上端被光滑的水平固定轴吊起，细杆处于静止状态，如图所示. 细杆的长度为 $L=0.40$ m，质量为 $m_{杆}=1.0$ kg. 质量为 $m=8.0$ g 的子弹以 $v=200$ m/s 的速率水平射中细杆距水平轴 $d=3L/4$ 处，并停在细杆内. 求：

(1) 细杆开始摆动时的角速度；

(2) 细杆的最大偏转角.

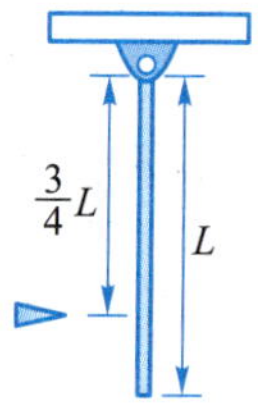

练习 5-15 图

5-16 如图所示，一名跳水运动员做屈体动作时的转动惯量约为 15.2 kg · m^2，做抱膝动作时的转动惯量约为 8.0 kg · m^2. 若跳水运动员从 10.0 m 台跳下，起跳时的角动量为106 kg · m^2/s，问：

(1) 若他做抱膝动作，能在空中翻腾多少圈？

(2) 若他做屈体动作，能在空中翻腾多少圈？

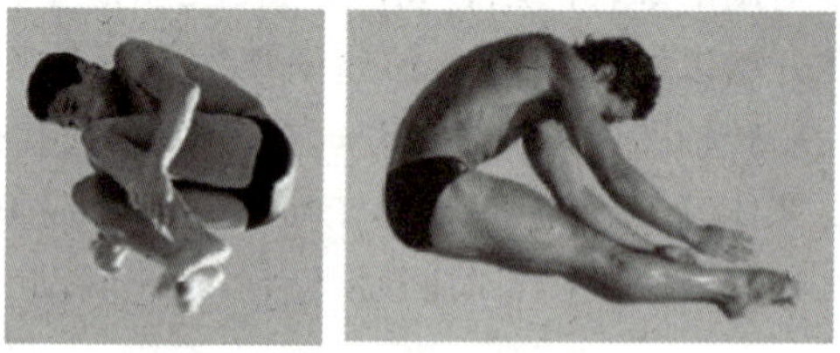
(1) (2)

练习 5-16 图

班级______________ 学号______________ 姓名______________

练 习 六

一、选择题

6-1 一个物体放在水平桌面上，下列关于物体和桌面受力情况叙述正确的是(　　).

① 桌面受到向下的压力是因为桌面发生了形变.

② 桌面受到向下的压力是因为物体发生了形变.

③ 物体受到向上的支持力是因为桌面发生了形变.

④ 桌面受到向上的支持力是因为物体发生了形变.

(A) ①② (B) ①④ (C) ②③ (D) ②④

6-2 流体的基本力学特征是(　　).

(A) 可以充满整个容器 (B) 不能保持一定形状

(C) 不能承受剪切力而保持静止 (D) 不能承受剪切力

(E) 不能被压缩

6-3 静止流体中，任一点的压强大小与(　　)无关.

(A) 受压面的方向 (B) 流体的种类

(C) 重力加速度 (D) 该点的位置

6-4 理想流体做定常流动时，(　　).

(A) 流经空间各点速度相同，且流速一定要很小

(B) 其流线是一组平行线

(C) 流线有可能穿过流管

(D) 流线和流管的形状和分布不随时间变化

6-5 水在管道中做定常流动时，对于管道不同截面处流量与流速有(　　).

(A) 截面大小不知，流量与流速无法确定

(B) 截面大处流量等于截面小处流量

(C) 截面大处流量大，流速也大

(D) 截面大处流量大，流速却小

二、填空题

6-6 上半段是长为 3 m、横截面积为 4.0×10^{-4} m^2、杨氏模量为 69 GPa 的铝杆，下半段是长为 2 m、横截面积为 1.0×10^{-4} m^2、杨氏模量为 196 GPa 的钢杆，又知铝杆与钢杆允许的最大应力分别为 78 MPa和 137 MPa. 不计杆的自重，杆下端所能承担的最大负荷为__________，在此负荷下杆的总伸长量为__________.

6-7 曾经有人设想一种永动机(如图所示)，在水缸侧面镶嵌一个圆柱体. 设计者认为，由于一半在水中，一半在空气中，浮力上的差异将导致圆柱体上存在能够使其旋转的力矩. 若圆柱体高为 h、半径为 r，液体的密度为 ρ，则圆柱体浸在液体中的部分受到的浮力为__________，而圆柱体受到的相对于中心轴的力矩为__________. 这样看来，这种永动机是不可能的.

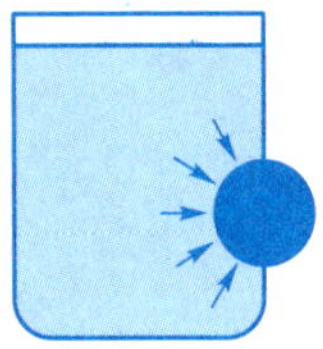

练习 6-7 图

6-8 水下 30 cm 处一个直径为 0.01 mm 的气泡的压强是__________ Pa.（水面大气压为 1.013×10^5 Pa,水的表面张力系数和密度分别取 0.07 N/m 和 1.0×10^3 kg/m^3.）

三、计算题

6-9 一根钢制小提琴弦,直径为 0.40 mm,在 50 N 的拉力下,长度为 40 cm. 求：

（1）没有拉力时,琴弦的长度；

（2）从自然状态到当前状态,拉力所做的功；

（3）拉断这根琴弦需要的拉力.（钢的杨氏模量和抗拉强度分别取 200 GPa 和 0.5 GPa.）

6-10 剪切钢板时,由于对剪刀施加的力不够,没有切断,然而钢板发生了剪切应变. 钢板的横截面积为 $S=100\ cm^2$,两刀口间的距离为 $d=0.2$ cm. 当剪切力为 8×10^5 N 时,

（1）求钢板中的切应力；

（2）求钢板的切应变；

（3）求与刀口齐的两个截面发生的相对滑移；

（4）用多大的力可以剪断钢板?（钢的切变模量和抗剪强度分别取 80 GPa 和 0.3 GPa.）

6-11 一个圆锥形玻璃瓶,高为 H,瓶底大（半径为 R）,瓶口小（相对于瓶底大小可忽略）,里面装满密度为 ρ 的液体,瓶口敞开.

（1）求液体的总重量；

（2）求瓶底的压强；

（3）求瓶底所受的压力；

（4）为什么瓶底所受的压力比水的重力大?

班级＿＿＿＿＿＿　　学号＿＿＿＿＿＿　　姓名＿＿＿＿＿＿

6-12　一只水黾的质量为 1 g,它有六条细长的腿. 问:平均每条腿与水面接触的长度达到多少,它才能因为水的表面张力(设 $\sigma = 0.07$ N/m)而在水面行走?(实际上,水黾的腿上有很多细绒毛,增加了与水面的接触,从而能够提供足够的表面张力,以支撑体重.)

6-13　出口截面积为 S_0 的龙头有水缓慢流出,单位时间流出的体积为 Q_V. 求水流落到距离管口 h 处的横截面积.

6-14　一架飞机的质量是 1 500 kg,机翼的总面积是 30 m^2. 如果飞行过程中空气相对于机翼下侧的流速是 100 m/s,问其相对于机翼上侧的流速是多少?(空气的密度为 1.30 kg/m^3.)

6-15　一个虹吸装置(如图所示),可以把液体从大水缸中转移出来. 把虹吸管的一端插入液体,另一端放置在液面以下的位置,液体就会从水缸中通过虹吸管流出,直到液面的高度降低到虹吸管出口的位置. 假设虹吸管高于液面的部分为 h_1(最高点处设为 A 点),出口处低于液面 h_2(出口处标记为 B).

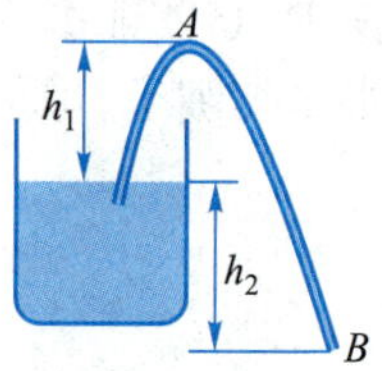

练习 6-15 图

(1) 求虹吸管出口处液体的流速;

(2) 求最高点 A 处的压强;

(3) A 点最高可以达到多少还能有液体流出?

6-16　一个喷雾器(如图所示),细管插入液体中,露出液面的部分长 5 cm,液体密度为 900 kg/m^3,空气密度为 1.30 kg/m^3,挤压橡皮球就可以把液体吸上来并喷出去. 问:被挤压的空气速度需要达到多少才能把液体吸上来?

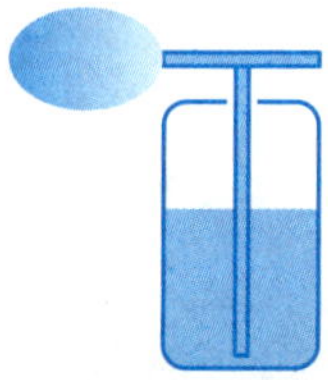
练习 6-16 图

班级____________　　学号____________　　姓名____________

练　习　七

一、选择题

7-1　一个容器内储有 1 mol 氧气和 1 mol 氦气,若两种气体各自对器壁产生的压强分别为 p_1 和 p_2,则两者的大小关系是(　　).

(A) $p_1 > p_2$　　(B) $p_1 < p_2$　　(C) $p_1 = p_2$　　(D)不确定的

7-2　氢气和氦气都作为理想气体考虑,如果它们的温度相同,物质的量也相同,那么这两种气体的(　　).

(A) 平均动能相等,平均平动动能相等,内能相等

(B) 平均动能相等,平均平动动能不相等,内能不相等

(C) 平均动能不相等,平均平动动能相等,内能不相等

(D) 平均动能不相等,平均平动动能不相等,内能相等

7-3　一定量理想气体储于容器中,温度为 T,气体分子质量为 m_0. 根据理想气体的分子模型和统计假设,分子速度在 x 方向的分量平方的平均值$\overline{v_x^2}$为(　　).

(A) $\sqrt{\dfrac{3kT}{m_0}}$　　(B) $\dfrac{1}{3}\sqrt{\dfrac{3kT}{m_0}}$　　(C) $\dfrac{3kT}{m_0}$　　(D) $\dfrac{kT}{m_0}$

7-4　在标准状况下,若氧气(氧气分子为刚性双原子分子)和氦气的体积比 $V_1/V_2 = 1/2$,则其内能之比 E_1/E_2 为(　　).

(A) 3/10　　(B) 1/2　　(C) 5/6　　(D) 5/3

7-5　有容积不同的 A、B 两个容器,A 中装有氦气,B 中装有氧气. 如果两种气体的压强相同,那么这两种气体单位体积的内能$(E/V)_A$ 和$(E/V)_B$ 的关系(　　).

(A) 为$(E/V)_A<(E/V)_B$　　(B) 为$(E/V)_A>(E/V)_B$

(C) 为$(E/V)_A=(E/V)_B$　　(D) 不能确定

二、填空题

7-6　某理想气体在温度为 27 °C 和压强为 1.0×10^{-2} atm 的情况下,密度为 11.3 g/m^3,则这气体的摩尔质量为________________.

7-7　容器中储有 1 mol 的氮气,压强为 1.33 Pa,温度为 280 K,则

(1) 1 m^3 中氮气的分子数为________________;

(2) 容器中的氮气的密度为________________;

(3) 1 m^3 中氮气分子的总平动动能为____________.

7-8　试指出下列各式所表示的物理意义:

(1) $\dfrac{1}{2}kT$ 表示________________________________;

(2) $\dfrac{3}{2}kT$ 表示________________________________;

(3) $\dfrac{i}{2}kT$ 表示________________________________;

（4）$\frac{m}{M}\frac{3}{2}RT$ 表示____；

（5）$\frac{m}{M}\frac{i}{2}RT$ 表示____.

三、计算题

7-9　将定容气体温度计的测温气泡放入冰水混合物中,气泡内气体的压强为 4.45×10^{3} Pa.

（1）将此温度计放入 1 atm 下的沸水中,泡内气体的压强为多大?

（2）当气体的压强为 1.26×10^{3} Pa 时,测得的温度是多少?

7-10　星际空间的星云由氢原子组成,其数密度可低至10^{10} m^{-3},温度可高达10^{4} K. 求这样的星云内的压强.

7-11　一个热气球的容积为 2.1×10^{4} m^{3},气球和负荷的总质量为 4.5×10^{3} kg,若气球外部的空气温度为 20℃,要想使热气球上升,其内部空气最低要加热到多少度?

班级____________　　学号____________　　姓名____________

7-12　容积为 30 L 的高压钢瓶内装有压强为 130 atm 的氧气，做实验每天需用 1 atm 下 400 L 的氧气，规定钢瓶内氧气压强不能降到 10 atm 以下，以免开启阀门时混进空气. 试问这瓶氧气使用几天后就需重新充气？

7-13　一容器内充满 16 g 的氧气，温度为 300 K，求：

（1）氧气分子热运动的平均平动动能、平均转动动能和平均动能；

（2）此容器中氧气的内能.

7-14　一定质量的理想气体，使其温度从 17 ℃加热到 277 ℃，并把其体积压缩到原来的一半. 问下列物理量变化为原来的多少倍？

（1）气体的压强；

（2）气体分子的平均平动动能；

（3）气体分子的方均根速率.

7-15　已知 $f(v)$ 是速率分布函数，N 为总分子数，m_0 为分子质量，写出具有下列物理意义的表达式：

（1）速率在 v 附近 $\mathrm{d}v$ 速率间隔内的分子数占总分子数的比例；

（2）一个分子，其速率处于区间 $v_1 \sim v_2$ 内的概率；

（3）速率小于 v_1 的分子数；

（4）在 v_1 附近单位速率区间内的分子数；

（5）速率处于区间 $v_1 \sim v_2$ 内的分子的速率总和；

（6）速率处于区间 $v_1 \sim v_2$ 内的分子的平均平动动能.

7-16　设 N 个分子的速率分布曲线如图所示，其中 $v > 2v_0$ 的分子数为零，分子质量 m_0、总分子数 N 和速率 v_0 已知. 求：

（1）b；

（2）速率在 $v_0/2$ 到 $3v_0/2$ 之间的分子数；

（3）分子的平均速率及平均平动动能.

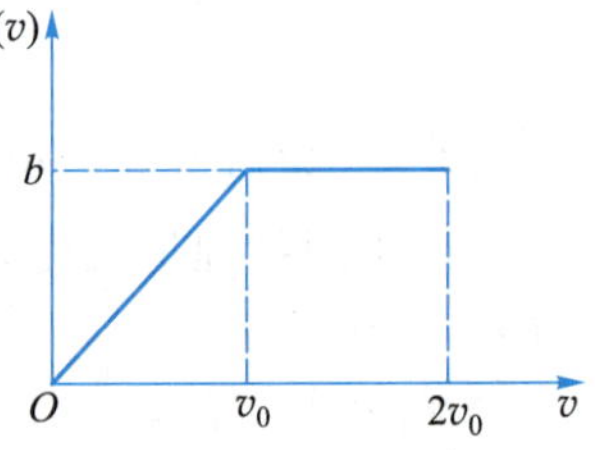

练习 7-16 图

班级______________　　　学号______________　　　姓名______________

练　习　八

一、选择题

8-1　若 $f(v)$ 为气体分子速率分布函数，N 为分子总数，m_0 为分子质量，则 $\int_{v_1}^{v_2}\frac{1}{2}m_0v^2Nf(v)\mathrm{d}v$ 的物理意义是(　　).

(A) 速率为 v_2 的各分子的总平动动能与速率为 v_1 的各分子的总平动动能之差

(B) 速率为 v_2 的各分子的总平动动能与速率为 v_1 的各分子的总平动动能之和

(C) 速率处在 v_1 到 v_2 间隔内分子的平均平动动能

(D) 速率处在 v_1 到 v_2 间隔内分子的平动动能之和

8-2　按麦克斯韦速率分布律，温度为 T 时，在方均根速率 $v_{\mathrm{rms}}\pm 10$ m/s 的速率区间内，氢、氮两种气体分子数ΔN_v 占总分子数 N 的比例相比较，应有(　　).

(A) $\left(\frac{\Delta N_v}{N}\right)_{H_2}>\left(\frac{\Delta N_v}{N}\right)_{N_2}$

(B) $\left(\frac{\Delta N_v}{N}\right)_{H_2}<\left(\frac{\Delta N_v}{N}\right)_{N_2}$

(C) $\left(\frac{\Delta N_v}{N}\right)_{H_2}=\left(\frac{\Delta N_v}{N}\right)_{N_2}$

(D) 温度较低时$\left(\frac{\Delta N_v}{N}\right)_{H_2}>\left(\frac{\Delta N_v}{N}\right)_{N_2}$，温度较高时$\left(\frac{\Delta N_v}{N}\right)_{H_2}<\left(\frac{\Delta N_v}{N}\right)_{N_2}$

8-3　若 N 表示分子总数，T 表示气体温度，m_0 表示气体分子的质量，则当分子速率 v 确定后，决定麦克斯韦速率分布函数 $f(v)$ 数值的因素是(　　).

(A) m_0,T　　(B) N　　(C) N,m_0　　(D) N,T　　(E) N,m_0,T

8-4　设 $\bar{v}$ 代表气体分子运动的平均速率，v_{p} 代表气体分子运动的最概然速率，$(\overline{v^2})^{1/2}$ 代表气体分子运动的方均根速率. 对于平衡态下的理想气体，三种速率的关系为(　　).

(A) $(\overline{v^2})^{1/2}=\bar{v}=v_{\mathrm{p}}$　　(B) $\bar{v}<v_{\mathrm{p}}<(\overline{v^2})^{1/2}$

(C) $v_{\mathrm{p}}<\bar{v}<(\overline{v^2})^{1/2}$　　(D) $v_{\mathrm{p}}>\bar{v}>(\overline{v^2})^{1/2}$

8-5　容器 A 的容积是容器 B 的 2 倍，两容器内分别盛放同温度同物质的量的理想气体，则两容器内气体分子的平均碰撞频率和平均自由程的关系为(　　).

(A) $\overline{Z}_{\mathrm{A}}=\overline{Z}_{\mathrm{B}}$，　$\overline{\lambda}_{\mathrm{A}}=2\overline{\lambda}_{\mathrm{B}}$　　(B) $\overline{Z}_{\mathrm{A}}=\overline{Z}_{\mathrm{B}}/2$，　$\overline{\lambda}_{\mathrm{A}}=2\overline{\lambda}_{\mathrm{B}}$

(C) $\overline{Z}_{\mathrm{A}}=\overline{Z}_{\mathrm{B}}$，　$\overline{\lambda}_{\mathrm{A}}=\overline{\lambda}_{\mathrm{B}}/2$　　(D) $\overline{Z}_{\mathrm{A}}=\overline{Z}_{\mathrm{B}}/2$，　$\overline{\lambda}_{\mathrm{A}}=\overline{\lambda}_{\mathrm{B}}/2$

二、填空题

8-6　图中两条曲线分别表示氦、氧两种气体在相同温度 T 时分子按速率的分布，其中，

(1) 曲线 a 表示________气分子的速率分布曲线；曲线 b 表示________气分子的速率分布曲线.

（2）阴影小窄条面积表示＿＿＿＿＿＿＿＿＿＿＿＿＿＿＿＿＿＿＿＿＿＿＿＿＿＿＿＿.

（3）分布曲线与横轴所包围的面积表示＿＿＿＿＿＿＿＿＿＿＿＿＿＿＿＿＿＿＿＿＿.

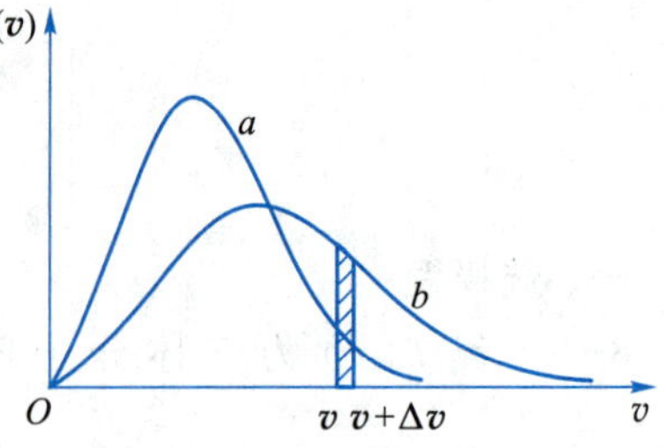

练习 8-6 图

8-7　4 mol 的理想气体在 300 K 时的体积为 0.1 m^3,体积膨胀为 0.5 m^3.

（1）如果经历的是等压过程,那么气体对外所做的功为＿＿＿＿＿＿＿＿;

（2）如果经历的是等温过程,那么气体对外所做的功为＿＿＿＿＿＿＿＿.

8-8　根据理想气体状态变化的关系,指出下面的等式各表示什么等值过程.

（1）$p\mathrm{d}V=\nu R\mathrm{d}T$ 表示＿＿＿＿＿＿＿＿＿＿＿＿过程;

（2）$V\mathrm{d}p=\nu R\mathrm{d}T$ 表示＿＿＿＿＿＿＿＿＿＿＿＿过程;

（3）$p\mathrm{d}V+V\mathrm{d}p=0$ 表示＿＿＿＿＿＿＿＿＿＿＿＿过程.

三、计算题

8-9　求氢气和氮气在 1 atm、27℃下的分子的

（1）平均速率;

（2）方均根速率;

（3）最概然速率;

（4）平均平动动能;

（5）平均转动动能;

（6）平均动能.

班级______________ 学号______________ 姓名______________

8-10 0 K 下金属自由电子速率分布为$\frac{\mathrm{d}N_v}{N}=\begin{cases}Av^2\mathrm{d}v & (0<v<v_F)\\ 0 & (v>v_F)\end{cases}$.

(1) 画出速率分布函数 $f(v)$ 的图形；

(2) 确定 A 值；

(3) 求速率低于 $v_F/2$ 的电子数占总电子数的比例；

(4) 求最概然速率、平均速率和方均根速率.

8-11 10 名学生参加一次测验，获得的分数如下：83，62，81，77，68，92，88，83，72，75. 这些分数的平均值、方均根值和最概然值分别为多少？

8-12 计算理想气体速率处于 $v_p-0.01v_p$ 到 $v_p+0.01v_p$ 区间内的分子数占总分子数的比例.

8-13　热水瓶胆的两壁间距为 4 mm，其间充满压强为 0.1 Pa 的氮气，氮气分子的有效直径为 3.8×10^{-10} m. 求温度为 27 ℃时氮气分子在热水瓶胆中的平均自由程.

8-14　56 g 的氮气温度由 0 ℃升至 100 ℃，问系统沿(1)体积不变和(2)压强不变的这两个过程变化时各吸收多少热量？各增加多少内能？对外各做多少功？

8-15　一定量的空气，在一个大气压下吸收了 1.71×10^{3} J 的热量，体积从 1.0×10^{-2} m^3 膨胀到 1.5×10^{-2} m^3，问空气对外做了多少功？其内能改变量为多少？

8-16　设气体满足范德瓦耳斯方程 $\left(p+\nu^2\dfrac{a}{V^2}\right)(V-\nu b)=\nu RT$，若该气体经等温过程体积由 V_1 膨胀到 V_2，求在该过程中气体对外所做的体积功.（其中 a、b 为常量.）

班级______________　　　学号______________　　　姓名______________

练　习　九

一、选择题

9-1　如图所示，一定量理想气体从体积 V_1 膨胀到体积 V_2，分别经历的过程是：等压过程 $A \to B$，等温过程 $A \to C$，绝热过程 $A \to D$，其中吸热最多的过程(　　).

(A) 是 $A \to B$

(B) 是 $A \to C$

(C) 是 $A \to D$

(D) 既是 $A \to B$ 也是 $A \to C$，两过程吸热一样多

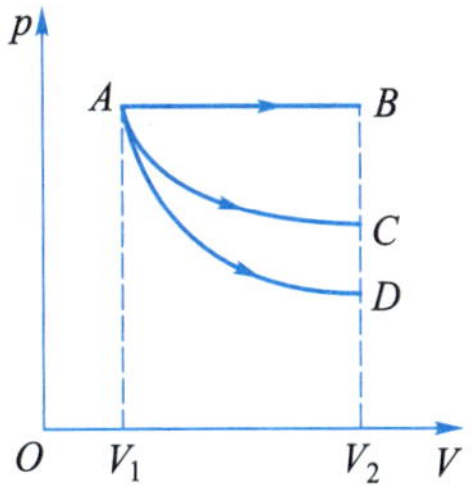

练习 9-1 图

9-2　对于理想气体系统来说，在下列过程中，(　　)中系统所吸收的热量、内能的增量和对外所做的功三者均为负值.

(A) 等容降压过程　　(B) 等温膨胀过程

(C) 绝热膨胀过程　　(D) 等压压缩过程

9-3　气缸中有一定量的氦气(视为理想气体)，经过绝热压缩，体积变为原来的一半，则气体分子的平均速率变为原来的(　　).

(A) $2^{2/5}$　　(B) $2^{1/5}$　　(C) $2^{2/3}$　　(D) $2^{1/3}$

9-4　理想气体向真空做绝热自由膨胀，(　　).

(A) 膨胀后温度不变，压强减小　　(B) 膨胀后温度降低，压强减小

(C) 膨胀后温度升高，压强减小　　(D) 膨胀后温度不变，压强不变

9-5　如图所示的两个卡诺循环，第一个沿 $ABCDA$ 进行，第二个沿 $ABC'D'A$ 进行，这两个循环的效率 η_1 和 η_2 的关系及这两个循环所做的净功 W_1 和 W_2 的关系是(　　).

(A) $\eta_1 = \eta_2, W_1 = W_2$

(B) $\eta_1 > \eta_2, W_1 = W_2$

(C) $\eta_1 = \eta_2, W_1 > W_2$

(D) $\eta_1 = \eta_2, W_1 < W_2$

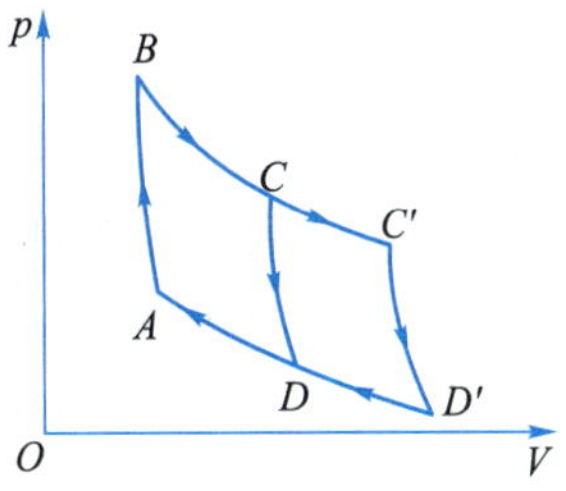

练习 9-5 图

二、填空题

9-6　4 mol 的氧气在 300 K 时的体积为 0.1 m^3，经过准静态绝热膨胀过程体积变为 0.5 m^3，则温度变为______________，在该过程中氧气对外所做的功为______________.

9-7　一热机从温度为 727 ℃ 的高温热源吸热，向温度为 527 ℃ 的低温热源放热，若热机在最大效率下工作，且每一循环吸热 2 000 J，则每一循环做功______________ J.

9-8　如图所示，一定量理想气体经历 acb 过程

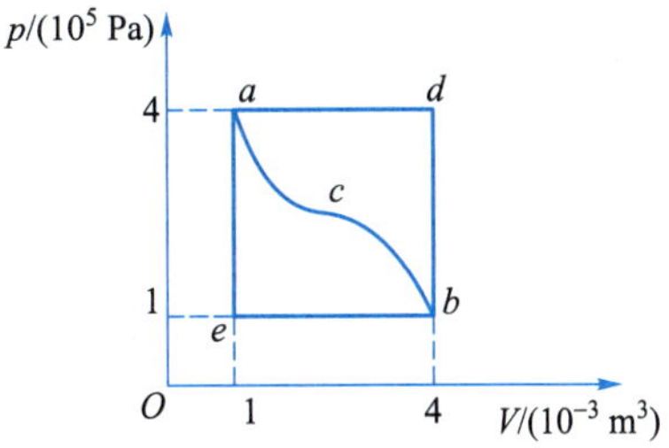

练习 9-8 图

吸热 500 J，则经历 $acbda$ 过程时，气体____________（填吸热或放热），传递的热量为____________ J.

三、计算题

9-9　如图所示，在一密闭的真空气缸内有一个弹性系数为 k 的轻弹簧，弹簧上端固定在气缸顶部，下端吊着一个质量可以忽略的活塞，活塞与气缸之间无缝隙、无摩擦，弹簧处于原长时，活塞恰能与气缸底部接触. 当活塞下面的空间引进温度为 T_1、物质的量为 ν、摩尔定容热容为 $C_{V,m}$ 的理想气体时，活塞上升的高度为 h_1. 此后加热，气体吸收热量 Q，求气体的最终温度.

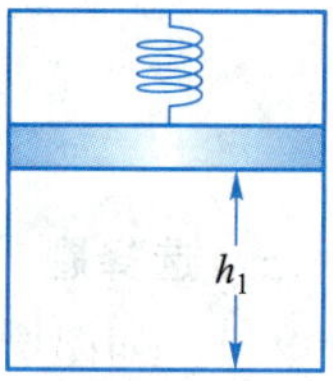

练习 9-9 图

9-10　一容器中含有未知的理想气体，可能是氢气，也可能是氦气. 在温度为 298 K 时取出试样，使其从 10 L 绝热膨胀到 12 L，温度降到 277 K，试判断容器中是什么气体.

9-11　如图所示，容器被绝热、不漏气的活塞分成 A、B 两个部分，容器左端导热，其他部分绝热. 开始时左、右两侧分别有标准状况下的理想氢气，容积均为 36 L. 从左端对 A 中气体加热，使活塞缓缓右移，直到 B 中气体的体积变为 18 L. 求：

（1）A 中气体的末态温度和压强；

（2）外界传给 A 中气体的热量.

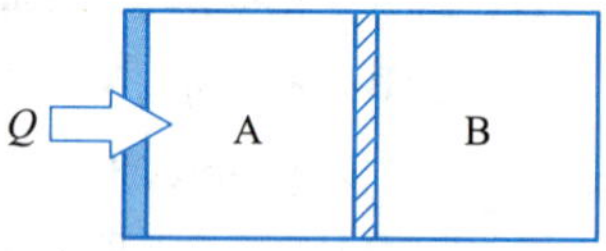

练习 9-11 图

班级______________ 学号______________ 姓名______________

9-12 图中 $abcda$ 方形回线表示 1 mol 理想气体氦的循环过程，整个过程由两条等压线和两条等容线组成，求循环效率.

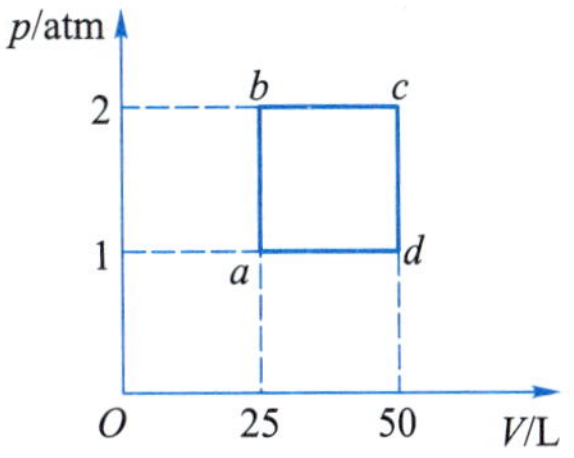

练习 9-12 图

9-13 一热机以理想气体为工作物质，其循环过程如图所示，其中 bc 为绝热过程. 试证明此热机的效率为 $\eta=1-\gamma\dfrac{V_2/V_1-1}{p_2/p_1-1}$.

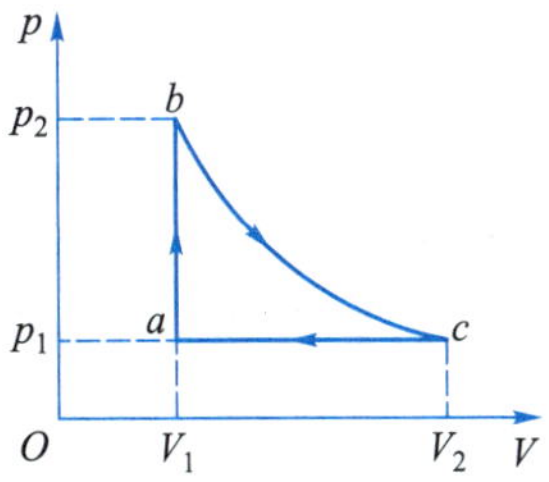

练习 9-13 图

9-14　一卡诺热机的低温热源温度为 280 K,效率为 40%,在保持低温热源温度不变的条件下,欲将其效率提高到 50%,则高温热源的温度应升高多少?

9-15　一理想气体的卡诺循环,当高温热源和低温热源温度分别为 127 ℃和 27 ℃时,一次循环过程中系统对外做净功 8 000 J. 现维持低温热源温度不变,两绝热线不变,使一次循环对外所做的净功增加为 10 000 J. 问高温热源的温度增为多少?前后两个卡诺循环的效率分别为多少?

9-16　一台冰箱工作时,其冷冻室内的温度为-13 ℃,室温为 17 ℃,若按理想卡诺制冷循环计算,则此制冷机每消耗 1 kJ 的功,可以从冷冻室中吸出多少热量?

班级______________ 学号______________ 姓名______________

练 习 十

一、选择题

10-1 热力学第二定律表明(   ).

(A) 不可能从单一热源吸收热量使之全部变为有用的功

(B) 在一个可逆过程中,工作物质净吸热等于对外所做的功

(C) 摩擦生热的过程是不可逆的

(D) 热量不可能从温度低的物体传到温度高的物体

10-2 如图所示,设某热力学系统经历一个 $b \to c \to a$ 的准静态过程,$a \to d \to b$ 过程为绝热过程,系统在 $b \to c \to a$ 过程中(   ).

(A) 只吸热,不放热

(B) 只放热,不吸热

(C) 有的阶段吸热,有的阶段放热,净吸热为正值

(D) 有的阶段吸热,有的阶段放热,净吸热为负值

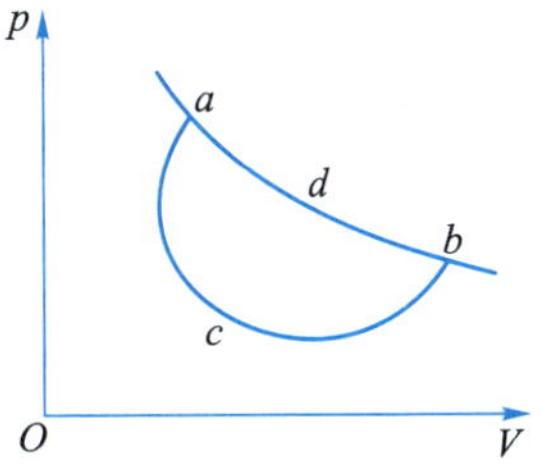

练习 10-2 图

10-3 关于可逆过程和不可逆过程,有以下判断:

(1) 可逆热力学过程一定是准静态过程;

(2) 准静态过程一定是可逆过程;

(3) 不可逆过程就是不能向相反方向进行的过程;

(4) 凡有摩擦的过程,一定是不可逆过程.

在这四种判断中,正确的是(   ).

(A) (1)(2)(3)   (B) (1)(2)(4)

(C) (2)(4)   (D) (1)(4)

10-4 “理想气体和单一热源接触做等温膨胀时,吸收的热量全部用来对外做功.”对此说法,有如下几种评论,正确的是(   ).

(A) 不违反热力学第一定律,但违反热力学第二定律

(B) 不违反热力学第二定律,但违反热力学第一定律

(C) 不违反热力学第一定律,也不违反热力学第二定律

(D) 违反热力学第一定律,也违反热力学第二定律

10-5 设有以下一些过程:

(1) 两种不同气体在等温下互相混合;

(2) 理想气体在定容下降温;

(3) 液体在等温下汽化;

(4) 理想气体在等温下压缩;

(5) 理想气体绝热自由膨胀.

在这些过程中,系统的熵增加的过程是(   ).

(A) (1)(2)(3)   (B) (2)(3)(4)

(C) (3)(4)(5)　　　　(D) (1)(3)(5)

二、填空题

10-6　熵是________________的定量量度,若一定量的理想气体经历一个等温膨胀过程,它的熵将__________(填增加、减少或不变).

10-7　1 mol 的理想气体在气缸中进行无限缓慢的膨胀,体积由 V_1 膨胀到 V_2.

(1) 在气缸处于绝热情况下,理想气体熵的增量为 $\Delta S=$__________;

(2) 在气缸处于等温情况下,理想气体熵的增量为 $\Delta S=$__________.

10-8　1 mol 理想气体经过等压过程,温度变为原来的两倍,设该气体的摩尔定压热容为 $C_{p,\mathrm{m}}$,则此过程中该气体熵的增量为__________.

三、计算题

10-9　求在一个大气压下 60 g、-20 ℃的冰变为 100 ℃的水蒸气时的熵变. 已知冰的比热容为 $c_1=2.1\ \mathrm{J/(g\cdot K)}$,水的比热容为 $c_2=4.2\ \mathrm{J/(g\cdot K)}$,1 atm 下冰的熔化热为 $\lambda=334\ \mathrm{J/g}$,水的汽化热为 $L=2\ 260\ \mathrm{J/g}$.

10-10　一容积为 $2.0\times10^{-2}\ \mathrm{m}^3$ 的绝热容器,用隔板将其分为两部分,其中一部分容积为 $0.50\times10^{-2}\ \mathrm{m}^3$,均匀充有 2 mol 的理想气体,另一部分为真空. 打开隔板,气体自由膨胀并均匀充满整个容器,求此过程的熵变.

10-11　将 1 kg 处于 0 ℃的冰与温度为 20 ℃的恒温热源接触,使冰全部熔化成 0 ℃的水,分别求水和恒温热源的熵变.

班级____________ 学号____________ 姓名____________

10-12 1 mol 双原子分子理想气体经如图所示的 12、132 和 142 三个可逆过程从状态 1 变化到状态 2，其中过程 12 为等温过程，过程 132 为绝热和等压过程，过程 142 为等压和等容过程. 试分别计算气体经这三个过程的熵变.

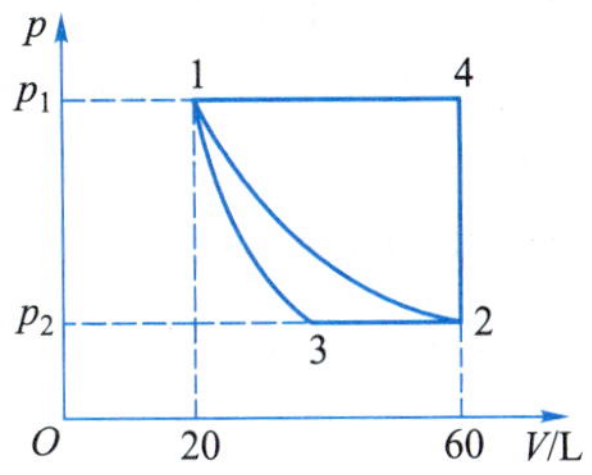

练习 10-12 图

10-13 奥托热机的循环如图所示，设循环物质是 1 mol 理想气体. 气体在状态 1 的温度为 300 K，经绝热压缩到状态 2，体积缩小为原来的 1/8；再等容加热到状态 3，温度为 1 600 K；接着又绝热膨胀到状态 4；最后冷却回到状态 1. 计算每个过程的热传递和熵变. 设高温热源温度为 3 000 K，低温冷槽温度为 300 K，如果气体的摩尔定容热容为 $3R$（R 为摩尔气体常量），那么每循环一次，热机和环境的总熵变是多少？（结果用 R 的倍数表示.）

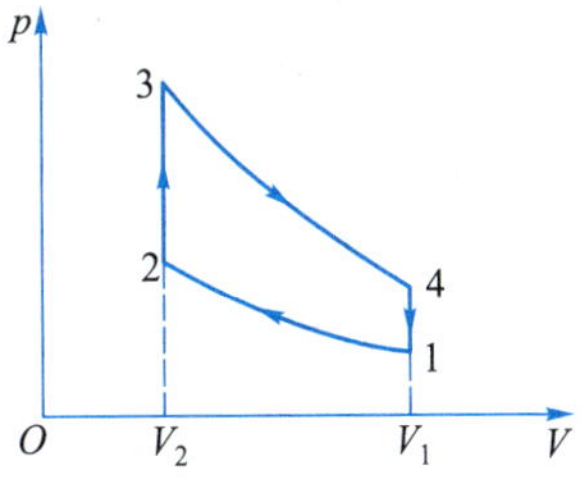

练习 10-13 图

10-14　一个狄塞尔热机以理想气体为工作物质，从状态 1(状态参量为 V_1, T_1)开始循环，如图所示，依次经历如下四个过程：(1) 绝热压缩到状态 2，体积为 $V_1/25$；(2) 等压加热到状态 3，体积为 $V_1/16$；(3) 绝热膨胀到状态 4，体积为 V_1；(4) 等容冷却回到状态 1. 假定气体的摩尔定容热容为 $2R$(R 为摩尔气体常量)，计算每个过程的温度变化. 整个循环的效率是多少？

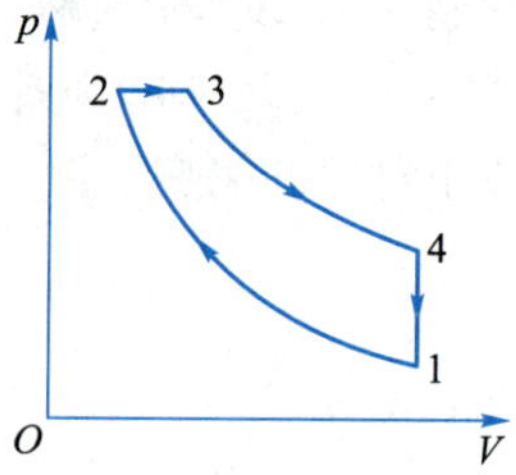

练习 10-14 图

10-15　斯特林循环由等温膨胀 12、等容冷却 23、等温压缩 34、等容加热 41 四个过程组成，如图所示. 循环由状态 1(状态参量为 V_1, T_1)开始，等温膨胀时体积达到原来的 4 倍，等容冷却时压强减半. 若工作物质是双原子分子理想气体，物质的量为 ν，求每一过程传递的热量和整个循环的效率.

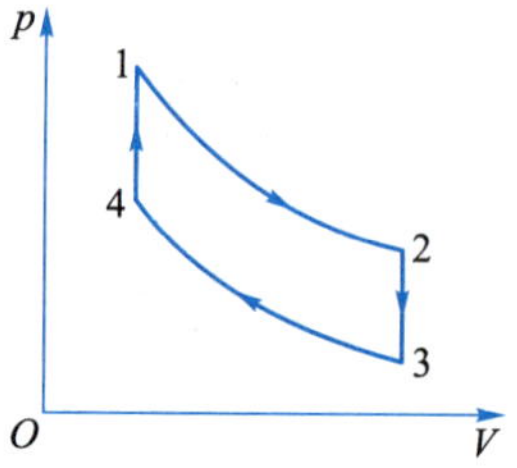

练习 10-15 图